高等职业教育“十三五”规划教材（网络工程课程群）

计算机网络基础应用

主　编　杨智勇　唐　宏

副主编　刘方涛　唐丽均　周　瑜

中国水利水电出版社
www.waterpub.com.cn

内 容 提 要

本书为计算机网络基础丛书。全书以模拟网络建设任务为主线，按照计算机网络协议、物理网络构建、交换机路由器配置、网络服务器架设、网站建设、网络安全配置、网络管理与维护来组织内容，同时以“计算机技术与软件专业技术资格（水平）考试”的网络管理员考试的大纲要求为指导，内容覆盖计算机网络相关的主要知识点。

本书采用任务驱动方式编写，可操作性强，内容丰富，图文并茂，通过典型范例的引入，详细介绍了学生应掌握的网络知识和技能，注重网络实用性的介绍，并以实际中需要的技术、操作和使用技巧为主体，突出专业知识的实用性、综合性和先进性。

本书可作为高职高专计算机专业教材，同时也可作为网络管理员考试的参考教材。

图书在版编目（CIP）数据

计算机网络基础应用 / 杨智勇，唐宏主编. -- 北京：中国水利水电出版社，2016.7

高等职业教育“十三五”规划教材. 网络工程课程群

ISBN 978-7-5170-4494-9

Ⅰ. ①计… Ⅱ. ①杨… ②唐… Ⅲ. ①计算机网络—高等职业教育—教材 Ⅳ. ①TP393

中国版本图书馆CIP数据核字(2016)第145225号

策划编辑：祝智敏 责任编辑：李 炎 加工编辑：郭继琼 封面设计：李 佳

书 名	高等职业教育“十三五”规划教材（网络工程课程群） 计算机网络基础应用
作 者	主 编 杨智勇 唐 宏 副主编 刘方涛 唐丽均 周 瑜
出版发行	中国水利水电出版社 （北京市海淀区玉渊潭南路1号D座 100038） 网 址：www.waterpub.com.cn E-mail：mchannel@263.net（万水） sales@waterpub.com.cn 电 话：（010）68367658（发行部）、82562819（万水）
经 售	北京科水图书销售中心（零售） 电 话：（010）88383994、63202643、68545874 全国各地新华书店和相关出版物销售网点
排 版	北京万水电子信息有限公司
印 刷	三河市铭浩彩色印装有限公司
规 格	184mm×260mm 16开本 20.75印张 449千字
版 次	2016年7月第1版 2016年7月第1次印刷
印 数	0001—3000册
定 价	49.00元

丛书编委会

序 言

《国务院关于积极推进“互联网 +”行动的指导意见》的发布标志着我国全速开启通往“互联网 +”时代的大门，我国在全功能接入国际互联网20年后达到全球领先水平。目前，我国约93.5%的行政村已开通宽带，网民人数超过6.5亿，一批互联网和通信设备制造企业进入国际第一阵营。互联网在我国的发展，分别“+”出了网购、电商，“+”出了O2O（线上线下联动），也“+”出了OTT（微信等顶端业务），而2015年则进入“互联网 +”时代，开启了融合创新。纵观全球，德国通过“工业4.0战略”让制造业再升级；美国通过“产业互联网”让互联网技术的优势带动产业提升；如今在我国，信息化和工业化的深度融合越发使“互联网 +”被寄予厚望。

“互联网 +”时代的到来，使网络技术成为信息社会发展的推动力。社会发展日新月异，新知识、新标准层出不穷，不断挑战着学校相关专业教学的科学性，这给当前网络专业技术人才的培养提出了极大的挑战，因此，新教材的编写和新技术的更新也显得日益迫切。 教育只有顺应时代的需求持续不断地进行革命性的创新，才能走向新的境界。

在这样的背景下，中国水利水电出版社和重庆工程职业技术学院、重庆电子工程职业学院、重庆城市管理职业学院、重庆工业职业技术学院、重庆信息技术职业学院、重庆工商职业学院、浙江金华职业技术学院等示范高职院校及中兴通讯股份有限公司、星网锐捷网络有限公司、杭州华三通信技术有限公司等网络产品和方案提供商联合，组织来自企业的专业工程师和部分院校的一线教师协同规划和开发了本系列教材。教材以网络工程实用技术为脉络，依托来自企业多年积累的工程项目案例，将目前行业发展中最实用、最新的网络专业技术汇集到专业方案和课程方案中，然后编写入专业教材，再传递到教学一线，以期为各高职院校的网络专业教学提供更多的参考与借鉴。

一、整体规划全面系统 紧贴技术发展和应用要求

本系列教材的规划和内容的选择都与传统的网络专业教材有很大的区别，选编知识具有体系化、全面化的特征，能体现和代表当前最新的网络技术的发展方向。为帮助读者建立直观的网络印象，本书引入来自企业的真实网络工程项目，让读者身临其境地了解发生在真实网络工程项目中的场景，了解对应的工程施工中所需要的技术，学习关键网络技术应用对应的技术细节，对传统课程体系实施改革。真正做到了强化实际应用，全面系统培养人才，以尽快适应企业工作需求为教学指导思想。

二、鼓励工程项目形式教学 知识领域和工程思想同步培养

倡导教学以工程项目的形式开展，按项目划分小组，以团队的方式组织实施；倡导各团队成员之间进行技术交流和沟通，共同解决本组工程方案的技术问题，查询相关技术资料，并撰写项目方案等工程资料。把企业的工程项目引入到课堂教学中，针对工程中所需要的实际工作技能组织教学，重组理论与实践教学内容，让学生在掌握理论体系的同时，能熟悉网络工程实施中的实际工作技能，缩短学生未来在企业工作

岗位上的适应时间。

三、同步开发教学资源 及时有效更新项目资源

为保证本系列课程在学校的有效实施，丛书编委会还专门投入了巨大的人力和物力，为本系列课程开发了相应的、专门的教学资源，以有效支撑专业教学实施过程中备课、授课以及项目资源的更新、疑难问题的解决，详细内容可以访问中国水利水电出版社万水分社的网站，以获得更多的资源支持。

四、培养“互联网+”时代软技能 服务现代职教体系建设

互联网像点石成金的魔杖一般，不管“+”上什么，都会发生神奇的变化。互联网与教育的深度拥抱带来了教育技术的革新，引起了教育观念、教学方式、人才培养等方面的深刻变化。正是在这样的机遇与挑战面前，教育在尽量保持知识先进性的同时，更要注重培养人的“软技能”，如沟通能力、学习能力、执行力、团队精神和领导力等。为此，在本系列教材规划的过程中，一方面注重诠释技术，一方面融入了“工程”“项目”“实施”和“协作”等环节，把需要掌握的技术元素和工程软技能一并考虑进来，以期达到综合素质培养的目标。

本系列教材是出版社、院校教师和企业联合策划开发的成果，希望能吸收各方面的经验，积众所长，保证规划课程的科学性。配合专业改革、专业建设的开展，丛书主创人员先后数次组织研讨会进行交流、组织修订以保证专业建设和课程建设具有科学的指向性。来自中兴通讯股份有限公司、星网锐捷网络有限公司、杭州华三通信技术有限公司的众多专业工程师，以及产品经理罗荣志、罗脂刚、杨毅等为全书提供了技术审核和工程项目方案的支持，并承担全书技术资料的整理和企业工程项目的审阅工作。重庆工程职业技术学院的杨智勇、李建华，重庆工业职业技术学院的王璐烽，重庆电子工程职业学院的武春岭、唐继勇，重庆城市管理职业学院的乐明于、罗勇，重庆工商职业学院的胡方霞，重庆信息技术职业学院的曾鹏，浙江金华职业技术学院的宣翠仙等在全书成稿过程中给予了悉心指导及大力支持，在此一并表示衷心的感谢！

本系列丛书的规划、编写与出版历经三年的时间，在技术、文字和应用方面历经多次的修订，但考虑到前沿技术、新增内容较多，加之作者文字水平有限，错漏之处在所难免，敬请广大读者指正。

丛书编委会

前 言

随着计算机技术和网络通信技术的飞速发展，计算机网络已经渗透到了社会的各个领域，网络已经成为人们日常学习、工作、生活中进行沟通交流的主要平台。目前，计算机网络正广泛应用于办公自动化、“互联网 +”、云计算、企业管理、金融与商业的信息化、军事、科研、教育、信息服务产业、医疗等各个领域。计算机网络技术是支持全球信息基础设施的最主要技术之一，国内外的信息技术和信息产业领域都需要大量掌握计算机网络与通信技术的专业人才，为了解决这一问题，我国大部分高职高专院校都开设了“计算机网络技术”或“计算机网络基础应用”这两门课程，且国家经济和信息化委员会、人社部专门设立了网络管理员职业资格认证考试。但目前已有的教材存在内容陈旧、重理论轻实践、缺乏实际操作技能训练等问题，我们针对高职高专计算机类专业和网络技术工程人员，组织编写了理实一体、可操作性强的计算机网络技术应用教程。

本书主要特色如下：

1．本书基于工作过程导向的课程开发方法，依托高职计算机类专业人才培养目标和要求，基于“建网—管网—用网”这一工作过程，重构课程内容。

2．本书基于网络管理员职业资格认证考试要求和网络管理员职业岗位标准设计课程内容，内容全面、实用、新颖，既有利于教学，又有利于自学。

3．本书在编写过程中力求做到：理论以必需、够用为度，注重网络实用性及实际应用的介绍，并以实际中需要的技术、操作和使用技巧为主体。

4．通过典型范例的引入，详细介绍了学生应掌握的网络知识和技能。充分体现以学生学习为主，教师教育为辅的“教、学、做”一体化的教学模式，以案例导入、提出问题、分析问题、解决问题为思路，突出专业知识的实用性、综合性和先进性。

本书是作者多年潜心一线教学和研究之作，也是这些年来从事网络工程项目设计与实施的经验总结。

本书根据计算机网络管理员职业岗位标准和国家网络管理员职业资格认证考试的要求，以“建网、管网、用网”为主线，全面介绍了计算机网络协议体系结构、物理网络构建、通信子网的组建与配置、资源子网的组建与配置、Internet 网站建设、网络安全建设、网络管理、网络新技术等内容。既有计算机网络的基础理论，又有计算机网络的实用技术，并包含了一些计算机网络技术的最新研究成果。

本书由杨智勇、唐宏任主编，负责全书的编写、统稿、修改、定稿工作，刘方涛、唐丽均、周瑜任副主编。主要编写人员分工如下：杨智勇编写了第 5、6、7 章，唐宏编写了第 1、2 章，刘方涛编写了第 3、4 章，唐丽均编写了第 8 章，周瑜负责本书的统稿和文字校对工作。

由于编者水平有限，书中难免有疏漏和错误之处，肯请读者批评指正。

作者
2016 年 4 月

目录
CONTENTS

第 1 章
计算机网络的语言——理解计算机网络协议

对于计算机网络的初学者来说，学习计算机网络最重要的部分是理解什么是网络协议以及网络协议是怎样工作的。大多数的初学者都会觉得网络协议是一个很抽象的东西，既看不见也摸不着，因此，对网络协议的理解也成为计算机网络初学者学习的难点之一。为此，我们将计算机网络协议作为本书的第 1 章，以一个从网络上捕获的数据包为基础，分析计算机网络协议的体系结构，进而帮助初学者理解各层协议的工作原理。

1.1 什么是网络协议

什么是网络协议呢？让我们百度一下吧，百度的解释是：网络协议是为计算机网络中数据进行交换而建立的规则、标准或约定的集合。

这个概念听起来很抽象，那么先让我们思考一下为什么会有网络协议，也就是网络协议的目的是什么。根据它的定义可知，网络协议的目的是为了在计算机网络中进行数据交换。我们知道计算机网络就是把分布在不同地方的计算机连接起来，然后通过计算机之间进行的数据交换来完成各种各样的网络功能。但计算机不是人，它怎么知道别的计算机发送过来的数据是什么意思呢？因此，我们人为地制定了计算机之间进行数据交换的规则、标准或约定，称之为协议。也就是说，计算机之间在进行数据交换时，只要大家都遵守同一协议，那么它们就能知道对方发送的数据是什么含义，或者自己要发送什么格式的数据才能让对方计算机明白应该做怎样的操作。

网络协议的功能基本上是用计算机软件来实现的，一般来说，只要我们安装了操作系统，无论是 Windows 系统、Linux 系统还是其他系统，计算机都会默认安装与系统相对应的常用网络协议的支持，如 TCP/IP 协议的支持。

在介绍网络协议时，都会提到网络协议的三要素：

（1）语义。语义解释控制信息每个部分的意义，它规定了需要发出何种控制信息，完成什么样的动作和做出什么样的响应。

（2）语法。语法是用户数据与控制信息的结构与格式，以及数据出现的顺序。

（3）时序。时序是对事件发生顺序的详细说明，也可称为“同步”。

可以简单地把这三个要素描述为：语义表示要做什么，语法表示要怎么做，时序表示做的顺序。

网络协议三要素看起来很抽象，但我们可以把计算机之间的通信与人类之间的交流作一个类比：人类之间最直接的交流是通过语言，大家都学过语文，其实语义、语法、时序这些概念在我们学习语文时都会用到，只不过叫法可能不同而已；人类之间如果希望共同完成一件事，那么他们可以通过语言进行交流，这些语言也包含了语义、语法及时序的规则，而且这些规则必须是一致的，这样人类才能互相理解，就比如你若是不懂英语，就无法和一个说英语的外国人用语言进行交流；在计算机网络中，计算机之间进行交流的“语言”就是网络协议，计算机要共同完成某种功能，必须保证它们能够相互理解通过网络传递的数据，也就是说它们必须遵守同一网络协议，即使用同一“语言”，告诉对方要做什么（语义）、要怎么做（语法）、做的顺序（时序）。但有一个基本概念需要注意，计算机本身是没有“语言”的，所有的这些协议都是人们为了让计算机能够相互理解、协同工作而人为制定的标准和规则。

1.2 网络协议的体系结构

要让计算机相互理解、协同工作可不是一件容易的事，计算机网络要完成的功能也是各种各样的，怎样设计才能够使整个网络协议的结构更加清晰、实现更为容易、修改更为方便呢？目前使用的网络协议大都采用分层体系结构。

那么，什么是分层体系结构呢？分层体系结构来源于对整个网络协议体系的设计思路，由于网络协议是帮助计算机之间互相理解、相互协作来完成各种网络功能的，如果只用一个协议的话很难实现所有功能，并且实现相当复杂，修改也极不方便。因此，网络协议体系设计的主要思路是把一个复杂的功能划分为更小的功能模块，我们把这些小的功能模块称为“层”，每层实现部分的网络功能，所有层一起完成完整网的络功能。

1.3 ISO/OSI RM

1. ISO/OSI RM 简介

ISO/OSI RM 的全称是 International Organization for Standardization/Open System Interconnect Reference Model，翻译成中文为：国际标准化组织 / 开放系统互联参考模型。它是计算机网络协议分层体系结构的国际标准，如果希望实现不同开放系统之间的相互通信，可以参照它的分层模型进行协议的体系设计。ISO/OSI RM 共分为 7 层，从低到高分别为 1~7 层，如图 1-1 所示。

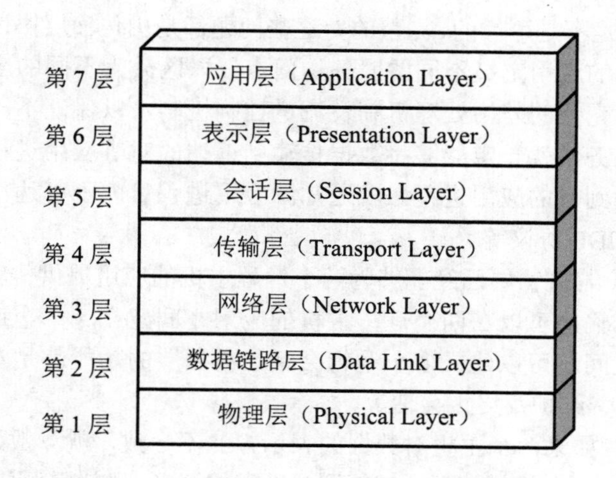

图 1-1 ISO/OSI RM 分层体系结构示意图

2. ISO/OSI RM 各层功能

（1）物理层：物理层协议是一些标准和规范，这些大家都共同遵守的物理层协议使数据能够通过物理介质从一方传递到另一方。物理层协议主要关注的是物理连接的机械、电气、功能和规程特性，简单地说就是规定接口的几何形状是什么样的，多少伏电压代表1，多少伏电压代表0，时钟速率是多少，采用什么样的编码，采用全双工还是半双工传输等，它并不关心要传输的数据是什么含义，只负责保证数据能够在物理介质上传输。像网络里面用得最多的以太网标准及通信常用的RS-232（通常叫串口）标准中，都有相关的物理层协议。

（2）数据链路层：数据链路层协议的主要功能是保证有链路连接的主机之间或同一网络主机之间数据的正确传输，即点到点的数据的正确传输。为此，它需要定义设备的硬件地址，以便能够准确找到该设备；还要定义设备在使用公用传输介质时，如何控制应该由哪个设备占用公用传输介质来传输数据；为了保证传输数据的正确性，还需要定义如何保证发送方与接收方的数据同步及差错检测方法等。常用的数据链路层协议有以太网的数据链路层协议及HDLC协议（高级数据链路协议，High-Level Data Link Protocol）等。

（3）网络层：网络层协议的主要功能是使数据包能够跨越多个网络，从一端的主机顺利到达远端主机。为了能够跨越不同的网络，在网络层需要定义统一的逻辑通信地址来标识源主机和目的主机。另外，网络层需要解决的问题是：当数据包通过多个网络传输时，它可能有多条路径可以到达目的地，如何才能选择一条最优的路径；当网络出现故障时如何调整最优路径；如何解决网络拥塞等。网络层协议包括著名的IP协议及各种动态路由协议等。

（4）传输层：传输层协议的主要功能是为主机里的不同应用提供端到端的传输服务。即使网络层协议已经能够保证数据从一个源主机到达另一个远端主机，但主机里可以有很多应用，这些应用数据是一个网页数据、一条QQ消息还是通过FTP下载的视频呢？这些数据是不是可靠的、完整的？这些问题都是由传输层协议来处理的，因此，传输层需要为不同的应用定义不同的服务访问点，以区分为不同的应用提供的传输服务；同时还要定义完善的差错处理机制及流量控制机制，以保证不同的应用只需要使用传输层提供的服务，就一定能够将数据传输到远端的对等应用进程，如果多次传输也不能将数据传输到目的应用进程，就通知源应用进程目的不可达。常见的传输层协议有TCP协议和UDP协议等。

（5）会话层：若传输层已经能够为两个远程主机的应用提供传输服务了，则可以简单地认为使用传输层可以在两个远程主机的应用之间建立起一个连接。在这个连接之上，应用进程之间还可以建立多个逻辑会话，会话层的功能就是对这些逻辑会话进行管理，包括建立、维护及终止会话等。

（6）表示层：如果两个主机对数据的表示方法不一致，就算数据能够在不同的应用进程之间正确传输，主机依然无法理解这些数据的含义，这就需要使用到表示层协议。表示层协议定义统一的数据表示方式，源主机通过表示层协议将自己特有的数据格式转换成标准的数据格式发送出去，目的主机再通过表示层协议将标准的数据格式转换为自己特有的数据格式，这样双方就能相互通信了。根据这个定义，网络数据加密功能也属于表示层协议功能，只不过这种数据格式是一种统一的加密格式而已。

（7）应用层：应用层协议是为了实现网络上各种各样的网络服务而制定的协议，不同的应用使用不同的应用层协议，或者说应用程序使用不同的应用层协议来实现不同的网络功能。因此，应用层协议也是所有层次中包括协议最多的，如 HTTP 协议、DNS 协议、FTP 协议、TELNET 协议等等。

3. ISO/OSI RM 的工作模式

了解 OSI 参考模型 7 层协议的功能后，我们来了解一下它们的工作模式，即这 7 层协议是怎样相互协作共同完成网络通信功能的，如图 1-2 所示。OSI 参考模型中的 7 层协议，在整个体系结构中，根据实现的功能不同有其固定的位置，位于某层协议上方的叫上层协议，位于某层协议下方的叫下层协议。物理层协议与物理介质密切相关，它能实现透明比特流传输，位于整个体系结构的最下层，而应用层协议实现某种应用的功能，与应用进程相关，位于整个体系结构的最上层。从图 1-2 可以看出，每个下层协议只与相邻的上层协议通信，即下层协议通过自己所完成的功能为相邻的上层协议提供服务，而上层协议使用相邻的下层协议提供的服务完成自己的功能，并用自己的功能为与自己相邻的上层协议提供服务。

因此，从协议功能实现的角度上来看，是自下而上实现的，物理层是基础，只有实现了物理层功能，数据链路层才能在物理层的基础上实现其功能，而网络层才能在数据链路层的基础上实现其功能，依此类推。任何一个高层协议要实现其功能，必须依靠所有的下层协议一起完成，它是不能够孤立存在的，否则只能是空中楼阁。

从应用进程发送与接收数据的角度来看数据在各层协议间的传递，如图 1-2 所示。如果应用进程 A 想发送数据给应用进程 B，在主机 A 中，应用进程 A 将要发送的数据交给相应的应用层，应用层处理后交给表示层，表示层处理后交给会话层，依此类推，最后由物理层处理后交给传输介质进行传输；在主机 B 中，数据的接收是一个相反的过程，物理层处理传输介质传来的信号，转换成比特流交给数据链路层，数据链路层处理后交给网络层，依此类推，最后应用层处理后交给应用进程 B。从应用进程 B 发送数据到应用进程 A 的过程与此类似。通过以上步骤即可实现两个远端应用进程的数据交换。

站在主机 A 中应用进程 A 的角度，应用进程 A 只和应用层通信，它并不知道应用层功能在应用层内部是如何实现的，也不知道应用层的下面是否还有其他层，还有几层等等，它只知道通过某种应用层协议能够实现某种功能，只要把数据交给应用层，就能将数据传递到主机 B 的应用进程 B。对于应用进程 A 和 B 来说，它们之间好像可以“直接”通信。

同理，对于体系结构中的每一层来说，它们都只负责处理相邻上层协议传递来的数据或要传递给相邻上层协议的数据，同时需要从相邻下层协议获得要传递给上层协议的数据，或将处理过的上层协议的数据传递给相邻的下层协议。对于每层协议而言，它们会“感觉”到可以通过相邻的下层协议实现与远端相同层次的协议之间的数据交流，而且对数据做的任何处理也只有远端相同层次的协议才能理解，因此我们称相同层次的协议为对等层协议，如主机 A 的网络层协议与主机 B 的网络层协议，它们使用的是同一协议，可被称为对等层协议。也就是说，对于位于不同主机的两个相同层次的协议，它们之间的数据传递实际上需要经过它们下面的每一层协议和物理介质，但就实际的效果而言，是它们之间实现了数据传递，如果屏蔽下层所有细节，我们也可以简单地认为，对等层协议之间可以相互“直接”通信，在图 1-2 中，用双箭头虚线表示对等层协议之间的通信，而带箭头的实线则表示实际数据传递的情况。

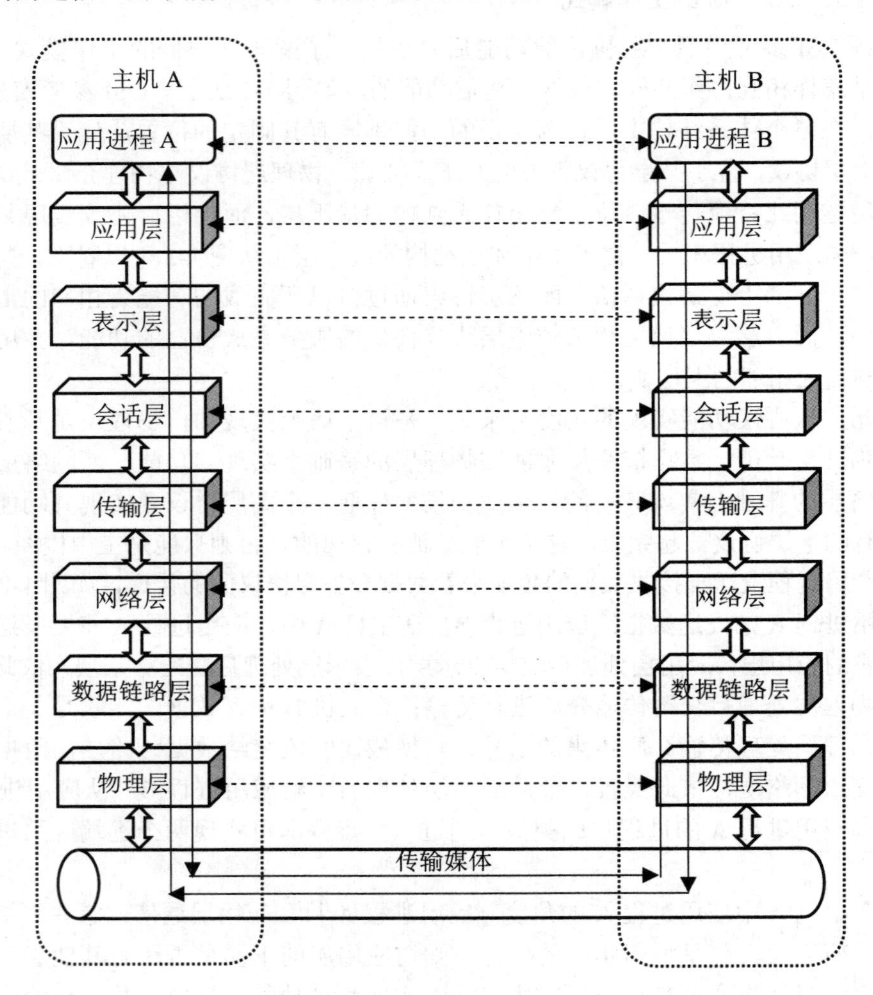

图 1-2　ISO/OSI RM 的工作模式

1.3.1　TCP/IP 协议族

ISO/OSI RM 是国际标准化组织制定的标准，但它只是一个理论上的国际标准，而大多数计算网络，特别是如今使用最广泛的 Internet（因特网），实际上使用的标准是 TCP/IP 协议。

TCP/IP 协议其实是由许多协议组成的一个庞大的协议集合，它包含数量众多的协议，不同的协议实现不同的功能，而 TCP（Transmission Control Protocol，传输控制协议）

和 IP（Internet Protocol，网际协议）是其中最为重要的两个协议，因此 TCP/IP 协议族通常简称为 TCP/IP 协议。

TCP/IP 协议也采用分层体系结构，如图 1-3 所示。

TCP/IP 协议的体系结构共分为 4 层，从下到上分别为网络接口层、网络层、传输层和应用层。TCP/IP 协议的主要目的是实现不同网络在 IP 层上互联，因此主要定义网络层、传输层和应用层协议，而不同网络的物理层及数据链路层协议由不同的组织及标准制定，因此 TCP/IP 协议还定义了针对不同网络的接口层。

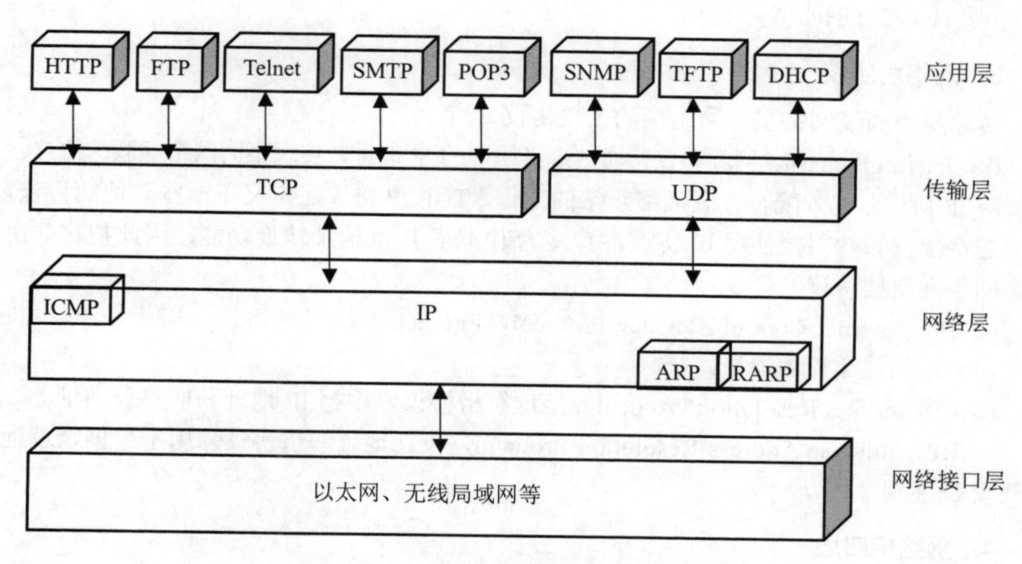

图 1-3 TCP/IP 协议体系结构图

1. 应用层协议

在图 1-3 中，最高层为应用层，该层针对不同的网络应用制定了不同的应用层协议。

HTTP：HyperText Transfer Protocol，超文本传输协议，我们在浏览网页时，浏览器使用 HTTP 协议从 Web 服务器上传输网页。

FTP：File Transfer Protocol，文件传输协议，用于网络上文件的上传与下载。

Telnet：远程登录协议，用于远程登录到服务器。

SMTP：Simple Mail Transfer Protocol，简单邮件传输协议，负责电子邮件的发送。

POP3：Post Office Protocol - Version 3，邮局协议—版本 3，负责电子邮件的接收。

SNMP：Simple Network Management Protocol，简单网络管理协议，用于网络管理。

TFTP：Trivial File Transfer Protocol，简单文件传输协议，用于传输简单文件。

DHCP：Dynamic Host Configuration Protocol，动态主机配置协议，为客户机自动分配相关网络配置信息。

2. 传输层协议

应用层下面是传输层，TCP/IP 协议在传输层提供两个协议。

TCP：Transmission Control Protocol，传输控制协议，为应用层协议提供面向连接的、可靠的端到端连接服务。使用 TCP 作为传输层协议的应用层协议有：HTTP、FTP、Telnet、SMTP、POP3 等。

UDP：User Datagram Protocol，用户数据报协议，为应用层协议提供面向无连接的、不可靠但更为简单迅速的传输服务。使用 UDP 作为传输层协议的应用层协议有：SNMP、TFTP、DHCP 等。

3. 网络层协议

传输层下面是网络层，网络层的主要协议只有一个。

IP：Internet Protocol，网际协议，通过定义统一的 IP 地址，实现不同网络互联的协议。

除 IP 协议外，为配合互联网络正常的工作，TCP/IP 协议还定义了一些其他的协议，由于这些协议有些直接使用 IP 协议，有些为 IP 协议提供地址转换功能，因此把这些协议都归于网络层协议。

ICMP：Internet Control Message Protocol，Internet 控制消息协议，用于在 IP 主机和路由器之间传递控制消息。

ARP：Address Resolution Protocol，地址解析协议，根据 IP 地址获取物理地址。

RARP：Reverse Address Resolution Protocol，反向地址解析协议，用于根据物理地址获取 IP 地址。

4. 网络接口层

网络接口层对应于不同种类的网络，如以太网、无线局域网等，相关协议后面介绍。

上面提到的协议，是 TCP/IP 协议中较常使用的协议，关于协议的具体情况将在后文中介绍。此外，这些协议并不是 TCP/IP 协议的全部，还有一些协议没有列出来，在用到时再详细介绍。

1.3.2 ISO/OSI RM 与 TCP/IP 协议的关系

ISO/OSI RM 与 TCP/IP 协议体系结构的对应关系如图 1-4 所示。

TCP/IP 协议的应用层对应了 ISO/OSI RM 的最高三层，网络接口层对应 ISO/OSI RM 的最低两层。TCP/IP 协议是网络协议的事实标准，因此我们将进一步根据 TCP/IP 协议体系结构来介绍各层的具体协议。由于网络接口层对应不同的网络，将有不同的数据链路层协议和物理层协议，因此对于不同的实际网络来讲，它的网络协议可以看作是一个 5 层的体系结构，后面将以 5 层体系结构来讨论具体的网络协议。实际网络协议的 5 层体系结构如图 1-5 所示。

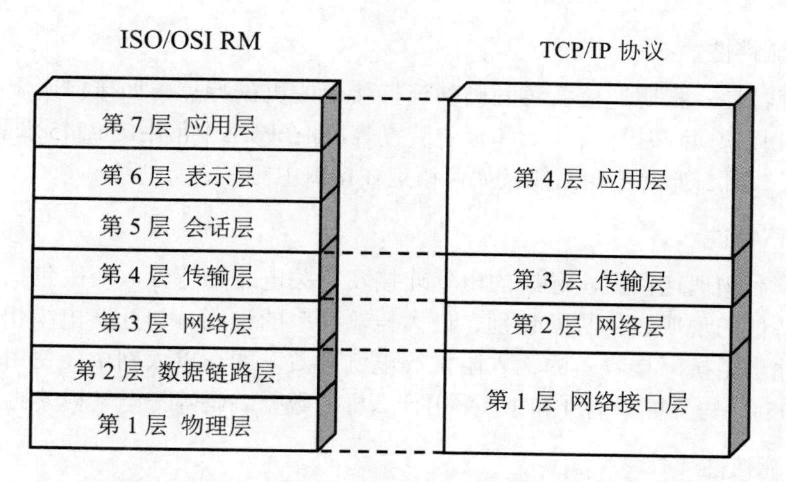

图 1-4 ISO/OSI RM 与 TCP/IP 协议体系结构的对应关系

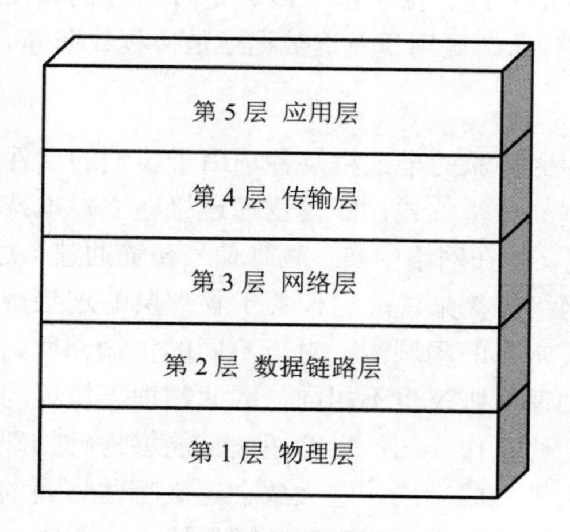

图 1-5 实际网络协议体系结构

1.4 物理层协议

1.4.1 物理层协议基础

简单地说，物理层协议的功能是实现透明比特流传输。也就是说，只要通信双方共同遵守相同的物理层协议，就能够将比特流（或者说由0和1构成的数据流，如10100111……）通过不同的物理介质传送到对方。物理层协议就像一个搬运工，它并不知道它所传输的数据有什么具体含义，它只负责怎样把数据通过传输介质从一端传到另一端。因此物理层协议的主要任务就是规定各种传输介质和接口与传输信号相关的一些特性。

1．机械特性

即物理特性，指明通信实体间硬件连接接口的机械特点，如接口所用接线器的形状和尺寸、引线数目和排列、固定和锁定装置等，如在网络中常用的RJ45水晶头的形状、大小、引线数目、如何连接网线及如何锁定在接口中等等。

2．电气特性

规定了在物理连接上，导线的电气连接及有关电路的特性，一般包括接收器和发送器电路特性的说明、信号的识别、最大传输速率的说明、与互连电缆相关的规则、发送器的输出阻抗、接收器的输入阻抗等电气参数，如在以太网中，使用什么样的信号来表示0或1，怎样识别0和1，采用什么样的数据编码等与电气相关的特性。

3．功能特性

指明物理接口各条信号线的用途（用法），包括接口线功能的规定方法，接口信号线的功能分类（数据信号线、控制信号线、定时信号线和接地线4类），如在以太网中，每根线的功能是什么，是用于发送数据还是接收数据等。

4．规程特性

指明利用接口传输比特流的全过程及各项用于传输的事件发生的合法顺序，包括事件的执行顺序和数据的传输方式，即在物理连接建立、维持和交换信息时，双方在各自电路上的动作序列，如在网络中实现物理信号传输的整个过程的规定。

对于不同种类的网络连接来说，它们关于物理层的这些规定是不相同的，即使是同一类网络，如平时最常见的局域网，对于不同的传输介质，如同轴电缆、双绞线、光纤、无线，对应的物理层协议也不相同，因此物理层协议的种类是很多的，本书并不对某一具体的物理层协议作介绍，只希望大家能够理解物理层协议的基本作用是透明传输比特流，以及为了完成功能，它大致会定义哪些方面的特性。此外，计算机网络的本质是数据通信，因此要进一步理解物理层协议，就需要对数据通信的基础知识有一定的了解，下面我们来学习一些数据通信的基础知识。

1.4.2 数据通信基本概念

1．数据、信号与信道

简单地说，数据是用来表示信息的，而信号是用来承载数据的，信道则是用来传输信号的通道。

（1）数字数据与模拟数据

当我们把信息表示成数据（可以理解为数值）时，分为两种：一种是模拟数据，它的取值是连续的并可以有无穷个取值，如连续函数y=f(x)；另一种是数字数据，它的取值是不连续的并只包含有限个取值，如二进制串10110101。

（2）数字信号与模拟信号

数据只是较为抽象的数值，要把这些数据传递给其他人必须把数据用现实生活中存在的物理信号表示，这些物理信号主要包括：电信号、光信号、无线电信号。对于信号来说，如果是连续的并有无穷个取值，就是模拟信号；如果是不连续的且取值有限，则是数字信号。模拟信号与数字信号如图 1-6 所示。

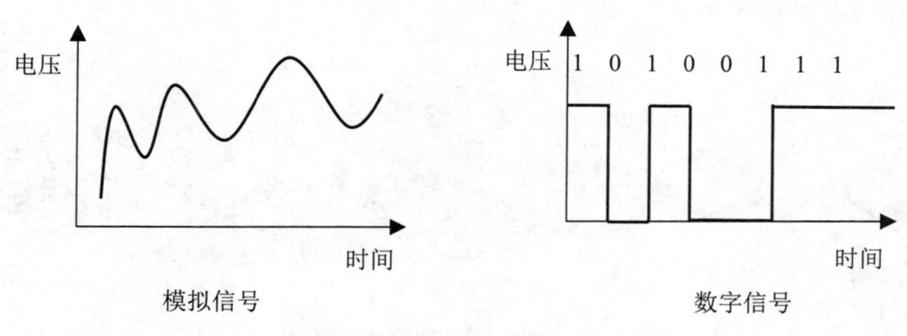

图 1-6 模拟信号与数字信号

（3）数字信道与模拟信道

信道是传输信号的通道，常用的信道有：有线电缆，用来传输电信号；光纤，用来传输光信号；自由空间，用来传输无线电信号。不同的物理信道由于其物理特性不一样，能够传输的信号也不一样，适合于模拟信号传输的信道称为模拟信道，适合于数字信号传输的信道称为数字信道。

2. 调制与解调

现在有一个问题，如你家有一台计算机希望连接到 Internet，但是小区只给你家铺设了电话线，而没有铺设网线，你能将你的电脑连接到 Internet 吗？

为了回答这个问题，首先来了解一下计算机和电话线。

计算机对数据的计算、存储都使用二进制，是典型的数字数据。它发送和接收的信号都是数字信号。

而电话线的物理特性决定它是一种模拟信道，它只适合于模拟信号在上面传输，如打电话时的语音信号，而计算机的数字信号不适合直接在这种模拟信道中传输。

按照上面的介绍，计算机是不能直接通过电话线连接到 Internet 的。但现实生活中，我们是可以通过电话线连接到 Internet 的，这是怎么做到的呢？

我们在计算机和电话线之间加入一个转换设备，计算机发送数据时，它接收来自计算机的数字信号并控制模拟信号输出到电话线。计算机的数字信号只有 0 和 1 两个值，如果收到的数字信号为 0，则输出频率为 f1 的模拟信号；如果收到的是 1，则输出频率为 f2 的模拟信号。通过这种方式，在电话线上传输的仍然是频率为 f1 和 f2 的模拟信号，但它却包含 0 和 1 的数字信息。我们把这种变换过程称为调制，完成这种功能的设备就叫调制器。

在接收数据时，从电话线上接收到经过调制后的模拟信号，提取出数字信息，频率为 f1 识别为 0，频率为 f2 识别为 1，然后转换成数字信号发送给计算机。这种反变换的过程称为解调，完成解调功能的设备称为解调器。

绝大多数通信既要发送数据，也要接收数据，因此加入的这个转换设备既具有调制功能，也具有解调功能，我们把它称作调制解调器，英文为Modem，是由调制（Modulation）和解调（Demodulation）两个词组合而成的，有时也直接音译成“猫”。调制解调器工作的连接示意图如图1-7所示。

图 1-7　调制解调器连接示意图

3. 数据通信模型

调制解调器的工作过程是一种典型的数据通信的应用。各种各样的数据通信应用可以归纳成一个统一的数据通信模型，如图1-8所示。

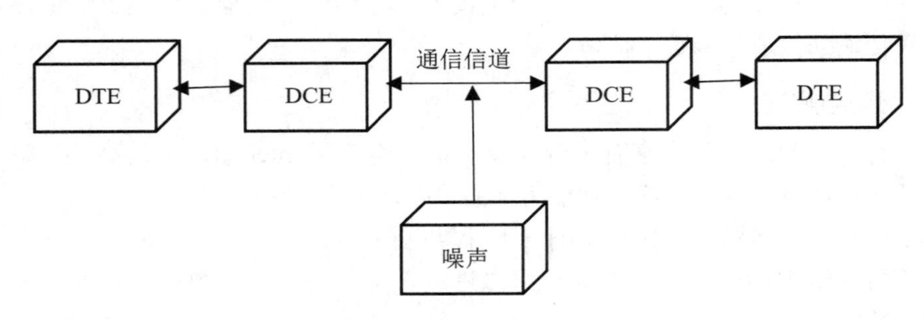

图 1-8　数据通信模型

DTE：数据终端设备（Data Terminal Equipment），指所有能够产生数据并希望进行数据通信的终端设备，如计算机就是一种DTE。DCE：数据通信设备（Data Communication Equipment），指所有辅助数据通信的设备，如DTE产生的数据信号不适合在现有信道传输时，使用DCE对信号作变换，使数据能够通过现有信道传输，调制解调器就是一种DCE。需要注意的是，DTE和DCE是数据通信模型定义的设备，它们并不是指具体的设备，而是指在数据通信中完成相同功能的一类设备的总称。

4. 模拟信号数字化

随着数字计算机的出现，使用数字计算机来处理、存储各种信息变得越来越方便。但在现实生活中，很多信号是模拟信号，如我们讲话的声音等，对这些模拟信号进行数字化，将模拟信号转化为数字信号，称为模/数转换（A/D，Analog to Digital Converting），转化后的数字信号可以利用计算机进行存储和处理。

模拟信号数字化需要经过三个步骤：采样、量化、编码。模拟信号数字化示意图如图 1-9 所示。

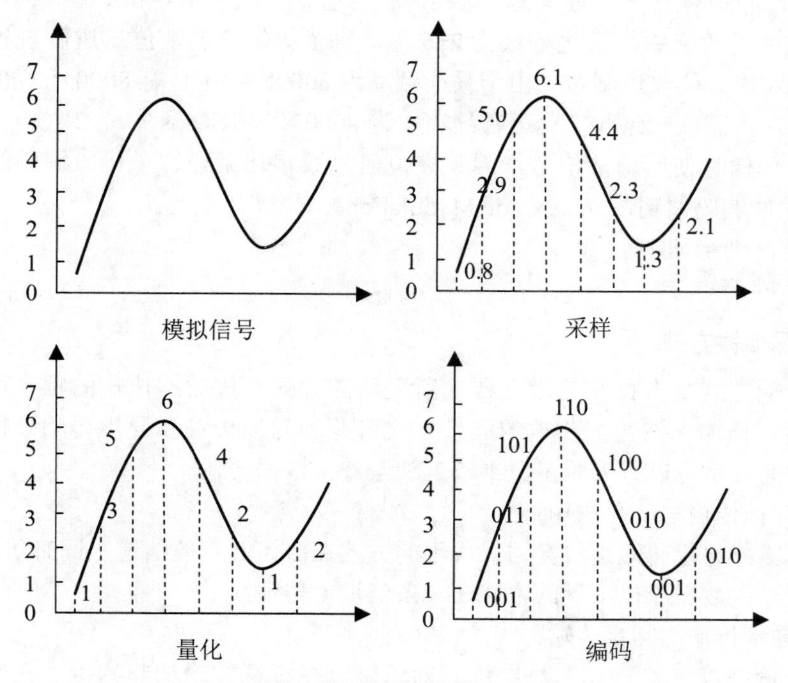

图 1-9　模拟信号数字化示意图

（1）采样：以一定频率对模拟信号的数据进行采样，取得若干个样值。即在时间上对模拟信号离散化，但在幅度上，因为模拟信号是连续变化的，因此取得的样值是无穷的。如图 1-9 所示，样值只保留到小数点后一位，如果时间不断延长，那么样值是无穷的。

取得的这些样值是否能够代表原来的模拟信号呢？假设我们采样的频率无限快，可以认为取得的样值和模拟信号的一样，就是原来的模拟信号。也就是说采样频率越快，包含原模拟信号的信息越多，那么采样频率究竟要有多快呢？

让我们看一下采样定理：复杂的模拟信号都可以看作由固定频率的简单模拟信号组合而成，如人的声音就是由 300～3400Hz 的不同信号组合而成，只要采样频率大于模拟信号最大频率的两倍，通过采样后的样值就能恢复出原来的模拟信号。对于声音信号来说，采样频率必须大于 6800Hz，实际应用中对语音的采样频率为 8000Hz，即 1 秒钟可取得 8000 个样值。

（2）量化：采样虽然在时间上对模拟信号进行了离散化处理，但是由于采样取得的样值是无穷的，因此我们需要在幅度上对模拟信号进行离散化处理，即量化。量化就是把无穷的样值转化为有限个值。图 1-9 中，我们将无穷的样值采用四舍五入的方法量化为 0～7 共 8 个等级，当然量化值与实际值存在一定的误差，称为量化误差。量化等级越多，量化值与实际值之间的误差越少。量化误差也叫量化噪声，它是一定存在的，把它控制在可容忍范围即可。

（3）编码：8 个等级可以用 3 位二进制数据进行编码，3 位二进制数从 000~111 共有 8 个数，分别对应不同的等级，这样每个样值就变成了由 0 和 1 组成的数字信号。在实际语音信号数字中，量化等级为 256 个，每个等级需要 8 位二进制进行编码，因此一个样值对应 8 位二进制数。由于采样频率为 8000Hz，1 秒有 8000 个样值，每个样值用 8bit 表示，因此一路数字化语音的速率为 8000×8=64Kbps。

由于在采样时使用脉冲信号，因此模拟信号数字化采样、量化、编码的过程也称为 PCM（脉冲编码调制，Pulse Code Modulation）。

1.4.3 数据传输

1. 数据传输方式

数据传输方式是数据在信道上传输所采取的方式。按数据传输的顺序可以分为并行传输和串行传输；按数据传输的同步方式可分为同步传输和异步传输；按数据传输的流向和时间关系可以分为单工、半双工和全双工数据传输。

（1）并行传输与串行传输

并行传输：并行传输是将数据以成组的方式在多条并行的信道上同时传输。

串行传输：数据流以串行的方式在一条信道上传输。

（2）异步传输与同步传输

异步传输：以字符（几个数据位）为单位，在字符前增加起始位，在字符后增加停止位，以确保每个字符正确识别与接收。异步传输实现简单，由于附加额外数据，因此传输效率低，用于低速数据传输。

同步传输：以帧（一组数据位）为单位，需要收发双方以同步的时钟信号进行数据的发送与接收，以便正确识别数据帧中的每一位数据。同步传输通过传送特定的同步序列来实现收发双方的同步，传输效率高，用于高速数据传输。

（3）单工、半双工和全双工数据传输

单工：通信双方一方固定为发送端，一方固定为接收端，数据只能沿一个方向传输，如收音机、传统的有线电视、早期使用的寻呼机等的通信。

半双工：通信双方均可以接收和发送数据，通信是双向的，但在任何时刻都只能由其中的一方发送数据，另一方接收数据，即任一方都不可同时进行数据的收发。半双工通信最典型的例子是对讲机，当使用对讲机接收声音时，是不能发送自己的声音的，要发送自己的声音时，则需要按住切换开关，此时只能发送自己的声音而不能接收声音。

全双工：通信双方可同时进行数据的收发。这是应用最广泛的数据通信方式，如电话通信，在自己说话时，仍可听到对方说话。一般情况下，现在的计算机网络使用的网卡均工作在全双工模式下，但也可设置网卡为半双工模式。

2. 数据传输的形式

（1）基带传输

简单地说，基带传输就是传输基带信号。在数据通信中，基带信号是指由 DTE（如计算机）发出的、没有经过变换的数字信号，即基本频带信号。在近距离范围内基带信号的衰减不大，因此比较适合较近距离的传输，如在局域网 10Base-T 中，就使用基带传输，其中的 Base 就是基带传输的意思。

（2）频带传输

传输信道不适合基带信号传输，或传输距离太远时，就不能直接使用基带传输了，此时需要对基带信号进行变换，这种变换就是前面提到的调制，即把数字基带信号调制到模拟信号上，以适应模拟信道及远距离传输。调制的实质是对基带信号的频带范围进行变换，将其从原来的基本频带变换到模拟信号的频带，因此叫频带传输。

（3）宽带传输

利用调制解调技术，可以实现频带传输。采用多路复用技术，将多路信号分别调制到不同频率的模拟信号上，在同一物理信道上同时传输，即充分利用信道带宽，实现了更宽频带的数据传输，称为宽带传输。

3. 数据传输速度

（1）比特率

比特率，又称为数据速率或信息速率。数据通信中的数字数据采用二进制，把 1 个二进制位称作 1bit，即 1 比特，如进制数 10100111 为 8bit。比特率是指每一秒所传输的二进制位数（或比特数），单位为：比特 / 秒，记为 b/s 或 bps。

（2）波特率

在数字信号中，使用脉冲序列来表示 0 或 1，每一个数字脉冲称为一个码元，每秒钟通过信道传输的码元数称为码元速率，简称波特率，单位为波特，记为 Baud。如图 1-10 所示，图中的数字脉冲序列共包含 8 个码元。

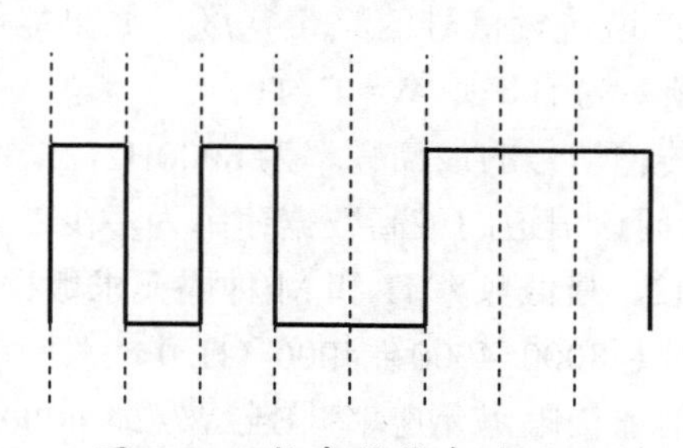

图 1-10　数字信号中的码元

（3）比特率与波特率的关系

如果使用两种状态的码元来表示二进制数，此时码元种数为 2，用 M 表示有几种码元，即 M=2，如果用高电平表示 1，低电平表示 0，那么一个码元将携带一位二进制数信息，此时比特率和波特率是相等的。

如果使用四种状态的码元来表示二进制数，此时 M=4，一个码元将携带两位二进制数信息，波特率只有比特率的一半，即只需要传输一半的码元，就能传输同样多的数据了。比特率与波特率的关系如图 1-11 所示。

M=2

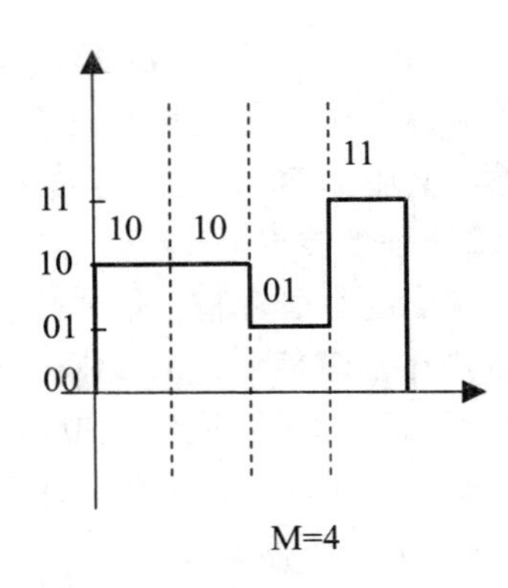

M=4

图 1-11　比特率与波特率的关系

n 位二进制共有 2^n 个数，每个 n 位二进制数对应一个码元（或者说一个码元对应一个 n 位的二进制数），可表示 2^n 个不同的码元，即 2^n=M。

如果已知码元数 M，那么一个码元可以对应几位二进制数呢？答案是：n=$\log_2$M。因此比特率和波特的关系为表示为：

$$R=B\bullet n=B\bullet \log_2M$$

其中 R 表示比特率，B 表示波特率，M 表示码元数，n 表示一种码元所对应的二进制数的位数。

（4）奈奎斯特定理

奈奎斯特定理：若信道带宽为 W，单位为 Hz，则在无噪声的理想情况下信道的极限码元速率为：

$$B=2W\text{（Baud）}$$

信道带宽指能够通过信道传输信号的频带宽度，如果能够传输信号的最高频率为 f2，能够传输信号的最低频率为 f1，则 W= f2–f1。

例：假设某信道能够传输信号的最高频率为 8000Hz，最低频率为 4000Hz，如果使用 16 种码元传输数据，请问该信道的最高数据速率为多少？

分析：已知最高频率 f2、最低频率 f1 和 M 种码元求数据速率 R。

求信道带宽：W= f2–f1 = 8000–4000 = 4000（Hz）

使用奈奎斯特定理求信道极限码元速率：B=2W=2×4000=8000（Baud）

通过比特率与码元率的关系，根据码元数 M 求数据速率：

$$R=B\bullet n=B\bullet \log_2M=8000\times\log_2M=8000\times\log_2 16=8000\times4=32Kb/s。$$

（5）香农公式

奈奎斯特定理定义的是在无噪声的理想情况下信道的极限码元速率值。而香农公式定义的是在有噪声的情况下信道的极限数据速率，公式为：

$$C=W\log_2(1+S/N)$$

其中，W 为信道带宽，S 为信号平均功率，N 为噪声平均功率，S/N 称为信噪比，C 为信道的数据速率。其中 S/N 常用分贝数（dB）表示。分贝与信噪比的关系为：

$$dB=10\lg S/N$$

例：已知某信道的带宽为8000Hz，信噪比为30dB，求信道的最高数据速率约为多少。

分析：已知信道带宽W和信噪比分贝值，求最高数据速率。

先根据信噪比的分贝值求出信噪比值：因为10lgS/N=30，故lgS/N=3，$S/N=10^3=1000$。

根据香农公式求最高信息速率：

$$C=W\log_2(1+S/N)=8000\times\log_2(1+1000)\approx 8000\times\log_2 1024$$
$$=8000\log_2 2^{10}=8000\times 10=80\text{Kb/s}$$

（6）误码率

误码率是指出错的数据占总传输数据的比率。如误码率为10^{-6}，指传输10^6个数据中出现了1个错误数据，误码率越小越好。

1.4.4 数据编码

1. 模拟数据编码

模拟数据编码就是前面介绍过的调制，是指将数字信号通过调制转换成模拟信号，以适应在模拟信道内传输。最基本的调制技术有三种：幅度调制、频率调制和相位调制。

（1）幅度调制（AM，Amplitude Modulation）

幅度调制简称调幅，是指用数字基带信号控制模拟信号的幅度，当数字信号为1时，输出正常幅度的模拟信号，当数字信号为0时，则输出幅度为0的模拟信号，如图1-12所示。这种幅度调制的方法也称为幅移键控（ASK，Amplitude Shift Keying）。

（2）频率调制（FM，Frequency Modulation）

频率调制简称调频，是指用数字基带信号控制模拟信号的频率，当数字信号为1时，输出频率为f1的模拟信号，当数字信号为0时，则输出频率为f2的模拟信号，如图1-12所示。这种频率调制的方法也称为频移键控（FSK，Frequency Shift Keying）。

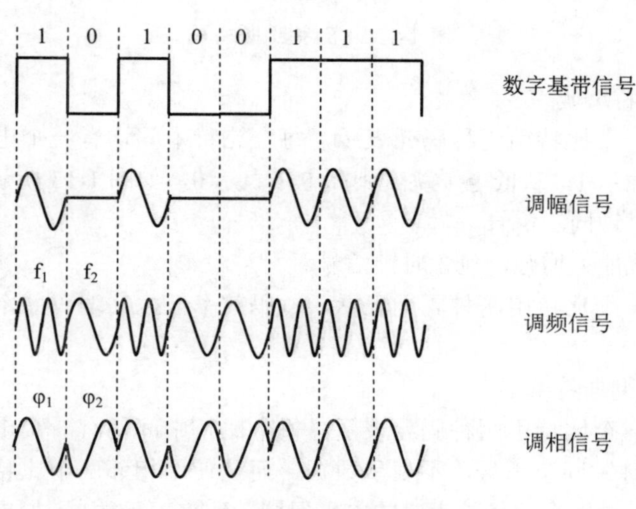

图1-12 调幅、调频与调相

（3）相位调制（PM，Phase Modulation）

相位调制简称调相，是指用数字基带信号控制模拟信号的相位，当数字信号为1时，输出相位为φ1的模拟信号，当数字信号为0时，则输出相位为φ2的模拟信号，如图1-12所示。这种相位调制的方法也称为相移键控（PSK，Phase Shift Keying）。

2. 数字数据编码

数字基带信号在模拟信道中传输时，要使用模拟数据编码，即调制技术。而数字基带信号一般可以直接在数字信道传输，但为了达到更好的传输效果，提高抗干扰能力，减少误码率，需要对信号进行数字数据编码。

（1）不归零编码

编码规则：高电平表示1，低电平表示0，如图1-13所示。

优点：编码简单。

缺点：抗干扰能力差，没有同步信号。

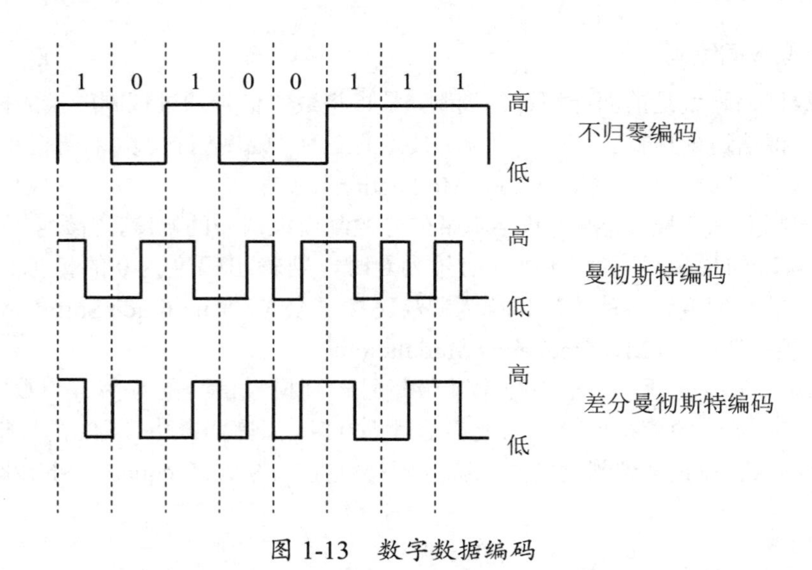

图1-13　数字数据编码

（2）曼彻斯特编码

编码规则：一个比特用两种码元表示，每个比特中间均有一个电平跳变，从高电平跳变到低电平表示1，从低电平跳变到高电平表示0，如图1-13所示，每个比特中间的跳变也可作为时钟同步信号。

优点：抗干扰能力增强，包含时钟信号。

缺点：由于一个比特用两种码元表示，编码效率低，其编码效率只有不归零编码的一半。

（3）差分曼彻斯特编码

编码规则：一个比特用两种码元表示，每个比特中间均有一个电平跳变，但这个跳变只用于提取时钟同步信号，不表示数据，而是使用相邻两个比特中，后一个比特的起始电平是否与前一个比特结束时的电平保持一致来表示数据。如果保持一致表示1，如果不保持一致，发生跳变表示0，如图1-13所示。

优点：抗干扰能力增强，包含时钟信号。

缺点：由于一个比特用两种码元表示，编码效率低，其编码效率和曼彻斯特编码相同，也只有不归零编码的一半。

1.4.5 多路复用技术

一般情况下，一条物理信道只用于传输一路信号。为了充分利用物理信道资源，我们总希望在一条物理信道上传输多路信号，以提高物理信道的利用率，这种将多路信号在一条物理信道中传输的技术叫做多路复用技术。也可以把每一路传输的信号看作一条逻辑信道或子信道，即使用多路复用技术，在一条物理信道中复用多条逻辑信道或子信道。多路复用技术的关键是，当多个信号在同一物理信道中传输时，如何保证各个信号之间不会发生干扰，以及根据什么识别出不同的信号。

1. 频分多路复用（FDM，Frequency Division Multiplexing）

将物理信道的带宽根据频率划分为不同的子信道，使用调制技术将不同的信号调制到各子信道中，可实现多路信号同时在一条物理信道中传输。只要在各子信道之间保留一定频带宽度，各子信道之间就不会发生干扰。在频分多路复用中，依靠频率来识别不同的信号。

频分多路复用技术应用很广泛，如无线电广播，有线电视，ADSL等。ADSL全称为非对称数字用户线路（Asymmetric Digital Subscriber Line），是一种将电话线接入Internet的常见方式，ADSL技术提供的上行和下行带宽不对称，下行带宽高于上行带宽，因此称为非对称数字用户线路。ADSL技术采用频分复用技术把普通的电话线分成了电话、上行和下行三个相对独立的子信道，从而避免了信号之间的干扰，用户可以在打电话的同时实现网络数据传输。

2. 时分多路复用（TDM，Time Division Multiplexing）

将物理信道的传输时间划分为若干个小的时间片，为每一路信号分配一个固定的时间片，例如，有4路信号使用时分多路复用技术在一条物理信道中传输，假设固定时间片长度为1秒，那么在第1秒内，物理信道中传输第1路信号；在第2秒内，物理信道中传输第2路信号；在第3秒内，物理信道中传输第3路信号；在第4秒内，物理信道中传输第4路信号；在第5秒内，物理信道中继续传输第1路信号，依此类推。由于不同信号在物理信道中传输的时间不同，因此不会产生干扰。根据固定的时间片，可以区分不同的信号，如在第1、5、9、13……秒可以取出第1路信号，在2、6、10、14……秒可以取出第2路信号。站在一段时间的角度，可以认为有多路信号在一条物理信道上传输，但在某一时刻，只有某一路信号在物理信道上传输。

时分多路复用技术主要用于数字通信系统，如T1和E1。T1系统将24路语音数字信号复用在一条物理信道上，一路语音信号的速率为64Kbps，24路语音信号复用后的速率为1.544Mbps。我国使用的E1系统，是将32路信号复用到一条物理信道上，每一路仍为 64Kbps，复用后的速率为 2.048Mbps，4 个 E1 可继续复用为 E2，4 个 E2 可复用为 E3，依此类推。

3. 波分多路复用（WDM，Wavelength Division Multiplexing）

波分多路复用技术主要应用在光通信中，使用不同波长的光承载不同的数据，在同一根光纤上传输。由于光波的波长不同，不同信号之间会产生干扰，波分多路复用技术根据光的不同波长可以识别出不同的信号。光的波长其实和光的频率相关，因此波分多路复用也可以看作频分多路复用在光通信中的应用。

4. 码分多路复用（CDM，Code Division Multiplexing）

码分多路复用又称码分多址（CDMA，Code Division Multiple Access），CDM 与 FDM（频分多路复用）和 TDM（时分多路复用）不同，多路信号在同一物理信道中传输时，既可以使用相同的频率，也可使用相同的时间。每一路信号被指定一个唯一的 n 位的码片序列，当发送 1 时就发送码片序列，发送 0 时发送码片序列的反码。当多路信号同时发送时，各路信号在信道中被线性相加。为了从信道中分离出各路信号，要求各个站点的码片序列是相互正交的。

码分多路复用中使用同一频率同时发送多路信号，信号在物理信道中传输时会发生叠加，但由于每一路信号有一个唯一的码片序列，且各码片序列相互正交，因此可以在叠加的信号中识别出不同的信号。

5. 空分多址（SDMA，Space Division Multiple Access）

空分多址技术是利用空间分割构成不同的子信道。举例来说，在一颗卫星上使用多个天线，各个天线的波束射向地球表面的不同区域和地面上不同地区的地球站，在同一时间即使使用相同的频率进行工作，它们之间也不会形成干扰。空分多址是一种信道增容的方式，可以实现频率的重复使用，充分利用频率资源。

1.4.6 数据交换技术

数据交换技术是指通信双方采用何种方式进行数据的交换，它主要考虑怎样才能使数据交换的时延更短、更可靠及如何更有效地利用网络。

1. 电路交换

如图 1-14 所示，节点 A 和节点 D 要进行数据交换。电路交换的工作过程如下。

（1）建立连接：节点 A 发起一个连接请求，目的地址为节点 D，中间节点收到连接请求后，根据目的地址选择一条从节点 A 到节点 D 的通路，假设为 A-B-C-D。连接建立成功后，可以看作有一条电路将节点 A 和节点 D 连接起来。

（2）数据交换：节点 A 和节点 D 之间的数据沿着建立的连接进行数据交换。数据交换期间，通路 A-B-C-D 被一直占用。

（3）释放连接：数据交换完后，发出拆线信号，释放所占用的通路。

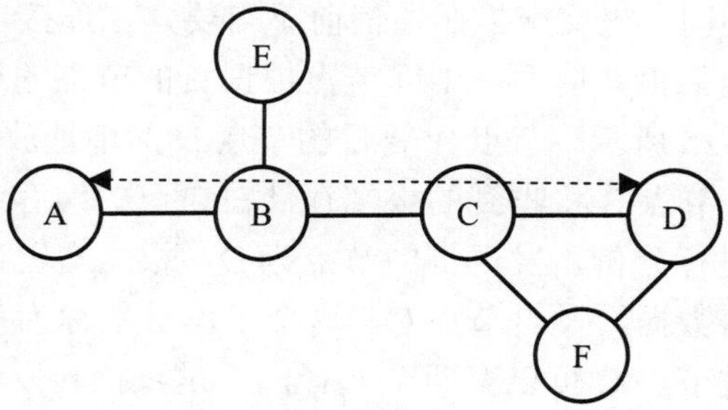

图 1-14 数据交换技术网络拓扑示意图

由于在通信之前需要先建立连接，因此称电路交换是面向连接的。

电路交换的主要优点：

数据传输时延小。在电路交换中，一旦电路连接建立，如图 1-14 所示，建立的电路连接为 A-B-C-D，可看作在节点 A 到节点 D 之间有一条电路相连，数据沿着这条电路在节点 A 和节点 D 之间传输，中间没有复杂的处理过程，因此数据传输快。这种数据交换方式适合于对实时性要求高的通信，如日常使用的电话通信就是采用这种方式。

电路交换的主要缺点：

（1）线路的利用率低。电路连接建立之后，在没有释放连接之前，A-B-C-D 这条电路连接被实际通信的双方节点 A 和节点 D 所独占，即使此时节点 A 和节点 D 之间没有数据传输，整个电路都是空闲的，其他节点也不能使用已被占用的线路。若节点 E 要和节点 F 通信，在 A-B-C-D 电路被释放前，节点 E 到节点 F 的电路是不能建立的。正因为如此，使用电路交换方式进行通信时，使用的费用是较高的，这也是为什么我们在打长途电话时资费较高的原因。

（2）抗故障能力低。如果由于某种原因，节点 C 和节点 D 之间的线路中断，那么节点 A 到节点 D 的通信会立即中断，如果要恢复通信，需要重新发起连接请求，建立 A-B-C-D 电路连接。

2. 存储转发式交换

计算机网络的通信与电话通信的特点很不相同：电话通信是一种实时通信，通信双方在需要时连接，并要求声音能够实时传输，这种通信方式适合使用电路交换方式；而计算机网络的通信是一种突发式通信，它要求计算机随时都是与网络连通的，但计算机不会随时有数据传输，如当我们打开网页时，网页从服务器传到浏览器需要数据传输，而在长时间浏览网页上的新闻时，就没有数据传输了。

电路交换独占电路的工作方式不适合计算机网络通信长时间在线及数据传输突发性的特点，因此人们提出了存储转发的交换方式。

（1）报文交换

最早按照存储转发方式工作的是报文交换，我们把计算机要发送的数据块称为一个报文，报文交换的工作过程如下：

与电路交换方式不同，报文交换在通信前不需要建立连接，而是把目的节点D的地址加在每一个要发送的报文前面，中间节点根据目的节点的地址为每一个报文单独选择下一节点，如图1-15所示。节点A将目的节点D的地址放在要发送的报文前面，将报文发送给节点B，节点B将收到的报文存储在自己的缓存中排队，再按顺序从缓存中取出收到的报文进行分析，发现目的节点为D，根据自己的路由选择算法，为报文选择下一个节点，将数据转发给节点C，这个工作过程称为存储转发。节点C也采用存储转发方式，不过节点C可以有两个选择，一是直接转发给节点D；另一个是转发给节点F，由节点F再转发给节点D。

由于报文交换不需要在数据传输前建立连接，因此称报文交换是面向无连接的。

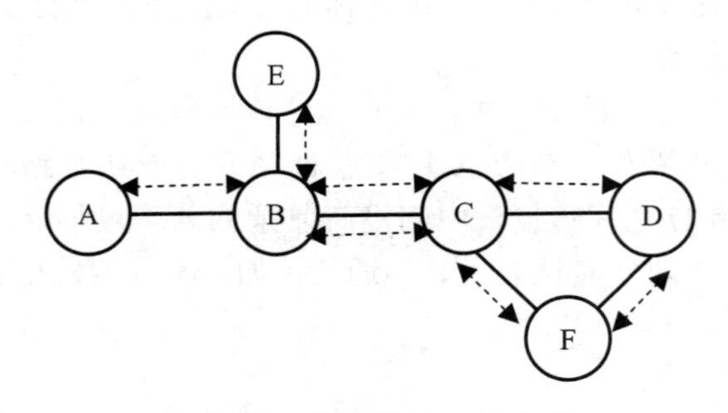

图1-15　存储转发工作方式

报文交换的主要优缺点正好和电路交换相反，报文交换的主要优点有：

① 线路利用率高。由于报文交换采用存储转发的工作方式，不需要先建立电路并独占电路，因此所有的物理线路可得到充分利用。虽然报文仍然沿着A-B-C-D进行转发，如果节点E要发送报文到节点F，节点E先发送到节点B，此时节点B可能会收到节点A和节点E的报文，节点B根据先到先处理的原则将节点A和节点E的数据在自己的缓存中排队，再依次从缓存中取出收到的报文进行转发，此时节点B到节点C虽然只有一条线路，但可以在不同时间为节点A和节点E提供数据传输。

② 抗故障能力强。节点A和节点D沿着A-B-C-D进行报文交换，如果节点C和节点D之间线路故障，节点C会根据网络的实际情况，将到节点D的报文转发给节点F，由节点F再将报文转发给节点D，从而保障计算机随时接入网络。

报文交换的主要缺点：

数据传输时延很大。在存储转发过程中，每个报文在途经的每一个节点都要进行存储、排队、分析、转发等处理过程，如果报文比较大，中间经过节点比较多时，报文从发出到全部到达目的节点的时延将会很大。

（2）分组交换

① 数据包方式

为了解决报文交换中时延过大的问题，人们提出了分组交换，分组交换仍然采用存储转发的工作方式，与报文交换不同的是将大的报文划分成小的分组在网络中传输，从而有效减小数据传输的时延。

图 1-16 中 M 表示报文，报文交换过程如图下半部分所示，M 先从 A 传输到 B，B 采用存储转发方式将 M 转发到 C，C 再转发到 D，由于每个节点必须将整个报文接收完后，再存储转发，因此 M 在某一段发送时，其余两段线路是空闲的。分组交换将报文 M 划分为 3 个小的分组 M1、M2 和 M3，如图 1-16 上半部分所示，M1 先从 A 传到 B；B 采用存储转发方式，将 M1 转发到 C，与此同时，M2 从 A 发送到 B；当 C 将 M1 转发到 D 时，同时 M2 从 B 转发到 C，M3 从 A 发送到 B，此时由 M 分成的 3 个小分组同时在 3 段线路中传输。采用这种类似流水线作业的方式，使分组交换的时延得以减小。

从图 1-16 中可以看出，当传输相同多的数据时，采用分组交换所用的时间比报文交换所用的时间要少，特别是在报文比较大且中间转发节点比较多时，分组交换的优势就更加明显。

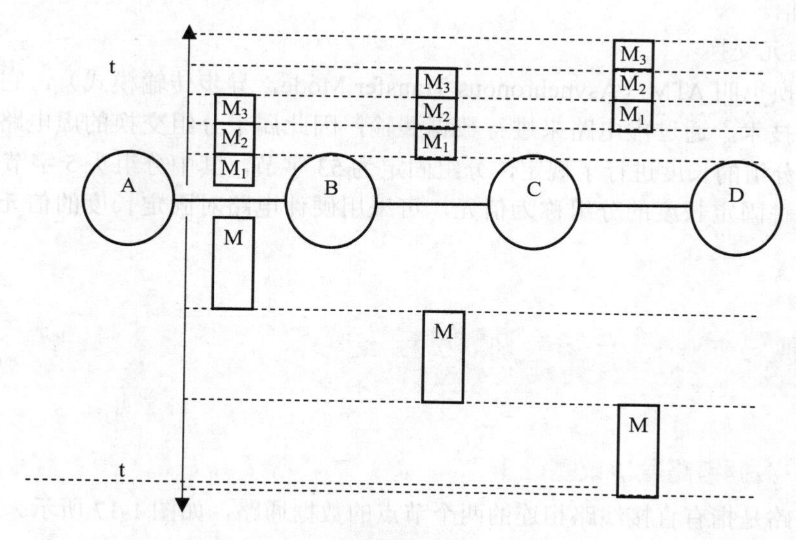

图 1-16　报文交换与分组交换对比图

由于同样是采用存储转发的方式，分组交换与报文交换的主要优缺点大致相同，只是分组交换的数据传输时延得到明显改善。

这种传统的分组交换方式也叫数据包方式，由于不需要在数据传输前建立连接，因此也是面向无连接的。

② 虚电路方式

为了在分组交换网上进一步减少时延，结合分组交换和电路交换的特点提出了虚电路方式。虚电路方式是在传统的分组交换网络上，结合电路交换的思想而产生的，它的本质仍采用存储转发方式。与数据包方式不同的是，按照电路交换的思想，在数据发送前，需要先建立一条数据传输的通路；与电路交换不同的是，它只是预先定义了一条数据传输的路径，但因为仍采用存储转发方式，并不独占这条通路，这条通路不是电路交换中独占的电路，称为虚电路。由于在数据传输前需要先建立一条虚电路，因此虚电路方式是面向连接的。

虚电路方式的主要优点：在数据包交换中，网络节点为每个分组单独选择路由，分组可能会沿不同路径到达目的节点，分组到达的先后次序可能会出现错乱，而在虚电路方式中，由于在数据传输前建立了虚电路，网络节点不再为每个分组单独选择路由，缩短了中间转发处理时间，同时由于所有数据沿虚电路依次传输，分组不会出现次序错乱问题，缩短了分组的组装时间，因此虚电路方式的数据传输时延比数据包方式更小，可以在分组交换网上引入一些实时性更高的应用；另一方面，虚电路方式的基础仍然是存储转发方式，它只是定义了一条通路，但并不独占通路上的线路资源，仍然保持了分组交换线路利用率高的特点，适合计算机突发通信的特点。

虚电路方式的主要缺点：由于引入了电路交换的思想，也引入了电路交换中抗故障能力差的缺点。在虚电路方式中，数据必须沿虚电路指定的路径传输，因此当虚电路中间某条线路故障时，沿虚电路传输的数据通道被中断，需要重新建立新的虚电路才能恢复通信。

（3）信元交换

信元交换也叫 ATM（Asynchronous Transfer Mode，异步传输模式），它是一种快速分组交换技术，通过虚电路来进行数据传输，因此属于分组交换的虚电路方式。不同的是它对分组的长度进行了规定，分组固定为 53 字节，其中分组头 5 字节，数据 48 字节，把这种固定长度的分组称为信元，可采用硬件电路对固定长度的信元进行快速转发。

1.5 数据链路层协议

1.5.1 数据链路层协议基础

数据链路是指有直接线路相连的两个节点的数据通路，如图 1-17 所示。

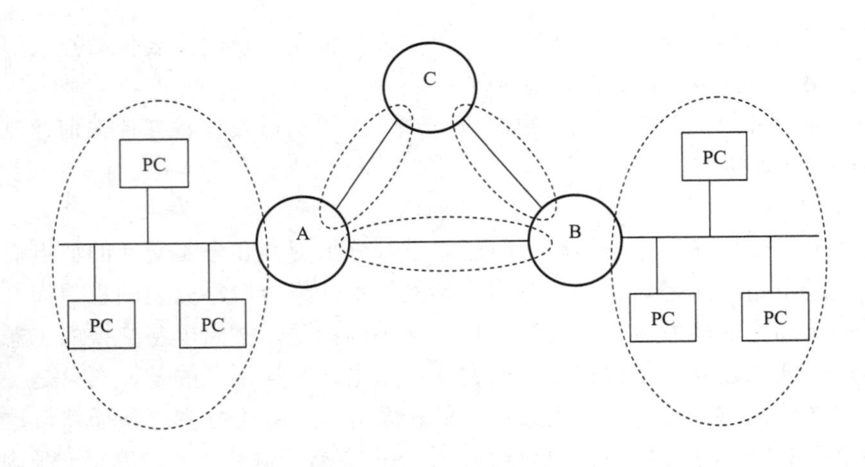

图 1-17 数据链路范围示意图

在图 1-17 中，有两种链路，一种是多个节点共享传输介质，另一种是两个节点之间用传输介质直接相连。数据链路层协议的作用是实现虚线内部区域两个节点之间可靠的数据传输。而虚线区域之间节点的数据传输及路由选择，不是数据链路层协议的功能，是网络层协议的功能，网络层要实现不同区域内节点的数据传输，要依赖所选路由上的每一条数据链路，而每条数据链路实现两个相邻节点的可靠数据传输，也必须依靠相应的物理层协议才能实现。

常用的数据链路层协议有 PPP、HDLC 及以太网的数据链路层协议。

PPP（Point to Point Protocol，点对点协议）为在点对点连接上传输多协议数据包提供了一个标准方法，是一种面向字符的数据链路层协议。

HDLC（High Level Data Link Control，高级数据链路控制规程）是一种面向比特的数据链路控制协议，实现有链路相连的点到点的可靠数据传输。

计算机网络中使用最广泛的是以太网，因此本节主要介绍以太网的数据链路层协议。

1.5.2 CSMA/CD 协议工作原理

早期的以太网是总线型结构，所有计算机都连接在一条共享的总线上，如图 1-17 虚线框中 PC 的连接情况。要实现在共享传输介质上两个节点之间的可靠数据传输，首先应该考虑的是当多个节点需要传输数据时，采用什么方法控制由哪个节点来使用共享的传输介质，称为介质访问控制（MAC，Media Access Control）方法。

以太网采用 CSMA/CD 协议来控制计算机对介质的访问。CSMA/CD（Carrier Sense Multiple Access/Collision Detection，载波侦听多路行间 / 冲突检测）工作原理为：接入共享传输介质的计算机在发送数据前要进行载波侦听，侦听介质上是否有载波。如果有，说明有数据在信道上传输或者说信道忙，这时如果发送数据到信道上，就会产生冲突。此时有两种处理方式：一种是一直坚持监听，直到信道空闲，然后发送数据，称为 1 坚持，如果多个计算机采用 1 坚持方式，可能会同时监测到信道空闲，然后同时向信道发送数据，产生冲突；另一种方式是，当检测到信道忙时，不再坚持监听，而是随机延后一段时间再监听，称为非坚持或 0 坚持，这种方式避免因为同时监听到信道空闲时产生可能的数据冲突，但也可能因为在延后的时间中信道空闲导致信道浪费。

当检测到信道空闲时，计算机向信道发送数据，但这并不能保证发出的数据不会产生冲突，当多个计算机同时检测到信道空闲时，或者由于信号在信道中有一定的传输时延，当某个计算机发送的数据信号还没传输到整个网络，而另一台计算机检测信道时，没有检测到载波，也向信道中发送数据，都会导致数据在发送后产生冲突。因此，为了在检测到信道空闲时采用 p 坚持的方式发送数据，即以概率 p 发送数据，以概率 1–p 延迟发送，以降低多个用户同时发送数据的概率，采用 p 坚持可进一步降低数据发送后产生冲突的概率，但还是不能保证不发生冲突。不管采用什么方式发送数据，在数据发送后都要进行冲突检测，即继续监听信道，通过是否有电压波动来检测数据发送后是否产生冲突，如果检测到冲突，则需要立即停止发送数据，并发送“冲突增强”信号（32bit 的“1”），让所有计算机知道产生了冲突，都停止发送数据。然后采用二进制指数退避算法，选择一个随机的延迟时间重新进行数据的监听和发送。如果在一段时间内，没有检测到冲突，就可以认为数据已经发送到整个网络，其他计算机能够检测到有数据在网络中传输，因此不会发送数据到网络中，也就不会再发生冲突了。

那么到底要等多长时间才能保证没有冲突呢？一般情况下，如果信号在网络中最远的两台计算机之间的传输时延为t，那么只需要等待2t时间，没有检测到冲突信号，就可以保证以后不会发生冲突。因为在最坏的情况下，从一端发出的信号经过t时间刚要到达（还没到达）最远端时，远端计算机监听到信道空闲，发送数据马上产生冲突，冲突信号还要经过t时间才能被源计算机检测到，因此如果产生冲突，一定是在2t时间内，超过这个时间没有检测到冲突，就说明数据正确发送。

1.5.3　以太网帧格式

除了介质访问控制方法外，以太网的数据链路层协议还需要定义的是：如何实现数据同步，通过什么方法找到目的计算机，以及如何保证数据传输的正确性。以太网将要传输的数据封装成帧，即在以太网传输的数据的前面和后面加上一些控制信息来实现这些功能。以 Ethernet II 帧为例，其帧的格式如图 1-18 所示。

7 字节	1 字节	6 字节	6 字节	2 字节	46～1500 字节	4 字节
同步码	帧首定界符	目的地址	源地址	类型	数据	帧检验序列

图 1-18　Ethernet II 帧格式

（1）同步码：共 7 个相同的字节，每个字节的内容均为 10101010，同步码用于使收发双方保持时钟同步。

（2）帧首定界符：长度为 1 字节，内容为 10101011，只有最后一位与前面的同步码不同，用于表示一个以太网帧的开始。

（3）目的地址：长度为 6 字节，表示以太网帧发送的目标 MAC 地址。

为了标识以太网上的每台主机，需要给每台主机上的网络适配器（也叫网络接口卡，简称网卡）分配一个唯一的通信地址，称为网卡物理地址或硬件地址，由于该地址是在以太网的 MAC 层定义，也称为 MAC 地址。该地址固化在网卡上，长度为 6 字节共 48bit，其中前 3 字节（24bit）代表网卡厂商，后 3 字节（24bit）是厂商给网卡的编号。以太网在数据链路层使用 MAC 地址来寻找目的计算机，但实际上不是真正地寻找计算机，而是寻找安装在计算机上的以太网卡。如果 48bit 为全 1，则表示广播地址。

（4）源地址：长度为 6 字节，表示发出该以太网帧的源 MAC 地址。

（5）类型 / 长度：长度为 2 字节，用来指出以太网帧内所含的上层协议。以太网可传输不同的上层协议，如 IP、ARP 等，如果传输的是 IP 协议，该字段的值是 0x0800，如果传输的是 ARP 协议，该字段的值是 0x0806。

说明：0x0800 是十六进制表示法，0x 表示后面的数是十六进制，而 0800 的每 1 位都是十六进制，1 位十六进制对应 4 位二进制。由于二进制写起来比较长，因此在书写时，常用十六进制来代替二进制。0x0800 对应的二进制为 0000 1000 0000 0000，中间的空格是为了表示 4 位二进制与 1 位十六进制的对应关系，实际上是没有的。前面的以太网广播地址用十六进制可表示为 0xFFFFFFFFFFFF。

（6）数据：长度可变，46～1500 字节，表示以太网帧可传输的上层协议数据的长度必须在这个范围内。其中 1500 字节是以太网帧的最大数据传输单元，称为 MTU，不同链路层的 MTU 值不相同，46 字节为最小数据长度，如果数据长度不足 46 字节，必须填充到 46 字节。加上以太网帧的首部和尾部，不包含同步码和帧定界符，以太网帧的长度范围为 64～1518 字节。其中 64 字节的最小以太网帧长，是由以太网的冲突检测时间确定的，即以太网发送 64 字节后，如果没有检测到冲突，可以认为没有冲突，而如果发生冲突，一定是在 64 字节发送完以前。因此如果发现以太网上有小于 64 字节的帧，是由于冲突产生的碎片帧，应该丢弃。

（7）帧校验序列（Frame Check Sequence，FCS）：长度为 4 字节，采用 32 位 CRC（Cyclic Redundancy Check，循环冗余校验）对从“目的地址”字段到“数据”字段的数据进行校验，用于保证以太网数据传输的正确性。

1.5.4 真实以太网帧分析

使用协议分析工具软件如 Wireshark，可截获计算机发送及接收的数据包，这些数据是网络上真实传输的数据，图 1-19 是使用浏览器浏览一个网站时发送的请求数据包，所有数据以十六进制形式显示，1 位十六进制对应 4 位二进制，2 位十六进制就是 8 位二进制，即 1 字节。

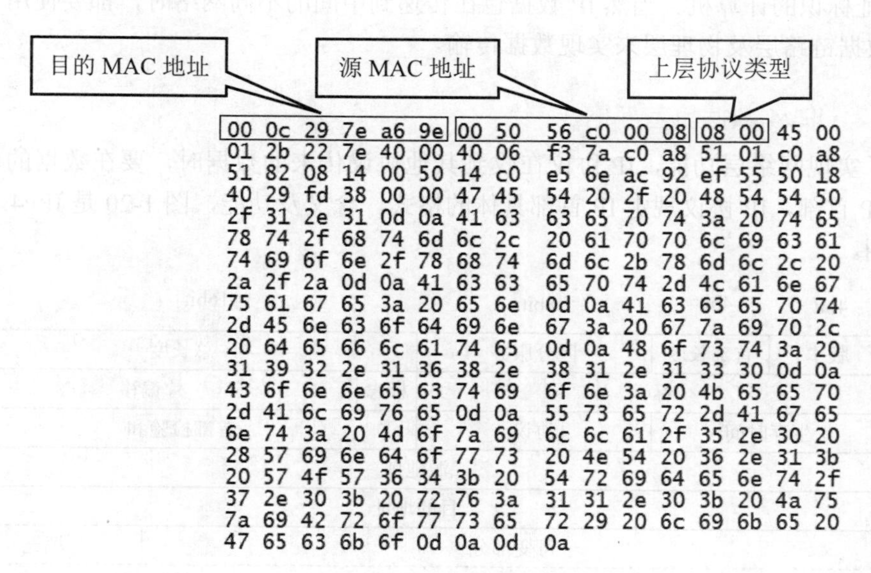

图 1-19 真实以太网帧分析

在协议分析软件显示的捕获数据中，没有显示同步码、帧首定界符及帧检验序列，但并不是表示没有，这些数据主要是保证帧能够正确接收的，软件正确捕获到以太网帧后，说明以太网帧被正确接收，因而只显示了有用的信息。

浏览器使用应用层的 HTTP 协议，HTTP 协议使用传输层的 TCP 协议，TCP 协议使用网络层的 IP 协议，IP 协议使用数据链路层的以太网协议，以太网协议使用以太网的物理层协议。物理层协议实现透明比特流传输，它只定义与物理介质相关的规程，与具体传输的数据内容无关。因此协议数据分析是从数据链路层开始的。如图 1-19 所示，最开始的部分是目的 MAC 地址，共 6 字节 48bit；然后是源 MAC 地址，也是 6 字节 48bit；后面是类型字段，表示上层哪个协议使用以太网传输数据，0x0800 表示 IP 协议。

1.6 网络层协议

1.6.1 网络层协议基础

数据链路层能够实现在同一网络内部数据的通信，当网络通信跨越多个网络时，特别是多个网络的数据链路层不相同时，如何实现跨网络的数据传输是网络层协议负责处理的问题。Internet 使用的网络层协议是 IP 协议，通过在网络层定义统一的逻辑地址“称为 IP 地址”，实现不同数据链路层在网络层上的统一寻址。同时定义相应的路由选择协议，实现 IP 数据包在网络传输中的最优路径选择。简单地说，通过网络层协议可实现将数据从一台由 IP 地址标识的计算机，跨越多个网络传输到远端另一台由不同 IP 地址标识的计算机。当然 IP 数据包在传递到中间的不同网络时，都要使用该网络相应的数据链路层及物理层来实现数据传输。

1.6.2 IPv4 数据包首部格式

为了实现网络层功能，IP 协议在收到其他协议传来的数据时，要在数据的前面加上一个 IP 首部，IP 协议规定 IP 首部具体的格式、含义及功能，图 1-20 是 IPv4 首部格式示意图。

	4bit	4bit	8bit	16bit	
固定部分	版本	首部长度	区分服务	总长度	
	标识			标志	片偏移
	生存时间		协议	首部检验和	
	源地址				
	目的地址				
	可变部分				填充

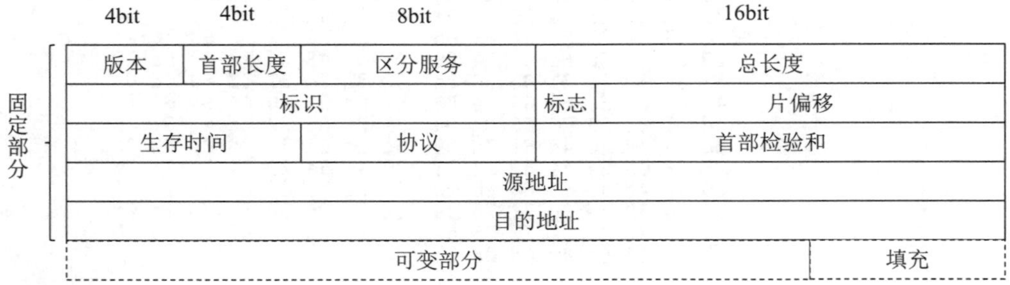

图 1-20 IPv4 首部格式示意图

（1）版本：长度为 4bit，指 IP 协议的版本。目前使用得较多的 IP 协议版本号为 4（即 IPv4），用十进制表示为 0100。

（2）首部长度：长度为4bit，最大值为1111，对应的十进制值为15，表示首部长度最大为15个单位，其中一个单位为4字节，即图1-20中的一行，因此首部长度最大为60字节。如果只有固定部分则首部长度值为5，二进制为0101，表示首部长度为5个单位共20字节。而可变部分的长度必须是4字节的整数倍，以凑成一个单位，如不是应填充至4字节的整数倍。

（3）区分服务：长度为1字节，在区分服务时使用，一般情况没有使用。

（4）总长度：长度为2字节，表示首部和数据总共的长度，单位为字节，其最大值为$2^{16}-1=65535$字节。在IP数据交给以太网传输时，由于以太网的MTU值为1500字节，如果总长度大于1500字节，需要对数据进行分片，以保证分片后的总长度不大于1500字节。

（5）标识：长度为2字节，当数据报由于长度超过网络的MTU值而必须分片时，这个标识字段的值就被复制到所有分片中的标识字段中，相同标识字段的值使各分片最后能正确地重新组装成为原来的数据报。

（6）标志：占3bit，但目前只有2位有意义。标志字段中的最低位记为MF（More Fragment），MF=1即表示“后面还有分片”，MF=0表示“这是最后一个分片”。标志字段中间的一位记为DF（Don't Fragment），意思是“不能分片”，只有当DF=0时才允许分片。

（7）片偏移：占13bit，较长的分组在分片后，某片在原分组中的相对位置。也就是说，相对用户数据字段的起点，该片从何处开始。片偏移以8字节为偏移单位，即每个分片数据部分长度一定是8字节的整数倍。标识、标志和片偏移共同实现对数据报的分片及重组功能。

（8）生存时间：长度为1字节，英文缩写是TTL（Time To Live），表明数据报在网络中的寿命，由发出数据报的源点设置这个字段。其目的是防止无法交付的数据报无限制地在因特网中兜圈子，而白白消耗网络资源。TTL的单位为跳数，每经过一个路由器称为一跳，因此当IP包每经过一个路由器时，路由器会把TTL减1，如果TTL为0就将这个IP包丢弃，否则，就把TTL减去数据报在路由器消耗掉的一段时间。若数据报在路由器消耗的时间小于1秒，就把TTL值减1；当TTL值为0时，就丢弃这个数据报，否则根据路由表转发该IP包。

（9）协议：长度为1字节，与以太网帧结构中的类型字段相似，协议字段用于表示使用IP协议的上层协议是什么，以便使接收方的IP协议知道将处理后的数据交给哪个上层协议。常用的上层协议和其对应的协议字段值如表1-1所示。

表1-1　上层协议与IPv4首部中协议字段值对应表

协议名	ICMP	IGMP	TCP	EGP	IGP	UDP	IPv6	OSPF
协议字段	1	2	6	8	9	17	41	89

（10）首部检验和：长度为2字节，用于检验IP首部是否正确传输，只检验IP首部，不检验数据部分。与以太网帧不同的是，IPv4的首部检验和不是采用CRC的方式。

（11）源地址：长度为 4 字节 32bit，即源 IP 地址，标识发送 IP 包的主机。

（12）目的地址：长度为 4 字节 32bit，即目的 IP 地址，标识该 IP 包要到达的目的主机。

1.6.3　真实数据 IP 协议分析

我们仍然使用在以太网帧分析时捕获到的真实数据，由于它是浏览器浏览一个网站时发送的请求数据包，因此在这个数据包中包含 HTTP 协议首部，TCP 协议首部，也包括 IP 协议首部和以太网帧的首部，其中 IP 协议在整个数据的位置如图 1-21 所示。

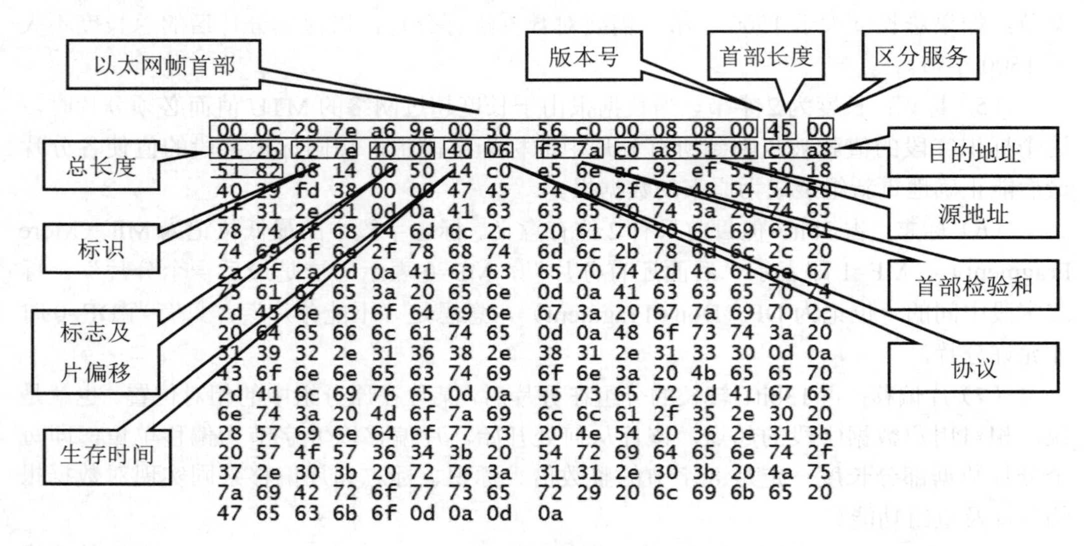

图 1-21　真实数据 IP 协议分析

（1）版本号为 0x4，十进制值为 4，表示版本为 IPv4。

（2）首部长度为 0x5，十进制值为 5，表示首部长度共 5 个单位，每单位 4 字节，共 20 字节，说明只有固定部分，没有可变部分。

（3）区分服务为 0x00，表示没有使用。

（4）总长度为 0x012b，换成十进制为 299，表示 IP 包总长度为 299 字节。

（5）标识为 0x227e。

（6）标志及片偏移为 0x4000，用二进制表示为 010 0000000000000，标志部分为 010，MF=0，表示这是最后一个分片，DF=1，表示不允许分片，13 位片偏移均为 0，表示是第一个分片，说明没有分片，或这是唯一的一个分片。

（7）生存时间为 0x40，换成十进制为 64。

（8）协议为 0x06，十进制值为 6，表示上层协议为 TCP 协议。

（9）首部检验和为 0xf37a。

（10）源地址为 0xc0a85101。

（11）目的地址为 0xc0a85182。

1.6.4 IP 地址

在 IP 协议里定义了两个地址，源地址和目的地址，长度为 32bit，我们把它叫做 IP 地址。32bit 二进制书写和记忆都很困难，因此人们常用点分十进制来表示 IP 地址。即把 32bit 划分为 8bit 一组，共 4 组，将每组的 8bit 转化为十进制数，然后每组之间用一个点号分隔开，如图 1-22 所示。

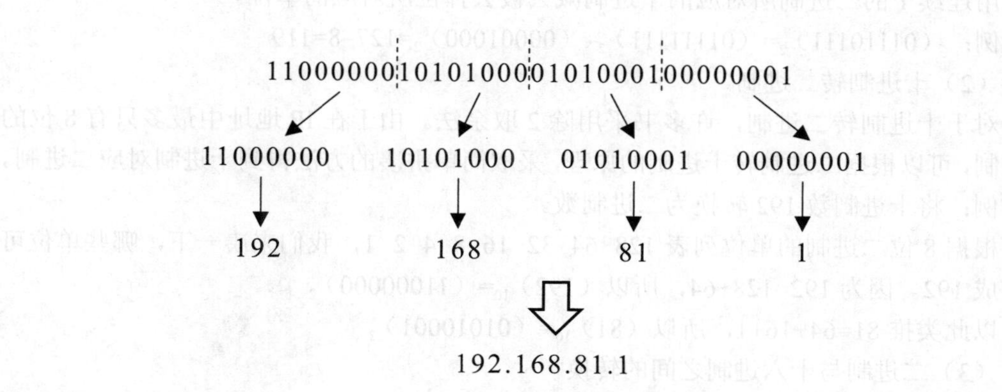

图 1-22 IP地址的点分十进制表示法

虽然在日常生活中，我们使用点分十进制来表示 IP 地址，如 192.168.81.1，但在实际网络中传输的 IP 地址是一个连续的 32bit 的二进制数。因此熟练掌握二进制和十进制之间的转换是理解 IP 地址很重要的部分。

1. 进制转换

（1）二进制转十进制

二进制与十进制之间转换的关键是记住二进制每一位上的单位，称为权。如图 1-23 所示。

100	10	1
10^2	10^1	10^0
（1	2	3）$_{10}$

128	64	32	16	8	4	2	1
2^7	2^6	2^5	2^4	2^3	2^2	2^1	2^0
（1	0	1	0	1	0	0	0）$_2$

图 1-23 十进制与二进制的权

在十进制中，每位上都有一个单位，如十进制数 123，它有个位、十位、百位，个位单位为 1，十位单位为 10，百位单位为 100，那么 123 的值就是 1 个 100，2 个 10，3 个 1 之和，表示成公式为 123=1×100+2×10+3×1，而二进制的每一位也有一个单位，如图 1-23 所示，那么二进制值（10101000）$_2$=1×128+0×64+1×32+0×16+1×8+0×4+0×2+0×1=168。由于二进制只有 0 和 1 两个数，0 乘以任何数为 0，1 乘以任何数都等于数本身，因此可以简单认为二进制对应的值就是与 1 相对的所有单位之和，如（10101000）$_2$=128+32+8=168。

例：将（01111111）$_2$ 转换为十进制。

解法 1：（01111111）$_2$=64+32+16+8+4+2+1=127

解法 2：由于（01111111）$_2$=（10000000）$_2$–1=128–1

因此，如果二进制是连续的 1，其所对应的十进制数，可以用最高位 1 的前面 1 位的单位减 1 得到。而对于 1 比较多的二进制数，也可看作是连续的 1 中间某些位被减掉，可以用连续 1 的二进制所对应的十进制减去被去掉位所对应的单位。

例：（01110111）$_2$=（01111111）$_2$–（00001000）$_2$=127–8=119

（2）十进制转二进制

对于十进制转二进制，许多书采用除 2 取余法。由于在 IP 地址中最多只有 8 位的二进制，可以根据二进制转十进制的原理，采取简单拼凑的方法得到十进制对应二进制。

例：将十进制数 192 转换为二进制数。

根据 8 位二进制的单位列表 128 64 32 16 8 4 2 1，我们来凑一下，哪些单位可以凑成 192。因为 192=128+64，所以（192）$_{10}$=（11000000）$_2$

以此类推 81=64+16+1，所以（81）$_{10}$=（01010001）$_2$

（3）二进制与十六进制之间的转换

由于 4 位二进制可以表示 2^4=16 个数，最小为 0，最大为 15，正好与十六进制数一一对应，因此可以说十六进制的本质就是二进制，是二进制的另一种表示形式，当用二进制表示太长时，经常使用十六进制来表示，在前面的协议分析中，就是使用十六进制来表示二进制的。

由于只有 4 位二进制，只需要使用 4 位二进制单位列表 8 4 2 1 即可完成 4 位二进制与十进制的转换，再将十进制 0～15 对应到相应的十六进制 0～9，a～f 即可。

例：在 IP 协议中，目的地址为 0xc0a85182 对应的点分十进制地址为多少？

解题过程如图 1-24 所示。

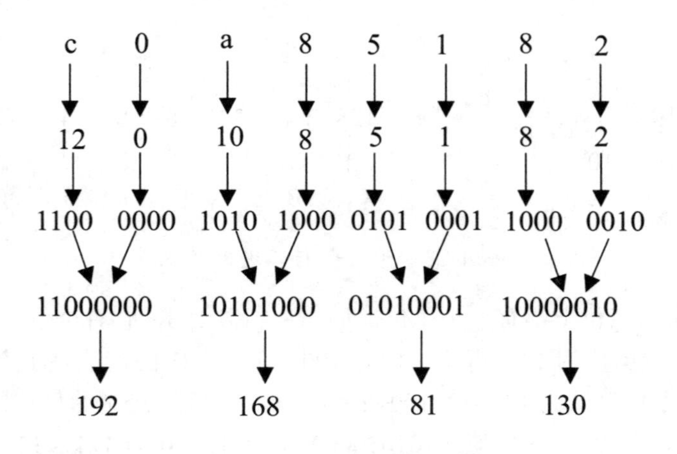

图 1-24 十六进制转换过程

首先将每位十六进制对应到相应的十进制值，根据 4 位二进制单位列表 8 4 2 1，写出十进制对应的二进制，将 32 位二进制分成 8bit 一组，然后将 8bit 二进制使用 8 位二进制单位列表 128 64 32 16 8 4 2 1，将二进制转换为十进制，得到点分十进制 IP 地址为 192.168.81.130。

2. IP 地址分类

为了合理地分配 32bit 的 IP 地址，对 IP 地址进行了分类管理，图 1-25 是 IP 地址分类的示意图。基本思想是将 32bit 地址分成网络号和主机号两部分，网络号相同的表示同一网络，用主机号区别同一网络的不同主机。

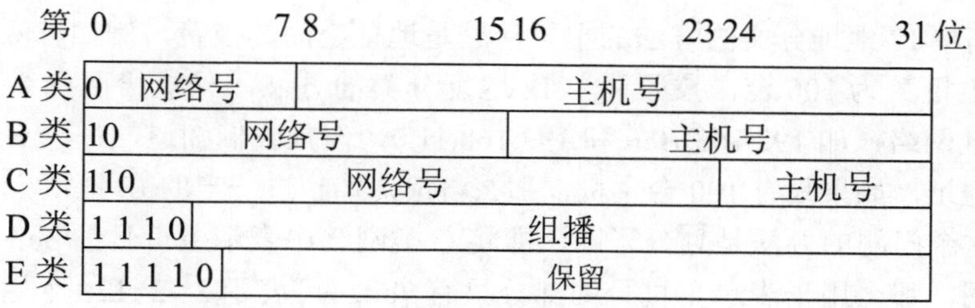

第 0 7 8 15 16 23 24 31 位
A 类 0 网络号 主机号
B 类 10 网络号 主机号
C 类 110 网络号 主机号
D 类 1110 组播
E 类 11110 保留

图 1-25 IP 地址分类的示意图

（1）A 类地址

A 类地址网络号占 8bit，其中第 1bit 固定为 0，剩余 24bit 表示主机号。也就是说，只要第 1bit 为 0，就是一个 A 类地址，如果把所有地址分为第 1bit 为 0 和第 1bit 为 1 两大类，那么 A 类地址占了所有地址的一半。由于第 1bit 固定为 0，虽然网络号是 8bit，但可以变化的只有 7bit，即 A 类网络号范围为 00000000～01111111，转换成十进制为 0～127，由于 7 位全 0 和 7 位全 1 为特殊用途，即 0 和 127 为特殊用途，因此 A 类网络号范围为 1～126，共 126 个 A 类网络。由于使用 24bit 表示主机号，其中主机号为全 0 表示该网络的网络地址，即用来代表该网络，主机号为全 1 表示该网络的广播地址，因此一个 A 类网络的主机号个数为 $2^{24}-2$，约 1600 万台。A 类网络的特点是网络个数少，但网络中包含的主机数多，主要用于大型网络。

（2）B 类地址

B 类地址网络号占 16bit 共 2 字节，其中前 2bit 固定为 10，剩余 16bit 表示主机号。B 类地址占所有地址的四分之一，即除 A 类地址外剩下地址的一半。由于前 2bit 固定为 10，因此可变化的网络号有 14bit，即 B 类网络号范围为 10000000.00000000～10111111.11111111，转换为十进制为 128.0～191.255，共 214 个 B 类网络。主机号用 16bit 表示，有效主机号个数为 $2^{16}-2=65534$，与 A 类网络相比，B 类网络个数比 A 类网络多，但 B 类网络中的主机数比 A 类网络少，主要用于中等规模网络。

（3）C 类地址

C 类地址网络占 24bit 共 3 字节，其中前 3bit 固定为 110，剩余 8bit 表示主机号。C 类地址占所有地址的的八分之一，即剩下四分之一的一半。由于前 3bit 固定为 110，因此可变化的网络号有 21bit，即 C 类网络号范围为 11000000.00000000.00000000～11011111.11111111.11111111，转换成为十进制为 192.0.0～223.255.255，共 221 个 C 类网络。主机号用 8bit 表示，有效主机号个数为 $2^8-2=254$，与 A、B 类网络相比，C 类网络拥有最多的网络数，但每个 C 类网络可容纳的主机最少，适合用于小型网络。

（4）D 类地址

D 类地址前 4bit 固定为 1110，因此 IP 地址的前 8bit 范围为 11100000～11101111，转换为十进制为 224～239，D 类地址没有网络号和主机号的划分，主要用于组播。

（5）E 类地址为保留地址。

3. 划分子网

采用简单 IP 地址分类的方法的主要问题是地址空间的浪费，例如有两个网络，每个网络的主机数为 100 台，按照简单 IP 地址分类的方法，只能给两网络分别分配两个 C 类地址网络，如 192.168.10.0 和 192.168.11.0，但是我们知道，每个 C 类网络可有 254 个 IP 地址，如果只有 100 台主机，那么将浪费掉超过一半的 IP 地址。

解决这个问题的办法是划分子网，即将 C 类网络中表示主机号的 8bit 的最高位用作表示子网，那么用于表示主机号的部分只有 7bit，可表示 $2^7-2=126$ 个主机，但是计算机怎么知道进行了子网划分呢？这就要借助子网掩码了，采用一个 32bit 的子网掩码与 IP 地址的 32bit 相对应，如果对应的 IP 地址位是网络号（包括子网号），则子网掩码对应位为 1，如果对应的 IP 地址位是主机号，则子网掩码对应位为 0。

根据子网掩码的定义可以得到 A、B、C 类地址的缺省子网掩码，即

A 类：255.0.0.0。

B 类：255.255.0.0。

C 类：255.255.255.0。

再回到刚才的问题，如果将 C 类地址的主机号的最高位借用作为子网号，那么它的子网掩码是多少呢？其子网掩码为 11111111.11111111.11111111.10000000，转换成十进制为 255.255.255.128。

对于一个标准的 C 类地址，如 192.168.10.0，其子网掩码为 255.255.255.0，可以使用子网掩码 255.255.255.128 将其划分为两个子网。其中一个子网的网络号为 192.168.10.0xxxxxxx，另一个子网的网络号为 192.168.10.1xxxxxxx，可以看出，如果借用 1bit 作为子网号，可以将原来的网络划分成 2 个子网，因为 1 位二进制可表示 $2^1=2$ 个不同的数，每个数对应不同的子网号，如果借用 2bit 作为子网号，可以将原来的网络划分成 $2^2=4$ 个子网，依此类推，如果要划分 8 个子网，因为 $2^3=8$，需要从主机号借用 3bit 作为子网号。借用的位数越多，划分的子网越多，由于主机号不断减少，因此每个子网容纳的主机数也变小。

对于子网 192.168.10.0xxxxxxx，其 IP 地址范围为 192.168.10.00000000～192.168.10.01111111，即 192.168.10.0～192.168.10.127，其中 7 位主机号为全 0 表示该网络的网络号为 192.168.10.0，7 位主机号为全 1 表示该网络的广播地址为 192.168.10.127，则可用 IP 地址范围为 192.168.10.1～192.168.10.126，共 126 个 IP 地址。

对于子网 192.168.10.1xxxxxxx，其 IP 地址范围为 192.168.10.10000000～192.168.10.11111111，即 192.168.10.128～192.168.10.255，其中 7 位主机号为全 0 表示该网络的网络号为

192.168.10.128，7 位主机号为全 1 表示网络的广播地址为 192.168.10.255，则可用 IP 地址范围为 192.168.10.129～192.168.10.254，共 126 个 IP 地址。

例：有 4 个网络，每个网络有主机 60 台，现有一个标准 C 类网络 192.168.10.0，子网掩码为 255.255.255.0，请使用子网划分的方法给 4 个网络分配 IP 地址，写出每一个子网的网络号、广播地址、可用 IP 地址范围及子网掩码。

分析：要划分 4 个子网，需要从 C 类网络的主机号借 2bit 作为子网号，剩余 6bit 可容纳 2^6–2=62 台主机，符合题目要求。

4 个子网的子网掩码相同，均为 255.255.255.11000000，即 255.255.255.192。

第 1 个子网 192.168.10.00xxxxxx，网络号为 192.168.10.00000000，即 192.168.10.0，广播地址为 192.168.10.00111111，即 192.168.10.63，可用 IP 地址范围为 192.168.10.1～192.168.10.62。

第 2 个子网 192.168.10.01xxxxxx，网络号为 192.168.10.01000000，即 192.168.10.64，广播地址为 192.168.10.01111111，即 192.168.10.127，可用 IP 地址范围为 192.168.10.65～192.168.10.126。

第 3 个子网 192.168.10.10xxxxxx，网络号为 192.168.10.10000000，即 192.168.10.128，广播地址为 192.168.10.10111111，即 192.168.10.191，可用 IP 地址范围为 192.168.10.129～192.168.10.190。

第 4 个子网 192.168.10.11xxxxxx，网络号为 192.168.10.11000000，即 192.168.10.192，广播地址为 192.168.10.11111111，即 192.168.10.255，可用 IP 地址范围为 192.168.10.193～192.168.10.254。

4. 变长子网掩码 VLSM

在前面划分子网时，每个子网的规模是一样的，但在实际情况中往往不会这样。

例：有 3 个网络，其中 1 个网络有 100 台主机，另外 2 个网络有 60 台主机，有一个标准 C 类网络地址 192.168.10.0，子网掩码 255.255.255.0，为这 3 个网络划分子网，分别写出 3 个子网的网络号、广播地址、可用 IP 地址范围及子网掩码。

分析：如果用借用 1bit 作为子网号，只能划分 2 个子网不能满足要求，如果借用 2bit 作为子网号能够划分成 4 个子网，但每个子网只能容纳 62 台主机，满足不了有 100 台主机的网络，因此使用统一的子网掩码来划分肯定就不行了。

可以这样考虑，先借用 1bit 作为子网号，将标准 C 类网络划分成 2 个子网，其中一个子网分配给有 100 台主机的网络，然后将另外一个子网从主机号再借 1bit 作为子网号，最后将其再划分为 2 个子网。划分结果如下：

第 1 个子网 192.168.10.0xxxxxxx，子网掩码为 255.255.255.10000000，即 255.255.255.128，网络号为 192.168.10.00000000，即 192.168.10.0，广播地址为 192.168.10.01111111，即 192.168.10.127，可用 IP 地址范围为 192.168.10.1～192.168.10.126。

第 2 个子网 192.168.10.10xxxxxx，子网掩码为 255.255.255.11000000，即 255.255.255.192，网络号 192.168.10.10000000，即 192.168.10.128，广播地址为 192.168.10.10111111，即 192.168.10.191，可用 IP 地址范围为 192.168.10.129～

192.168.10.190。

第3个子网192.168.10.11xxxxxx，子网掩码为255.255.255.11000000，即255.255.255.192，网络号192.168.10.11000000，即192.168.10.192，广播地址为192.168.10.11111111，即192.168.10.255，可用IP地址范围为192.168.10.193～192.168.10.254。

从上面的例子可以看出，在划分子网时借用了不同长度的主机号来表示子网号，因此称为变长子网掩码。

5. CIDR

划分子网是将一个较大的网络划分成较小的网络，这在一定程度上解决了IP地址空间浪费的问题，由于受到IP地址分类概念的约束，IP地址分配仍显得不够灵活，例如：如果有一个包含500个主机的网络，若仍然使用IP地址分类概念的话，就只能用B类地址划分子网得到，而C类地址只能容纳254台主机，若要用C类地址，就必须使用两个C类地址，而这两个C类地址并不是同一网络的。

因此在VLSM之后，出现了CIDR技术。CIDR（无类别域间路由，Classless Inter-Domain Routing）消除了传统的A类、B类和C类地址的概念，因而可以更加有效、灵活地分配IPv4的地址空间。它将任意32bit IP地址简单分为网络部分和主机部分，并使用“/”标记法来标记IP地址中网络部分的位数。

例如：有一个包含500个主机的网络，它可以表示为192.168.10.0/23，其中“/23”表示网络部分有23bit，则主机部分为32–23=9位，可以容纳主机数为2^9–2=510台，满足需求。根据前面的知识，该网络的IP地址为192.168.0000101x.xxxxxxxx，其中x代表主机部分，该网络的网络号为192.168.00001010.00000000，即192.168.10.0，广播地址为192.168.00001011.11111111，即192.168.11.255，IP地址范围为192.168.00001010.00000001～192.168.00001011.11111110，即192.168.10.1～192.168.11.254，可见该网络包括了原来的两个C类地址块（192.168.10.0和192.168.11.0）。

虽然使用CIDR后IP地址的分配不再局限于传统的A、B、C类地址划分，但其名称仍然被使用。

CIDR可以最大程度地灵活使用IPv4地址空间，通过将多个网络构成超网，可以实现路由汇聚，从而减少路由表条目，提高路由效率。

例如：假设某单位有4个C类网络，通过一个出口路由器与其他网络相连，如图1-26所示。

如果不使用路由汇聚，路由器R2需要为4个网络做4条路由，下一跳地址均为R1。如果将4个C类网络构成超网，在R2上只需要一条路由即可。构成超网与划分子网的思路刚好相反，划分子网借用主机部分高位作为子网号，从而将一个大的网络划分为几个小的子网。而构成超网是将网络部分的低位划成主机部分，从而将几个较小的网络构成一个较大的网络。

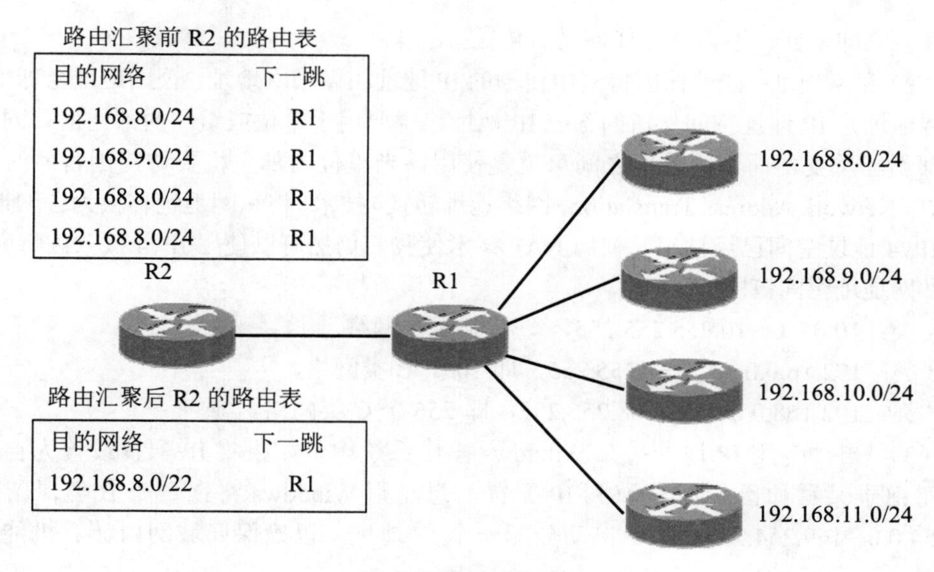

图 1-26 路由汇聚

如何构成超网呢？其基本思路是找到要构成超网的几个网络的最大公共网络部分，即如果它们拥有相同的网络部分，那么可以把它们看作一个网络，即一个超网。

如图 1-27 所示，4 个网络最大公共部分为 192.168.000010，如果把它作为超网的网络部分，则这 4 个网络的 IP 地址将属于同一个超网，此时超网的网络部分为 22bit，其余 10bit 作为主机部分，主机部分全 0 作为超网的网络号，构成的超网为 192.168.8.0/22，这个 CIDR 地址块将包括 4 个网络的所有 IP 地址。R2 只需要作一条汇聚路由，将到网络 192.168.8.0/22 的路由指向 R1 即可。

192.168.8.0　　192.168.00001000.00000000

192.168.9.0　　192.168.00001001.00000000

192.168.10.0　　192.168.00001010.00000000

192.168.11.0　　192.168.00001011.00000000

192.168.000010xx.xxxxxxxx

192.168.00001000.00000000/22

图 1-27 构成超网

6. 特殊 IP 地址

（1）本地回环地址：网络号为 127 的 A 类地址，该地址是指电脑本身，主要作用是预留作为测试使用，用于网络软件测试以及本地机进程间通信。在 Windows 系统下，该地址还有一个别名叫 “localhost”，无论哪个程序，一旦使用该地址发送数据，协议软件会立即返回，不再进行任何网络传输。

（2）私网地址：能够在因特网中传输的IP地址叫做公网地址，公网地址全球唯一。而私网地址是IP地址空间保留的部分IP地址，主要用于单位或组织内部通信，同一单位内部不能重复，而不同单位之间可重复使用。当单位内部主机要访问因特网时，使用NAT（Network Address Translation，网络地址转换）技术，将私网地址转换为公网地址。虽然IPv4地址空间已经枯竭，使用NAT技术使我们仍然可以使用IPv4接入因特网。

私网地址空间范围如下。

A类：10.0.0.0～10.255.255.255，即一个A类网络。

B类：172.16.0.0～172.31.255.255，即16个B类网络。

C类：192.168.0.0～192.168.255.255，即256个C类网络。

（3）自动专用IP地址：在Windows操作系统中，如果将IP配置设置为自动获取，而由于某种原因没有获取到IP配置信息，则Windows将在一个B类保留地址169.254.0.0～169.254.255.255中自动分配一个IP地址，以确保局域网内计算机能够相互通信。

7. IPv6简介

IPv6是Internet Protocol Version 6的缩写，即IP版本6。IPv6是IETF（Internet Engineering Task Force，互联网工程任务组）设计的用于替代现行版本IP协议（IPv4）的下一代IP协议。目前IP协议的版本号是4（简称为IPv4），它的下一个版本就是IPv6。

IPv4采用32bit作为地址唯一识别因特网上的主机，理论上可以有2^{32}约40亿个地址，随着因特网的飞速发展，IPv4地址资源已经枯竭。而IPv6采用128bit作为主机地址，理论上有2^{128}约3.4×1038个地址，在可以想象的未来，IPv6的地址空间是使用不完的。

在IPv4中，使用点分十进制来表示32bit IP地址，而在IPv6中，使用冒号十六进制来表示128bit地址，方法如图1-28所示。

将128bit地址以16bit为单位分组，总共可以分为8组，每组之间人为加入冒号隔开。每个组有16bit，将16bit二进制转换为十六进制，即将16bit分为4bit一小组，每4bit二进制对应1位十六进制。

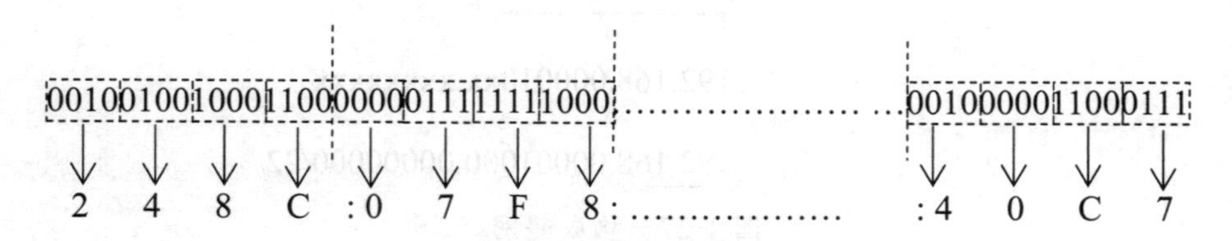

图1-28　IPv6地址冒号十六进制表示

即使使用冒号十六进制表示，IPv6的地址表示起来还是很长，为了进一步简化地址表示方法，当地址中出现连续0的时候可以使用零压缩，为了不产生歧义，在一个地址中零压缩只能使用一次。

例如：IPv6 地址 0000：0000：0FF0：0008：0000：0000：0000：0000

可简写为 0：0：FF0：8：：

其中 IPv6 地址有两个部分出现连续的零，但只能使用一次零压缩，我们压缩后面较长的连续的零部分，使用：：来替代连续的零。而每个部分前面高位的零也可以不写，后面低位的零必须写，因此 0000 可简写为 0，而 0FF0 可简写为 FF0，0008 可简写为 8，所有简写必须保证不会产生歧义。

在 IPv4 向 IPv6 转换中，IPv6 地址也会出现冒号十六进制与点分十进制后缀相结合的表示方法，即将最后 32bit 使用点分十进制表示，前面部分使用冒号十六进制表示。

例如：IPv6 地址 0：0：0：0：0：FFFF：202.192.100.10，为一个合法的 IPv6 地址，使用零压缩表示为：：FFFF：202.192.100.10。

与 IPv4 的 CIDR 一样，IPv6 也使用斜线标记法来标识地址中的网络与主机部分。

如地址 2001：：AB：10/48，表示 IPv6 中前面 48bit 表示网络，后面 80bit 表示该网络中的主机

IPv6 一般包含以下几种地址类型。

单播（Unicast）：传统的点对点通信。

多播（Multicast）：一点对多点通信，IPv6 中没有 IPv4 中的广播地址概念，可以将广播看作多播的特例。

任播（Anycast）：是 IPv6 增加的一种类型，目的是一组计算机，但只交付给这组中的某一台计算机，通常是与路由距离最近的那台。

一些特殊的 IPv6 地址：

0：0：0：0：0：0：0：0 简写为：：，表示未指明地址。

0：0：0：0：0：0：0：1 简写为：：1，表示回环地址。

0：0：0：0：0：FFFF：202.192.100.10，简写为：：FFFF：202.192.100.10，为基于 IPv4 的 IPv6 地址。

以二进制 1111 1111 开始的地址（即以十六进制 FF 开始的地址）为多播地址。

以二进制 001 开始的地址为全球单播地址。

以二进制 1111 1110 10 开始的地址为本地链路单播地址。

以二进制 1111 110 开始的地址为唯一本地址单播地址。

1.6.5 ARP/RARP 协议

ARP（Address Resolution Protocol，地址解析协议）是 TCP/IP 协议族中的一个重要协议，它工作在网络层协议（IPv4 协议）和数据链路层协议（以太网协议）之间，当 IP 协议要发送数据到某个目的 IP 地址时，由 ARP 协议来解析该 IP 地址所对应的 MAC 地址，以太网协议使用该 MAC 地址作为目的 MAC 地址封装在以太网帧首部。

RARP（Reverse Address Resolution Protocol，反向地址解析协议），它的作用是通过自己的源 MAC 地址解析其对应的 IP 地址，简单地说，ARP 的作用是通过目的 IP 地址查找目的 MAC 地址，而 RARP 则是通过源 MAC 地址查找源 IP 地址。由于 RARP 使用较少，因此主要介绍 ARP 协议。

ARP 协议一般情况只工作在一个网络内部，其工作原理如图 1-29 所示。

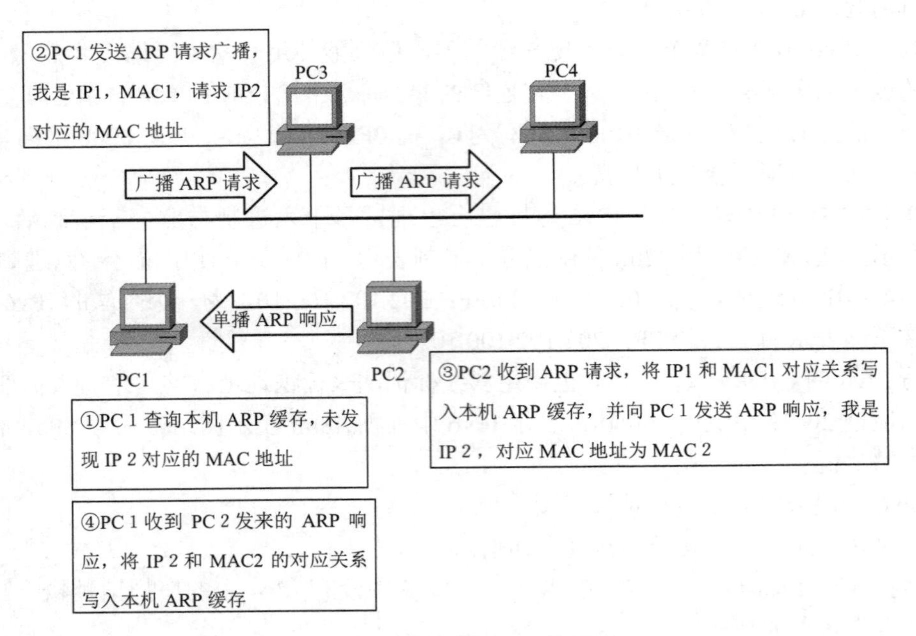

图 1-29　ARP 协议工作原理

每台计算机都维护一个 ARP 缓存，ARP 缓存中保存 MAC 地址与 IP 地址的对应关系，当计算机启动时 ARP 缓存是空的。

假设 PC1 的 IP 地址为 IP1，MAC 地址为 MAC1，如果 PC1 要发送一个 IP 包给 PC2，那么在 IP 包中源 IP 地址为 IP1，目的 IP 地址为 IP2，IP 包数据传到数据链路层，以太网协议的首部需要填写目的 MAC 地址和源 MAC 地址，源 MAC 地址就是本机网卡地址，而目的 MAC 地址应该是 IP2 所对应的网卡地址，而 PC1 一开始并不知道 MAC2 是多少，于是便使用 ARP 协议解析 IP2 所对应的 MAC 地址。

（1）首先 PC1 查询本机 ARP 缓存，如果缓存有 IP2 所对应的 MAC2，解析成功，直接将 MAC2 作为目的 MAC 地址封装在以太网帧中。但开始时，ARP 缓存是空的，因此在 ARP 缓存中查找不到 IP2 对应的 MAC 地址。

（2）在网络中发送一个广播帧，称为 ARP 请求，ARP 请求直接封装在以太网帧中传播，ARP 请求有具体的格式，主要内容是源主机 IP1、MAC1 请求 IP2 的 MAC 地址。

（3）由于 ARP 请求是广播帧，所有本网络主机均会收到该广播帧，因为是请求 IP2 的 MAC 地址，因此只有 PC2 会对该广播帧作出回应，PC2 首先将 IP1 和 MAC1 的对应关系写入自己的 ARP 缓存，然后向 PC1 发送一个单播帧，称为 ARP 响应，主要内容是：我是 IP2，对应 MAC 地址为 MAC2。

（4）PC1 收到 ARP 响应后将 IP2 和 MAC2 的对应关系写入本机 ARP 缓存中，以后再发送数据包到 PC2 时，可直接在 ARP 缓存找到 IP2 所对应的 MAC 地址。

从上述工作过程可知 ARP 协议主要由 ARP 请求和 ARP 响应构成，它是自动工作的，对普通用户来讲是透明的，但却十分重要。而ARP缓存由每个主机自己维护，里面的对应关系由ARP协议动态生成，动态生成的对应关系均有生存周期，以应对IP地址与MAC地址对应关系的变化，生存周期到时将自动从ARP缓存中删除，然后重新使用ARP协议生成对应关系，ARP缓存中也可使用命令人工添加静态对应关系，这种关系不会被自动删除。

前面讲到是目的IP地址与源IP地址在同一个网络的情况，在网络中有很多通信发生在不同网络之间，即目的IP地址与源IP地址不在同一网络，由于ARP协议一般只工作在同一网络内部，它并不能解析其他网络的IP地址与MAC地址的对应关系，当目的IP地址不在本网络的情况下，ARP协议是怎样工作的呢？

假设PC1的IP地址为192.168.10.10，MAC地址为AA-AA-AA-AA-AA-AA，掩码为255.255.255.0，默认网关为192.168.10.1；PC2的IP地址为192.168.11.10，MAC地址为BB-BB-BB-BB-BB-BB，掩码为255.255.255.0，默认网关为192.168.11.1。路由器连接两个网络，接口1的IP地址为192.168.10.1，MAC地址为CC-CC-CC-CC-CC-CC；接口2的IP地址为192.168.11.1，MAC地址为DD-DD-DD-DD-DD-DD，如图1-30所示。

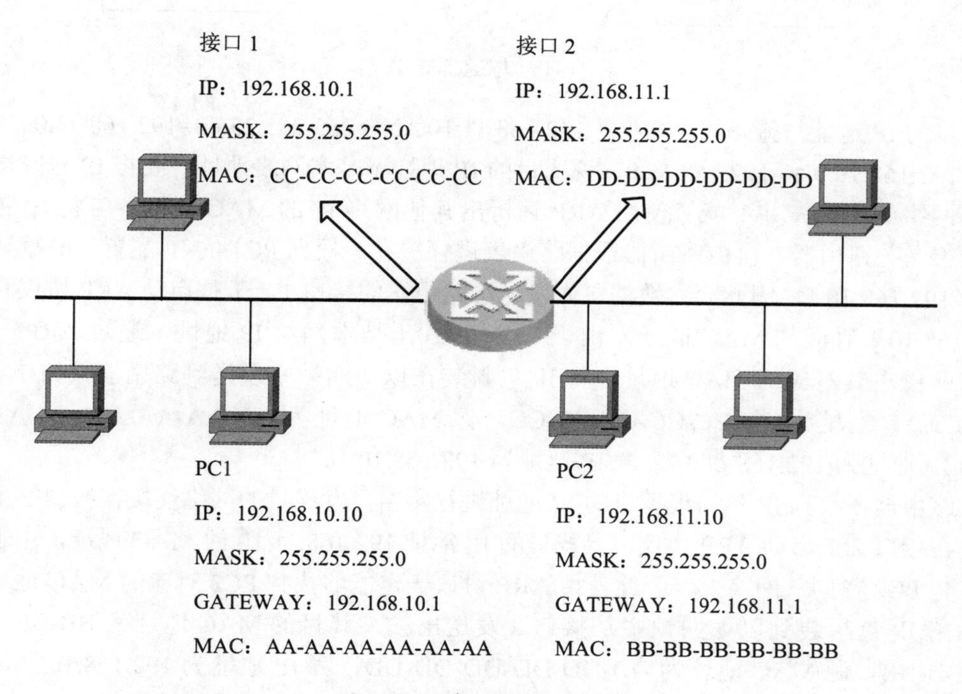

图1-30 跨网络地址解析

如果PC1要发送IP包到PC2，则源IP地址为192.168.10.10，目的IP地址为192.168.11.10，PC1首先要判断目的IP地址是不是本网络IP地址，判断方法是将目的IP地址与本网络掩码相“与”，如果得到的网络号和本网络的网络号一致，说明是本网络IP地址，如果不一致说明不是本网络IP地址。

本网络的网络号：192.168.10.10 AND 255.255.255.0=192.168.10.0，运算过程如图1-31所示。

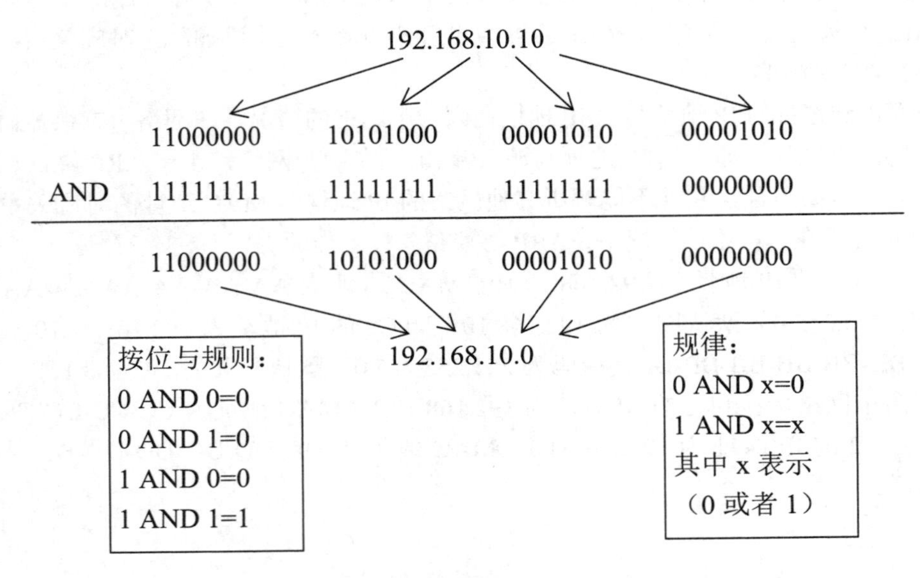

图 1-31 与运算示意图

目的IP地址与掩码相“与”：192.168.11.10 AND 255.255.255.0=192.168.11.0。

192.168.10.0 ≠ 192.168.11.0，说明目的IP地址不是本网络地址，要将IP包发送给其他网络的主机，并不能够使用ARP解析出其他网络IP的MAC地址，应将IP包先发送给网关路由器，再由路由器根据路由表进行转发。根据PC1的IP配置，其默认网关为192.168.10.1，因此要将数据包先发送给路由器的接口1，于是启动ARP协议解析192.168.10.1对应的MAC地址，由于192.168.10.1是本网络IP地址，通过ARP一定能够解析出其对应的MAC地址，将IP包封装在以太网帧中发送到路由器接口1，其目的MAC地址为CC-CC-CC-CC-CC-CC，源MAC地址为AA-AA-AA-AA-AA-AA，目的IP地址为192.168.11.10，源IP地址为192.168.10.10。

路由器在收到IP包后根据目的IP地址进行路由，发现目的网络连接在接口2上，于是在接口2上启动ARP协议，寻找目的IP地址192.168.11.10的MAC地址，由于接口2与PC2在同一网络上，因此使用ARP协议一定能够找到PC2对应的MAC地址，然后将IP包封装到以太网帧中从接口2发送出去，其目的MAC地址为BB-BB-BB-BB-BB-BB，源MAC地址为DD-DD-DD-DD-DD-DD，源IP地址为192.168.10.10，目的IP地址为192.168.11.10。

从上述过程可以发现，数据在跨网络传输过程中，仍然要使用ARP协议，并且不只使用一次，在途经的各个网络内部都要使用，因此以太网帧中的源MAC地址和目的MAC地址在不同网络中都是不相同的，而源IP地址和目的IP地址在整个数据传输过程中始终保持不变。

1.6.6 ICMP协议

ICMP（Internet Control Message Protocol，Internet控制报文协议）。它是TCP/IP协议族的一个子协议，位于网络层，封装在IP协议内传输，用于在IP主机、路由器之间传递控制消息。控制消息是指网络通不通、主机是否可达、路由是否可用等网络本身的消息。这些控制消息虽然并不传输用户数据，但是对于用户数据的传输却起着重要的作用。

ICMP报文位置及格式如图1-32所示。

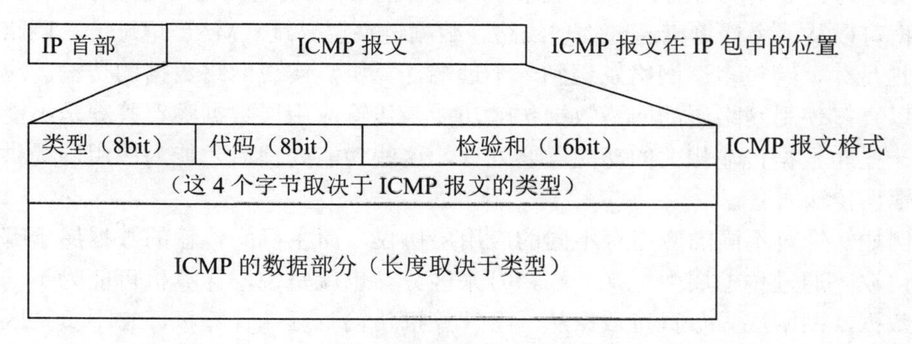

图1-32 ICMP报文位置及格式

ICMP主要有两类报文，ICMP差错报告报文和ICMP请求与应答报文，如表1-2所示。

表1-2 常用ICMP报文类型

种类	类型	描述
ICMP请求与应答报文	8（代码0）	回显请求
	0（代码0）	回显回答
ICMP差错报告报文	3	目的不可达
	4	源站抑制
	5	ICMP重定向
	11	超时
	12	参数问题

其中最常用的ICMP请求与应答报文是类型为8、代码为0的回显请求（echo request）与类型为0、代码为0的回显应答（echo reply）。回显请求是由主机或路由器向一个特定的目的主机发出的询问，收到此报文的主机必须给源主机或路由器发送ICMP回显应答。网络命令ping用于测试主机间的连通性，直接使用ICMP的echo request和echo reply报文来实现。

此外用于路由跟踪的命令（Windows使用tracert，Linux使用traceroute），也使用ICMP报文的超时差错报文及目的不可达差错报文来实现跟踪路由的功能。

1.7 传输层协议

1.7.1 传输层协议基础

传输层位于网络层之上，应用层之下。通过物理层、数据链路层及网络层协议，可以实现跨越多个网络的、源IP地址主机与目的IP地址主机之间的数据传输。也就是说数据可以从一个计算机通过物理线路、数据链路层寻址（MAC地址）、网络层寻址（IP地址），跨越多个网络发送到一个远端计算机，实现网络数据的传输。应用层是否可以直接使用网络层的网络数据传输功能来传输应用层数据呢？答案是不能。因为还有一些与数据传输相关的功能需要处理，这些功能处理后才能为应用层提供一个完整的数据传输通道。

例如，针对不同的应用有不同的应用层协议，而主机间传输的数据属于哪个应用层的协议，通过传输层中定义的端口号来区分。也就是说，计算机可能为不同的应用传输数据，网络层只负责将数据从一个计算机传输到远端计算机，它不负责区分不同的应用，应用层只负责与应用相关的处理，通过传输层中定义的端口号来区分计算机上不同的应用。

另外网络层、数据链路层只定义了简单的差错校验功能，而没有相应的差错控制，如果接收数据时检测到差错，接收方只是把错误数据简单地丢掉，也不会通知发送方，也就是说发送方并不知道数据是否正确传输。因此网络层数据通信是一种不可靠的数据通信，通过传输层的差错控制、流量控制等机制，可以在不可靠的网络层数据通信基础上建立可靠的数据连接。

由此可见传输层是数据传输的最高层，它利用网络层提供的物理通路，通过定义端口号、差错控制、流量控制等机制，完善数据传输功能，提供端到端的逻辑数据连接。应用层协议不再考虑与数据传输相关的功能，它只专注于和应用相关的功能，如果要进行数据传输，就使用传输层提供的数据传输功能。当然，传输层只实现了数据传输的部分功能，它同样需要所有下层协议的支持才能实现完整数据的传输功能。

传输层主要有两个协议：UDP（User Datagram Protocol，用户数据报协议）和TCP（Transmission Control Protocol，传输控制协议）。其中UDP比较简单，提供高效的、面向无连接的、不可靠的数据传输服务；TCP比较复杂，提供面向连接的、可靠的数据传输服务。Internet中有各种不同的应用，各种应用有各自不同的特点，并根据自身需求选择不同的传输层协议。常用应用及应用层协议使用的传输层协议如表1-3所示。

1.7.2 UDP协议

UDP（User Datagram Protocol，用户数据报协议）属于传输层协议。它是一种非常简单的协议，UDP报文的位置及格式如图1-33所示。

表 1-3 常用应用及应用层协议使用的传输层协议

应用	应用层协议	传输层协议
域名查询	DNS	UDP
简单文件传输	TFTP	
路由选择协议	RIP	
IP 地址配置	DHCP	
网络管理	SNMP	
IP 电话	专用协议	
流式多媒体通信	专用协议	
www 服务	HTTP，HTTPS	TCP
文件传输	FTP	
远程登录	TELNET，SSH	
电子邮件	SMTP，POP3，IMAP	
域名区域传送	DNS	

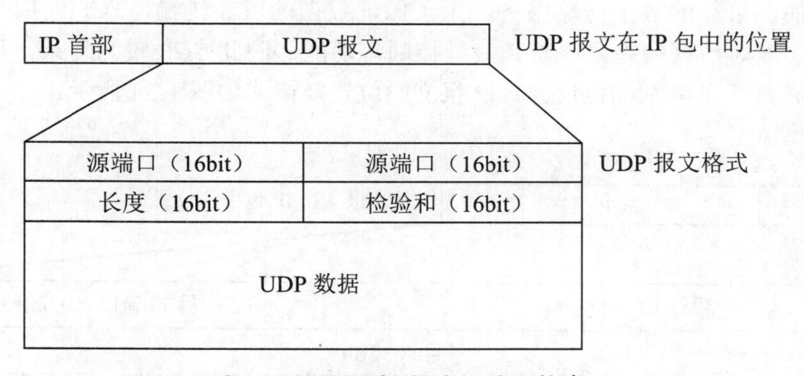

图 1-33 UDP 报文的位置及格式

UDP 报文格式中各字段意义如下。

（1）源端口：长度为16bit，取值为0～65535，用于标识源主机（即本机）的不同应用。

（2）目的端口：长度为16bit，取值为0～65535，用于标识目的主机（即远端主机）的不同应用。

（3）长度：UDP 报文的长度，单位为字节，最小值为 8（只有 UDP 首部，没有 UDP 数据）。

（4）检验和：检测 UDP 报文在传输中是否出错，如果出错就丢弃。和 IP 协议首部中的检验和不同的是，IP 首部中的检验和只检验 IP 首部是否出错，叫 IP 首部检验和，不检验 IP 包的数据部分，而 UDP 协议首部和数据部分都要检验，此外在计算检验和时，在 UDP 首部前还附有 12 字节的伪首部，因此要将伪首部、UDP 首部、UDP 数据一起进行校验。

在检验和中加入伪首部的原因是，希望对一些重要信息进行检验，这重要信息包含在 IP 首部，如源 IP 地址、目的 IP 地址、UDP 协议号、UDP 长度等。这些信息在网络层 IP 首部中已检验过，在传输层对重要信息会再次进行检验，伪首部只是在计算检验和时参与计算，UDP 协议并不对它做其他处理。

由图 1-33 可以看出，UDP 协议非常简单，仅实现了使用端口号来标识不同的应用，而没有差错控制、流量控制等功能，是一种面向无连接的、不可靠的数据传输服务，但正是因为它简单、控制选项少，因此在处理数据时速度更快、效率更高。对于某些应用（如网络视频、网络电话等）而言，它们需要实时性更高，更快速地传输数据，但对于质量却不那么敏感，如在视频通信中偶尔出现的数据错误，可能只表现为视频上闪过几个马赛克而已，对视频通信不会产生太大影响，而整个视频的流畅（数据传输速度）才是更需要被关注的。因此对于时间敏感的应用，使用 UDP 作为传输层协议是更好的选择。

1.7.3 TCP 协议

1. TCP 报文格式

TCP（Transmission Control Protocol，传输控制协议）属于传输层协议。TCP 提供面向连接的、可靠的数据传输服务。为了保证数据的可靠传输，TCP 使用了大量的控制字段来实现对数据的差错控制、流量控制等功能，因此 TCP 较为复杂，可以说它是 TCP/IP 协议族中最复杂的协议。TCP 报文的位置及格式如图 1-34 所示。

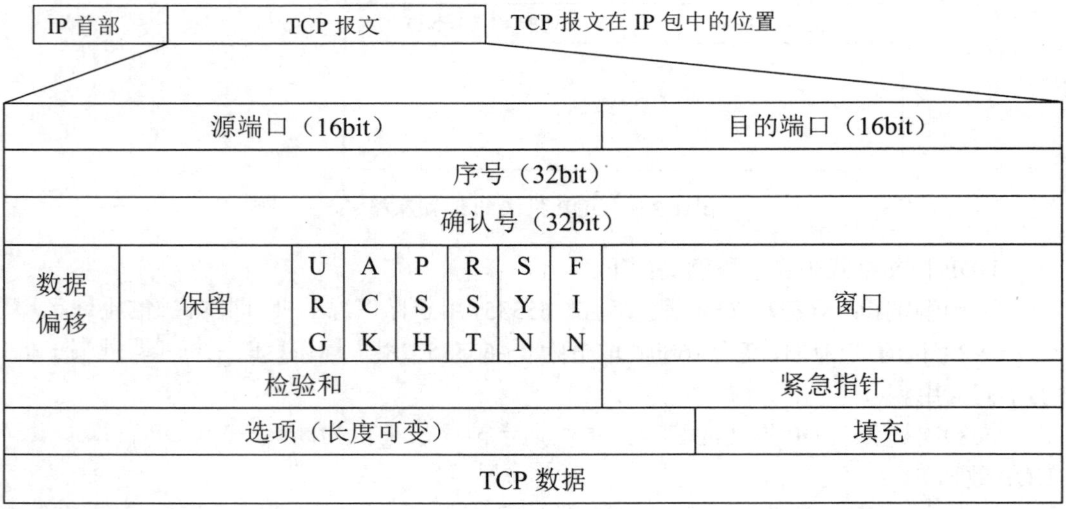

IP 首部	TCP 报文	TCP 报文在 IP 包中的位置

<table>
<tr><td colspan="8">源端口（16bit）</td><td>目的端口（16bit）</td></tr>
<tr><td colspan="9">序号（32bit）</td></tr>
<tr><td colspan="9">确认号（32bit）</td></tr>
<tr><td>数据偏移</td><td>保留</td><td>URG</td><td>ACK</td><td>PSH</td><td>RST</td><td>SYN</td><td>FIN</td><td>窗口</td></tr>
<tr><td colspan="8">检验和</td><td>紧急指针</td></tr>
<tr><td colspan="8">选项（长度可变）</td><td>填充</td></tr>
<tr><td colspan="9">TCP 数据</td></tr>
</table>

图 1-34 TCP 报文的位置及格式

TCP 报文相关字段含义。

（1）源端口：与 UDP 一样，长度为 16bit，取值为 0～65535，用于标识源（即本机）的不同应用。

（2）目的端口：长度为 16bit，取值为 0～65535，用于标识目的（即远端主机）的不同应用。

（3）序号：长度为 32bit，取值为 0～2^{32}–1，TCP 将要传输的数据按字节进行编号，即每个字节一个序号，序号字段是指本 TCP 报文数据部分的第一个字节数据的序号，例如一个 TCP 报文的序号字段值为 100，数据部分长度为 400 字节，则说明该 TCP 报文数据部分第一个字节序号为 100，最后一个字节序号为 500，那么下一个 TCP 报文的序号字段就应为 501，即数据的第一个字节的序号为 501。

（4）确认号：长度为 32bit，取值为 0～232，是指希望接收的下一个 TCP 报文数据部分的第一字节数据序号。如果收到一个确认号为 N 的 TCP 报文，说明对方已经成功接收序号为 N–1 及其以前的所有数据，希望接收以序号 N 开始的数据。例如，B 正确收到 A 发送的 TCP 报文，该 TCP 报文序号为 100，数据长度为 400，即 B 正确收到序号为 100～500 的数据，那么 B 希望收到的下一个数据序号应为 501，因此 B 在发给 A 的 TCP 报文中将确认号置为 501（注意不是 500），A 在收到 B 发来的 TCP 报文中，如果发现确认号为 501，则说明序号 500 及以前的所有数据 B 都已正确接收。

序号与确认号是 TCP 进行差错控制的重要部分，通过对所有正确接收的数据进行确认，使发送方能够清楚知道自己发送的数据是否被对方正确接收。如果数据在传输过程中出现差错，使接收方没有正确接收到该序号的数据时，接收方是不会发送确认信息的。如果发送方在规定时间内没有收到某序号数据的确认，发送方将对该序号的数据进行重发。TCP 使用这种序号确认及超时重传机制来实现数据的可靠传输。

（5）数据偏移：长度为 4bit，单位为 4 字节，取值为 5～15，它指出 TCP 报文数据部分距离 TCP 报文开始处有多远，由于 TCP 首部有可选部分，数据偏移实际上确定 TCP 报文的首部长度。由于 TCP 有 20 字节固定首部，因此最小值为 5，而 4bit 最大为 15，因此首部最大为 60 字节，去掉 20 字节固定首部，可变部分不能够超过 40 字节。

（6）保留：长度为 6bit，保留以后使用，目前全置为 0。

（7）URG（Urgent，紧急）：长度为 1bit，当 URG=1 时，后面的紧急指针字段才有效，表示此时有紧急数据（或优先级更高的数据）需要发送，于是将紧急数据放到 TCP 报文数据部分的最前面，紧急数据的长度由后面的紧急指针字段说明。

（8）ACK（Acknowledgment，确认）：长度为 1bit，和前面的确认号配合使用，仅当 ACK=1 时，确认号有效。在 TCP 连接建立后，通信双方都需要对接收到的报文数据序号进行确认，因此 ACK 都是置 1 的。

（9）PSH（Push，推送）：长度为 1bit，当发送的数据需要接收方立即处理时，PSH 置为 1，接收方收到 PSH 为 1 的 TCP 报文时，将直接推送给接收进程进行处理。

（10）RST（Reset，复位）：长度为 1bit，当 RST=1 时，表明 TCP 连接出现错误，需要释放连接并重新建立连接。

（11）SYN（Synchronization，同步）：长度为1bit，在连接建立时用来同步序号。当SYN=1、ACK=0时，表明这是一个连接请求报文。若对方同意建立连接，则在响应报文中将SYN置为1、ACK置为1。

（12）FiN（Finish，结束）：长度为1bit，用来释放连接。当FiN=1时，表明数据传输完毕，请求释放传输连接。

（13）窗口：长度为16bit，取值为0~65535，窗口的值用来进行流量控制，它表示接收方的数据接收能力，目的是告诉发送方，在没有收到确认前发送方可以连续发送的数据的字节数。例如，发送方从接收方收到一个TCP报文，其确认号为501，如果窗口字段值为500，根据前面对确认号的理解，确认号501表示接收方已正确接收序号为500及以前的数据，希望接收从序号501开始的数据，同时由于窗口值为500，也就是说接收方的数据处理能力为500字节，发送方可以在没收到确认的情况下连续发送500字节给接收方，即可以发送序号为501～1000的数据给接收方。如果没有收到新的确认，说明发送的数据并没有被接收方正确处理，发送方就不应继续发送数据给接收方。如果收到新的确认号，那么说明接收方接收并已正确处理该确认号以前的数据，根据窗口的大小，决定可以继续发送数据的数量。

总之，窗口号代表接收方的数据处理能力，窗口越大处理能力越强，那么发送方在不用收到确认的情况下连续发送的数据量越大，则数据流量越大。因此接收方可以通过调节窗口值来控制发送方的数据发送量，从而实现TCP的流量控制功能。可以把窗口简单理解为水管上的开关，开关调节得越大，那么从水管中通过的水的流量越大，开小一点，流量就小一点。而在网络中窗口值越大，数据流量越大，窗口值越小，数据流量越小。当然窗口值也不是越大就越好，窗口值代表接收方的处理能力，其处理能力本身不是无限大的，另外如果窗口值很大，在传输过程出现错误，那么意味着需要重传的数据量就越大，会大大降低有效数据的传输效率。

（14）检验和：长度为16bit，和UDP协议的检验和相同，使用伪首部、TCP首部、TCP数据一起计算检验和，对重要数据及TCP的首部和数据进行检验。

（15）紧急指针：长度为16bit，和前面的URG位配合使用，当URG=1时，该字段有效，表示紧急数据的字节数。

（16）选项：长度可变，最长为40字节，没有选项时，TCP首部长度为20字节。

2. 真实数据TCP协议分析

我们仍然使用在以太网及IP协议分析时捕获到的真实数据包，它是浏览器浏览一个网站时发送的请求数据包，因此在这个数据包中包含HTTP协议首部，TCP协议首部，也包括IP协议首部和以太网帧的首部，其中TCP协议在整个数据的位置如图1-35所示。

（1）源端口：在捕获的数据包中，源端口值为0x0814，换成十进制为2068。这是本机与Web服务建立的TCP连接中本机的端口号。

（2）目的端口：值为0x0050，换成十进制为80，这是本机与Web服务建立的TCP连接中Web服务的端口号。

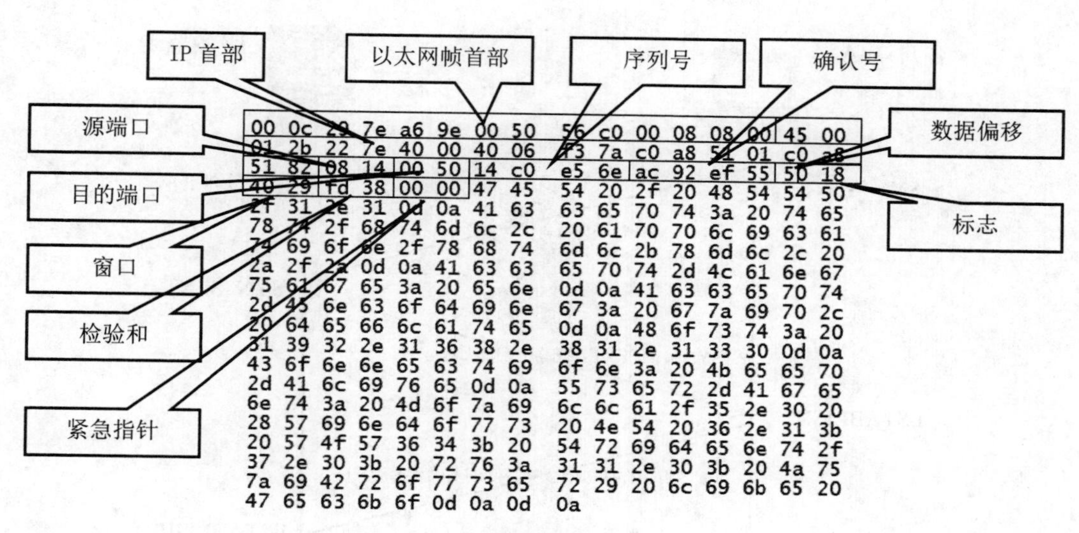

图 1-35　真实数据 TCP 协议分析

（3）序列号：值为 0x14c0e56e，TCP 报文数据部分第一个字节的编号，由 TCP 协议为要传输的数据统一编号。

（4）确认号：值为 0xac92ef55，表示本机希望接收的数据的第一个字节编号。

（5）数据偏移：值为 0x5，十进制值也为 5，单位为 4 字节，表示首部长度为 20 字节，即无选项部分。

（6）标志：值为 0x018，换成二进制为 000000011000，其中前六位是保留位，其对应值为 UGR=0、ACK=1、PSH=1、RST=0、SYN=0、FiN=0。

（7）窗口：值为 0x4029。

（8）检验和：值为 0xfd38。

（9）紧急指针：由于 URG=0，紧急指针未使用，值为 0x0000。

（10）选项：无。

3. TCP 连接的建立与释放

TCP 协议是一个面向连接的协议，在数据发送之前，需要建立 TCP 连接，在数据传输完成之后需要释放 TCP 连接。

（1）TCP 连接的建立

在 TCP 协议中，采用三次握手建立一个连接，如图 1-36 所示。

① 第一次握手：客户端 A 发送连接请求报文到服务器 B，在该 TCP 报文中将 SYN 置为 1，选择客户端 A 发送数据初始序列号 x，即 SYN=1，序列号=x，客户端 A 由 CLOSE 状态进入 SYN_SEND 状态，等待服务器 B 确认。

② 第二次握手：服务器 B 收到连接请求报文后，若同意建立连接，将向客户端 A 发送确认报文，在该 TCP 报文中把 SYN 和 ACK 都置为 1，并选择服务器 B 端的发送数据初始序列号 y，同时对已收到的序列为 x 的报文进行确认，即 SYN=1，ACK=1，序列号=y，确认号=x+1，然后服务器 B 由 LISTEN 状态进入 SYN_RECV 状态。

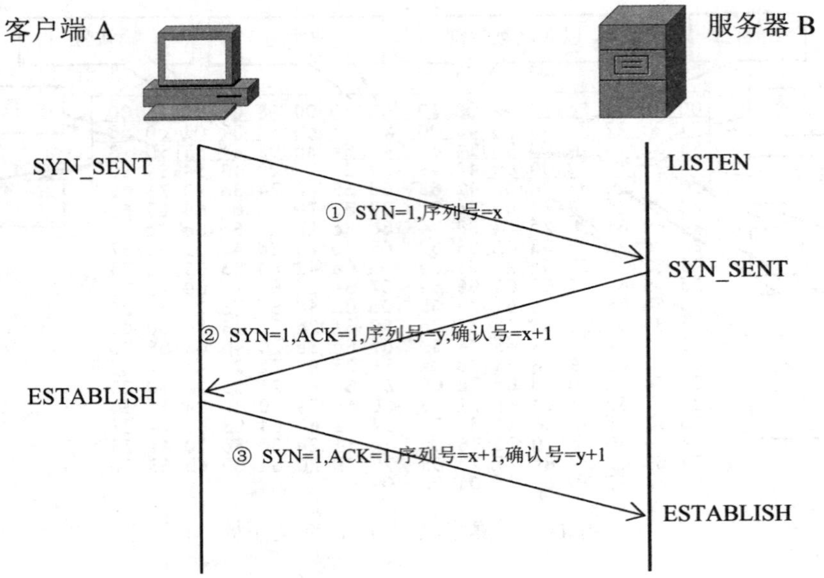

客户端 A
服务器 B
SYN_SENT
LISTEN
① SYN=1,序列号=x
SYN_SENT
② SYN=1,ACK=1,序列号=y,确认号=x+1
ESTABLISH
③ SYN=1,ACK=1,序列号=x+1,确认号=y+1
ESTABLISH

图 1-36 TCP 连接三次握手

③ 第三次握手：客户端 A 收到服务器 B 的确认报文后，要再次向服务器 B 发送确认报文，在该 TCP 报文中，SYN 和 ACK 都置为 1，序列号为 x+1，并对已收到的序号为 y 的报文进行确认，即 SYN=1，ACK=1，序列号=x+1，确认号=y+1，发送完该确认报文后，客户端 A 进入 ESTABLISH 状态，服务器 B 收到此确认信息后进入 ESTABLISH 状态。

通过三次握手，客户端 A 与服务器 B 建立了 TCP 连接。此后，通过该 TCP 连接，双方可以互相发送数据。

（2）TCP 连接的释放

TCP 连接建立后，双方就可以进行数据交换了。当数据传输完成后，如果没有数据发送，需要释放 TCP 连接，TCP 协议采用四次挥手来完成 TCP 连接的释放，如图 1-37 所示。

① 第一次挥手：假设由于客户端 A 主动关闭 TCP 连接，客户端 A 向服务器 B 发送连接释放报文，该 TCP 报文中，将 FiN 置为 1，序号为 x，其中 x 为客户端 A 最后发送数据的序号加 1，即 FiN=1，序列号=x，此时客户端 A 从 ESTABLISH 状态进入 FiN_WAIT_1 状态，等待服务器 B 对连接释放的确认。

② 第二次挥手：服务器 B 收到连接释放报文后，对该报文进行确认，在确认报文中，将 ACK 转为 1，序列号转为 y，其中 y 为服务器 A 最后发送数据的序号加 1，同时对收到的连接释放报文进行确认，即 ACK=1，序列号=y，确认号=x+1。发送确认报文后服务器 B 由 ESTABLISH 状态进入 CLOSE_WAIT 状态，此时 TCP 连接处于半关闭状态，即从客户端 A 到服务器 B 的连接关闭，而服务器 B 到客户端 A 的连接未关闭。客户端收到该确认报文后由 FiN_WAIT_1 状态进入 FiN_WAIT_2 状态，等待服务器 B 发送连接释放报文。

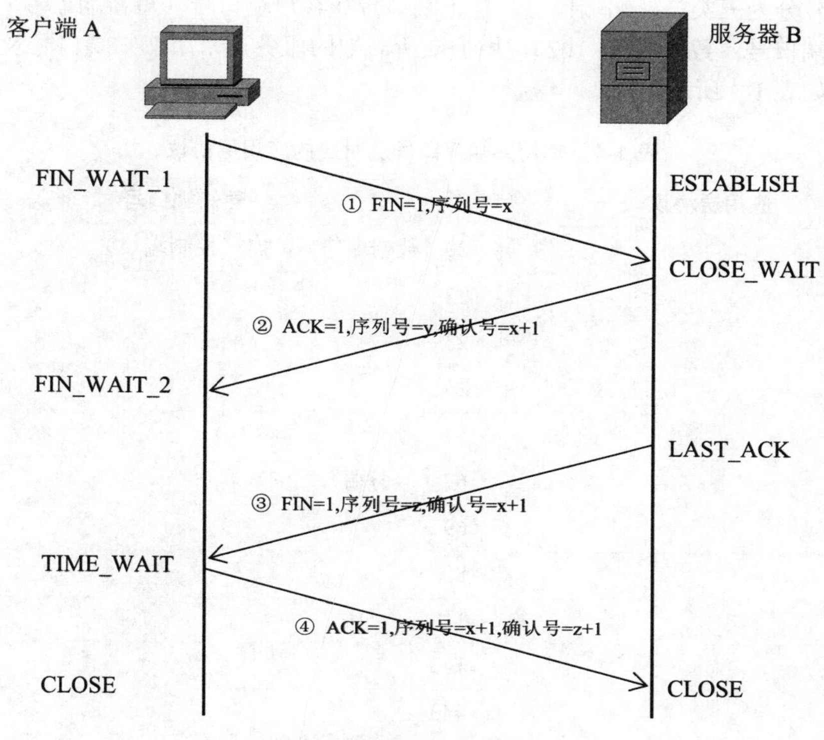

图 1-37 TCP 连接四次挥手

③ 第三次挥手：如果服务器 B 没有数据传输，向客户端 A 发送连接释放报文，该 TCP 报文中，将 FiN 置为 1，序号为 z，其中 z 为服务器 B 最后发送数据的序号加 1，并重复上次的确认号，即 FiN=1，序列号=z，确认号=x+1，然后服务器 B 从 CLOSE_WAIT 状态进入 LAST_ACK 状态，等待客户端 A 对连接释放报文的最后确认。

④ 第四次挥手：客户端 A 收到服务器 B 发送的连接释放报文后，对该报文进行确认，该确认报文中 ACK=1，序列号=x+1，确认号=z+1。发送确认报文后进入 TIME_WAIT 状态，等待超时时间，时间到后进入 CLOSE 状态。服务器 B 在收到客户端 A 的确认后，也进入 CLOSE 状态。

通过四次挥手，TCP 连接被释放，如果再次需要数据传输，应当通过三次握手过程重新建立 TCP 连接。

1.7.4 端口号

在传输层中，有一个非常重要的概念，即端口，无论是 UDP 协议还是 TCP 协议，都要使用端口号来区分不同的应用。

端口号存放在 UDP 协议和 TCP 协议的首部，是一个长度为 16bit 的值，转换成十进制的取值范围为 $0\sim2^{16}-1$，即 0~65535，每台计算机负责管理自己的端口值，即端口号只具有本地意义，用于区分本机上不同的应用，同一计算机上的不同应用必须使用不同端口号，不同计算机上的端口号之间没有任何关系，它们之间可以重复使用。

端口号分为三类：熟知端口号、登记端口号和客户端口号（短暂端口号）。

熟知端口号：数值为0~1023，用于众所周知的服务，常用熟知端口号及对应的应用层协议如表1-4所示。

表1-4 常用熟知端口号及对应的应用层协议

应用层协议	熟知端口号
FTP	20（数据端口），21（控制端口）
SSH	22
TELNET	23
SMTP	25
DNS	53
DHCP	67（服务端），68（客户端）
TFTP	69
HTTP	80
POP3	110
IMAP	143
HTTPS	443
SNMP	161，162（trap）

登记端口号：数值为1024~49151，使用这个范围的端口号必须在IANA（The Internet Assigned Numbers Authority，互联网数字分配机构）登记，以防止重复。

客户端口号或短暂端口号：数值为49152~65535，由客户进程在运行时动态选择，即临时分配给某个客户进程应用，当数据传输完成后，客户端口号被释放，其他客户进程又可以使用该端口号。

由于IP地址用于识别不同主机，而端口号用于识别同一主机上的不同应用，因此可以使用IP地址加端口号来唯一识别某一主机上的某一应用，其格式为“IP地址：端口号”，它们合在一下称为Socket，Socket本意是插座，一般译为“套接字”，每个网络应用程序对应一个Socket，就像该应用是“插”在计算机的不同“插座”上一样，而依靠“IP地址：端口号”识别不同的“插座”。

1.8 应用层协议

1.8.1 应用层协议基础

所有网络的数据传输最终都是为网络应用服务的，为实现不同的应用，TCP/IP协议族在应用层定义了不同的协议，由于应用的多样性，因此应用层协议也是TCP/IP协议族中协议最多的一层，应用层协议一般都基于C/S（Client/Server，客户/服务器）方式，即一端为服务器端，一端为客户端，服务器端提供服务，客户访问服务器端，使用服务器提供的服务。这里客户和服务器都是从应用的角度上讲的，只要是提供服务的一端就叫服务器，而使用服务一端就是客户，要与硬件概念上的客户机、服务器相区别。从硬件角度上讲，客户机一般指普通PC机，而服务器无论从CPU、内存、硬盘等各个方面都具有比客户机更高的性能，在实际应用中，一般情况下是将服务器端程序安装在这种高性能服务器上，以适应大量客户的访问，而在一些简单应用或实验中，也把服务器端程序安装在普通PC上，为其他客户提供服务，从应用角度上讲，普通PC也成为服务器。如果你在一台高性能专用服务器上使用浏览器访问网页，针对本次应用，它就是客户机。

另一个容易混淆的概念是应用程序和应用层协议。应用程序跟应用层协议有什么区别呢？应用层协议属于网络协议，位于TCP/IP协议体系结构的最高层，它是为了某种应用而制定的一些规则的集合，它定义与应用相关的语法、语义和同步操作。而应用程序并不是协议，不属于TCP/IP协议体系结构范围，它是为实现某种应用而设计的程序，这些程序会使用相关的应用层协议的定义来实现其功能。即应用层协议是为实现某种应用功能而制定的规则，但仅有规则是不能实现应用的，需要相应的应用程序通过使用应用层协议的规则来完成相应的功能。例如浏览器是一种应用程序，它使用应用层协议HTTP来完成网页的传输功能。

所有应用层协议都定义了与完成应用功能相关的数据报文的格式，下面我们介绍几种常见的应用层协议，简要介绍应用层协议的功能及相关工作原理，对具体报文格式不做介绍，若要进一步了解相关应用层协议具体格式及规程，则需要查阅其他技术资料。

1.8.2 常见的应用层协议

1. DNS域名服务

Internet使用TCP/IP协议进行通信，而在TCP/IP协议中，依靠IP层所定义的32位IP地址识别不同的主机。也就是说，如果要通过网络与另一台计算机通信，必须知道对方的IP地址，使用点分十进制的书写方法，可以简化对IP地址的使用，然而Internet如此之大，可以访问的服务器如此之多，普通用户是根本不可能记住众多服务器的IP地址。于是，人们采用给计算机命名的方式来方便识别和记忆。

要实现用名字来访问计算机，首先要解决如何给计算机命名的问题。Internet遍布全球，要给Internet上被访问的计算机取名字，需要统筹规划。Internet对名字的分配及管理采用分级方式，首先根据区域或部门不同分成大类并分别命名，这是最高级别的名字，称为顶级域名。目前顶级域名主要有两类，一是国家顶级域名，如cn表示中国、us表示美国、uk表示英国；另一类是通用顶级域名，如com（公司企业）、net（网络服务机构）、org（非营利性组织）、int（国际组织）、edu（美国专用的教育机构）、gov（美国政府部门）、mil（美国军事部门）。在顶级域名下，可以注册二级域名，在二级域名下可以注册三级域名，也可在某一域名下注册主机名。为方便记忆，每个域名都有相应的含义，各级域名之间使用点号分隔，主机的完整域名可表示为：

主机名 . 三级域名 . 二级域名 . 顶级域名

例如：域名 www.cqvie.edu.cn，其中 cn 为顶级域名，表示中国；edu 为二级域名，完整二级域名为 edu.cn，表示中国的教育部门；cqvie 为三级域名，完整三级域名为 cqvie.edu.cn，表示属于中国教育部门重庆工程职业技术学院；而 www 是主机名，完整主机域名为 www.cqvie.edu.cn，表示中国教育部门重庆工程职业技术学院的 www 网站服务器。通过分级管理来命名计算机，使人们从域名上很容易就能理解这台计算机在什么位置，属于哪个部门，用来做什么，同时也更容易记住计算机的域名。

另外一个需要解决的问题是，网络是通过 IP 地址来寻找主机的，虽然通过分级管理的方式给网络上的计算机分配了域名，但是 TCP/IP 协议并不能根据域名来寻找计算机，因此在使用域名访问计算机时，需要先将域名转换成对应的 IP 地址，然后再通过 IP 地址寻找目的主机。也就是说，虽然给计算机定义了域名，但实际上仍然是通过 IP 地址来寻找主机，需要在原有的网络上附加一套域名解析系统，这个解析系统就是 DNS（Domain Name System，域名系统），由该系统实现域名到 IP 地址的转换。由于 DNS 只是负责域名解析，并不负责网络通信，因此就算没有 DNS，网络仍然可以正常通信，只不过不能使用域名来访问计算机，必须使用 IP 地址来访问。

DNS 的域名解析功能由分布在不同区域的域名服务器来完成，每个域名服务器负责解析该区域下主机的域名所对应的 IP 地址，也解析本区域的下一级区域的域名服务器 IP 地址。如根域名服务器负责解析所有顶级域名服务器地址，而顶级域名服务器负责解析该域名服务器下所有二级域名服务器地址，如果二级域名下注册有主机名，那么该主机的域名地址与 IP 地址的对应关系由二级域名服务器负责解析，同时二级域名下可以注册三级域名，如果三级域名由独立的三级域名服务管辖，二级域名服务器需要解析其下注册的三级域名服务器的 IP 地址。

DNS 域名解析过程如图 1-38 所示。

根域名服务器存放了顶级域名服务器 dns.cn 与 IP 地址的对应关系，顶级域名服务器 dns.cn 存放了二级域名服务器 dns.edu.cn 与 IP 地址的对应关系，二级域名服务器 dns.edu.cn 存放了三级域名服务器 dns.cqvie.edu.cn 与 IP 地址的对应关系，三级域名服务器存放了主机 www.cqvie.edu.cn 与 IP 地址的对应关系。

某主机 A 要访问 www.cqvie.edu.cn，由于实际访问都必须通过 IP 地址进行，因此必须启动 DNS 查询，查询域名 www.cqvie.edu.cn 所对应的 IP 地址。

① 主机 A 首先向本地域名服务器发起查询。

② 如果查询不到，由本地域名服务器向根域名服务器进行查询。

③ 根域名服务器找到其对应的顶级域名服务器 IP 地址，返回给本地域名服务器。

④ 本地域名服务器向顶级域名服务器发起查询。

⑤ 顶级域名服务器找到其对应的二级域名服务器 IP 地址，返回给本地域名服务器。

⑥ 本地域名服务器向二级域名服务器发起查询。

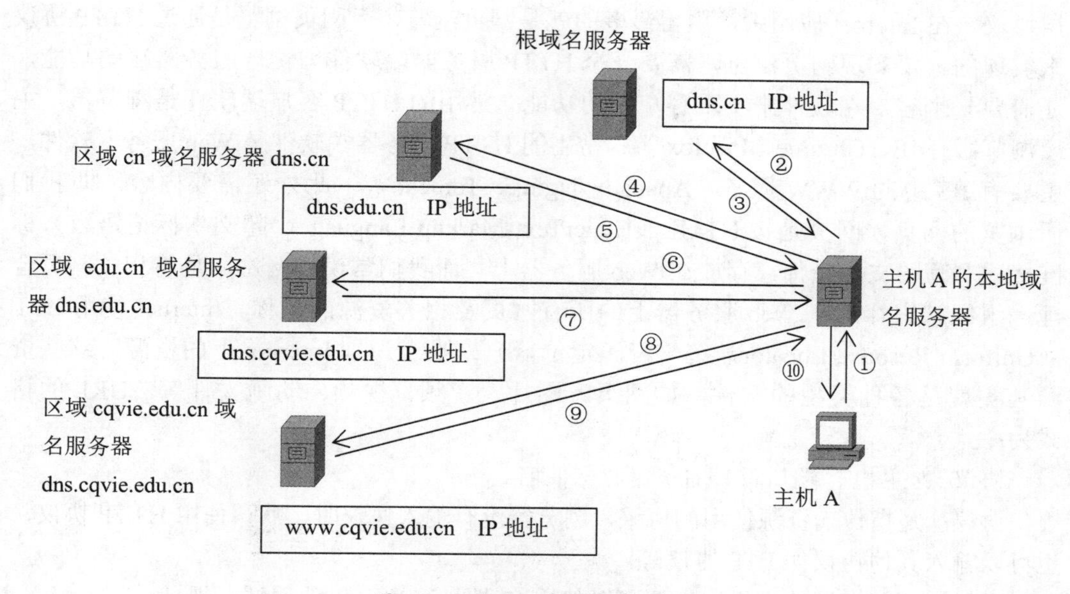

图 1-38 DNS 域名解析过程

⑦ 二级域名服务器找到其对应的三级域名服务器 IP 地址，返回给本地域名服务器。

⑧ 本地域名服务器向三级域名服务器发起查询。

⑨ 三级域名服务器找到主机域名 www.cqvie.edu.cn 对应的 IP 地址，返回给本地域名服务器。

⑩ 本地域名服务器将查询结果返回给主机 A。

为了提高查询效率，DNS 服务器设有高速缓存，保存最近已经查找到的域名和 IP 地址对应关系，因此主机 A 在进行 DNS 查询时，查询的顺序如下。

① 首先看要查询的域名是否可由本地域名服务器解析，如果可以由本地域名服务器直接解析，将结果返回给主机 A。

② 如果域名不能由本地域名服务器解析，则在本地域名服务器的高速缓存中查找，看高速缓存中是否缓存有以前查询的结果，如果有则将结果返回给主机 A。

③ 如果本地域名服务器的高速缓存中查找不到，再查看本地域名服务器是否设有转发域名服务器，如果有，则将查询请求转发给该域名服务器，由该域名服务器代为解析。

④ 如果没有设置转发域名服务器，则启动 DNS 查询过程，最终找到该域名的管辖域名服务器，查询到域名所对应的 IP 地址，将查询结果返回给主机 A，并在高速缓存中记录该结果。

DNS 高速缓存也设有超时时间，缓存中的记录在超时时间到来前如果没有被使用，将会被删除，这种使用缓存提高速度的方法在其他很多地址也被使用，如 ARP 缓存，浏览器的缓存，交换机的 MAC 地址表。

2. HTTP 协议

HTTP（HyperText Transfer Protocol，超文本传输协议），是使用最为广泛的应用

层协议。在 Internet 应用中，用得最多的就是网页浏览，而网页浏览是通过 HTTP 协议来实现的。要实现网页浏览，需要一个 HTTP 服务器端软件来实现服务器端的功能，还需要一个客户端软件来实现客户端的功能。常用的 HTTP 客户端软件是浏览器，主要浏览器有 IE、Chrome、Firefox 等；常用的 HTTP 服务器端软件是 Web 服务器软件，主要有 IIS 中的 WWW 服务、Apache、Nginx、Tomcat 等。此外还需要内容，即我们所浏览的网页，网页是按 HTML（HyperText Markup Language，超文本标记语言）标准格式书写的文本文件，存放在 Web 服务器上。而我们常说的网站，是将相关网页合理地组织起来存放在 Web 服务器上的所有网页及相关资源的总称。Internet 使用 URL（Uniform Resouse Locator，统一资源定位器）来唯一识别 Internet 上的资源，这些资源其实就是各种类型的文件，如网页、图片、音频、视频、动画文件等，URL 的格式为：

协议 :// 主机 [: 端口]/ 路径 / 资源文件名。

协议：是指传输资源使用的协议，浏览器没有输入协议时，默认使用 HTTP 协议，也可以输入其他协议如 FTP 协议等。

主机：存放资源的主机地址，可以使用 IP 地址，也可以使用域名地址。

端口：其中，中括号表示可选项，既可以有也可以没有，如果服务器端使用的是默认熟知端口，如 Web 服务器使用的是 80 号端口，则可以省略；如果服务器端没有使用默认熟知端口，而是自己改变了端口，则在访问该服务器上的资源时需要输入更改后的端口号。

路径：资源在网站上的相对目录位置，由于资源存放在网站上，使用目录来组织所有资源，因此通过路径来指明该资源所在的目录路径。

资源文件名：标识该资源文件的文件名。

HTTP 协议交互过程如图 1-39 所示。

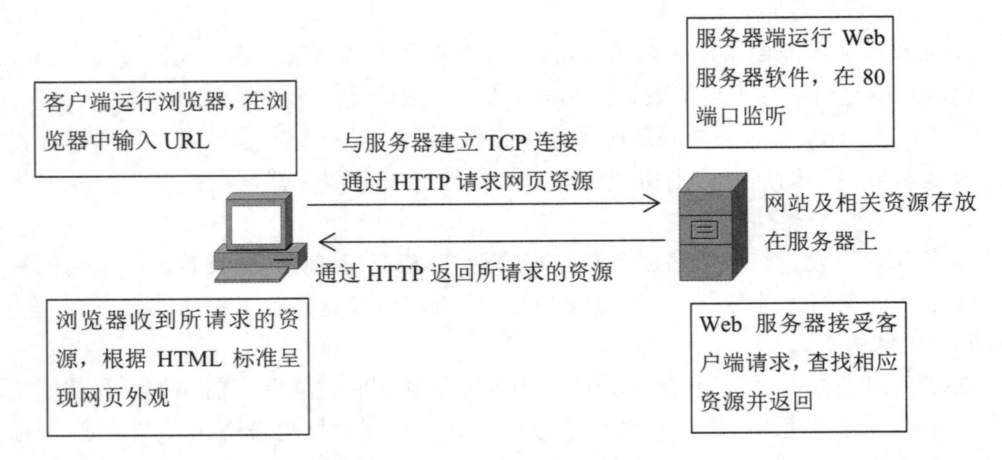

图 1-39　HTTP 协议交互示意图

在服务器端运行 Web 服务器软件，在 TCP 协议的 80 号端口监听 TCP 连接请求，在客户端浏览器中输入要访问网页的URL，根据URL中的IP地址，与该IP地址的80号端口建立TCP连接，即与Web服务器建立TCP连接。如果URL中使用的是域名，首先应启动DNS查询，查询该域名对应的IP地址后再建立与Web服务器的TCP连接；然后客户端利用HTTP协议，即按照HTTP协议所规定的报文格式，根据URL中的路径及网页资源文件名向Web服务器发起资源请求；Web服务器收到HTTP请求后，找到存放在服务器上的网页资源文件，将该文件返回给客户端，网页资源文件是用超文本标记语言HTML书写的文本文件，因此用来传输这种超文本的协议叫做超文本传输协议，即HTTP。客户端浏览器收到所请求的网页资源文件后，根据HTML标准解释HTML标记的含义，并呈现其外观，这就是平常我们在浏览器中看到的网页。

在前面各层协议分析中用到的真实数据包，就是一个HTTP请求，HTTP协议在网络数据包中的位置如图1-40所示。

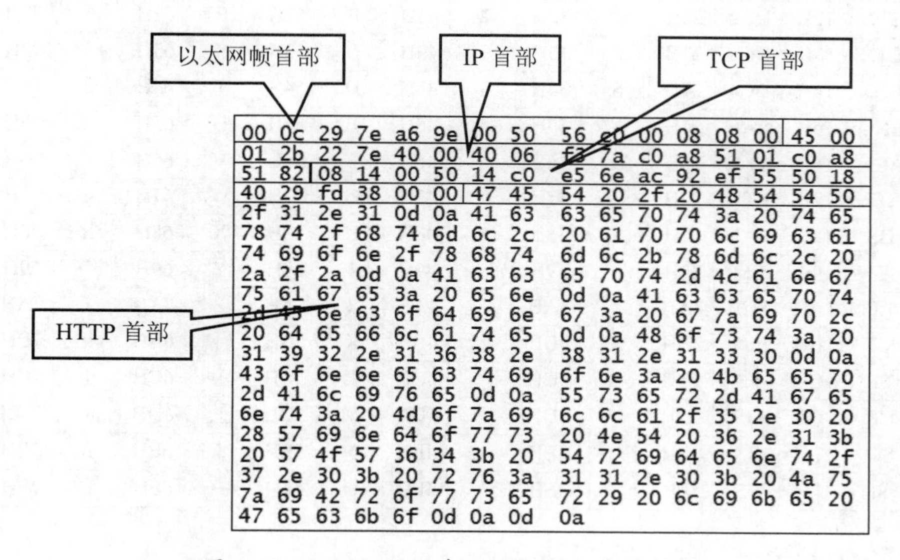

图1-40 HTTP协议在网络数据包中的位置

这是一个HTTP请求报文，用于请求网页资源，只有HTTP首部，没有数据内容，HTTP协议是一个纯文本协议，图中所示的为捕获数据的十六进制数据，两位十六进制数据代表八位二进制数据，对应一个文本字符，其对应关系参见表1-5。

表中十六进制值后面的H代表为十六进制，这是表示进制的方法，如果数值后为B代表二进制，O代表八进制，D代表十进制。表中前32个为控制字符，具有相应的控制含义，后面为可打印字符，对应键盘上所有的可显示打印的字符。

图1-40中，HTTP首部数据47H对应到表1-5中的字符为G，45H对应E，54H对应T，即GET，在HTTP协议中代表请求资源，其后所有数据对应的文本字符如下所示（分号后为注释）。

GET / HTTP/1.1；请求方法为GET，请求资源为/，表示使用网站缺省主页，协议版本为HTTP/1.1。

Accept: text/html, application/xhtml+xml, */*；客户端可识别的内容类型列表。

Accept-Language: en；客户端接受的语言。

Accept-Encoding: gzip, deflate；客户端接受的编码。

Host: 192.168.81.130；请求的主机地址。

Connection: Keep-Alive；保持连接。

User-Agent: Mozilla/5.0 (Windows NT 6.1; WOW64; Trident/7.0; rv:11.0; JuziBrowser) like Gecko；产生请求的浏览器类型。

表 1-5　十六进制 ACSII 码表

十六进制	字符	十六进制	字符	十六进制	字符	十六进制	字符	十六进制	字符	十六进制	字符	十六进制	字符	十六进制	字符
00H	NUL	10H	DLE	20H	SP	30H	0	40H	@	50H	P	60H	、	70H	p
01H	SOH	11H	DC1	21H	!	31H	1	41H	A	51H	Q	61H	a	71H	q
02H	STX	12H	DC2	22H	“	32H	2	42H	B	52H	R	62H	b	72H	r
03H	ETX	13H	DC3	23H	#	33H	3	43H	C	53H	S	63H	c	73H	s
04H	EOT	14H	DC4	24H	$	34H	4	44H	D	54H	T	64H	d	74H	t
05H	ENQ	15H	NAK	25H	%	35H	5	45H	E	55H	U	65H	e	75H	u
06H	ACK	16H	SYN	26H	&	36H	6	46H	F	56H	V	66H	f	76H	v
07H	BEL	17H	ETB	27H	‘	37H	7	47H	G	57H	W	67H	g	77H	w
08H	BS	18H	CAN	28H	(	38H	8	48H	H	58H	X	68H	h	78H	x
09H	HT	19H	EM	29H	)	39H	9	49H	I	59H	Y	69H	i	79H	y
0AH	LF	1AH	SUB	2AH	*	3AH	:	4AH	J	5AH	Z	6AH	j	7AH	z
0BH	VT	1BH	ESC	2BH	+	3BH	;	4BH	K	5BH	[	6BH	k	7BH	{
0CH	FF	1CH	FS	2CH	,	3CH	<	4CH	L	5CH	\	6CH	l	7CH	|
0DH	CR	1DH	GS	2DH	_	3DH	=	4DH	M	5DH	]	6DH	m	7DH	}
0EH	SO	1EH	RS	2EH	.	3EH	>	4EH	N	5EH	↑	6EH	n	7EH	~
0FH	SI	1FH	US	2FH	/	3FH	?	4FH	O	5FH	←	6FH	o	7FH	DEL

3．FTP 协议

FTP（File Transfer Protocol，文件传输协议），其作用是在网络上实现文件的上传与下载，即文件传输，从而实现网络文件共享。FTP 协议也是基于客户 / 服务器模式的，通常把从客户端向服务器端的文件传输叫做上传，而把从服务器端向客户端的文件传输叫下载。在服务器端需要安装 FTP 服务器软件，以提供 FTP 服务，常用的 FTP 服务器软件有 IIS 中的 FTP、Serv-U、FileZilla Server 等。要使用 FTP 服务器提供的功能，需要在客户端安装 FTP 客户端软件，可以作为 FTP 客户端软件的有：命令行程序 ftp.exe，该程序使用户可以通过命令行的方式和 FTP 服务交互，根据 FTP 协议实现文件上传和下载；此外在 Windows 中，IE 浏览器和资源管理器均可以作为 FTP 客户端程序，只要在地址栏中输入 URL 地址即可，如：

ftp://[用户名：密码 @] 服务器地址 [: 端口]

其中，中括号表示可选项，FTP 服务器一般为用户设有用户名和密码，并设置了该用户在 FTP 服务上的访问权限，如只能下载，不能上传，或者可以访问哪个目录等。

许多FTP服务器都设置有匿名用户，匿名用户的用户名为anonymous，没有密码。FTP服务器将可公开资源的下载权限分配给匿名用户，从而实现公开的文件共享。在缺省情况下，FTP服务器使用默认熟知端口号21，可以不输入端口号，如果使用其他非默认端口号，则需要输入端口号。此外还有其他专业的FTP客户端程序如CuteFTP、FileZilla Client等，这些专业的客户端软件功能更强大，操作更方便。

FTP有两种工作模式，一种为主动方式，也叫PORT方式；另一种为被动方式，也叫PASV方式。FTP主动方式如图1-41所示。

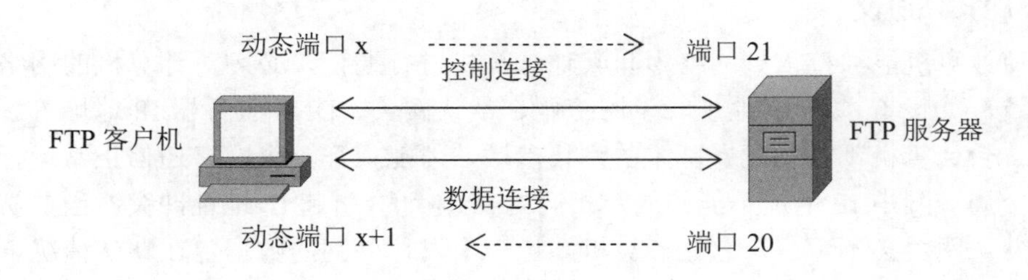

图1-41　FTP主动方式

在FTP中，使用两个TCP连接，其中一个连接为控制连接，用来传输控制命令，另一个连接为数据连接，用来传输上传和下载的数据文件。在主动方式中，FTP服务器在端口21上监听TCP连接建立请求，客户端根据URL地址，在本地选择一个动态端口x，向FTP服务器的21号端口发起TCP连接建立请求，经过TCP三次握手，客户端动态端口x与服务器端口21之间建立了控制连接，用来传输命令。如果要进行数据传输，客户端会先选择一个动态端口x+1用作数据连接，在端口x+1上监听TCP连接建立请求，然后在控制连接上使用PORT命令告诉服务器客户端用于数据连接的端口，服务收到PORT命令后，以端口20向客户端端口x+1发起TCP连接建立请求，经过TCP三次握手，服务器20号端口与客户端x+1号端口之间建立了数据连接，用作传输数据。由此可以看出，数据连接是由服务器主动发起的，因此称为主动方式。

FTP被动方式如图1-42所示。

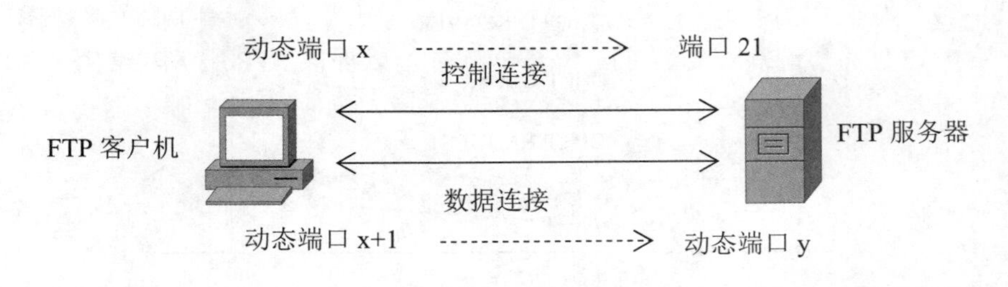

图1-42　FTP被动方式

在FTP被动方式中，控制连接的建立方法与主动方式相同，而数据连接的建立则不同。当需要传输数据时，客户端通过控制连接向服务器发送PASV命令，服务器收到PASV命令后选择一个动态端口y，并通过PORT命令将选择的动态端口y告诉客户端，客户端使用本地动态端口 x+1 向服务器的动态端口 y 发起 TCP 连接建立请求，经过 TCP 三次握手，客户端端口 x+1 与服务器端口 y 之间建立了数据连接，用作传输数据。由此可以看出，数据连接是由客户端主动发起的，而服务器是被动接收连接的，因此称为被动方式。

无论是主动方式还是被动方式，控制连接的建立方式都是相同的，并且在没有退出应用之前控制连接一直保持，而数据连接是动态建立的，在需要数据传输时建立。数据传输完成后释放，需要新的数据传输时再重新建立。

4. DHCP 协议

要使计算机能够接入到网络中与其他计算机进行通信，必须对计算机的网络参数进行配置，如设置本机 IP 地址、子网掩码、默认网关、DNS 服务器 IP 地址等。网络中的每一台计算机都必须配置基本的网络参数，才能保证整个网络通信正常运行，如在同一个局域网中 IP 地址不能相同，相同的 IP 地址会引起 IP 地址冲突。当要访问外网时，默认网关必不可少，它让计算机知道一个发往外网的数据包在默认情况下应传给哪个 IP 地址，没有配置默认网关或默认网关配置错误将导致外网访问错误。当连接 Internet 时，使用域名访问 Internet 资源需要配置 DNS 服务器的 IP 地址，用于域名到 IP 地址转换，错误配置可能导致 Internet 资源不能访问。

网络参数可以由网络管理员来配置，或者由网络管理员规划，计算机用户自己配置。网络中计算机众多，配置工作量较大，并且很难保证所有计算机都能够正确配置。使用 DHCP 服务器为计算机动态配置网络参数，网络管理员只需要配置 DHCP 服务器，而计算机的网络参数配置采用自动获取的方式，计算机作为客户端使用 DHCP 协议动态从 DHCP 服务器获取相关网络参数配置，从而减轻网络管理员配置的工作量，也能够保证计算机网络参数配置的正确性。一般性况下，这种动态配置主要用于网络内部的普通计算机 IP 地址，而对于公共 IP 地址，如服务器 IP 地址、网关 IP 地址均不采取动态配置方法，而采用手工静态配置。

DHCP 也基于客户 / 服务器模式，其工作原理如图 1-43 所示。

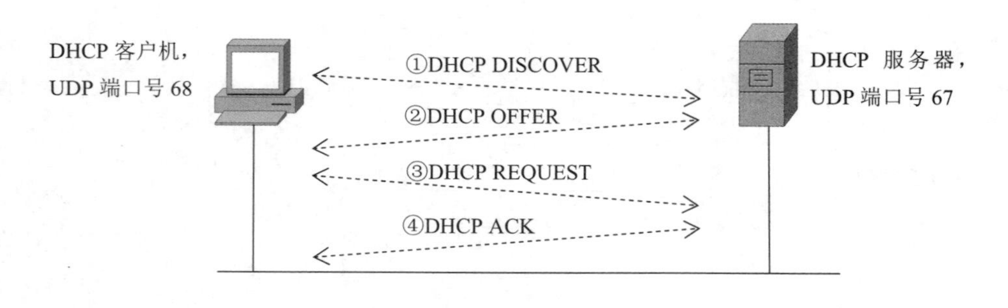

图 1-43　DHCP 工作示意图

① 发现 DHCP 服务器：如果一台计算机被配置为自动获取 IP 配置，当计算机启动时，将自动向网络广播发送一个 DHCP DISCOVER 数据包，该数据包用于寻找网络上

的 DHCP 服务器，以便从 DHCP 服务器上获得 IP 配置。其数据封装格式如下。

数据链路层：目的 MAC 地址为 FF-FF-FF-FF-FF-FF，源 MAC 地址为本机 MAC 地址。

IP 层：源 IP 地址为 0.0.0.0，目的 IP 地址为 255.255.255.255。

传输层：UDP 源端口为 68，UDP 目的端口为 67。

应用层：DHCP DISCOVER 格式数据包，包含请求 IP 配置的主机的 MAC 地址、计算机名等信息。

② DHCP 服务器提供 IP 租约：网络上的 DHCP 服务器收到 DHCP DISCOVER 后，根据 DHCP 服务器的配置信息，为 DHCP 客户提供 IP 配置信息，向客户机发送 DHCP OFFER 数据包。DHCP OFFER 可以是单播包，也可以是广播包，由 DHCP DISCOVER 中的标志位决定。

如果是单播包，其数据封装格式如下。

数据链路层：目的 MAC 地址为客户机 MAC 地址，源 MAC 地址为 DHCP 服务器 MAC 地址。

IP 层：源 IP 地址为 DHCP 服务器 IP 地址，目的 IP 地址为 DHCP 所分配的 IP 地址。

传输层：UDP 源端口为 67，UDP 目的端口为 68。

应用层：DHCP OFFER 格式数据包包含 DHCP 服务器提供的 IP 配置信息。

如果是广播包，其数据封装格式如下。

数据链路层：目的 MAC 地址为 FF-FF-FF-FF-FF-FF，源 MAC 地址为 DHCP 服务器 MAC 地址。

IP 层：源 IP 地址为 DHCP 服务器 IP 地址，目的 IP 为 255.255.255.255。

传输层：UDP 源端口为 67，UDP 目的端口为 68。

应用层：DHCP OFFER 格式数据包，包含 DHCP 服务提供的 IP 配置信息。

③ 客户机接受租约：如果网络上有多台 DHCP 服务器，客户机可能会收到多个 DHCP OFFER 数据包，客户机一般只接收最先到达的 DHCP OFFER，然后向网络广播发送一个 DHCP REQUEST，以告诉网络上的所有 DHCP 服务器，它接受了哪一个 DHCP 服务器提供的配置信息。其数据封装格式如下。

数据链路层：目的 MAC 地址为 FF-FF-FF-FF-FF-FF，源 MAC 地址为本机 MAC 地址。

IP 层：源 IP 地址为 0.0.0.0，目的 IP 地址为 255.255.255.255。

传输层：UDP 源端口为 68，UDP 目的端口为 67。

应用层：DHCP REQUEST 格式数据包，包中包含客户端的 MAC 地址、接受租约中的 IP 地址、提供此租约的 DHCP 服务器地址等。

④ 服务器确认租约：DHCP 服务器收到客户机的 DHCP REQUEST，向客户机发送 DHCK ACK，对客户接受的租约进行确认。DHCP ACK 可以是单播包，也可以是广播包，由 DHCP REQUEST 中的标志位决定。

如果是单播包，其数据封装格式如下。

数据链路层：目的 MAC 地址为客户机 MAC 地址，源 MAC 地址为 DHCP 服务器 MAC 地址。

IP 层：源 IP 地址为 DHCP 服务器 IP 地址，目的 IP 地址为 DHCP 所分配的 IP 地址。

传输层：UDP 源端口为 67，UDP 目的端口为 68。

应用层：DHCP ACK 格式数据包包含 DHCP 服务器提供的 IP 租约信息。

如果是广播包，其数据封装格式如下。

数据链路层：目的 MAC 地址为 FF-FF-FF-FF-FF-FF，源 MAC 地址为 DHCP 服务器 MAC 地址。

IP 层：源 IP 地址为 DHCP 服务器 IP 地址，目的 IP 地址为 255.255.255.255。

传输层：UDP 源端口为 67，UDP 目的端口为 68。

应用层：DHCP ACK 格式数据包，包含 DHCP 服务器提供的 IP 租约信息。

客户机会在租期超过 50% 的时候，直接向为其提供 IP 地址的 DHCP Server 发送 DHCP REQUEST 消息包。如果客户机接收到该服务器回应的 DHCP ACK 消息包，则根据包中所提供的新的租期以及其他已经更新的 TCP/IP 参数更新自己的配置，即 IP 租用更新完成。如果没有收到该服务器的回复，则客户机继续使用现有的 IP 地址，因为当前租期还有 50%。

如果在租期超过 50% 的时候没有更新，则客户机将在租期超过 87.5% 的时候再次向为其提供 IP 地址的 DHCP 服务器联系。如果还不成功，到租约的 100% 时，客户机必须放弃这个 IP 地址，并重新申请。如果此时无 DHCP 服务器可用，客户机会使用 169.254.0.0/16 中的一个随机地址，并且每隔 5 分钟再进行 IP 地址申请。

5. 远程登录协议

使用远程登录协议，网络中的一台主机可以通过网络远程登录到开放有远程登录服务的主机，并对该主机进行配置与管理。TCP/IP 协议的标准远程登录协议是 Telnet 协议，Telnet 协议也采用客户机 / 服务器模式，需要被远程登录管理的主机上应安装 Telnet 服务器软件，并启动 Telnet 服务，Telnet 服务在 TCP23 号端口上监听 TCP 连接，远程主机使用 Telnet 客户端软件与 Telnet 服务器建立连接，如图 1-44 所示。

图 1-44　Telnet 工作示意图

Telnet 客户端软件使用 TCP 协议与 Telnet 服务器 23 号端口建立 TCP 连接，并将 Telnet 客户机键盘输入的命令字符传输到远程 Telnet 服务器，Telnet 服务器接收客户主机远程传输的命令字符，就像接收本地键盘输入的命令字符一样，解释并执行该命令字符构成的命令，然后将命令执行的返回结果通过 TCP 连接传回 Telnet 客户机，Telnet 客户机则将返回的结果显示在显示屏上。因此使用 Telnet 远程登录协议，使用户可以远程登录到主机进行管理和配置，就像在本地对该主机进行管理和配置一样。Telnet 也常用于远程管理配置网络设备（数据如交换机、路由器等）。

由于 Telnet 协议在 TCP 上传输的是明文字符，因此 Telnet 协议被认为是不安全的。一旦 Telnet 数据被截获，在登录过程中输入的用户名、密码和相关命令及执行结果都会被泄漏，因此目前使用 SSH 协议替代 Telnet 协议。SSH（Secure Shell）是一种安全的远程登录协议，通过 SSH 协议传输的信息均经过了加密处理，能够有效防止信息泄漏。

6. 电子邮件协议

电子邮件是 Internet 上广泛使用的服务，它使用电子邮件协议完成电子邮件的接收与发送。电子邮件协议也采用客户机 / 服务器模式工作，与其他应用不同的是，电子邮件的发送与接收分别使用不同的协议。发送邮件使用 SMTP 协议，接收邮件使用 POP 或 IMAP（Internet Mail Access Protocol）协议，因此，邮件服务器通常包含两种服务器软件：一种是为发送邮件提供服务的 SMTP 服务器，它在 TCP 25 号端口上监听 TCP 连接；另一种是为接收邮件提供服务的 POP 或 IMAP 服务器，它在 TCP 110 或 143 号端口上监听 TCP 连接。常用的邮件客户端软件有 FoxMail、Outlook Express 等，其作用是与邮件服务器建立连接，完成邮件的发送与接收功能，使用邮件客户端软件收发电子邮件的过程如图 1-45 所示。

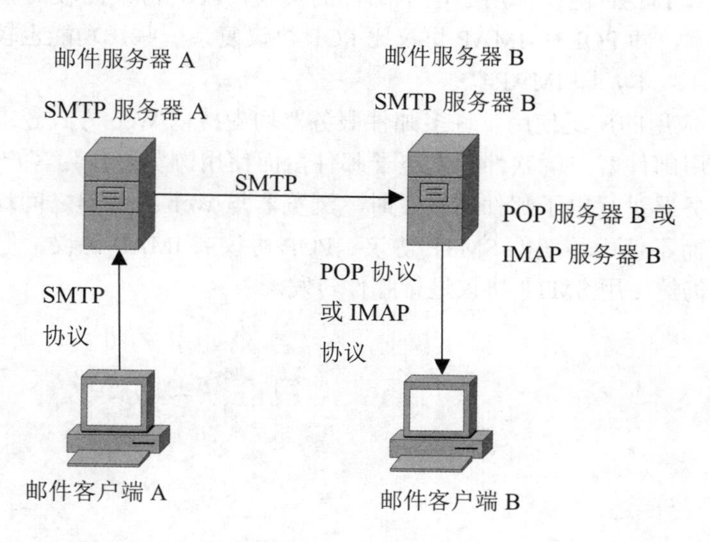

图 1-45　使用邮件客户端软件收发电子邮件示意图

用户 A 在邮件服务器 A 上申请电子邮箱，其地址为 A@aa.com，用户 B 在邮件服务器 B 上申请电子邮箱，其地址为 B@bb.com，用户 A 向用户 B 发送电子邮件过程如下。

（1）在邮件客户端 A 上编写电子邮件内容，目的地址为 B@bb.com，点击发送。

(2)邮件客户端A与邮件服务器A的TCP 25端口(SMTP服务器A)建立TCP连接，使用SMTP协议将电子邮件发送到邮件服务器A。

(3) 由于邮件的目的地址为B@bb.com，因此邮件服务器A将以SMTP客户的身份与邮件服务器B的TCP 25号端口（SMTP服务器B）建立TCP连接，并使用SMTP协议将电子邮件发送到邮件服务器B，邮件服务B收到邮件后，将邮件放入用户B的邮箱中。

用户B接收邮件的过程如下。

(1) 在邮件客户端B上点击收取邮件。

(2) 邮件客户端B与邮件服务器B的TCP 110或143端口（POP服务器B或IMAP服务器B）建立TCP连接，使用POP协议或IMAP协议将邮件读取到邮件客户端B中。

如果用户B发送邮件给用户A，其过程与上述类似。

SMTP协议是一种简单邮件传输协议，它只能传输简单的ASCII文本，为了使电子邮件能够传输不同类型的数据，在SMTP协议的基础上增加了一个辅助协议，即MIME（Multipurpose Internet Mail Extensions，通用因特网邮件扩充）协议。MIME并没有改变SMTP协议只传输ASCII文本的特性，而是引入了一种转换机制，在发送邮件时将非ASCII文本通过MIME协议转换为ASCII文本，然后使用SMTP协议传输该文本，在接收端再使用MIME协议将该文本转换为原始数据，从而可以实现利用SMTP协议传输不同类型数据的邮件。

POP协议和IMAP协议都用于电子邮件的接收，POP协议比较简单，目前使用较多的为第3版本，即POP3；IMAP协议比POP协议复杂一些，功能也较强些，目前使用较多的为第4版本，即IMAP4。

由于Web应用的广泛使用，许多邮件服务器均支持以Web方式登录进行邮件的收发。如果不使用邮件客户端软件收发电子邮件，而使用浏览器作为客户端以Web方式登录到邮件服务器进行电子邮件的收发时，浏览器与Web服务器之间均使用HTTP协议进行传输，而不使用传统的SMTP协议、POP协议或IMAP协议，但服务之间进行邮件转发时，仍然使用SMTP协议进行邮件转发。

1.9 任务1-1：网络数据包捕获与协议分析

1.9.1 任务描述

在前面的学习中，我们通过一个从网络捕获的数据包学习了网络的各层协议，那么这个数据包是如何捕获的呢？在网络中，我们常使用ping命令测试网络连通性，现在我们使用抓包软件来捕获ping命令执行时网络数据包的收发情况，从而了解ping命令的工作原理。

1.9.2 相关知识

在通常情况下，以太网卡接收以太网上传输的以太网帧，并分析其目的MAC地址。如果是本机的MAC地址，或者广播MAC地址，以太网卡将接收该以太网帧，并根据以太网协议对以太网帧进行处理，然后将以太网帧中封装的上层数据交给上层协议进行处理，否则将丢弃该以太网帧。

在抓包软件工作时，会将以太网卡设置为混杂模式。在混杂模式下，以太网卡将接收到的所有数据都交给抓包软件。抓包软件根据目前的所有网络协议标准，对接收到的数据进行分析，并以比较容易理解的形式将分析结果呈现出来，因此抓包软件通常具有抓包和协议分析两大功能，也可以叫做协议分析软件。目前使用较多的抓包软件是Wireshark，下面将以Wireshark为例介绍如何实现抓包与协议分析。

1.9.3 任务实施

1. 启动Wireshark，设置抓包选项

启动Wireshark后，界面如图1-46所示。

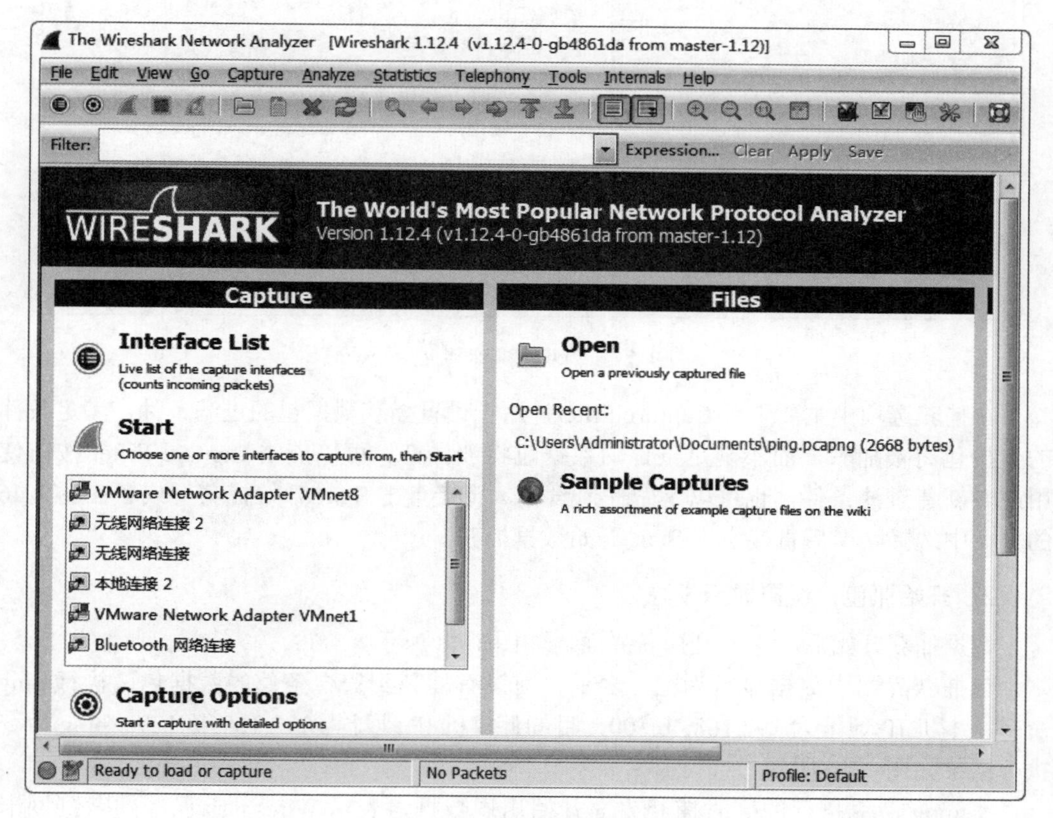

图1-46 Wireshark启动后的界面

在列表框中选择你要捕获数据包的网卡，由于本例采用VMware环境，通过真

实主机 ping VMware 的虚拟主机，而虚拟主机连接在 NAT 模式下，即与真实机的 VMnet8 相连，因此选择 VMware Network Adapter VMnet8。

如果需要设置抓包选项，点击 Capture Options，进入如图 1-47 所示的页面。

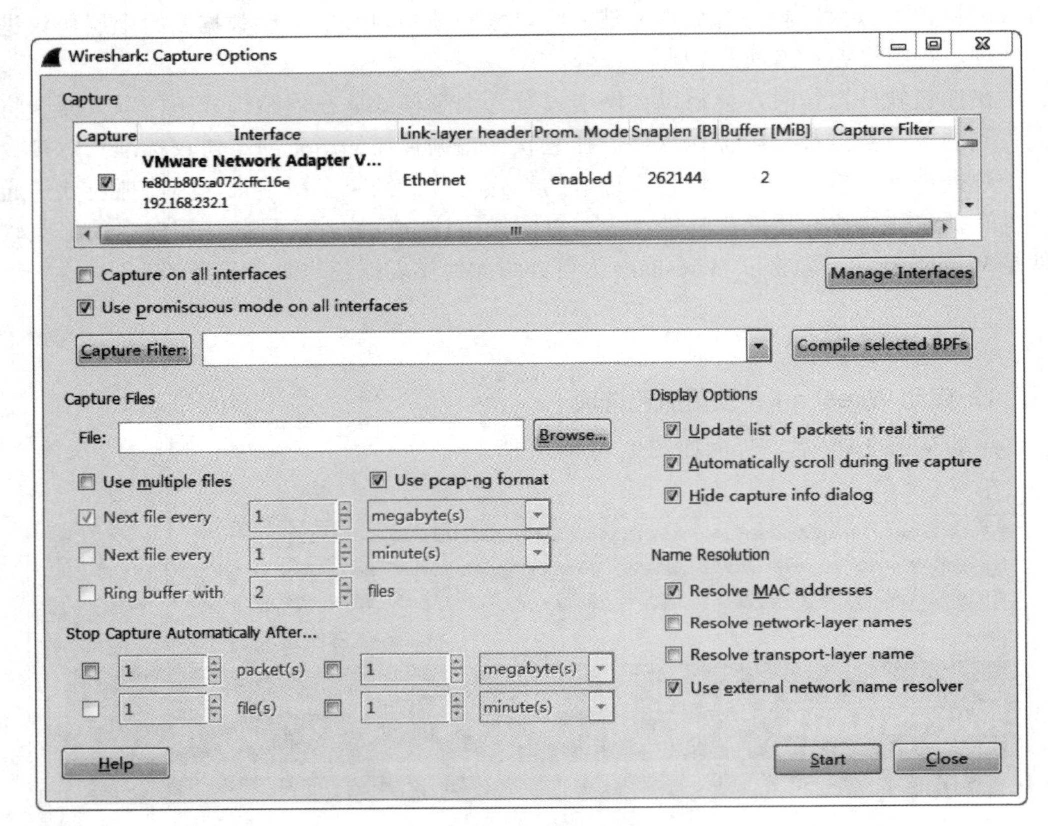

图 1-47　Wireshark 捕获选项

在捕获选项中主要设置 Capture Filter，用于设置捕获数据包的过滤条件，满足条件的数据包将被捕获，而不满足条件的数据包将被丢弃。可以点击 Capture Filter 按钮使用或者新建过滤条件，也可以不做任何设置，直接点击 Start 开始捕获，或者在图 1-46 的界面中选择网卡后直接点击 Start 开始数据捕获。

2. 开始抓包，设置显示过滤

数据捕获开始后，进入到捕获界面，如图 1-48 所示。

包捕获界面中数据显示为空，表示目前没有捕获到符合条件的数据包，执行 ping 命令，本机 IP 地址为 192.168.40.100，目的计算机 IP 地址为 192.168.40.129。ping 命令执行结果如图 1-49 所示。

在 ping 命令执行的同时捕获界面开始出现数据，表示 Wireshark 已经捕获到网卡 VMnet8 上传输的数据包，ping 命令执行完成后，点击捕获界面的工具栏中的“停止捕获”按钮，停止对数据包的捕获。

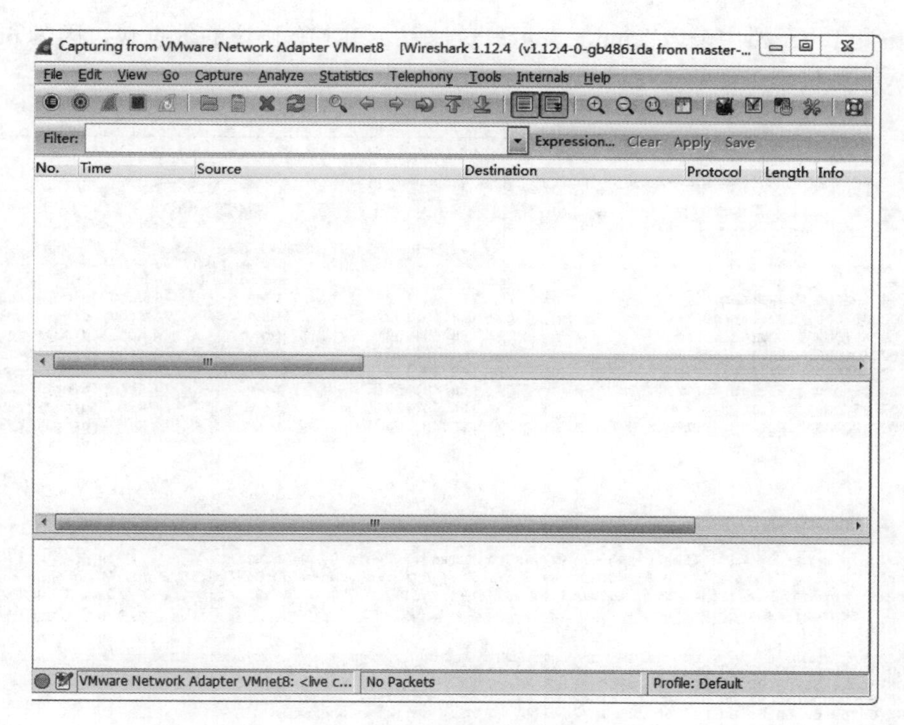

图 1-48 数据包捕获界面

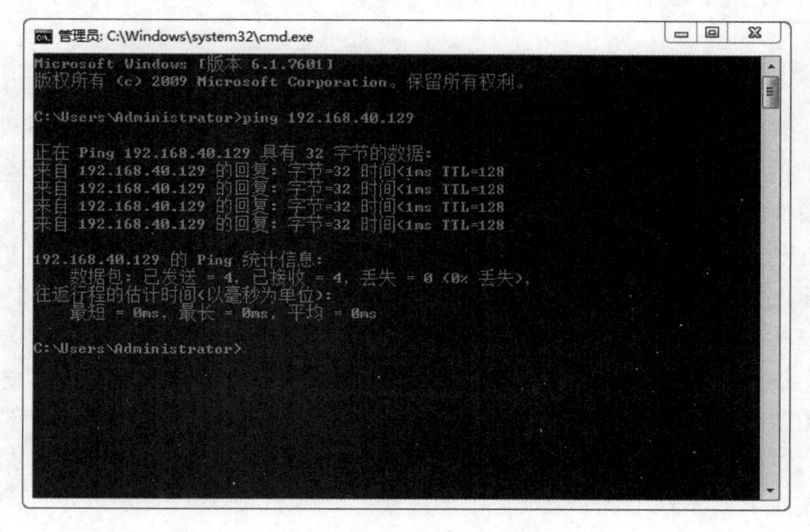

图 1-49 ping 命令执行结果

3. 过滤显示，协议分析

停止捕获后，Wireshark 界面中显示的内容就是从点击 start 开始，到停止捕获期间在 VMnet8 网卡上传输的数据包，其中包含执行 ping 命令时收发的数据，也可能包含网卡上传输的其他协议的数据，如果希望只显示由 ping 命令产生的数据包，可以在工具栏下方的 Filter 栏中输入 icmp，表示只过滤显示 ICMP 协议的数据包，因为 ping 是使用 ICMP 协议来工作的。过滤后的结果如图 1-50 所示。

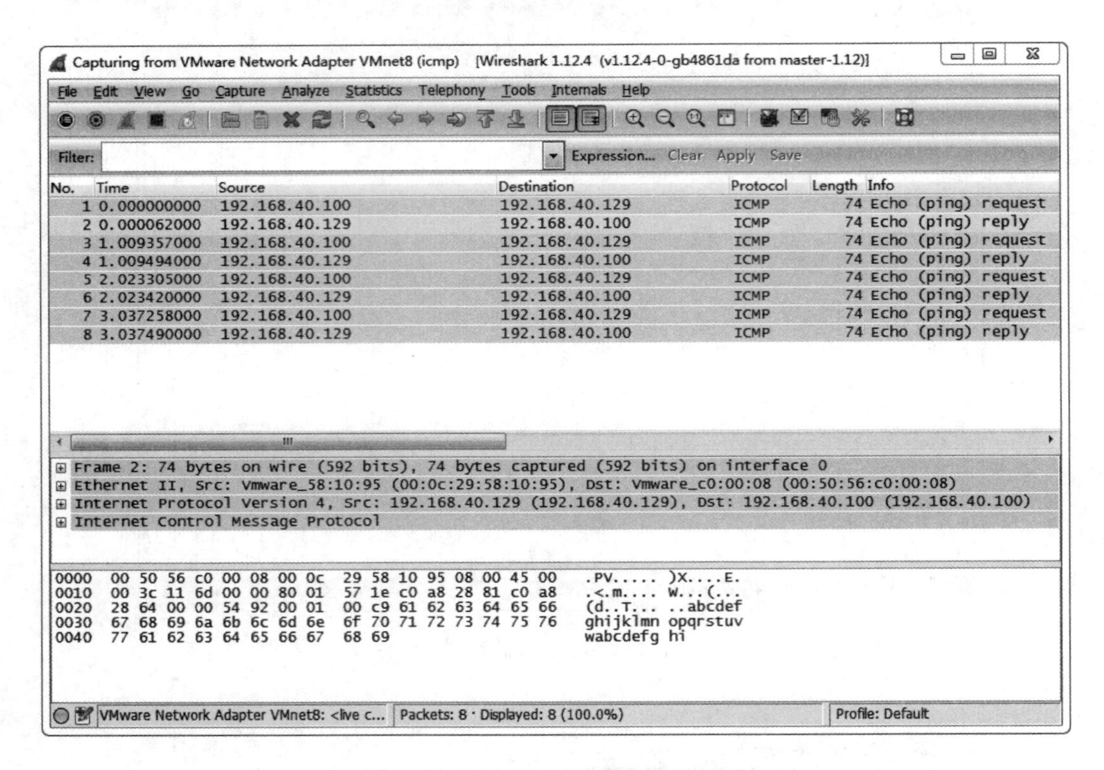

图 1-50 Wireshark 过滤显示结果

注意此时设置的过滤是显示过滤，即从已捕获到的数据中显示满足条件的数据，而在捕获前的 Capture Options 中设置的过滤是捕获过滤，即满足条件的都会被捕获，而不满足条件的将不被捕获。

Wireshark 中分三个窗口用于显示捕捉数据内容。最上面窗口显示的是捕获数据包的基本描述，包括时间、源、目的、协议、长度及其他基本信息，一行代表一个以太网帧，选中其中一行，则中间窗口以协议树的形式显示了该以太网帧的各层协议，各层协议均可展开，展开后可显示各层协议中每个部分的含义。最下面的窗口显示选中的以太网帧的原始数据，以十六进制数据表示，1 位十六进制代表 4 位二进制，2 位十六进制代表 8 位二进制，即 1 字节。当在中间窗口选中各层协议的不同部分时，最下面窗口会对应加亮显示该部分在整个数据包中的位置。

从图 1-50 中显示的结果可以看出，IP 地址 192.168.40.100 发送 icmp Echo request 消息到 IP 地址 192.168.40.129，然后 IP 地址 192.168.40.129 发送 icmp Echo reply 消息给 IP 地址 192.168.40.100，网络中总共发送了 4 个 icmp Echo request，也收到了 4 个 icmp Echo reply，与 ping 命令的执行结果相符。从中间窗口的协议层次分析可以看出 icmp 数据是直接封装在 IP 数据包中，再封装到以太网帧中进行传输的。

如果需要将捕获的结果保存，选择菜单 File 中 Save 命令将捕获结果保存到文件中。

1.9.4 任务总结

本任务是了解 Wireshark 的基本使用方法与步骤，实现简单的数据包捕获与协议分析。Wireshark 是一款功能强大协议分析软件，它能够分析众多的网络协议，广泛应用于网络管理、协议分析、网络安全等领域。通过学习 Wireshark 的使用，我们能够更好地理解网络协议层次结构、了解网络数据包的格式及含义、理解网络协议的工作原理。关于 Wireshark 的详细使用方法在本书中不作详细介绍，请参阅其他 Wiresharek 相关的学习资料。

1.10 本章小结

通过本章学习，我们了解了计算机之间通信的语言——通信协议，通信协议是理解计算机网络工作原理最基础和最重要的知识，也是理解后面所有与网络相关知识的基础。通过对一个在网络上捕获到的真实数据包的分析，我们了解了网络协议的分层体系结构是如何在真实的数据包上体现的；通过对每一层的协议进行分析，我们理解了每层协议的工作原理。最后学习了抓包软件 Wireshark 的简单使用，为学习分析更复杂的协议打下基础。

第 2 章 计算机网络的躯干——构建物理网络

在第 1 章中我们介绍了计算机网络中使用的网络协议，它帮助计算机之间相互理解，以实现计算机之间的通信。从计算机网络的组成角度，可以把计算机网络分为两大部分：计算机网络软件和计算机网络硬件。计算机网络硬件组成物理的计算机网络，是计算机网络的躯干；计算机网络软件工作在计算机网络硬件之上，如网络协议、网络操作系统、网络服务程序和网络应用程序等，是计算机网络的神经系统，它们一起实现计算机网络的功能。计算机网络的软件和硬件密不可分，只有网络硬件没有网络软件，网络硬件就像没有灵魂的躯壳，什么事也做不了；只有网络软件而没有网络硬件，网络软件就像没有躯壳的灵魂，也实现不了任何具体的功能。本章重点介绍计算机网络的硬件，让我们了解构成计算机网络的躯干需要的硬件设备及它们的工作原理。

2.1 计算机网络硬件

2.1.1 计算机网络的硬件组成

要构建一个计算机网络，首先得了解计算机网络的硬件组成，即一个计算机网络里包含有哪些硬件设备。

总的来说，计算机网络里面包含三类硬件设备：

（1）计算机

（2）计算机网络通信线路

（3）计算机网络设备

从硬件构成的角度来说，计算机网络通过网络通信线路和网络设备将不同地方的计算机连接在一起，一个简单的计算机网络的硬件构成如图 2-1 所示。

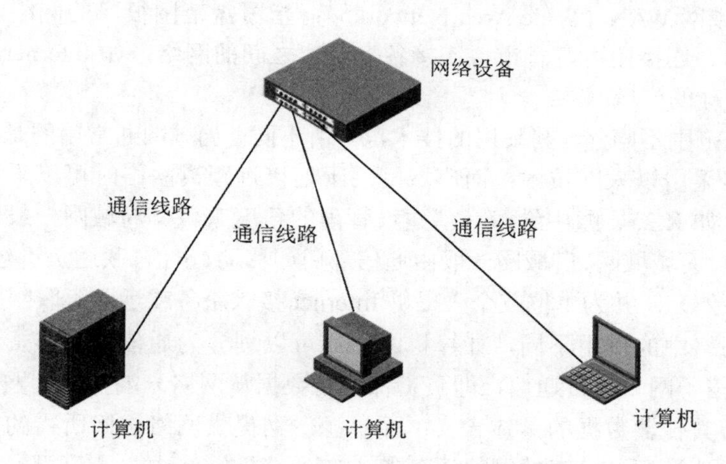

图 2-1 计算机网络硬件组成

图 2-1 是一个简单的计算机网络的示意图，复杂的计算机网络只是在规模上更大，拥有更多的主机，更多的不同种类的网络设备，或者距离更远的不同的通信线路而已。更复杂的网络可能如图 2-2 所示。

计算机网络除了可以分为网络硬件和网络软件外，还有不同的分类方法，如根据网络覆盖范围可以分为以下几种。

（1）局域网 LAN（Local Area Network）：即本地区域网络，指覆盖范围在一个本地区域的网络。通常指一个组织、单位的内部网络，该网络一般由单位自己管理，由于单位的规模不同，局域网的规模大小也不相同，通常说的校园网、企业网都属于局域网。

（2）城域网 MAN（Metropolitan Area Network）：即城市区域网络，指覆盖在一个城市范围的网络。

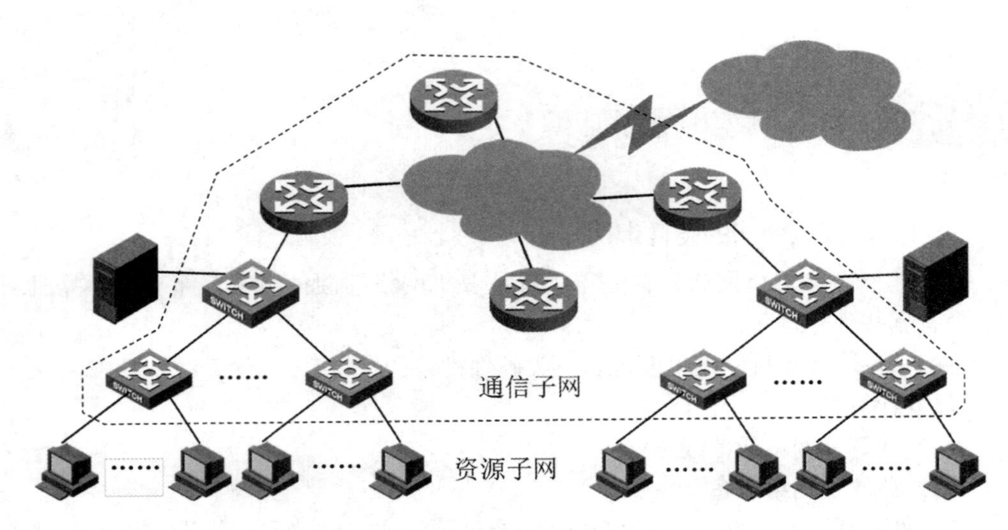

图 2-2　复杂计算机网络的硬件组成

（3）广域网 WAN（Wide Area Network）：指覆盖范围很广的网络，包括连接城市与城市之间、连接国内各省市、连接各个国家之间的网络，如 Internet，即因特网，是一个连接全球的广域网。

除了覆盖范围不同外，其采用的技术也有所不同。局域网通常用的是以太网技术；城域网也大多采用以太网技术；而广域网用于连接远距离网络时可以采用多种不同的广域网技术，如 X.25、帧中继等。从建设管理的角度来说，局域网一般由单位自己负责建设与管理，而城域网、广域网一般由通信部门如移动、电信、联通负责建设与管理（某些专用网络除外），并为单位或个人提供 Internet 接入服务或远距离联网服务。

根据在网络中的作用不同，计算机网络还可以划分为通信子网与资源子网，如图 2-2 所示。通信子网只负责通信，即负责保证将数据从网络一端传输到网络另一端，通信子网不关心其传输数据的具体含义；而资源子网提供网络访问所需的资源，如共享的网络软、硬件资源，共享的网络服务等。在计算机网络中，计算机属于资源子网，而网络设备与网络通信线路属于通信子网。

下面我们来详细了解一下计算机网络的硬件设备。

2.1.2　计算机

网络中的计算机也叫主机（Host），属于网络的资源子网部分，网络中的主机包含两类：服务器和客户机。

服务器接入到网络中，为客户机提供服务，如共享服务器的资源，或提供 WWW 服务、FTP 服务、DHCP 服务、DNS 服务或电子邮件服务等在内的其他网络服务。从硬件的角度上讲，服务器要为网络上众多的客户机提供服务，需要在同一时间响应大量客户机的访问请求，因此服务器一般情况下是高性能计算机，无论是 CPU、内存、硬盘，还是接入网络的带宽，服务器都需要比普通计算机拥有更快的速度、更大的容量、更宽的带宽。为了提高服务器的可靠性和响应能力，还可以将多台服务器构成服务器集群，以保证网络服务的响应速度和不间断性。

客户机即普通用户使用的个人电脑，客户机接入网络是为了使用服务器提供的服务，如浏览网页、下载网络文件、收发电子邮件等。客户机通常对硬件没有特殊要求，普通个人电脑均可以作为客户机接入网络。

通常情况下服务器和客户机是通过安装在计算机上的以太网卡接入到网络的，以太网卡也叫网络适配器（Network Adapter），负责处理以太网的物理层及数据链路层协议，每块以太网卡均有一个硬件地址（也叫做物理地址或MAC地址），以太网卡从物理线路上接收物理信号，识别为以太网帧，分析以太网帧的目的MAC地址是否和本网卡一致，如果一致说明是发送到本机的数据，则接收下来，并将以太网帧中封装的数据交给上层协议处理，否则将忽略该以太网帧。在发送数据时，网络层协议将要发送的IP数据包交给以太网卡，根据ARP协议查询目的IP地址对应的MAC地址，然后将IP数据包封装成以太网帧，转化为相应的物理信息从接口发送出去。

由于服务器和客户机属于资源子网，它们一起实现相关的网络应用，因此从网络协议的角度来看，服务器和客户机实现了网络的各层协议。其中物理层和数据链路层协议主要由以太网卡实现，而网络层、传输层及应用层协议则由安装在服务器和客户机上的网络操作系统，以及相关的服务程序、客户程序及应用程序共同实现。

2.1.3 计算机网络通信线路

计算机网络通信线路，也叫网络传输介质，用于连接计算机网络中的各个网络设备及计算机，是网络数据传输的物理通路。计算机网络的通信线路主要分为两大类，一类是有线线路，另一类是无线线路。

1. 有线线路

（1）同轴电缆

同轴电缆的结构如图2-3所示。

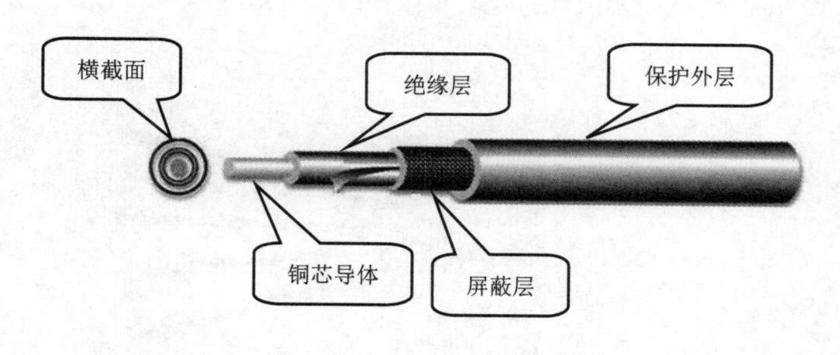

图2-3 同轴电缆结构图

同轴电缆由铜芯导体、绝缘层、屏蔽层及保护外层构成，由于其横截面为多个同轴心的圆，因此称为同轴电缆。

同轴电缆分为 50Ω 基带同轴电缆和 75Ω 宽带同轴电缆两类。基带电缆又分为细同轴电缆和粗同轴电缆。

在早期的以太网网络中，50Ω 基带同轴电缆作为以太网的传输介质，其中以太网标准 10Base-2 使用细同轴电缆，带宽为 10Mbps，最大传输距离 185m；以太网标准 10Base-5 使用粗同轴电缆，带宽为 10Mbps，最大传输距离 500 米。同轴电缆组成的以太网的拓扑结构为总线型，如图 2-4 所示。该以太网属于共享型网络，所有计算机共享传输介质，使用 CSMA/CD 协议解决共享传输介质的占用问题。随着以太网技术的发展，同轴电缆在局域网中已经很少见了。

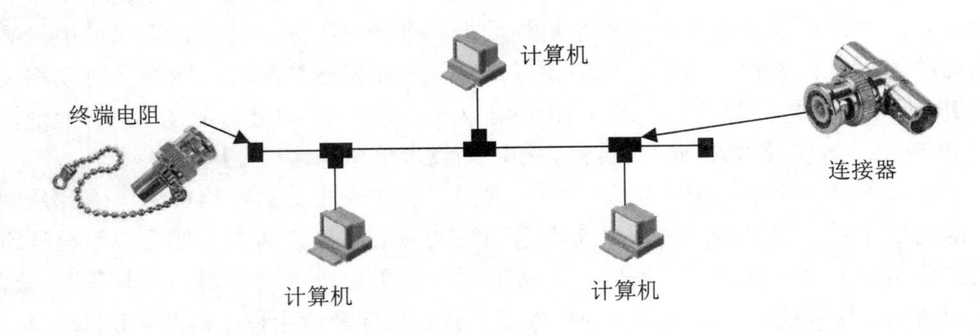

图 2-4　同轴电缆组成的总线型以太网

75Ω 宽带同轴电缆是 CATV，即闭路电视的标准传输电缆，通过频分复用技术传输电视信号，广电部门的闭路电视网络称为 HFC（Hybrid Fiber-Coaxial，混合光纤同轴电缆网），该网络的主干使用光纤，支线和配线使用同轴电缆，主要用于传输闭路电视信号，在用户端安装 Cable Modem（线缆调制解调器）后，也可以为用户提供 Internet 接入。

（2）双绞线

顾名思义，双绞线是指由两根绝缘的铜导线按一定密度互相绞在一起的传输线路。每一根导线在传输中辐射出来的电波会被另一根导线上发出的电波抵消，有效降低信号干扰的程度。通常一根双绞线中包含多对互相绞合的导线，如图 2-5 所示。

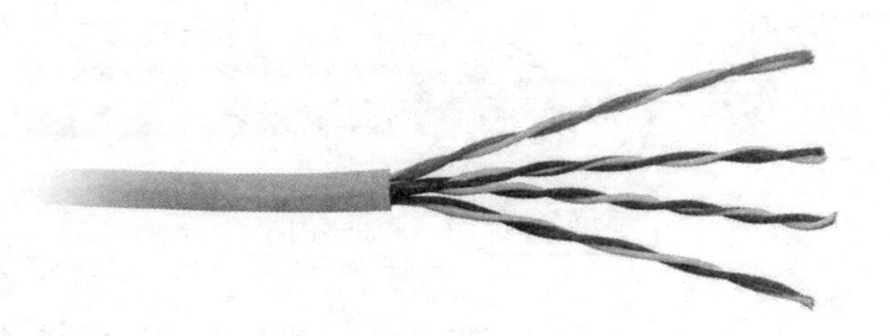

图 2-5　双绞线示意图

根据有无屏蔽层，双绞线分为屏蔽双绞线（Shielded Twisted Pair，STP）与非屏蔽双绞线（Unshielded Twisted Pair，UTP），屏蔽层可减少辐射，防止信息被窃听，也可阻止外部电磁干扰的进入，使屏蔽双绞线比同类的非屏蔽双绞线具有更高的传输速率，但价格也相对昂贵。在一般的布线环境中，通常都使用性价比更高的非屏蔽双绞线来传输语音和数据信号。

按双绞线的电气性能可分为1类、2类、3类、4类、5类、超5类、6类，超6类、7类双绞线，类型数字越大、版本越新，技术越先进、带宽越宽、传输数据的速率越快，当然价格也越贵。

目前主要使用的是5类、超5类线和6类双绞线，5类双绞线主要用于十兆、百兆以太网，传输距离100米；而超5类双绞线主要用于百兆、千兆以太网，传输距离100米；6类双绞线主要用于千兆以太网，性能优于超5类双绞线；而超6类和7类双绞线可用于万兆以太网。

双绞线通过RJ45接口连接到以太网卡上，RJ45标准规定了与双绞线相连的连接头，以太网卡上的连接口的几何形状和尺寸，每个引脚的含义与相关电气特性，这些规定即是在第1章介绍的物理层协议。另一个与之相似的标准是RJ11，它是电话线与电话机之间的接口标准，RJ11接口中只有4个引脚，因此几何尺寸略小于RJ45。通常一根普通网线中包含4对互相绞合的导线，对应连接在RJ45连接头的8个引脚上，由于连接在双绞线上的RJ45接头为白色透明的，因此俗称水晶头，如图2-6所示。

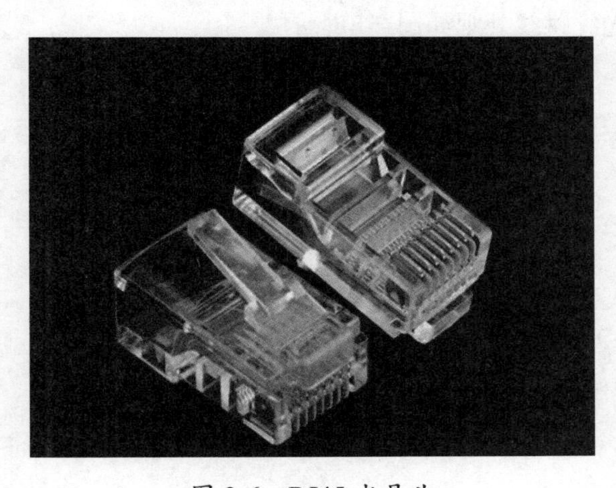

图2-6 RJ45水晶头

通过专用工具可以将网线卡接在水晶头中，EIA/TIA（Electronic Industries Association/Telecommunications Industries Association，电子工业联盟 / 电信工业联盟）制定了双绞线与RJ45的两种连接标准，分别为EIA/TIA T568A和EIA/TIA T568B。

网线中的4对线包含4种基本颜色：蓝、橙、绿、棕。每一对线对应一种基本颜色，在一对线中，如蓝色线对中，一根线是纯基本色，即蓝色，而另一根线是白色与基本色相间的，称为白蓝。两种标准的连接线序如图2-7所示。

通常制作网线按照T568B的标准制作，如果网线的两端均采用T568B标准制作，称该网线为直通线，如果网线的一端采用T568B标准制作，而另一端采用T568A标准制作，称该网线为交叉线。交叉线多用于同一类设备之间的互联，如使用交叉线连接两台计算机或使用普通端口连接两台交换机，而直通线多用于不同类设备之间的连接，如将计算机连接到交换机的普通端口。

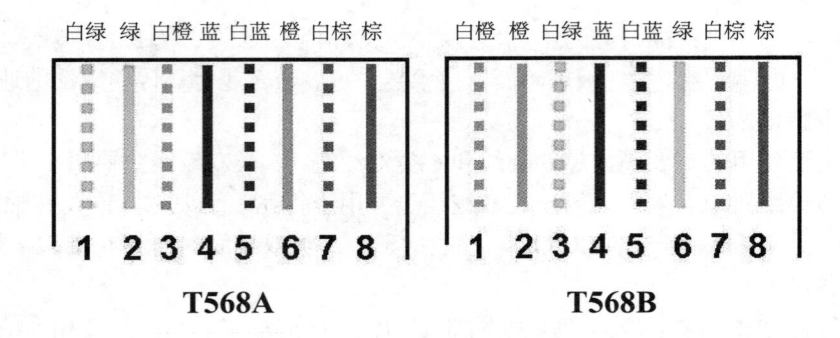

图 2-7　EIA/TIA RJ45 接口线序

（3）光纤

光纤是光导纤维的简写。光纤传输光信号，与传输电信号的双绞线相比，由于光没有电磁辐射，也不受电磁干扰，因此使用光纤传输信号，安全性更高、抗干扰能力更强、带宽更宽。光纤跳线外观如图 2-8 所示。

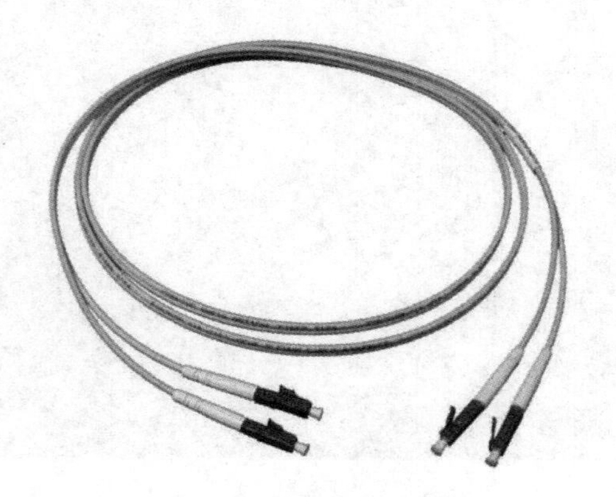

图 2-8　光纤跳线外观图

光纤由纤芯、包层和保护涂层组成，如图 2-9 所示。纤芯由透明材料如玻璃或塑料制成，纤芯与包层具有不同的折射率，通常纤芯的折射率较高，当光以某种角度射入光纤时，会在纤芯与包层临界面发生光的全反射，于是光会沿光纤进行传导。

根据光在光纤中的传播方式，光纤有多模光纤和单模光纤两种类型，如图 2-10 所示。多模光纤（Multi Mode Fiber，MMF）的纤芯直径较大，一般为 61.5μm 或 50μm，可以有多种模式的光在光纤中做全反射传输，因此称为多模光纤。而单模光纤（Single Mode Fiber，SMF）的纤芯直径较小，一般为 9～10μm，只有一种模式的光可在光纤中传输，即沿纤芯做直线传输。与多模光纤相比，单模光纤的传输距离更远、带宽更宽，但成本更高。通常多模光纤为橙色而单模光纤为黄色。

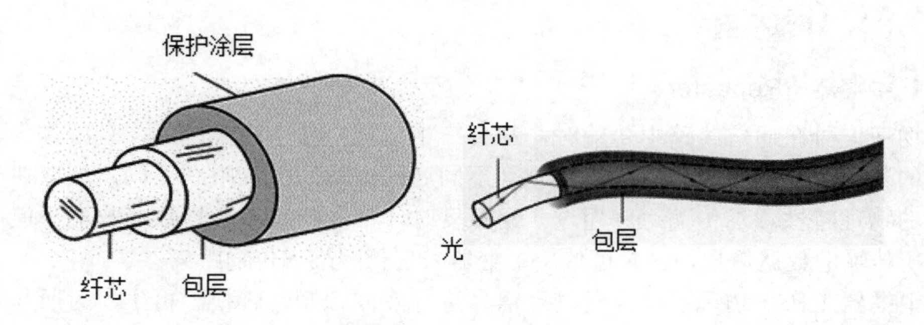

图 2-9 光纤结构及工作原理图

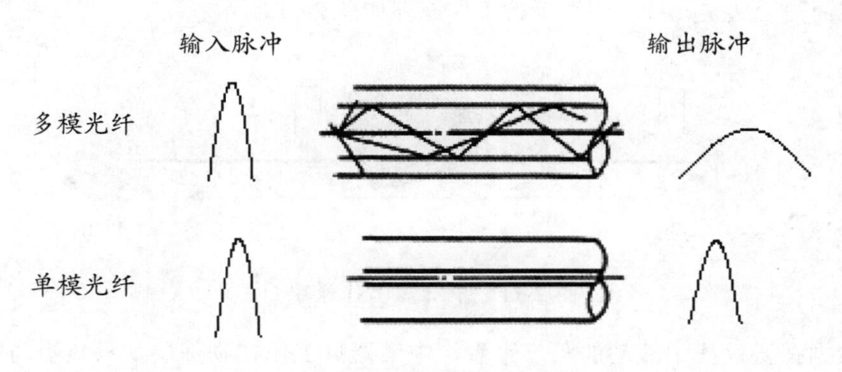

图 2-10 多模光纤与单模光纤

2. 无线线路

有线线路利用有形的线路作为信号的载体，电信号、光信号沿着有形的线路进行传输，需要布设专门的有线线缆。而无线线路是利用自由空间作为传输空间，承载信号的电磁波在自由空间中传输。与有线线路相比，无线线路安全性较差、容易受到干扰，但无线信号不需要布设专门的有线线缆，利用无线线路组网更灵活、移动性更好，并能够使数据传输到那些不容易布设有线线缆的地方。

目前有许多无线通信技术，如无线电、移动通信、微波通信、卫星通信、红外线通信、无线局域网等，它们的主要区别在于承载信号的电磁波的频率不同，当然频率不同的电磁波也具有不同的物理特性，理论上讲只要能传输信号的电磁波都能够传输计算机网络的数据，只不过需要经过相应的信号变换，即调制与解调。

由于无线信号在同一自由空间中传输，区别不同的信号的关键是频率，频率相同或相近的无线信号之间会相互干扰，而无线信号的频率资源是有限的，任何个人或组织不能够随意使用无线信号，必须由国家相关机构对频率资源进行统一管理和分配，否则会造成无线信号的混乱。

2.1.4 计算机网络设备

1. 中继器（Repeater）

物理信号在通信线路中传输时，都会产生衰减，传输距离越远，衰减越大。因此网络的数据传输都有一定的距离限制，不同通信线路的距离限制不同，这取决于通信线路的物理特性。当传输距离超过一定长度时，信号的衰减会导致接收端不能够正确识别所传输的数据信号，这时可使用中继器来延长网络的传输距离。

中继器工作在物理层，只对物理信号进行双向识别、转换、再生，对所传输的数据内容不做任何识别和处理，即对物理层以上的协议均是透明的。中继器可以对双绞线进行中继，也可以对光纤进行中继，还可以连接两种不同物理介质的网络，如一边是双绞线而另一边是光纤。中继器的工作原理如图 2-11 所示。

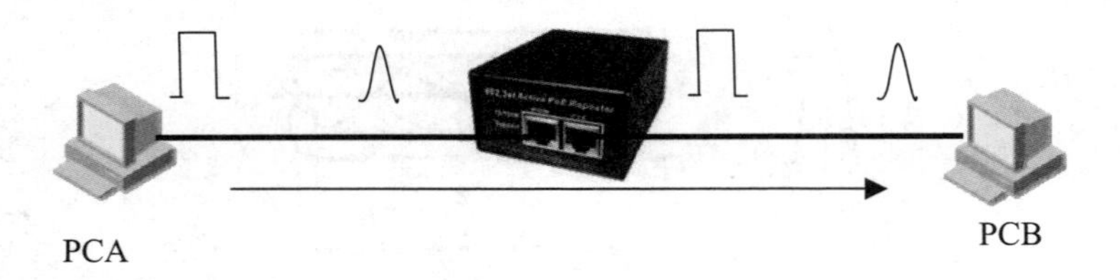

图 2-11 中继器工作原理图

从数据在协议栈中流动的角度来看，中继器只工作在物理层，只负责与物理信号相关的处理，如图 2-12 所示。

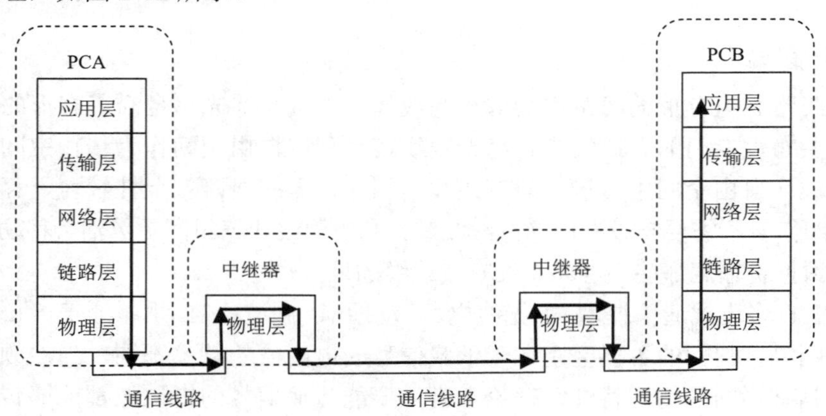

图 2-12 数据在中继器协议栈中流动的示意图

2. 集线器（Hub）

集线器可以简单地看作具有多个端口的中继器，其工作原理如图 2-13 所示。

多台计算机通过双绞线连接到集线器上组成一个计算机网络。假设 PCA 进行数据发送，物理信号沿着通信线路到达集线器，集线器在某端口收到物理信号后，识别并再生该物理信号，并向除该端口外的所有端口转发该物理信号，连接在此集线器上的所有其他计算机都将收到PCA发出的物理信号，各计算机根据收到数据的目的MAC地址判断是否是发给自己的，如果是就接收并处理该数据，否则丢弃该数据。由于集线器只是对物理信号进行识别、转换与再生，并不分析处理物理层以上的数据，因此集线器和中继器一样都工作在物理层。集线器还可以延长网络传输距离，由于集线器具有多个端口，因此集线器能够将更多的计算机连接到网络中。

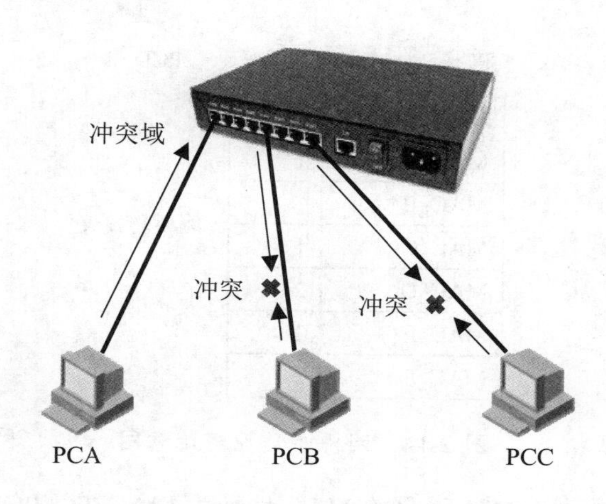

图 2-13　集线器工作原理图

由集线器组成的网络，从拓扑结构上看属于星型结构。而从其工作原理上看，集线器组成的网络和总线型网络一样，都属于共享型网络，当PCA在发送数据时，其物理信号占用了整个网络，其他计算机不能发送数据，否则会产生冲突（或称为碰撞），因此集线器所有端口属于同一冲突域（或碰撞域）。同一冲突域中所有计算机共享集线器带宽，使用CSMA/CD协议实现对共享介质的访问。如果集线器接口带宽为10Mbps，有N台计算机连接到集线器上，则每台计算机的实际带宽为10/N Mbps。集线器的总带宽只有10Mbps，因此只适合连接计算机数量较少的网络，当计算机数量过多，或计算机发送的数据较频繁时，产生冲突的概率会增加，网络性能会急剧下降。

随着交换技术的发展及交换机成本的下降，新的网络已经很少使用集线器了。

3. 网桥（Bridge）

和中继器相比，网桥不仅具有中继器的所有功能，即能够在物理层完成物理信号的再生与转换，而且比中继器更聪明，网桥既要处理物理信号，也要对数据链路层的数据进行分析。网桥工作原理如图2-14所示。

如果PCA要发送数据给PCB，物理信号将沿着共享介质传输到PCB、PCC及网桥端口1，此时PCB会接收并处理该数据，而PCC丢弃该数据，网桥收到物理信号后，其处理方式与中继器是不同的，如果是中继器，在端口1收到的物理信号将直接向端口2转发，而网桥将会分析数据的链路层协议，在局域网中通常为以太网帧首部，并根据网桥转发表决定是否转发。如果发现从端口1接收到目的MAC地址为MAC_B的以太网帧，根据网桥转发表，MAC_B的转发端口为1，因此不需要对其转发。

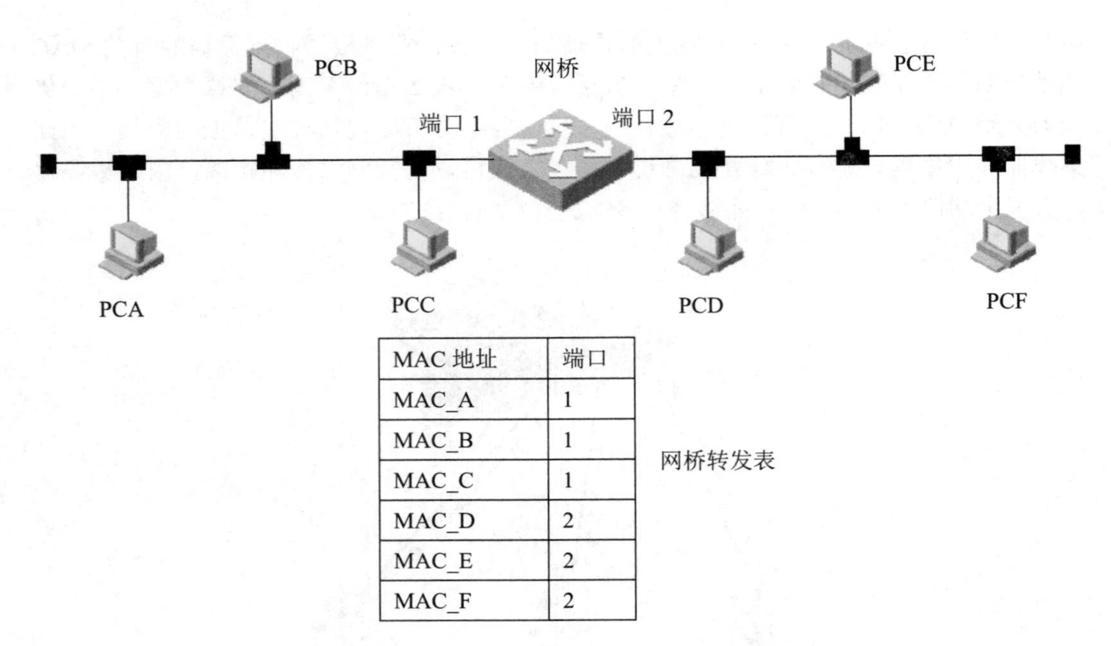

MAC 地址	端口
MAC_A	1
MAC_B	1
MAC_C	1
MAC_D	2
MAC_E	2
MAC_F	2

图 2-14　网桥工作原理示意图

如果 PCA 发送数据给 PCD，目的 MAC 地址为 MAC_D，PCB、PCC 均能够接收物理信号，但由于与自己 MAC 地址不相同，因此均丢弃该数据，而网桥端口 1 收到物理信号后，根据目的 MAC 地址查询转发表，发现转发端口为 2，因此将数据从端口 2 转发出去。于是 PCD、PCE、PCF 均会接收到由端口 2 转发的信号，但只有 PCD 会接收并处理该数据。

从数据在协议栈中流动的角度来看，网桥由于根据数据链路层地址进行转发，因此它需要处理数据链路层协议，也可以说网桥工作在数据链路层，如图 2-15 所示。由于数据链路层功能的实现是依靠物理层的，因此说网桥工作在数据链路层，但并不是说网桥不工作于物理层，只是说处理的最高层协议是数据链路层，高层协议下面的所有协议也均需要处理。由于网桥可以处理数据链路层协议，因此也可以用网桥来连接具有不同数据链路层协议的网络。

4. 交换机（Switch）

交换机可以简单地理解为具有多个端口的网桥，以太网交换机是用于构建局域网的主要设备。从外形上看，交换机和集线器没有太大的差别。但是它们的工作原理却完全不同，集线器的工作原理与中继器类似，而交换机的工作原理与网桥类似，交换机内部维护着一个 MAC 地址表，该表中记录了某个 MAC 地址连接在交换机的哪个端口上。MAC 地址表可以动态生成，也可以人工配置。下面我们来看一下交换机 MAC 地址表是如何动态生成的，如图 2-16 所示。交换机在开机后，其 MAC 地址表是空的，PCA 连接在交换机的端口 1 上，如果 PCA 有数据要发送，由于以太网中的所有数据都使用以太网帧格式进行发送，交换机在端口 1 上会收到 PCA 发送的以太网帧数据，无论是一个什么样的以太网帧都包含有源 MAC 地址，即交换机在端口 1 上收到的源

MAC 地址为 MAC_A 的以太网帧，于是交换机就知道具有 MAC_A 地址的 PCA 连接在端口 1 上，并将其对应关系写入到交换机的 MAC 地址表中。与此类似，交换机也能动态学习到具有 MAC_B 地址的 PCB 连接在端口 5，具有 MAC_C 地址的 PCC 连接在端口 8。同时为了保证交换机中的 MAC 地址表是最新的，MAC 地址表总是不断更新变化，新学到的对应关系会替换掉表中原有的老的对应关系，如果在一定时间内，某对应关系没有更新，则该对应关系将被删除。

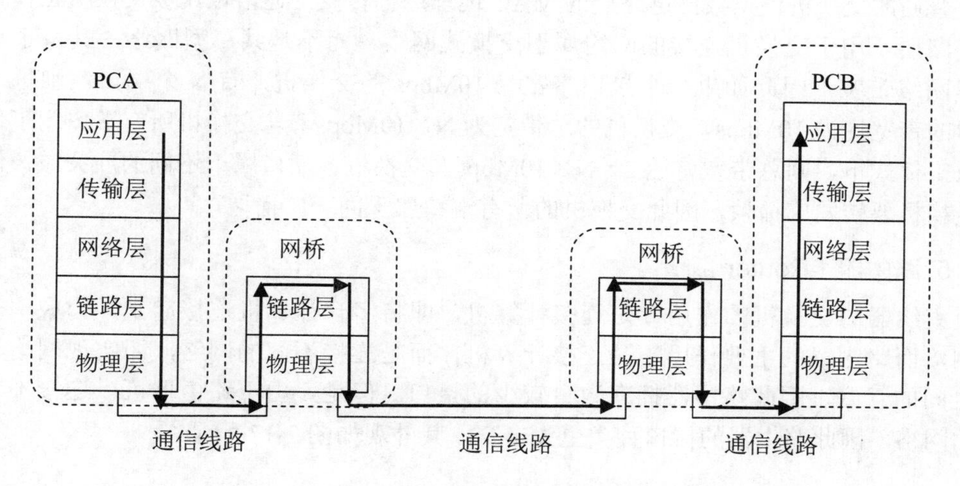

图 2-15　数据在网桥协议栈中流动的示意图

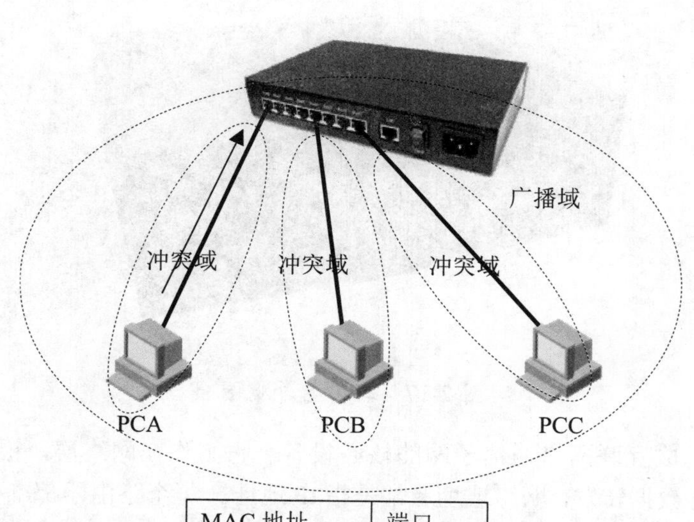

MAC 地址	端口
MAC_A	1
MAC_B	5
MAC_C	8

交换机 MAC 地址表

图 2-16　交换机工作原理图

有了 MAC 地址表，交换机就能根据收到的以太网帧的目的 MAC 地址，通过查找 MAC 地址表进行转发，由于交换机不会像集线器那样把数据转发到所有端口，因此交换机的各端口不构成一个冲突域，交换机的冲突域被限止在单个端口内部。如果交换机收到的以太网帧的目的 MAC 地址在 MAC 地址表中查找不到，交换机会向其他所有端口转发，以保证以太网帧能够到达目的主机。同时交换机在收到广播帧时也会向其他所有端口转发，因此交换机的所有端口构成一个广播域。

普通的交换机根据数据链路层的 MAC 地址进行转发，通常也说成交换机工作在数据链路层，由于交换机连接的网络属于交换式网络，而不是共享型网络，其每个端口独享网络带宽，因此如果一个接口带宽为 10Mbps 的交换机，有 N 个端口，则每一个端口的带宽均为 10Mbps，交换机的总带宽为 N×10Mbps，若交换机所有端口均工作在全双工模式下，则总带宽将达 2×N×10Mbps。交换机各端口属于不同的冲突域，但由于交换机要转发广播帧，因此交换机的所有端口属于同一广播域。

5. 路由器（Router）

集线器与交换机的作用都是连接计算机，即将多台计算机连接起来，构成一个局域网，而路由器的主要作用不是连接计算机，而是连接不同的网络，即实现网络与网络之间的互联，因此路由器拥有数量较少的接口。但是，由于路由器可以连接不同类型的网络，因此路由器的接口种类更为丰富，其外观如图 2-17 所示。

图 2-17　路由器外观图

路由器是构成互联网络通信子网的核心设备，它工作在网络层，根据数据包的目的网络地址进行数据转发，网络地址通常是指 IP 地址。每个路由器都维护一个路由表，路由表记录了网络上所有网络的路由信息，即到达目的网络的下一跳地址。路由信息可以手工配置，手工配置的路由信息称为静态路由；路由信息也可以动态获取，通过给路由器配置动态路由协议，相邻路由器之间可以使用动态路由协议交换路由信息，从而使网络上的所有路由器获得所有网络的路由信息，通过动态路由协议获取的路由信息称为动态路由。每个路由器都根据路由表的进行转发，最终为该数据包选择一条到达目的网络的最佳路由。

路由器工作原理如图 2-18 所示，通过三个路由器 R1、R2、R3，连接三个不同的网络，其中 R1 连接网络 192.168.1.0/24，R2 连接网络 192.168.2.0/24，R3 连接网络 192.168.3.0/24。对于网络 192.168.1.0/24 的计算机来说，其网关地址都应当配置为 192.168.1.1，即当需要访问其他网络时需要将数据发往 192.168.1.1，由 R1 为其进行路由。假设 192.168.1.0/24 中的某台计算机要访问 192.168.3.10，计算机首先判断该 IP 地址不是本网络地址，接着将该数据包发往网关地址，即 R1 的 192.168.1.1。R1 收到该数据包后，查询 R1 的路由表，找到目的网络 192.168.3.0/24 的下一跳地址为 192.168.4.2，然后 R1 将数据包转发给 R3 的 192.168.4.2，R3 收到数据包后，查询 R3 的路由表，发现 192.168.3.0/24 网络是该路由器的直连网络，因此直接将数据包发往该网络。

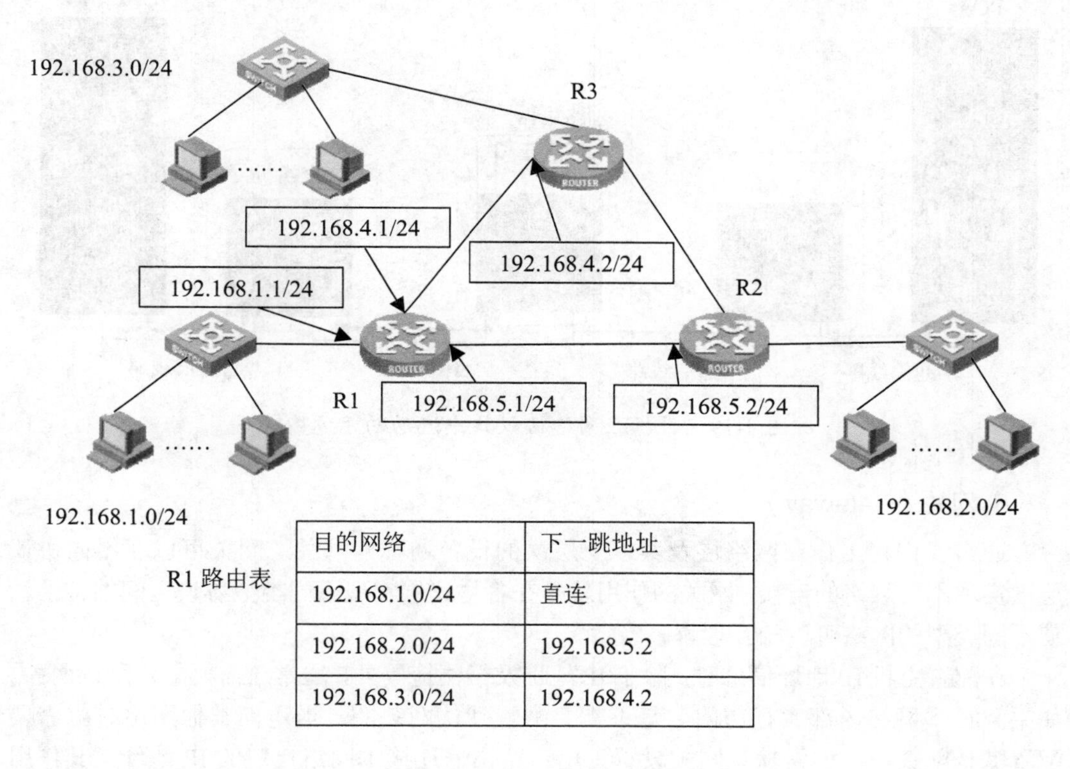

目的网络	下一跳地址
192.168.1.0/24	直连
192.168.2.0/24	192.168.5.2
192.168.3.0/24	192.168.4.2

图 2-18　路由器工作原理

从数据在网络协议栈中流动的角度来看，路由器工作在网络层，根据网络层数据包的目的 IP 地址查找路由表，决定数据包的下一跳地址，如图 2-19 所示。路由器的网络层功能的实现必须依赖于数据链路层功能，当要把某个 IP 包转发给下一跳路由器时，并不是在网络层将目的 IP 地址改为下一跳 IP 地址，该 IP 包的源 IP 地址和目的 IP 地址在整个数据传输中过程中始终不会改变。下一跳地址一定是一个与路由直连的另一路由器的接口地址，路由器会启动 ARP 协议找到下一跳 IP 地址对应的 MAC 地址，从而在数据链路层将下一跳的 MAC 地址作为以太网帧的目的 MAC 地址，以太网帧将被下一跳路由器接收，下一跳路由器再从中取出 IP 包数据，继续根据目的 IP 地址查询路由表，并进行转发。当 IP 包到达最后一个路由器时，目的网络即是一个直连到路由器的网络，路由器将启动 ARP 协议，找到目的 IP 的 MAC 地址作为以太网帧的目的 MAC 地址，目的主机将接收该以太网帧，并在网络层判断目的 IP 地址是自己的 IP 地址，于是接收该 IP 包，将数据交给上层协议处理。

通常情况下，路由器不转发广播帧，因此将可以将广播帧隔离在各个网络内部，能够有效抑制广播风暴，所以路由器的各个端口既不是同一广播域，更不是同一冲突域。

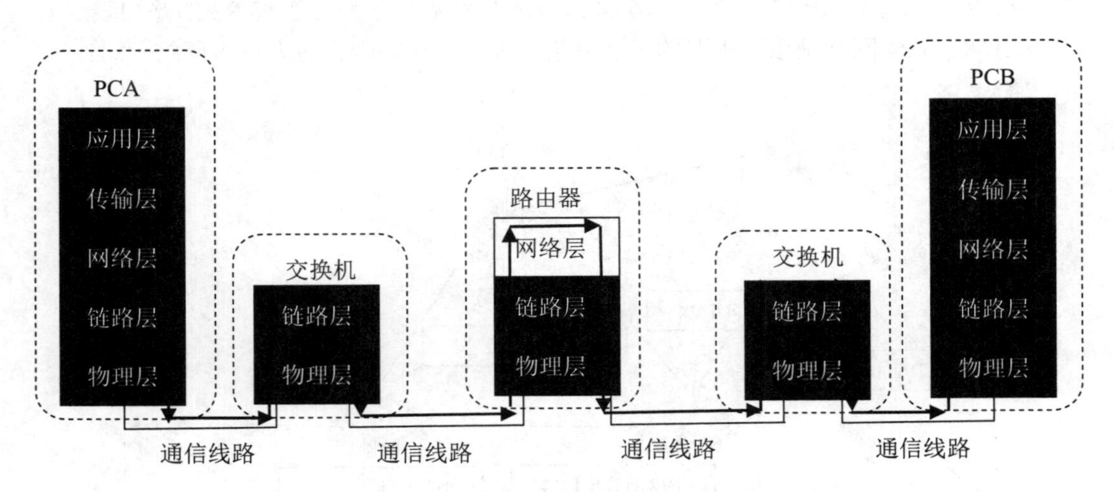

图 2-19 数据在网络协议栈中流动的示意图

6. 网关（Gateway）

通常我们将工作在网络层及其以上层次的设备通称为网关，网关可以在不同协议层次实现不同网络的连接，网关的作用就是在各协议层实现不同类型协议之间的转换，使不同类型的网络可以相互理解。

在配置主机 IP 地址信息时，除了 IP 地址及子网掩码外，通常还需要配置默认网关。如果只在本网络内部实行访问，是不需要配置默认网关的，当访问其他网络时就需要配置默认网关了，通常默认网关设置为出口路由器连接本网络接口的 IP 地址，其作用是在本机增加一条默认路由，即当本机路由表中的路由都不匹配时，选择该默认路由，将数据包发送到出口路由器，由出口路由器为该数据包选择下一跳地址。

7. 集线器、交换机和路由器的主要区别

集线器、交换机和路由器是目前网络中最常使用的网络设备，综合前面讲述的三种设备的工作原理，其主要区别如表 2-1 所示。

表 2-1　集线器、交换机、路由器的区别

设备 区别	集线器	交换机	路由器
协议层	物理层	数据链路层	网络层
作用	连接计算机，组成共享式网络	连接计算机，组成交换式网络	连接不同的网络，为数据包提供路由
冲突域与广播域	所有端口属于同一冲突域、同一广播域	所有端口属于不同冲突域，但属于同一广播域	所有端口属于不同冲突域、不同广播域
转发原理	接收物理信号，向其他所有端口转发	根据目的 MAC 地址，查询 MAC 地址表进行转发	根据目的 IP 地址，查询路由表进行转发

2.2　综合布线

在上一节中，我们介绍了组成计算机网络的硬件。在网络工程中，计算机网络通信线路的布设是一项非常重要的工作，好的布线设计能够使计算机网络的施工、建设、管理与维护更加的方便、快捷。计算机网络的布线通常也在楼宇中进行，因此属于楼宇综合布线的一部分。

2.2.1　什么是综合布线系统

计算机及通信网络均依赖布线系统作为网络连接的物理基础和信息传输的通道。传统的基于特定的应用单一的专用布线技术因缺乏灵活性和发展性，已不能适应现代企业网络应用飞速发展的需要。而新一代的结构化布线系统能同时提供用户所需的数据、语音、传真、视像等各种信息服务的线路连接，它使语音和数据通信设备、交换机设备、信息管理系统及设备控制系统、安全系统彼此相连，也使这些设备与外部通信网络相连接。它包括建筑物到外部网络或电话局线路上的连线、与工作区的语音或数据终端之间的所有电缆及相关联的布线部件。布线系统由不同系列的部件组成，其中包括：传输介质、线路管理硬件、连接器、插座、插头、适配器、传输电子线路、电器保护设备和支持硬件。

2.2.2　综合布线系统的特点

综合布线系统是信息技术和信息产业大规模高速发展的产物，是布线系统的一项重大革新，它和传统布线系统比较，具有明显的优越性，具体表现在以下 6 个方面。

（1）实用性：综合布线实施后，布线系统将能够适应现代和未来通信技术的发展，并且能实现语音、数据通信等信号的统一传输。

（2）灵活性：布线系统能满足各种应用的要求，即任一信息点都能够连接不同类型的终端设备，如电话、计算机、打印机、电脑终端、电传真机、各种传感器件以及图像监控设备等。

（3）模块化：综合布线系统中除去固定于建筑物内的水平缆线外，其余所有的插件都是基本式的标准件，可互连所有语音、数据、图像、网络和楼宇自动化设备，以方便使用、搬迁、更改、扩容和管理。

（4）扩展性：综合布线系统是可扩充的，以便将来有更大的用途时，很容易将新设备扩充进去。

（5）经济性：采用综合布线系统后可以减少管理人员，同时，因为是模块化的结构，降低了日后因更改或搬迁系统时的费用。

（6）通用性：对符合国际通信标准的各种计算机和网络拓扑结构均能适应，对不同传输速度的通信要求均能适应，可以支持和容纳多种计算机网络的运行。

2.2.3 综合布线标准

综合布线的标准很多，但在实际工程项目中，并不需要涉及所有的标准和规范，而应根据布线项目性质和涉及的相关技术工程情况适当地引用标准规范。通常来说，布线方案设计应遵循布线系统性能和系统设计标准，布线施工工程应遵循布线测试、安装、管理标准及防火、机房防雷接地标准。

一个典型的办公网络的布线系统集成方案中通常采用的标准如下。

- 国家标准《建筑与建筑群综合布线系统工程设计规范》GB 30511-2000。
- 国家标准《建筑与建筑群综合布线系统工程施工和验收规范》GB 30512-2000。
- 《大楼通信综合布线系统第一部分总规范》YD/T 926.1-2001。
- 《大楼通信综合布线系统第二部分综合布线用电缆光纤技术要求》YD/T 926.2-2001。
- 《大楼通信综合布线系统第三部分综合布线用连接硬件技术要求》YD/T 926.3-2001。
- 北美标准 ANSI/TIA/EIA568B《商用建筑通信布线标准》
- 国际标准 ISO/IEC 11801《信息技术——用户通用布线系统》（第 2 版）。
- 《国际电子电气工程师协会：CSMA/CD 接口方法》IEEE 802.3。

2.2.4 综合布线系统的构成

综合布线系统由 6 个子系统组成，即工作区子系统、配线子系统、管理子系统、干线子系统、设备间子系统、建筑群子系统。大型布线系统需要用铜介质和光纤介质部件将 6 个子系统集成在一起。综合布线系统的构成如图 2-20 所示。

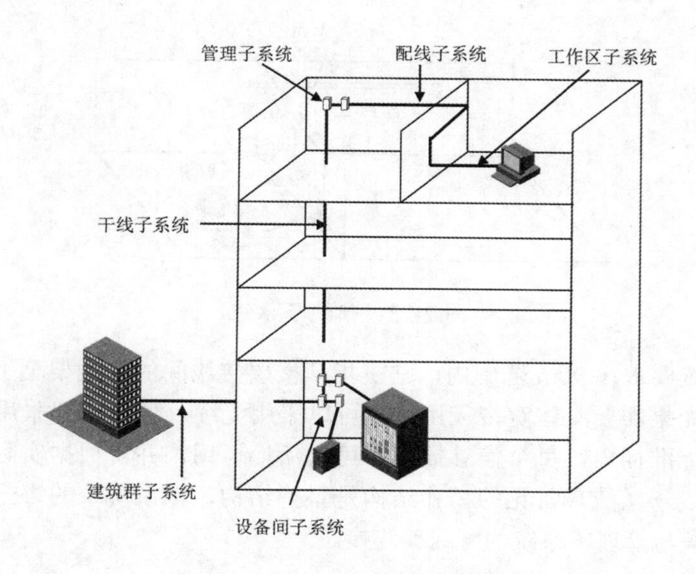

图 2-20　综合布线系统的构成

1. 工作区子系统

工作区是指一个独立的需要设置终端的区域，工作区子系统应由配线（水平）布线系统的信息插座，延伸到工作站终端设备处的连接电缆及适配器组成，如图 2-21 所示。

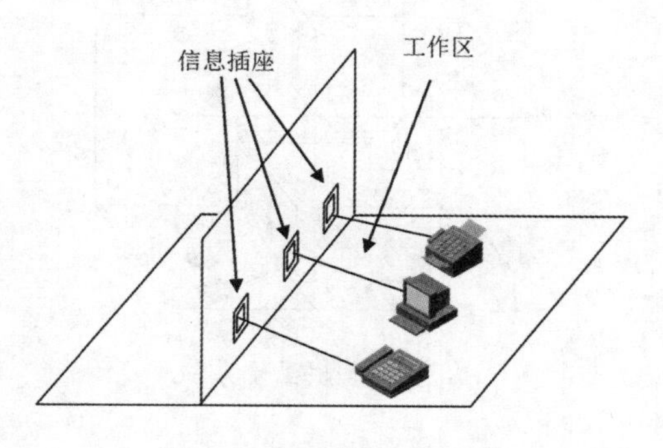

图 2-21　工作区子系统

2. 配线子系统

配线子系统也称水平子系统，其目的是实现信息插座和管理子系统（跳线架）间的连接，将用户工作区引至管理子系统，并为用户提供一个符合国际标准、满足语音及高速数据传输要求的信息点出口。该子系统由一个工作区的信息插座开始，经水平布置到管理区的内侧配线架的线缆所组成，如图 2-22 所示。系统中常用的传输介质是 4 对 UTP（非屏蔽双绞线），它能支持大多数现代通信设备，并根据速率去灵活选择线缆：在速率低于 10Mbit/s 时一般采用 4 类或 5 类双绞线；在速率为 10～100Mbit/s 时一般采用 5 类或 6 类双绞线；在速率高于 100Mbit/s 时，采用光纤或 6 类双绞线。

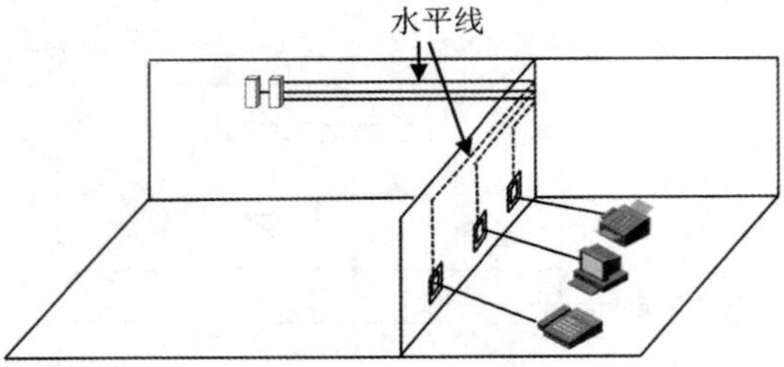

图 2-22　配线子系统

配线子系统要求在 90m 范围内，它是指从楼层接线间的配线架至工作区的信息点的实际长度。如果需要某些宽带应用时，可以采用光缆。信息出口采用插孔为 ISDN8 芯（RJ45）的标准插口，每个信息插座都可灵活地运用，并可根据实际应用要求随意更改用途。配线子系统最常见的拓扑结构是星型结构，该系统中的每一点都必须通过一根独立的线缆与管理子系统的配线架连接。

3. 管理子系统

管理子系统设置在每层配线设备的房间内，由交接间的配线设备，输入 / 输出设备等组成，可应用于设备间子系统，如图 2-23 所示。

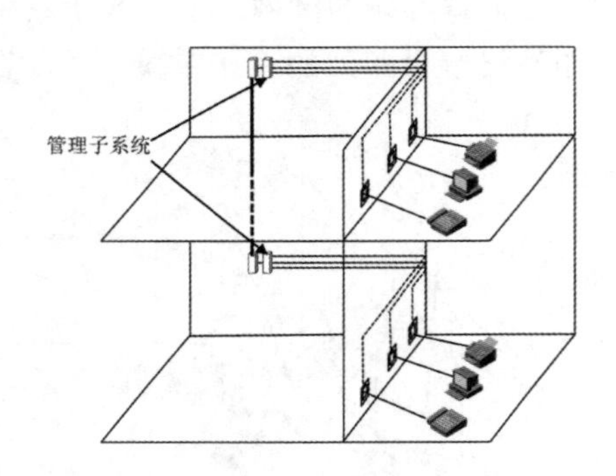

图 2-23　管理子系统

4. 干线子系统

干线子系统由设备间的配线设备和跳线以及设备间至各楼层配线间的连接电缆组成，如图 2-24 所示。

5. 设备间子系统

设备间是在每一幢大楼的适当地点设置进线设备、进行网络管理以及管理人员值班的场所。设备间子系统由综合布线系统的建筑物进线设备、电话、数据、计算机等各种主机设备及其保安配线设备等组成，如图 2-25 所示。

6. 建筑群子系统

建筑群子系统是由两个及两个以上建筑物的电话、数据、电视系统组成的一个建筑群综合布线系统，包括连接各建筑物之间的缆线和配线设备（CD），建筑群子系统的组成如图 2-26 所示。

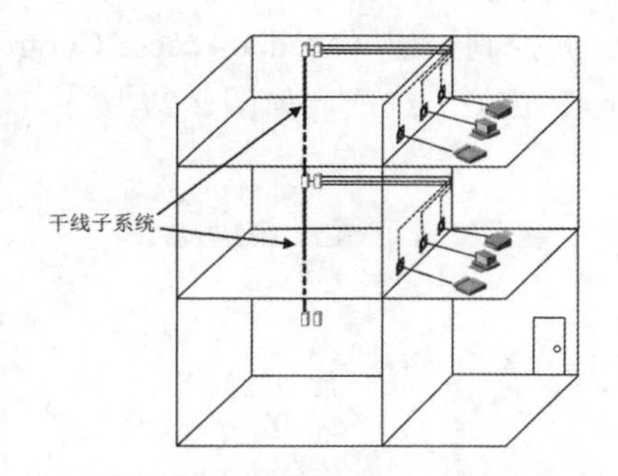

图 2-24 干线子系统

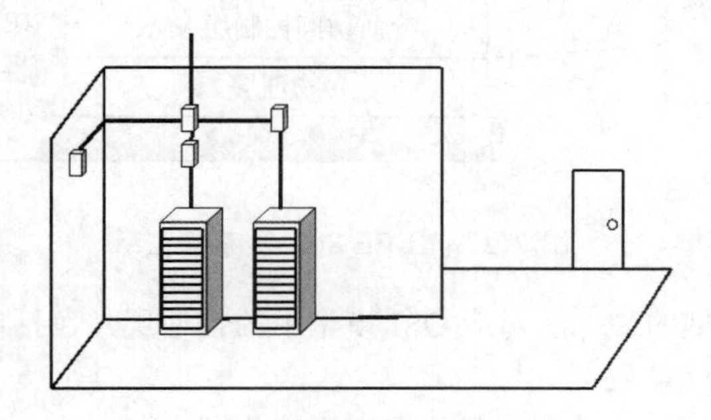

图 2-25 设备间子系统

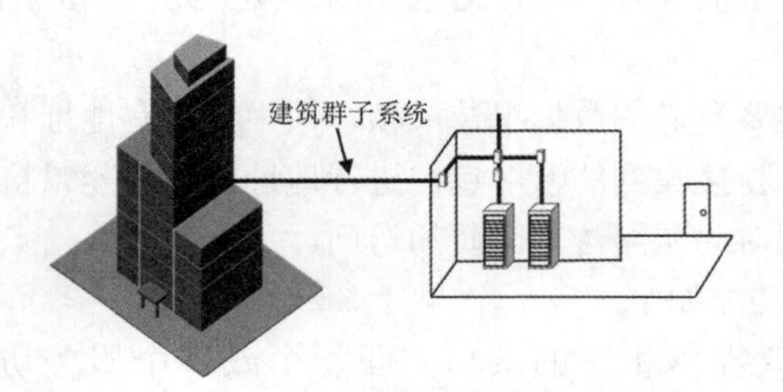

图 2-26 建筑群子系统

2.3 局域网标准

2.3.1 局域网基础

1．局域网参考模型

1980 年 2 月，电气和电子工程师协会（Institute of Electrical and Electronics

Engineers，IEEE）成立了 802 委员会。当时个人计算机联网刚刚兴起，该委员会针对这一情况，制定了一系列局域网标准，称为 IEEE 802 标准。按 IEEE 802 标准，局域网体系结构由物理层、介质访问控制子层（Media Access Control，MAC）和逻辑链路控制子层（Logical Link Control，LLC）组成，如图 2-27 所示。

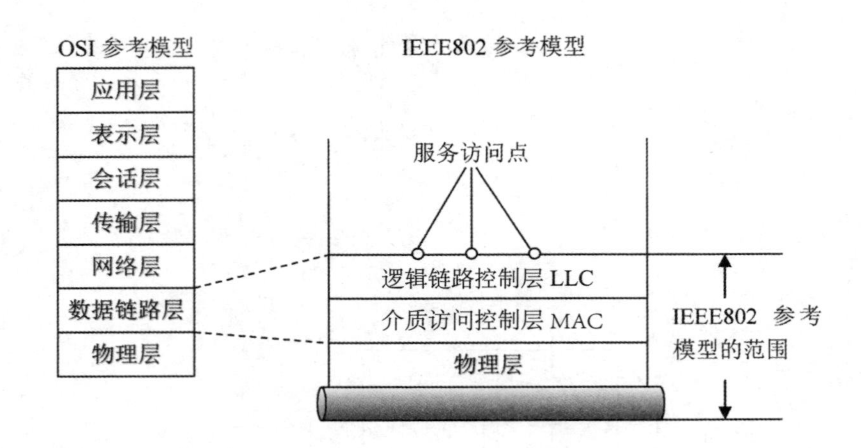

图 2-27　IEEE 802 参考模型

IEEE 802 参考模型的最低层对应 OSI 模型中的物理层，包括以下功能：

（1）信号的编码 / 解码；

（2）前导码的生成 / 去除（前导码仅用于接收同步）；

（3）比特的发送 / 接收。

IEEE 802 参考模型的 MAC 和 LLC 合起来对应 OSI 模型中的数据链路层，MAC 子层完成的功能如下：

（1）在发送时将要发送的数据组装成帧，帧中包含有地址和差错检测等字段；

（2）在接收时，将接收到的帧解包，进行地址识别和差错检测；

（3）管理和控制对局域网传输介质的访问。

LLC 子层完成的功能如下：

（1）为高层协议提供相应的接口，即一个或多个服务访问点（Service Access Point，SAP），通过 SAP 支持面向连接的服务和复用能力；

（2）端到端的差错控制和确认，保证无差错传输；

（3）端到端的流量控制。

需要指出的是，在局域网中采用了两级寻址，用 MAC 地址标识局域网中的一个站，LLC 提供了服务访问点（SAP）地址，SAP 指定了运行于一台计算机或网络设备上的一个或多个应用进程的地址。

目前，由 IEEE 802 委员会制定的标准将近 20 个，各标准之间的关系如图 2-28 所示。

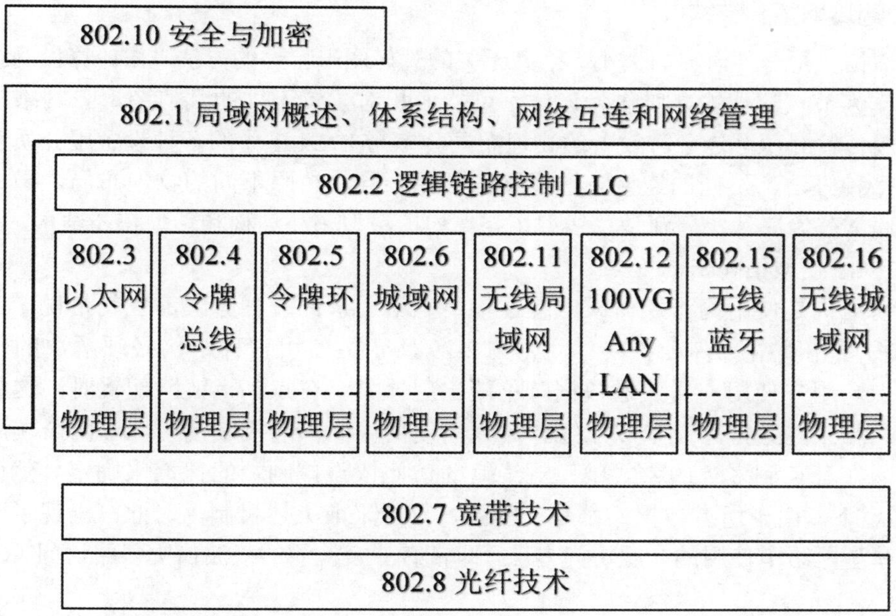

802.10 安全与加密

802.1 局域网概述、体系结构、网络互连和网络管理

802.2 逻辑链路控制 LLC

802.3 以太网 | 802.4 令牌总线 | 802.5 令牌环 | 802.6 城域网 | 802.11 无线局域网 | 802.12 100VG Any LAN | 802.15 无线蓝牙 | 802.16 无线城域网

物理层 | 物理层 | 物理层 | 物理层 | 物理层 | 物理层 | 物理层 | 物理层

802.7 宽带技术

802.8 光纤技术

图 2-28　IEEE 802 参考模型各标准之间的关系

- 802.1：局域网概述、体系结构、网络管理和网络互联。
- 802.2：逻辑链路控制（LLC）。
- 802.3：带冲突检测的载波侦听多路访问（CSMA/CD）方法和物理层规范（以太网）。
- 802.4：令牌总线访问方法和物理层规范（TOKEN BUS）。
- 802.5：令牌环访问方法和物理层规范（TOKEN RING）。
- 802.6：城域网访问方法和物理层规范分布式队列双总线网（DQDB）。
- 802.7：宽带技术咨询和物理层课题与建议实施。
- 802.8：光纤技术咨询和物理层课题。
- 802.9：综合语音 / 数据服务的访问方法和物理层规范。
- 802.10：互操作 LAN 安全标准（SILS）。
- 802.11：无线局域网（Wireless LAN）访问方法和物理层规范。
- 802.12：100VG-Any LAN 网。
- 802.14：交互式电视网（包括 Cable Modem）。
- 802.15：简单，低耗能无线连接的标准（蓝牙技术）。
- 802.16：无线城域网（MAN）标准。
- 802.17：基于弹性分组环（Resilient Packet Ring， RPR）构建新型宽带电信以太网。
- 802.20：3.5GHz 频段上的移动宽带无线接入系统。

2. 局域网拓扑结构

所谓拓扑是一种研究与大小、距离无关的几何图形特性的方法。在计算机网络中，计算机作为节点，传输介质作为连线，可构成相对位置不同的几何图形。网络拓扑结构是指用传输介质互连各种设备的物理布局。参与 LAN 工作的各种设备用介质互连在一起有多种方法，不同的连接方法网络的性能不同。按照不同的物理布局，局域网拓扑结构通常分为三种，分别是总线型拓扑结构、星型拓扑结构和环型拓扑结构。

（1）总线型拓扑结构

总线结构是使用同一媒体或电缆连接所有端用户的一种方式，也就是说，连接端用户的物理介质由所有设备共享，如图 2-29 所示。使用这种结构必须解决的一个问题是确保端用户使用介质发送数据时不能出现冲突。在点到点链路配置时，这是相当简单的。如果这条链路是半双工操作，只需使用很简单的机制便可保证两个端用户轮流工作。在一点到多点的方式中，对线路的访问依靠控制端的探询来确定。然而，在 LAN 环境下，由于所有数据站都是平等的，不能采取上述机制。对此，出现了一种在总线共享型网络中使用的介质访问方法，即带有冲突检测的载波侦听多路访问（CSMA/CD）。

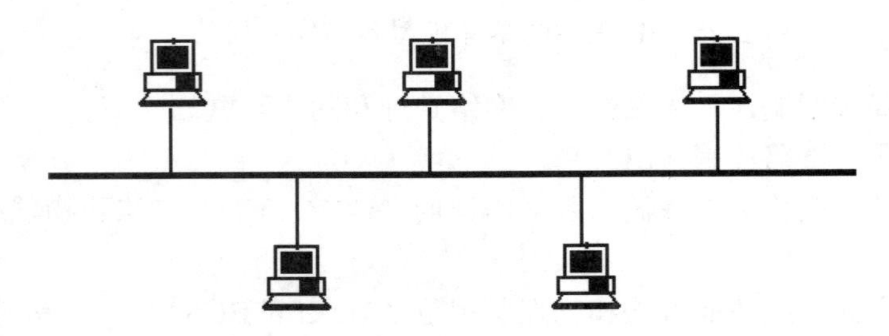

图 2-29　总线型拓扑结构

这种结构具有费用低、端用户入网灵活、站点或某个端用户失效不影响其他站点或端用户通信的优点。缺点是一次仅能允许一个端用户发送数据，其他端用户必须等到获得发送权，介质访问获取机制较复杂。尽管有上述一些缺点，但由于布线要求简单，扩充容易，端用户失效和增删不影响全网工作，所以总线型拓扑结构是 LAN 技术中使用最普遍的。

（2）星型拓扑结构

星型结构存在中心节点，每个节点通过点对点的方式与中心节点相连，任何两个节点之间的通信都要通过中心节点来转接。图 2-30 为目前使用最普遍的以太网星型结构，处于中心位置的网络设备称为集线器（Hub）或交换机（Switch）。

这种结构便于集中控制，因为端用户之间的通信必须经过中心站。这一特点使网络易于维护且安全，端用户设备因为故障而停机时也不会影响其他端用户间的通信。但这种结构非常不利的一点是，中心系统必须具有极高的可靠性，因为中心系统一旦损坏，整个系统便趋于瘫痪。对此中心系统通常采用双机热备份，以提高系统的可靠性。

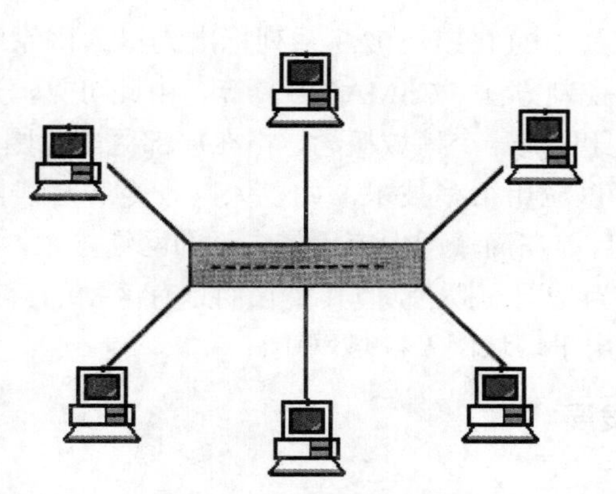

图 2-30　星型拓扑结构

（3）环型拓扑结构

环型结构在 LAN 中使用较多。这种结构中的传输介质从一个端用户到另一个端用户，直到将所有端用户连成环型，如图 2-31 所示。这种结构消除了端用户通信时对中心系统的依赖性。

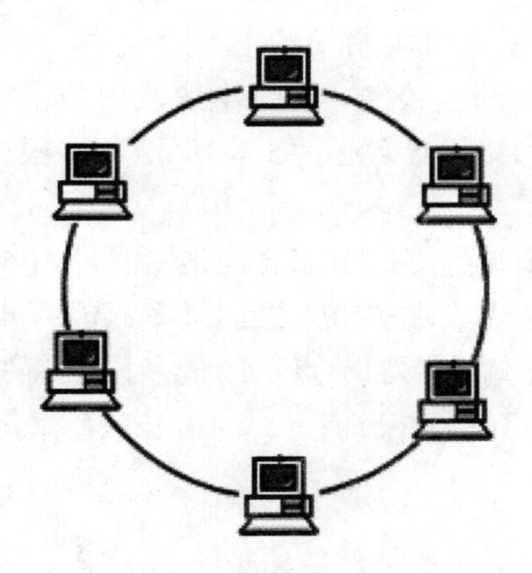

图 2-31　环型拓扑结构

环型结构的特点是，每个端用户都与两个相邻的端用户相连，因而存在点到点链路，构成闭合的环，但环中的数据总是沿一个方向绕环逐站传递。在环型拓扑结构中，多个节点共享一条环型通路，为了确定环中的节点在什么时候可以插入传送数据帧，同样要进行介质访问控制。因此，环型拓扑结构的实现技术中也要解决介质访问控制方法问题。与总线型拓扑结构一样，环型拓扑结构一般也采用分布式控制方法，环中每个节点都要执行发送与接收控制逻辑信号。

2.3.2　以太网标准

1. 以太网与局域网的关系

我们经常会听到以太网和局域网这两概念，那么它们有什么不同呢？从前面介绍的局域网基础中可以看出，IEEE 802 委员会制定的一系列标准均属于局域网标准，可用于局域网的连接。而其中的IEEE 802.3系列标准为以太网系列标准，它定义了以太网的帧格式、介质访问控制方法（CSMA/CD）等。由此可见，局域网是一个比以太网更大的概念，局域网本身只是一个地域概念，指在局部区域范围内连接的计算机网络。要实现局部区域联网可以应用很多技术，如以太网、令牌总线网、令牌环网或者无线局域网等，而以太网是目前在局域网中应用最广泛的网络技术，因此在大多数情况下，局域网和以太网都被认为是同一概念，但其实它们是有区别的。随着以太网技术的发展，以太网技术也逐步被应用于城域网及广域网中。

2. 以太网标准的发展

（1）10M以太网

10M以太网根据传输介质的不同，大致有4个标准，各个标准的MAC子层介质访问控制方法和帧结构，以及物理层的编码译码方法（曼彻斯特编码）均是相同的，不同的是传输介质和物理层的收发器及介质连接方式，依照技术出现的时间顺序，这4个标准依次如下。

① 10Base5

1983年，IEEE 802.3工作组发布10Base5“粗缆”以太网标准，这是最早的以太网标准。10Base5以太网传输介质采用50Ω粗同轴电缆，拓扑结构为总线型，电缆段上工作站之间的距离为2.5m的整数倍，每个电缆段内最多只能使用100台终端，且每个电缆段不能超过500m。网络设计遵循“5-4-3”法则，根据该法则，整个网络的最大跨距为2500m。

“5”即网络中任意两个端到端的节点之间最多只能有5个电缆段。

“4”即网络中任意两个端到端的节点之间最多只能有4个中继器。

“3”即网络中任意两个端到端的节点之间最多只能有3个共享网段。

10Base5代表的具体意思是：工作速率为10Mbps，采用基带信号，每一个网段最长为500m。

② 10Base2

1986年，IEEE 802.3工作组发布10Base2“细缆”以太网标准。10Base2以太网传输介质采用50Ω细同轴电缆，拓扑结构为总线型，电缆段上工作站之间的距离为0.5m的整数倍，每个电缆段内最多只能使用30台终端，但每个电缆段不能超过185m。10Base2以太网设计遵循“5-4-3”法则，整个网络的最大跨距为925m。

10Base2代表的具体意思是：工作速率为10Mbps，采用基带信号，每一个网段最长约为200m。

③ 10BaseT

1991年，IEEE 802.3工作组发布10BaseT“非屏蔽双绞线”以太网标准。10BaseT以太网传输介质采用100ΩUTP双绞线，拓扑结构为星型，即所有站点均连接到一个中心集线器（Hub）上，但每个电缆段不能超过100m。10BaseT以太网设计遵循“5-4-3”法则，整个网络的最大跨距为500m。

10BaseT代表的具体意思是：工作速率为10Mbps，采用基带信号，T为传输介质双绞线（Twisted Pair）。

④ 10BaseF

1993 年，IEEE 802.3 工作组发布 10BaseF“光纤”以太网标准。10BaseF 以太网传输介质采用多模光纤，拓扑结构为星型，所有站点均连接到一个支持光纤接口的中心集线器（Hub）上，每个电缆段不能超过 2000m。10BaseF 以太网设计也遵循“5-4-3”法则，但由于受 CSMA/CD 碰撞域的影响，整个网络的最大跨距为 4000m。

10BaseF 代表的具体意思是：工作速率为 10Mbps，采用基带信号，F 为传输介质光纤（Fiber）。

（2）百兆以太网

1995 年，IEEE 通过了 802.3u 标准，将以太网的带宽扩大为 100Mbps。从技术角度上讲，802.3u 并不是一种新的标准，只是对现存 802.3 标准的升级，习惯上称为快速以太网。其基本思想很简单：保留所有的旧的分组格式、接口以及程序规则，只是将延时从 100ns 减少到 10ns，并且所有的快速以太网系统均使用集线器。快速以太网除了继续支持在共享介质上的半双工通信外，1997 年，IEEE 通过了 802.3x 标准后，还支持在两个通道上进行的双工通信。双工通信进一步改善了以太网的传输性能。另外，100Mbps 以太网的网络设备并不比 10Mbps 的设备贵多少。因此，100Base-T 以太网在近几年的应用中得到了非常快速的发展。

① 100Base-T4

100Base-T4 传输载体使用 3 类 UTP，采用的信号速度为 25MHz，需要 4 对双绞线，它不使用曼彻斯特编码，而是使用三元信号，每个周期发送 4bit，这样就获得了所要求的 100Mbps 的以太网，还有一个 33.3Mbps 的保留信道。该方案即所谓的 8B6T（8bit 被映射为 6 个三进制位）。

② 100Base-TX

100Base-TX 传输载体使用 5 类 100ΩUTP，其设计比较简单，它可以处理速率高达 125MHz 以上的时钟信号，每个站点只需使用两对双绞线，一对连向集线器，另一对从集线器引出。它采用了一种运行在 125MHz 下的被称为 4B/5B 的编码方案，该编码方案将每 4bit 的数据编成 5bit 的数据，挑选时每组数据中不允许出现超过 3 个“0”，然后再将 4B/5B 码进一步编成 NRZI 码进行传输。这样获得 100Mbps 的数据传输速率，却只需要 125M 的信号速率。

③ 100Base-FX

100Base-FX 既可以选用多模光纤，也可以选用单模光纤，在全双工情况下，多模光纤传输距离可达 2km，单模光纤传输距离可达 40km。

（3）千兆以太网

工作站之间用 100Mbps 以太网连接后，对主干网络的传输速率就会提出更高的要求，1996 年 7 月，IEEE 802.3 工作组成立了 802.3z 千兆以太网任务组，研究和制定千兆以太网的标准，这个标准满足以下要求：允许在 1000Mbps 速率下进行全双工和半双工通信，使用 802.3 以太网的帧格式，使用 CSMA/CD 访问控制方法来处理冲突问题，编址方式和 10Base-T、100Base-T 兼容。这些要求表明千兆以太网和以前的以太网完全兼容。1997 年 3 月，IEEE802.3 工作组又成立了另一个任务组—802.3ab 来集中解决用 5 类线构造千兆以太网的标准问题，而 802.3z 任务组则集中制定使用光纤和对称屏蔽铜缆的千兆以太网标准。802.3z 标准于 1998 年 6 月由 IEEE 标准化委员会批准，802.3ab 标准计划也于 1999 年通过批准。

① 1000BaseLX

1000BaseLX 是一种使用长波激光作为信号源的网络介质技术，在收发器上配置波长为 1270～1355nm（一般为 1300nm）的激光传输器，既可以驱动多模光纤，也可以驱动单模光纤。1000BaseLX 所使用的光纤规格有：62.5μm 多模光纤、50μm 多模光纤、9μm 单模光纤。其中，使用多模光纤时，在全双工模式下，最长传输距离可以达到 550m；使用单模光纤时，在全双工模式下的最长有效距离为 5km。系统采用 8B/10B 编码方案，连接光纤所使用的 SC 型光纤连接器与快速以太网 100Base-FX 所使用的连接器的型号相同。

② 1000BaseSX

1000BaseSX 是一种使用短波激光作为信号源的网络介质技术，在收发器上配置波长为 770～860nm（一般为 800nm）的激光传输器，不支持单模光纤，只能驱动多模光纤。具体包括以下两种：62.5μm 多模光纤、50μm 多模光纤。使用 62.5μm 多模光纤时，在全双工模式下的最长传输距离为 275m；使用 50μm 多模光纤，在全双工模式下的最长有效距离为 550m。系统采用 8B/10B 编码方案，1000BaseSX 所使用的光纤连接器与 1000BaseLX 一样，也是 SC 型连接器。

③ 1000BaseCX

1000BaseCX 是使用铜缆作为网络介质的两种千兆以太网技术之一，另外一种就是我们将要在后面介绍的 1000BaseT。1000BaseCX 使用的是一种特殊规格的高质量平衡双绞线对的屏蔽铜缆，最长有效距离为 25m，使用 9 芯 D 型连接器连接电缆，系统采用 8B/10B 编码方案。1000BaseCX 适用于交换机之间的短距离连接，尤其适合于千兆以太网主交换机和主服务器之间的短距离连接。以上连接往往可以在机房配线架上以跨线的方式实现，不需要再使用长距离的铜缆或光纤。

④ 1000BaseT

1000BaseT 是一种使用 5 类 UTP 作为网络传输介质的千兆以太网技术，最长有效距离与 100BaseTX一样，可以达到 100m。用户可以采用这种技术在原有的快速以太网系统中实现 100～1000Mbps 的平滑升级。与我们在前面所介绍的其他三种网络介质不同，1000BaseT 不支持 8B/10B 编码方案，需要采用专门的、更加先进的编码 / 译码机制。

（4）万兆以太网

① 10GE 以太网

2002 年 6 月，IEEE 802.3ae 10Gbps 以太网标准发布，以太网的发展势头又得到了一次增强。确定万兆以太网标准的目的是将 802.3 协议扩展到 10Gbps 的工作速率，并扩展以太网的应用空间，使之能够包括 WAN 链接。万兆以太网与 SONET：OC-192 帧结构的融合，使其可以与 OC-192 电路和 SONET/SDH 设备一起运行，保护了传统基础设施投资，使供应商能够在不同地区通过城域网提供端到端以太网。

物理层：802.3ae 大体分为两种类型，一种是与传统以太网连接、速率为 10Gbps 的“LAN PHY”，另一种是连接 SDH/SONET、速率为 9.58464Gbps 的“WAN PHY”。每种 PHY 可分别使用 10GBase-S（850nm 短波）、10GBase-L（1310nm 长波）、10GBase-E （1550nm 长波）三种规格，最大传输距离分别为 300m、10km、40km，其中 LAN PHY 还包括一种可以使用 DWDM（波分复用技术）的“10GBase-LX4”规格。WAN PHY 与 SONET：OC-192 帧结构的融合，使其可与 OC-192 电路、SONET/SDH 设备一起运行，保护了传统基础投资，使运营商能够在不同地区通过城域网提供端到端以太网。

传输介质层：802.3ae 目前支持 9μm 单模、50μm 多模和 62.5μm 多模三种光纤，而对电接口的支持规范 10GBase-CX4 目前正在讨论之中，尚未形成标准。

数据链路层：802.3ae 继承了 802.3 以太网的帧格式和最大 / 最小帧长度，支持多层星型连接、点到点连接及其组合，充分兼容已有应用，不影响上层应用，进而降低了升级风险。与传统的以太网不同，802.3ae 仅仅支持全双工模式，而不支持单工和半双工模式，不采用 CSMA/CD 机制。802.3ae 不支持自协商，可简化故障定位，并提供广域网物理层接口。

人们在万兆以太网的技术和性能方面看到了其实质性的提高，也正因为如此，以太网正在从局域网逐步延伸至城域网和广域网，在更广阔的范围内发挥其作用。

② 40GE 以太网

2003 年 5 月 26 日，在以太网技术行将迎来 30 岁诞辰之际，思科高级副总裁 Luca Cafiero 指出，在未来两年内，以太网最高数据传输速率将可望提高至 40Gbps。他称，业内将 40G 而非 100G 确定为以太网下一步发展目标的重要原因在于，与 100G 以太网相比，研发 40G 以太网在技术上面临的挑战相对较小，更为切实可行。与此同时，Cafiero 还指出，实际上，借助新发布的 Supervisor Engine 720 引擎，思科公司的 Catalyst6500 旗舰级企业交换平台目前已可以为每一接口卡提供 40Gbps 的数据传输速率支持。他还指出，新型以太网技术成功的关键在于是否能够推动单位数据传输成本的下降。也就是说，新的以太网技术的 lbps 数据传输成本必须低于原有技术才能大获成功。

3. 以太网交换部署

在应用级的局域网中，很少存在只使用单台交换机的局域网。一方面，因为单台交换机的端口数量有限，另一方面，单台交换机的地理位置会使联网计算机终端的距离受限。通常，在一个局域网中，将几台交换机互相连接在一起，从而达到扩展端口和扩展距离的目的。那么交换机与交换机是如何连接在一起的呢？目前广泛使用的模式有两种，一种是级联（Uplink）模式，另一种是堆叠（Stack）模式。

（1）级联模式

级联模式是最常规、最直接的一种扩展方式。级联模式通过双绞线或光纤连接交换机，一般在交换机的前面板上有专门的级联口，如果没有，也可以用交叉接法来级联。级联是通过端口进行的，级联后两台交换机是上下级的关系。

级联模式起源于早期的共享型集线器（Hub），共享型集线器的物理拓扑结构是星型，而逻辑拓扑结构却还是总线型的，集线器仅仅相当于一条浓缩了的总线，在集线器的某一个端口级联另一台集线器，只是相当于把浓缩的总线又加长了一些，仍然是一条总线，所有端口都要在一个冲突域里受到CSMA/CD的约束。这样相当于把传输介质加长了，以及在加长的传输介质上又增加了一些端口。但付出的代价是，在这个冲突域里又多了一些端口共享整个带宽，从而导致网络性能低下。当然，这种级联方式，必须遵循5-4-3法则，也就是级联不能超过4层。级联模式的典型结构如图2-32所示。

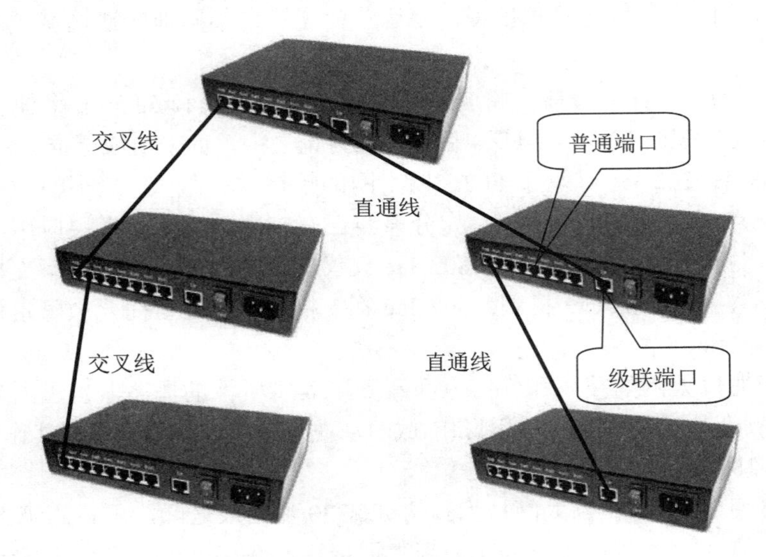

图 2-32　级联示意图

需要特别指出的是，对于那些没有专用级联端口的集线器之间的级联，双绞线接头中线对的分布与连接网卡和集线器时有所不同，必须要用交叉线。而许多集线器为了方便用户，提供了一个专门用来串接到另一台集线器的端口，在对此类集线器进行级联时，双绞线均应为直通线接法。不管采用交叉线还是直通线进行级联，都没有改变级联的本质。

用户如何判断自己的集线器是否需要交叉线连接呢？主要方法有以下几种：

① 查看说明书。如果该集线器在级联时需要交叉线连接，一般会在设备说明书中进行 说明。

② 查看连接端口。如果该集线器在级联时不需要交叉线连接，大多数情况下都会提供一至两个专用的互连端口，并有相应标注，如“Uplink”“MDI”“Out to Hub”，表示使用直通线连接。

③ 实测。这是最管用的一种方法。可以先制作两条用于测试的双绞线，其中一条是直通线，另一条是交叉线。之后，用其中的一条连接两个集线器，这时注意观察连接端口对应的指示灯，如果指示灯亮表示连接正常，否则换另一条双绞线进行测试。

④ 需要指出的是，较新的交换机没有专门的级联端口，其所有端口可以进行自动翻转。交换机通过自动检测，以适应不同类型的级联线。即无论是交叉线还是直通线都可以用于交换机任何端口的级联，因为交换机端口可以自动适应。

随着快速以太网技术和交换技术的出现，级联模式又逐渐变成组建大型局域网最理想的扩展方式，成为以太网扩展端口应用中的主流技术。在交换机上进行级联，级联交换机的端口共享的仅仅是被级联交换机中被级联端口的带宽，而不是整个网络的带宽。更何况目前的交换机级联通常都是高速交换机端口级联低速交换机，即1000M端口级联100M的交换机；100M端口则级联10M的交换机；或者是交换机级联共享型的集线器。由此一来，极大程度上克服了传统集线器级联共享带宽而导致网络性能降低的弊端。虽然交换机的级联在一定程度上仍然受CSMA/CD的约束，但其优势却是不可替代的，通常表现在以下几个方面：

① 级联模式可使用通用的以太网端口进行层次间互联，其中包括100Mbps端口、1000Mbps端口以及新兴的10Gbps端口。

② 级联模式是组建结构化网络的必然选择，级联使用普通的、长度限制并不严格的电缆（光纤），各个级联单元的位置相对较随意，非常有利于综合布线。

③ 级联模式通常是解决不同品牌的交换机之间以及交换机与集线器之间连接的有效手段。

（2）堆叠模式

堆叠通常是为了扩充带宽用的，通常用专门的堆叠卡插在交换机的后面，用专门的堆叠电缆连接几台交换机，堆叠后这几台交换机相当于一台交换机。堆叠是采用交换机背板的叠加，使多个工作组交换机形成一个工作组堆，从而提供高密度的交换机端口，堆叠中的交换机就像一个交换机一样，配置一个IP地址即可。

级联是通过交换机的某个端口与其他交换机相连的，而堆叠是通过集线器的背板连接起来的，它是一种建立在芯片级上的连接，如2个24端口交换机堆叠起来的效果就像是一个48端口的交换机。

堆叠模式的优点如下：

① 增加网络端口的同时，还增加了逻辑数据通道，扩充了网络带宽，不同堆叠单元的端口之间可以直接交换，进行快速转发，从而极大地提高了网络性能。

② 不受5-4-3法测的约束，堆叠单元可以超过4个。

③ 提供简化的本地管理，将一组交换机作为一个对象来管理。

堆叠模式的缺点如下：

① 堆叠是一种非标准化技术，各个厂商之间不支持混合堆叠，同一组堆叠交换机必须是同一品牌的。

② 堆叠模式不支持即插即用，在物理连接完毕之后，还要对交换机进行相应的设置，才能使其正常运行。

③ 不存在拓扑管理，一般不能进行分布式布置。

常见的堆叠有两种：菊花链堆叠和矩阵堆叠。

所谓菊花链就是从上到下串起来，形成单一的一个菊花链堆叠总线。菊花链模式是简化的级联模式，主要的优点是提供集中管理的扩展端口，但对于多交换机之间的转发效率并没有提升，主要是因为菊花链模式是采用高速端口和软件来实现的。菊花链模式使用堆叠电缆将几台交换机以环路的方式组建成一个堆叠组，然后加一根从上到下起冗余备份作用的堆叠电缆。如图 2-33 所示。

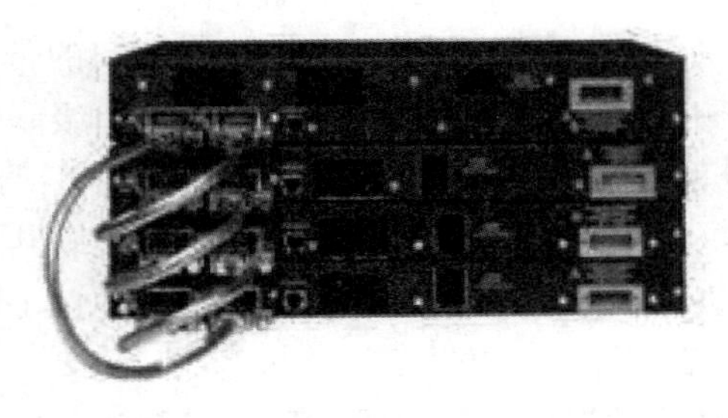

图 2-33　菊花链堆叠与矩阵堆叠

矩阵堆叠需要提供一个独立的或者集成的高速交换中心（堆叠中心），所有堆叠的交换机通过专用的高速堆叠端口上行到统一的堆叠中心，堆叠中心一般是一个基于专用 ASIC 的硬件交换单元，ASIC 交换容量限制了堆叠的层数。使用高可靠、高性能的 Matrix 芯片是星型堆叠的关键。由于涉及到专用总线技术，电缆长度一般不能超过 2m，所以，在矩阵堆叠模式下，所有的交换机需要局限在一个机架之内，如图 2-33 所示。

（3）混合模式

通过前面的介绍，我们不难得出结论：堆叠模式是一种集中管理的端口扩展技术，不能提供拓扑管理，没有国际标准，且兼容性较差。但是，对于那些对带宽要求较高并需要大量端口的单节点局域网，堆叠模式可以提供比较优越的转发性能和方便的管理特性。级联模式是组建网络的基础，可以灵活利用各种拓扑、冗余技术，对于那些对带宽要求不高且级联层次很少的网络，级联方式可以提供最优化的性能。可见，级联模式和堆叠模式的优点和缺点都十分鲜明，单纯地运用任何一种模式，都不会最大限度地优化网络。在实际的应用中，由于网络的复杂性，用户需求的多重性，通常同时使用两种模式进行交换机的部署，我们称其为混合模式。

4．无线局域网

（1）无线数据网络种类

无线数据网络的解决方案包括：无线个人网、无线局域网、无线城域网和无线广域网。

① 无线个人网（WPAN，Wireless Personal Area Network）

WPAN 主要用于个人用户工作空间，典型距离覆盖几米，可以与计算机同步传输文件，访问本地外围设备，如打印机等。WPAN 通常被形象地描述为“最后 10 米”的通信需求，目前主要技术为蓝牙（Bluetooth）。

蓝牙技术源于 1994 年 Ericsson 提出的无线连线与个人接入的想法。1997 年 Ericsson、IBM、Intel、NOKIA 和 TOSHIBA 第五家著名厂商商议建立一种全球化的无线通信个人接入与无线连线新手段，定名为“蓝牙（Bluetooth）”。Bluetooth 是一位在 10 世纪统一了丹麦和挪威的丹麦国王。发明者无疑希望蓝牙技术也能够像这位国王一样，把移动电话、笔记本计算机和手持设备紧密地结合在一起。1998 年 5 月，“蓝牙特别兴趣组织”BSIG（Bluetooth Special Interest Group），简称蓝牙 SIG，正式成立。同期，1998 年 3 月在 IEEE 802.11 项目组中，对 WPAN 感兴趣的人士成立了研究小组，命名为 IEEE 802.15 工作组，主要工作是在 WPAN 内对无线媒体接入控制和物理层进行规范。为了保持两个标准的互操作性，BSIG 采纳了 WPAN 的标准，即 IEEE 802.15 标准。这样蓝牙 1.0 版本达到与 802.15 之间 100% 的互操作性。

1999 年 11 月，Motorola、Lucent、Microsoft 及 3Com 加盟 BSIG，与之前的 5 家公司一起成为 BSIG 的 9 个发起成员，使蓝牙技术的发展获得了更强有力的支持，并使其显示出更明朗的前景。现今，BSIG 的成员已达 2500 多个，其发展势头令人瞩目。目前蓝牙信道带宽为 1MHz，异步非对称连接最高数据速率为 723.2Kbps；连接距离多为 10m 左右。为了适应未来宽带多媒体业务的需求，蓝牙速率亦拟进一步增强，新的蓝牙标准 2.0 版拟支持高达 10Mbps 以上速率（4Mbps、8Mbps、12Mbps、20Mbps）的带宽。

② 无线局域网（WLAN，Wireless LAN）

WLAN，顾名思义，是一种借助无线技术取代以往有线布线方式构成局域网的新手段。WLAN 可提供传统有线局域网的所有功能，是计算机网络与无线通信技术相结合的产物。WLAN 利用射频无线电或红外线，借助直接序列扩频或跳频扩频、GMSK、OFDM 等技术，甚至将来的超宽带传输技术 UWBT，实现固定、半移动及移动的网络终端对互联网进行较远距离的高速连接访问，支持的传输速率为 2~54Mbps。WLAN 通常被形象地描述为“最后 100 米”的通信需求，如企业网和驻地网等。

1997 年 6 月，IEEE 推出了 802.11 标准，开创了 WLAN 先河。目前，WLAN 领域主要是 IEEE 802.11x 系列。IEEE 802.11 是 1997 年 IEEE 最初制定的一个 WLAN 标准，主要用于解决办公室无线局域网和校园网中用户终端的无线接入，其业务范畴主要限于数据存取，速率最高只能达 2Mbps。由于它在速率、传输距离、安全性、电磁兼容能力及服务质量方面均不尽人意，从而产生了其他系列标准，IEEE 802.11x 系列标准中应用最广泛的是 802.11b。802.11b 将速率扩充至 11Mbps，并可在 5.5Mbps、2Mbps 及 1Mbps 之间自动进行速率调整，亦提供了 MAC 层的访问控制和加密机制，从而达到了与有线网络相同级别的安全保护，还提供了可供选择的 40 位及 128 位的共享密钥算法，成为目前 IEEE 802.11x 系列的主流产品。其他系列标准如 802.11b+ 可将速率增强至 22Mbps；802.11a 工作在 5GHz 频带，数据传输速率将提升到 54Mbps。

IEEE 802.11n 是在 2009 年 9 月通过的正式标准，它是在 802.11g 和 802.11a 之上发展起来的一项技术，最大的特点是速率提升，理论速率最高可达 600Mbps（目前业界主流为 300Mbps）。802.11n 可工作在 2.4GHz 和 5GHz 两个频段。

目前，IEEE 802.11 系列得到了许多半导体器件制造商的支持，这些制造商成立了一个无线保真联盟 WiFi（Wireless Fidelity）。WiFi 实质上是一种商业认证，表明具有 WiFi 认证的产品要符合 IEEE 802.11 无线网络规范。无疑，WiFi 为 802.11 标准的推广起到了积极的促进作用。

③ 无线城域网（WMAN，Wireless MAN）

WMAN 是一种有效作用距离比 WLAN 更远的宽带无线接入网络，通常用于城市范围内的业务点和信息汇聚点之间的信息交流和网际接入。有效覆盖区域为2～10km，最大可达30km，数据传输速率最快可高达70Mbps。目前主要技术为IEEE 802.16系列。

IEEE 802.16标准于2001年12月获得批准，其主题为“Air Interface For Fixed Broadband Wireless Access System”，即“宽带固定无线接入系统的空中接口”。该标准对无线接入设备的媒体接入控制层和物理层制订了技术规范。IEEE 802.16标准可支持1～2GHz、10GHz，以及12～66GHz等多个无线频段。

借鉴Wi-Fi模式，一个同样由多个顶级制造商组成的全球微波接入互操作联盟WiMax（Wireless Interoperability Microwave Access）宣告成立。WiMax的目标是帮助厂商认证采用IEEE 802.16标准的器件和设备的兼容性和互操作性，促进这些设备的市场推广。

④ 无线广域网（WWAN，Wireless WAN）

无线广域网主要是解决超出一个城市范围的信息交流和无线接入需求问题。IEEE 802.20和3G蜂窝移动通信系统构成了WWAN的标准。

2002年11月，IEEE 802标准委员会成立了IEEE 802.20工作组，即移动宽带无线接入（MBWA，Mobil Broadband Wireless Access）工作组，其主要任务是制定适用于各种工作在3.5GHz频段上的移动宽带无线接入系统公共空中接口的物理层和介质访问控制层的标准协议。这个标准初步规划是为以250km/h速度前进的移动用户提供高达1Mbps的高带宽数据传输，这将为高速移动用户创造使用视频会议等对带宽和时间敏感的应用的条件。拟议中的802.20标准的覆盖范围同现在的移动电话系统一样，都是全球范围的，而传输速率却达到了Wi-Fi水平，与现在的移动通信网络相比具有明显的优势。

ITU早在1985年就提出工作在2GHz频段的移动商用系统为第三代移动通信系统，国际上统称为IMT-2000系统（International Mobile Telecommunications-2000），简称3G（3rd Generation）。ITU所设定的3G标准的主要特征包括：国际统一频段、统一标准；实现全球的无缝漫游；提供更高的频谱效率，更大的系统容量，是目前2G技术的2～5倍；提供移动多媒体业务。其设计目标为：高速移动环境支持144Kbps、步行慢速移动环境支持384Kbps、室内环境下支持2Mbps的数据传输，从而为用户提供包括话音、数据及多媒体等在内的多种业务。3G的三大主流无线接口标准分别是：W-CDMA、CDMA2000和TD-SCDMA。其中W-CDMA标准主要起源于欧洲和日本；CDMA2000系统主要是由美国高通北美公司为主导提出的；时分同步码分多址接入标准TD-SCDMA由我国提出，并在此无线传输技术（RTT）的基础上与国际合作，完成了TD-SCDMA标准的制定，成为CDMA TDD标准的一员，这是我国移动通信界的一次创举，也是我国对第三代移动通信发展的贡献。在与欧洲、美国各自提出的3G标准的竞争中，我国提出的TD-SCDMA已正式成为全球3G标准之一，这标志着中国在移动通信领域已经进入世界领先之列。

（2）无线局域网扩频技术

无线局域网采用电磁波作为载体传输数据信息。对电磁波的使用有两种常见模式：窄带和扩频。窄带微波（Narrowband Microwave）技术适用于长距离点到点的应用，距离可以达到40km，最大带宽可达10Mbps，但受环境干扰较大，不适合用来进行局域网数据传输。所以目前无线局域网的数据传输通常采用无线扩频技术（Spread Spectrum，SST）。

常见的扩频技术包括两种：跳频扩频（Frequency-Hopping Spread Spectrum，FHSS）和直接序列扩频（Direct Sequence Spread Spectrum，DSSS），它们工作在2.4～2.4835GHz。这个频段称为ISM频段（Industrial Scientific Medical Band)，主要开放给工业、科学、医学三方面使用，该频段是依据美国联邦通信委员会（FCC）定义出来的，在美国属于免执照（Free License），并没有使用授权的限制。

跳频技术将83.5MHz的频带划分成79个子频道，每个频道带宽为1MHz。信号传输时在79个子频道间跳变，因此传输方与接受方必须同步，获得相同的跳变格式，否则，接受方无法恢复正确的信息。跳频过程中如果遇到某个频道存在干扰，将绕过该频道。受跳变的时间间隔和重传数据包的影响，跳频技术的典型带宽限制为2～3Mbps。无线个人网采用的蓝牙技术就是采用跳频技术，该技术提供非对称数据传输，一个方向的速率为720Kbps，另一个方向的速率仅为57Kbps。蓝牙技术也可以传输3路双向64Kbps的语音。

直接序列扩频技术是无线局域网802.11b采用的技术，将83.5MHz的频带划分成14个子频道，每个频道带宽为22MHz。直接序列扩频技术用一个冗余的位格式来表示一个数据位，这个冗余的位格式称为Chip，因此它可以抗拒窄带和宽带噪音的干扰，提供更高的传输速率。直接序列扩频技术（DSSS）提供的最高带宽为11Mbps，并且可以根据环境因素的限制自动降速至5.5Mbps、2Mbps、1Mbps。

（3）无线局域网拓扑结构

无线局域网组网分两种拓扑结构：对等网络和结构化网络。

对等网络（Peer to Peer，又称为Ad Hoc）用于一台计算机（无线工作站）和另一台或多台计算机（其他无线工作站）的直接通信，该网络无法接入有线网络中，只能独立使用。对等网络中的一个节点必须能“看”到网络中的其他节点，否则就认为网络中断，因此对等网络只能用于少数用户的组网环境，比如4~8个用户，并且他们离得足够近。

结构化网络（Infrastructure）由无线访问点（AP，Access Point）、无线工作站（STA，Station）以及分布式系统（Distribute System，DSS）构成，覆盖的区域分为基本服务区（Basic Service Set，BSS）和扩展服务区（Extended Service Set，ESS）。

无线访问点也称无线集线器（Hub），用于在无线工作站（STA）和有线网络之间接收、缓存和转发数据。无线访问点通常能够覆盖几十至几百个用户，覆盖半径达上百米。基本服务区由一个无线访问点以及与其关联的无线工作站构成，在任何时候，任何无线工作站都与该无线访问点关联。一个无线访问点所覆盖的微蜂窝区域就是其基本服务区。无线工作站与无线访问点关联采用AP的基本服务区标识符（BSSID），在802.11中，BSSID是AP的MAC地址。扩展服务区是指由多个AP以及连接它们的分布式系统组成的结构化网络，所有AP必须共享同一个扩展服务区标识符（ESSID），也可以说扩展服务区 ESS 中包含多个 BSS。

无线局域网产品中的楼到楼网桥（Building to Building Bridge）为难以布线的场点提供了可靠的、高性能的网络连接。使用无线楼到楼网桥可以得到高速度、长距离的连接。事实上，可以得到超过两路 T1 线路的流量。无线楼到楼网桥可以提供点到点、点到多点的连接方式，用户可以选择最符合需求的天线：传输近距离的全向性天线，或传输远距离的扇型指向性天线。

（4）无线局域网的几个主要工作过程

扫频：STA 在加入服务区之前要查找哪个频道有数据信号，分为主动和被动两种方式。主动扫频是指 STA 启动或关联成功后扫描所有频道；一次扫描中，STA 采用一组频道作为扫描范围，如果发现某个频道空闲，就广播带有 ESSID 的探测信号；AP 根据该信号作出响应。被动扫频是指 AP 每 100 毫秒向外传输灯塔信号，包括用于 STA 同步的时间戳、支持速率以及其他信息，STA 接收到灯塔信号后启动关联过程。

关联（Associate）：用于建立无线访问点和无线工作站之间的映射关系，实际上是把无线网变成有线网的连线。分布式系统将该映射关系分发给扩展服务区中的所有 AP。一个无线工作站同时只能与一个 AP 关联，在关联过程中，无线工作站与 AP 之间要根据信号的强弱协商速率，速率变化包括 11Mbps、5.5Mbps、2Mbps 和 1Mbps。

重关联（Reassociate）：就是当无线工作站从一个扩展服务区中的一个基本服务区移动到另外一个基本服务区时，与新的 AP 关联的整个过程。重关联总是由移动无线工作站发起。

漫游（Roaming）：指无线工作站在一组无线访问点之间移动，并提供对于用户透明的无缝连接，包括基本漫游和扩展漫游。基本漫游是指无线 STA 的移动仅局限在一个扩展服务区内部。扩展漫游是指无线 SAT 从一个扩展服务区中的一个 BSS 移动到另一个扩展服务区中的一个 BSS，802.11 标准并不保证这种漫游的上层连接。常见做法是采用 Mobile IP 协议或动态 DHCP 协议。

（5）无线局域网的访问控制方式

我们已经知道 802.3 标准的以太网使用 CSMA/CD 的访问控制方法。在这种介质访问机制下，准备传输数据的设备首先检查载波通道。如果在一定时间内没有侦听到载波，那么这个设备就可以发送数据。如果两个设备同时发送数据，冲突就会发生，并被所有冲突设备所检测到。这种冲突便延缓了这些设备的重传，使它们在间隔某一随机时间后才发送数据。而 802.11b 标准的无线局域网使用的是带冲突避免的载波侦听多路访问方法（CSMA/CA），冲突检测（Collision Detection）变成了冲突避免（Collision Avoidance），这一字之差所表示的实际差别是很大的。因为在无线传输中侦听载波及冲突检测都是不可靠的，侦听载波很困难。另外，通常无线电波经天线发送出去时，自己是无法监视到的，因此冲突检测实质上也做不到。在 802.11 标准中侦听载波是由两种方式来实现，一个是实际侦听是否有电波在传，然后加上优先权控制；另一个是虚拟的侦听载波，告知大家待会我们要传输东西需要多久的时间，以防止冲突。

CSMA/CA 通信方式将时间域的划分与帧格式紧密联系起来，保证某一时刻只有一个站点发送，实现了网络系统的集中控制。因传输介质不同，CSMA/CD 与 CSMA/CA

的检测方式也不同。CSMA/CD 通过电缆中电压的变化来检测冲突，当数据发生冲突时，电缆中的电压就会随之发生变化；而 CSMA/CA 采用能量检测（ED）、载波检测（CS）和能量载波混合检测三种检测信道空闲的方式。

2.4　任务 2-1：校园网络方案设计

在学习完网络协议及组成网络的硬件设备后，我们将有能力为单位的内部局域网进行一个简单的网络方案设计。

2.4.1　任务描述

假设你现在应聘到 A 学校的网络管理中心，成为一名网络管理员。A 学校目前正在搞信息化建设，要在学校内进行校园网络建设，网络管理中心主任把这个项目交给你来负责，并先提出一些基本要求：学校所有建筑内的电脑都能接入校园网络，学生能够通过校园网或 Internet 访问学校的网站，能够通过校园网访问 Internet，图书馆要求 WiFi 覆盖。下面我们利用学习过的知识及其他相关知识，为该校园网络作一个初步的逻辑设计方案。

2.4.2　相关知识

1. 网络分层设计

在校园网设计中，通常采用层次化模型设计，即将复杂的网络设计分成几个层次，每个层次着重于某些特定的功能，这样就能够使一个复杂的大问题变成许多简单的小问题。通常使用三层网络架构设计，三个层次分别为：核心层（网络的高速交换主干）、汇聚层（提供基于策略的连接）、接入层（将工作站接入网络）。

（1）核心层：核心层是网络的高速交换主干，对整个网络的连通起到至关重要的作用。核心层应该具有如下几个特性：可靠性、高效性、冗余性、容错性、可管理性、适应性、低延时性等。在核心层中，应该采用高带宽的千兆以上的交换机。因为核心层是网络的枢纽中心，重要性突出。核心层设备采用双机冗余热备份是非常必要的，也可以使用负载均衡功能来改善网络性能，网络的控制功能最好尽量少在骨干层上实施。核心层一直被认为是所有流量的最终承受者和汇聚者，所以对核心层的设计以及网络设备的要求十分严格，核心层设备将占投资的主要部分。

（2）汇聚层：汇聚层是网络接入层和核心层的“中介”，就是在工作站接入核心层前先做汇聚，以减轻核心层设备的负荷。汇聚层必须能够处理来自接入层设备的所有通信量，并提供到核心层的上行链路，因此汇聚层交换机与接入层交换机相比，需要更高的性能，更少的接口和更高的交换速率。汇聚层具有实施策略、安全、工作组接入、虚拟局域网（VLAN）之间的路由、源地址或目的地址过滤等多种功能。在汇聚层中，应该采用支持三层交换技术和 VLAN 的交换机，以达到网络隔离和分段的目的。

（3）接入层：通常将网络中直接面向用户连接或访问网络的部分称为接入层，接入层目的是允许终端用户连接到网络，因此接入层交换机具有低成本和高端口密度特性。我们在接入层设计上主张使用性价比高的设备。接入层是最终用户（教师、学生）与网络的接口，它应该提供即插即用的特性，同时应该非常易于使用和维护，而且还要考虑端口密度的问题。

接入层为用户提供了在本地网段访问应用系统的能力，主要解决相邻用户之间的互访需求，并且为这些访问提供足够的带宽，接入层还应当适当负责一些用户管理功能（如地址认证、用户认证、计费管理等），以及用户信息（如用户的 IP 地址、MAC 地址、访问日志等）的收集工作。

为了方便管理、提高网络性能，大中型网络应按照标准的三层结构设计。但是，对于网络规模小，联网距离较短的环境，可以采用“收缩核心”设计。即忽略汇聚层，核心层设备可以直接连接接入层，这样在一定程度上可以省去部分汇聚层的费用，还可以减轻维护负担，更容易监控网络状况。

2. VLAN 技术

（1）VLAN 基本原理

在校园网的组网中，通常使用交换机将分布在不同地方的计算机连接起来，当需要联网的计算机较多时，通过交换机级联或堆叠可以将数量较多的计算机连接成一个网络。由于普通的交换机工作在数据链路层，根据以太网帧的目的 MAC 地址进行数据交换，如果目的 MAC 地址为广播地址，交换机将向所有端口转发该广播帧，因此交换机的各个端口均为于同一广播域，而通过交换机级联后组成规模更大的网络，其所有交换机的端口构成一个更大的广播域，如图 2-34 所示。

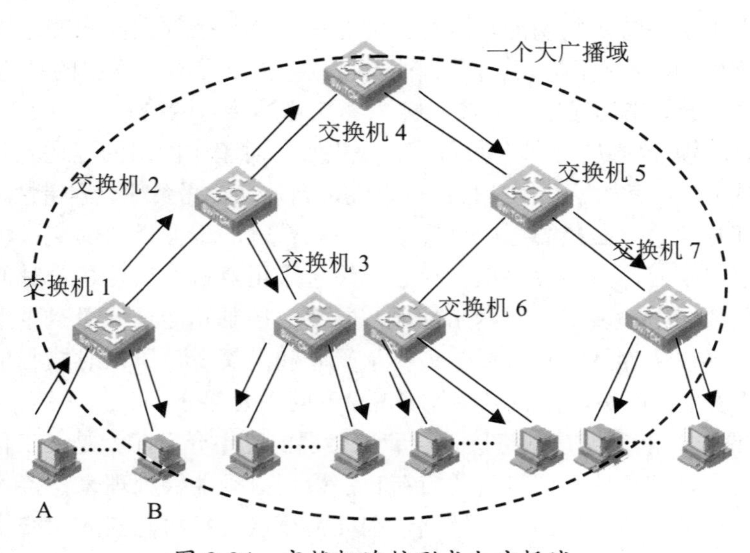

图 2-34　交换机连接形成大广播域

图 2-34 中，是一个由 7 台二层交换机连接了大量客户机构成的网络。假设这时计算机 A 需要与计算机 B 通信，在基于以太网的通信中，必须在数据帧中指定目标 MAC

地址才能正常通信，因此计算机 A 必须先发送广播“ARP 请求（ARP Request）信息”来尝试获取计算机 B 的 MAC 地址。交换机 1 收到广播帧（ARP 请求）后，会将它转发给除接收端口外的其他所有端口，因为广播帧转发类似于生活中的洪水一样，因此通常将广播转发称为泛洪（Flooding）。接着交换机 2 收到广播帧后也会 Flooding。交换机 3、 4、5、6、7 也会 Flooding，最终 ARP 请求会被转发到同一网络中的所有客户机上。

这个 ARP 请求原本是为了获得计算机 B 的 MAC 地址而发出的，也就是说只要计算机 B 能收到就行了。可是事实上，数据帧却传遍整个网络，导致所有的计算机都收到了它。如此一来，一方面广播信息消耗了网络整体的带宽，另一方面，收到广播信息的计算机还要消耗一部分 CPU 时间来对它进行处理，造成了网络带宽和 CPU 运算能力的无谓消耗。

由于以太网在很多情况下使用广播帧来进行工作，当网络的规模扩大到一定程度时，即互联的计算机数量达到一定规模时，这个广播域变得很庞大，计算机之间由于本身通信的需要发送的广播帧会在整个大的广播域中不断地被转发，从而不断消耗网络的带宽，使得网络性能急剧下降，我们称这种现象为“广播风暴”。

为了解决上述问题，引入了 VLAN 技术。VLAN（Virtual Local Area Network）又称虚拟局域网，VLAN 技术是在不改变交换式网络的物理结构的基础上，从逻辑上把一个规模较大的网络划分成规模较小的逻辑子网络，每一个较小的逻辑子网络，构成一个独立的逻辑广播域。其实质是将一个大的广播域，分割成许多小的逻辑广播域，从而将广播帧限制在一个较小的范围内，从而避免了由于广播域过大而产生的“广播风暴”。由于 VLAN 技术是一种虚拟的逻辑子网，其构成十分灵活，可以将一台交换机的部分端口组成一个 VLAN，也可以将一台交换机的所有端口组成一个 VLAN，还可以将不同交换机的端口组成一个 VLAN，通常可以将互相之间需要经常访问的相邻计算机或者同一部门内部的计算机划分成一个 VLAN，如图 2-35 所示。

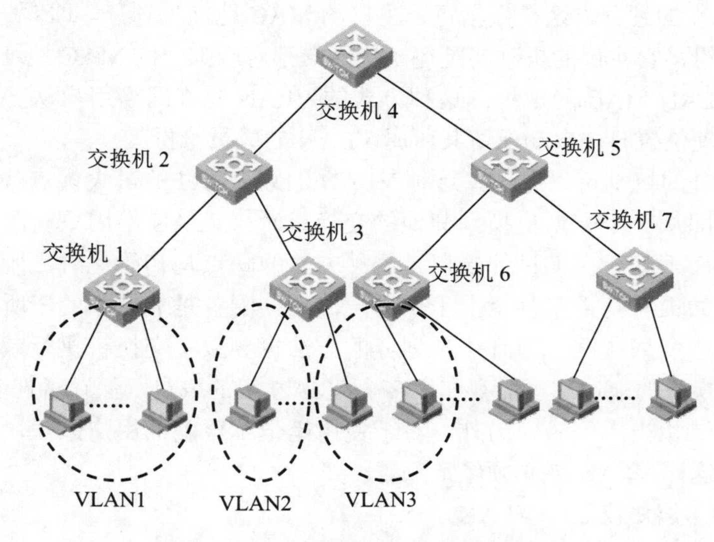

图 2-35 使用 VLAN 分割广播域

使用VLAN技术分割广播域后，将一个大的网络划分成相对独立的子网络，每个VLAN内部可以通过交换机互相访问，而不同VLAN之间属于不同的网络，它们之间不能够直接通信。如果需要不同的VLAN之间进行互相访问，需要工作在网络层的网络设备进行路由，如可以使用路由器为不同的VLAN进行路由。但是，使用路由器需要增加额外设备，连接与配置均不太方便，目前常用的作法是为交换机增加路由功能，让交换机可以为不同VLAN间通信提供数据转发能力，因为这种在不同网络间进行数据转发的功能属于OSI模型的网络层（第三层）的功能，所以称这种交换机为三层交换机。

（2）VLAN划分方法

VLAN的划分方法很多，下面列出了6种VLAN划分的方法，其中第1种基于端口划分的VLAN属于静态划分方法，VLAN成员是由交换机端口确定的，基于端口的VLAN一旦划分后，相对交换机来说，VLAN的成员位置是不会变化的，这是最简单也是最常用的划分方法。而其他5种划分方法属于动态划分方法，即对于交换机来说，组成VLAN的成员位置不是固定的。

① 基于端口划分VLAN

这是最常用的一种VLAN划分方法，应用也最为广泛、最有效，目前绝大多数VLAN协议的交换机都提供这种VLAN配置方法。这种划分VLAN的方法是根据以太网交换机的交换端口来划分的，它是将VLAN交换机上的物理端口和VLAN交换机内部的PVC（永久虚电路）端口分成若干个组，每个组构成一个虚拟网，相当于一个独立的VLAN交换机。

从这种划分方法我们可以看出，这种划分方法的优点是在定义VLAN成员时非常简单，只要将所有的端口都定义为相应的VLAN组即可，适合于任何大小的网络。它的缺点是如果某用户离开了原来的端口，到了一个新的交换机的某个端口，必须重新定义。

② 基于MAC地址划分VLAN

这种VLAN的划分方法是根据每个主机的MAC地址来划分，即对每个MAC地址的主机都配置组，它实现的机制就是每一块网卡都对应唯一的MAC地址，VLAN交换机跟踪属于VLAN MAC的地址。这种方式的VLAN允许网络用户从一个物理位置移动到另一个物理位置时，自动保留其所属VLAN的成员身份。

由这种划分的机制可以看出，这种VLAN的划分方法的最大优点就是当用户物理位置移动时，即从一个交换机换到其他的交换机时，VLAN不用重新配置，因为它是基于用户的，而不基于交换机的端口。这种方法的缺点是初始化时，所有的用户都必须进行配置，如果有几百个甚至上千个用户的话，配置是非常累的，所以这种划分方法通常适用于小型局域网。而且这种划分的方法也导致了交换机执行效率的降低，因为在每一个交换机的端口都可能存在很多个VLAN组的成员，保存了许多用户的MAC地址，查询起来相当不容易。另外，对于使用笔记本电脑的用户来说，他们的网卡可能经常更换，这样VLAN就必须经常配置。

③ 基于网络层协议划分VLAN

VLAN按网络层协议来划分，可分为IP、IPX、DECnet、AppleTalk、Banyan等

VLAN 网络。这种按网络层协议来划分的 VLAN，可使广播域跨越多个 VLAN 交换机。这对于希望针对具体应用和服务来组织用户的网络管理员来说是非常具有吸引力的。而且，用户可以在网络内部自由移动，但其 VLAN 成员的身份仍然保留不变。

这种方法的优点是即使用户的物理位置改变了，也不需要重新配置所属的 VLAN，而且可以根据协议类型来划分 VLAN，这对网络管理者来说很重要，还有，这种方法不需要附加的帧标签来识别 VLAN，这样可以减少网络的通信量。这种方法的缺点是效率低，因为检查每一个数据包的网络层地址是需要消耗处理时间的（相对于前面两种方法），一般的交换机芯片都可以自动检查网络上数据包的以太网祯头，但要让芯片能检查 IP 帧头，需要更高的技术，同时也更费时。当然，这与各个厂商的实现方法有关。

④ 根据 IP 组播划分 VLAN

IP 组播实际上也是一种 VLAN 的定义，即认为一个 IP 组播组就是一个 VLAN。这种划分的方法将 VLAN 扩大到了广域网，因此这种方法具有更大的灵活性，而且也很容易通过路由器进行扩展，主要适合于不在同一地理范围的局域网用户组成一个 VLAN，不适合局域网，主要是效率不高。

⑤ 按策略划分 VLAN

基于策略划分的 VLAN 能实现多种分配方法，包括 VLAN 交换机端口、MAC 地址、IP 地址、网络层协议等。网络管理人员可根据自己的管理模式和本单位的需求来决定选择哪种类型的 VLAN 。

⑥ 按用户定义、非用户授权划分 VLAN

基于用户定义、非用户授权来划分 VLAN，是指为了适应特别的 VLAN 网络，根据具体的网络用户的特别要求来定义和设计 VLAN，而且可以让非 VLAN 群体用户访问 VLAN，但是需要提供用户密码，在得到 VLAN 管理的认证后才可以加入一个 VLAN。

3. NAT

为了使用校园网络的计算机能够访问 Internet，必须为每一台计算机分配全球唯一的公网 IP 地址。由于 IP 地址资源枯竭，不可能为每一个局域网的每一个内部主机分配一个公网 IP 地址。因此为了使校园网络内的用户能够访问 Internet，而又不占用太多的公网 IP 地址，通常采用的方法是使用 NAT 技术，即网络地址转换（Network Address Translation）。前面已经提到到私网地址的概念，即在 IP 地址空间中有部分保留地址。

A 类：10.0.0.0 - 10.255.255.255（10.0.0.0/8）

B 类：172.16.0.0 - 172.31.255.255（172.16.0.0/12）

C 类：192.168.0.0 - 192.168.255.255（192.168.0.0/16）

这些地址被用于私有网络的内部通信，但不能用于公共网络如 Internet 的通信，通常各单位内部的网络都分配私有 IP 地址，且不同单位可采用相同私网 IP 地址段。当各单位私有网络进行内部访问时，它们互不影响，如果私有网络的计算机要访问 Internet 时，就会存在问题，如图 2-36 所示。

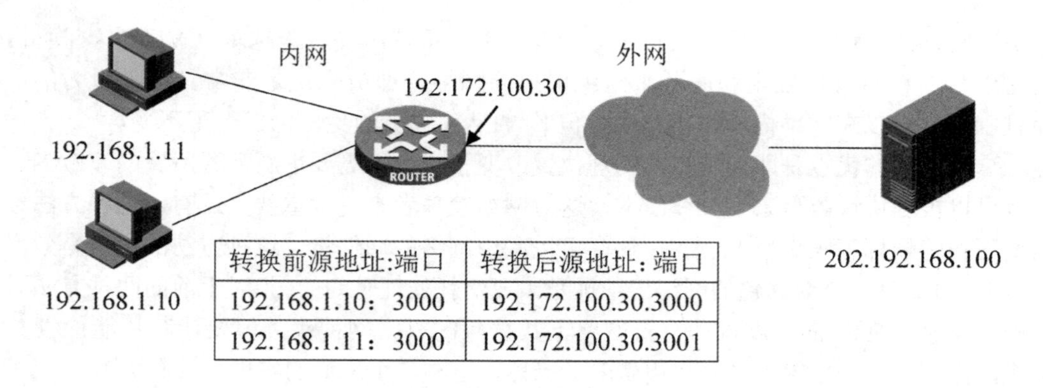

转换前源地址:端口	转换后源地址：端口
192.168.1.10：3000	192.172.100.30.3000
192.168.1.11：3000	192.172.100.30.3001

图 2-36　源 NAT 示意图

假设内部网络有一个私网 IP 地址 192.168.1.10，当它需要访问公网某个服务器时，假设公网服务器的 IP 地址为 202.192.168.100，由于路由器通常是根据目的 IP 地址进行路由选择的，因此从 192.168.1.10 发出的数据包（其目的 IP 地址为 202.192.168.100，源 IP 地址为 192.168.1.10）是可以通过路由器最终到达服务器 202.192.168.100，但是当服务器要发送数据给私网内部计算机时，则数据包源地址为 202.192.168.100，目的地址为 192.168.1.10，因为 192.168.1.10 为私网地址，公网所有路由器都不会转发该数据包，而且私网地址是可以被不同私网重复使用的，如果把私网地址作为目的 IP 地址进行路由，路由器也不能确定到底发给哪一个私网。因此直接使用私网地址时，私网用户是无法访问 Internet 的。

为了使私网用户能够访问 Internet，需要在私网出口处做一个源 NAT，如图 2-36 所示。通常每个私网在与公网相连时，都会分配到一个公网地址，作为私网的出接口地址。在出口路由器上做一个源 NAT，当私网内部主机 192.168.1.10：3000 访问公网服务器 202.192.168.100：80 时，出口路由器将把数据包的源 IP 地址转换为出接口的公网 IP 地址 192.172.100.30：3000，因此当公网服务器 202.192.168.100 收到该数据包时，其源 IP 地址为 192.172.100.30：3000，同样服务器在响应时会把数据包返回给 192.172.100.30:3000，即私网的出口路由器。出口路由器收到服务返回的数据包后，查询 NAT 转换表，将 192.172.100.30：3000 再转换回 192.168.1.10：3000，于是私网用户就访问到公网的服务器了。由于私网内部用户都需要访问公网的服务器，在进行源 NAT 时可以将源 IP 地址均转换为出接口 IP 地址，但是要使用不同的端口号加以区分，当数据包返回到接口路由器时，便可以根据不同的端口号转换到不同的私网 IP 地址，如图 2-36 所示。通过这种方式的源 NAT，私网内所有使用私网 IP 地址的计算机都可以访问公网，并且只使用了一个公网 IP 地址。

另一个情况是，各单位的私网往往都有一个对外公开的 Web 服务器，以便所有公网用户能够访问。要能够被公网用户访问，Web 服务器使用私网地址肯定是不行的，它必须要有一个对外公开的公网地址，因此，单位通常会为该 Web 服务器申请一个公网地址，然后在出口路由器处做一个目的 NAT，如图 2-37 所示。

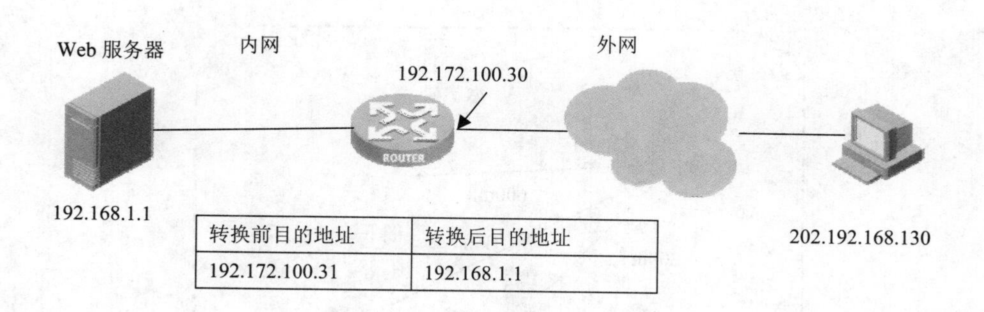

转换前目的地址	转换后目的地址
192.172.100.31	192.168.1.1

图 2-37　目的 NAT 示意图

为内部 Web 服务器申请一个公网 IP 地址 192.172.100.31，外网用户访问 192.172.100.31 时，数据包会被公网络由器路由到出口路由器，出口路由器收到该数据包后查询 NAT 表，将目的 IP 地址从 192.172.100.31 转换为 192.168.1.1，数据包被转发到 Web 服务器，当 Web 服务器在响应时，目的 IP 地址为 202.192.168.130，源 IP 地址为 192.168.1.1，当经过出口路由器时源 IP 地址也会被转换为 192.172.100.31。

2.4.3　任务实施

1. 需求分析

根据网管中心主任的要求，目前校园网的基本需求如下：

（1）学校所有建筑内的电脑都能接入校园网络；

（2）学校建设的网站对内、对外提供网站信息服务；

（3）能够通过校园网访问 Internet；

（4）图书馆要求 WiFi 覆盖。

这是网络建设的基本要求，其他的应用功能可以在此基础上进一步建设。为了实现上述功能，在进行网络方案设计时，首先需要对学校的情况作较为详细的了解，明确学校有哪些地方需要接入校园网，如各建筑物的物理位置、中心机房的位置、各建筑物内设备间的位置、设备间距离中心机房的布线距离、各建筑内部接入网络的计算机数目及位置分布。

经过一段时间的调查和实际勘测，获得了学校网络建设的基本情况信息，如图 2-38 所示。

学校共有 5 栋大楼有网络连接需求，分别是办公楼、教学楼、实验楼、图书馆和宿舍楼，其中中心机房位于网络中心，网络中心位于办公楼内。各大楼的设备间位置已经选定，办公楼设备间位于中心机房内，各大楼设备间距离中心机房的布线距离也已经确定，如图 2-38 所示。

各大楼内部需要接入网络的计算机数量及位置分布如表 2-2 所示。

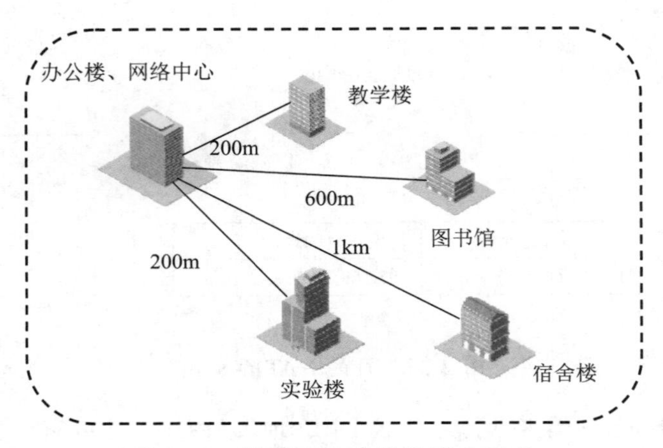

图 2-38　校园网各建筑位置及距离

表 2-2　各大楼计算机数量统计表

大楼楼层	1 层	2 层	3 层	4 层	5 层	6 层	7 层	总计
办公楼	50	50	50	50	50	50	50	350
教学楼	20	20	20	20	20	20	20	140
实验楼	100	100	100	100	100	100	100	700
图书馆	50	200	50	50	50	50	50	500
宿舍楼	200	200	200	200	200	200	200	1400

2. 主要技术方案

了解校园网的基本需求情况后，就可以根据基本需求选择相应的技术方案。

（1）网络拓扑结构采用三层网络构架设计，分为核心层、汇聚层及接入层，采用级联方式连接整个网络，如图 2-39 所示。

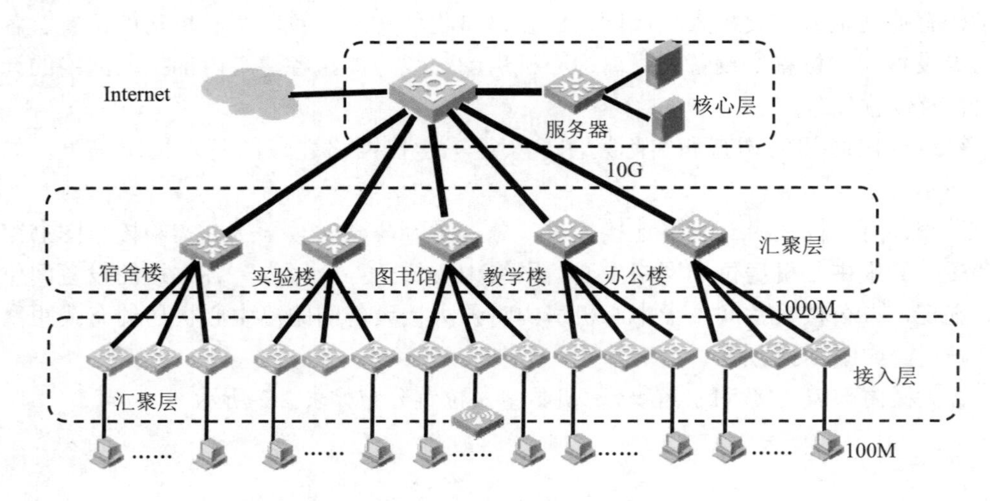

图 2-39　校园网拓扑结构图

其中核心层交换机、办公楼汇聚层交换机、服务器汇聚层交换机及服务器位于网络中心，其余汇聚层交换机为于各大楼设备间内。

（2）整个校园网采用全双工交换式以太网，接入层带宽100M，汇聚层带宽1000M，核心交换层带宽10G。所有大楼内部，按照综合布线标准进行布线。根据实际传输距离及带宽选择相应的传输介质，不同速率的全双工以太网在采用不同传输介质时的最长距离如表2-3所示。

表2-3 以太网不同介质的传输距离

以太网类型	传输介质	全双工网段最长距离
10BaseT	UTP	100m
10BaseF	MMF	2km
100BaseT	UTP、STP	100m
100BaseF	MMF	2km
1000BaseLX	MMF	550m
	SMF	5km
1000BaseSX	MMF62.5nm	300m
	MMF50nm	550m
1000BaseCX	STP	25m
1000BaseT	UTP	100m
10GBase-S	MMF	300m
10GBase-L	SMF1310nm	10km
10GBase-E	SMF1550nm	40km

① 计算机与接入层交换机采用100BaseT，距离不能超过100m，使用超5类UTP非屏蔽双绞线。

② 接入层交换机与汇聚层交换机之间，如果距离小于100m可以使用1000BaseT，超5类UTP非屏蔽双绞线；如果大于100m小于550m，使用1000BaseLX，MMF多模光纤；如果距离超过550m，则使用单模光纤，最大距离5km。

③ 实验楼、教学楼、服务器、办公楼的汇聚层交换机距离核心交换机距离小于300m，使用10GBaseS，MMF多模光纤。

④ 图书馆、宿舍楼的汇聚层交换机与核心交换机距离大于300m，使用10GBaseL，采用单模光纤，传输距离10km。

（3）学校网站服务器带宽为1000M，通过服务器汇聚层交换机接入核心交换机的10GE接口，校园网内部用户可以通过内网访问学校的网站服务器。

（4）核心交换机直接与外网相连，在核心交换机上采用NAT技术，使内网用户可以访问Internet，外网用户可以通过学校网站服务器的公网地址访问学校网站。

（5）在图书馆等需要 WiFi 覆盖的区域，安装无线 AP，使用 IEEE802.11 b/g/n 无线局域网接入校园网。

3. IP 地址规划

根据接入校园网的计算机数量及分布，对网络进行 VLAN 划分，其 IP 地址规划如表 2-4 所示。

表 2-4　VLAN 划分及 IP 地址规划表

大楼	楼层	VLAN 号	网段	VLAN 接口
办公楼	1、2、3、4 层	VLAN10	192.168.10.0/24	192.168.10.1/24
	5、6、7 层	VLAN11	192.168.11.0/24	192.168.11.1/24
教学楼	1-7 层	VLAN12	192.168.12.0/24	192.168.12.1/24
实验楼	1、2 层	VLAN13	192.168.13.0/24	192.168.13.1/24
	3、4 层	VLAN14	192.168.14.0/24	192.168.14.1/24
	5、6 层	VLAN15	192.168.15.0/24	192.168.15.1/24
	7 层	VLAN16	192.168.16.0/24	192.168.16.1/24
图书馆	1、3、4 层	VLAN17	192.168.17.0/24	192.168.17.1/24
	2 层	VLAN18	192.168.18.0/24	192.168.18.1/24
	5、6、7 层	VLAN19	192.168.19.0/24	192.168.19.1/24
宿舍楼	1 层	VLAN20	192.168.20.0/24	192.168.20.1/24
	2 层	VLAN21	192.168.21.0/24	192.168.21.1/24
	3 层	VLAN22	192.168.22.0/24	192.168.22.1/24
	4 层	VLAN23	192.168.23.0/24	192.168.23.1/24
	5 层	VLAN24	192.168.24.0/24	192.168.24.1/24
	6 层	VLAN25	192.168.25.0/24	192.168.25.1/24
	7 层	VLAN26	192.168.26.0/24	192.168.26.1/24
服务器区		VLAN100	192.168.100.0/24	192.168.100.1/24
管理 VLAN		VLAN101	192.168.101.0/24	192.168.101.1/24

2.4.4　任务总结

通过本任务的学习，我们已经能够利用所学的计算机网络硬件知识，从物理上组建起一个具有一定规模的局域网，这是一个良好的开端，也是构建网络的最基础部分。但仅仅从物理上把网络连接起来还远远不够，我们还有很多问题需要解决，如在上述任务中的网站服务的安装与配置、VLAN 的配置、NAT 的配置等，我们将在后面陆续介绍相关内容。

2.5 本章小结

通过本章的学习，我们了解了如何在物理上构建计算机网络，认识了计算机网络中使用的各种传输介质及其传输特性，了解了各类网络设备的工作原理，并学习了综合布线的基础知识，最后通过一个校园网建设的案例，结合相关的局域网标准，学习了如何为局域网设计基本的网络建设方案。通过学习，使我们具备了初步的组网知识及能力。

第 3 章 计算机网络之通信子网——交换机与路由器配置

交换机、路由器是企业组网的重要网络设备。交换机主要用于局域网内的数据交换，路由器则主要用于连接局域网和广域网（WAN），用于不同网段之间的数据交换。本章通过学习交换机、路由器的组成原理，从而掌握交换机和路由器的基本功能；通过学习交换机、路由器的配置命令，从而掌握交换机配置 VLAN 的方法、路由器设置静态路由的方法、以及 RIP 和 OSPF 动态路由协议的配置方法。

3.1 任务3-1：交换机的连接

3.1.1 任务描述

交换机是企业网络、网吧或家庭网络等局域网的互联设备。那么构建网络的时候交换机应该如何安装？交换机与交换机之间应该如何进行连接？

3.1.2 相关知识

1. 交换机的概念

交换机是一种将一系列计算机或其他设备连接起来组成一个局域网络的联网设备，允许连接在其上的网络设备并行通信，其每个端口是一个独立的冲突域，不同端口上连接的设备不会发生通信冲突，交换机可以建立起与其连接终端MAC地址和端口对应的映射地址表。对于非广播包，直接转发到目的接口，而不是以广播方式传输到各端口，再由各终端通过验证数据包头的地址信息来确定是否接收，从而节省了接口带宽，提高了网络传输效率和安全性。

2. 交换机的技术参数

（1）交换方式

交换机主要基于两种不同的交换方式：直通交换方式和存储转发方式。

直通交换方式：只读出数据包的目的地址便将数据包传输到对应的端口。

存储转发方式：首先完整地接受数据包，并进行差错检测，如果接受的数据包是正确的，则根据数据包的目标地址，将数据包传输到对应的端口，这种交换机还支持不同输入/输出速率的端口之间的数据包的转发，保持高速端口和低速端口间协同工作，如将10Mbit/s低速包存储起来，再通过100Mbit/s速率转发到高速端口上。

（2）双工模式

双工模式分为全双工和半双工两种模式，全双工模式下的交换机可以同时发送和接收数据，要求交换机和交换机所连接的设备都支持全双工工作方式。目前，支持全双工通信的网络环境有ATM网、快速以太网等。

（3）背板带宽

背板带宽也叫交换机带宽，指交换机的管理模块或接口与数据总线间所能吞吐的最大数据量，如图3-1所示。背板带宽标志了交换机总的数据交换能力，一台交换机的背板带宽越高，处理数据的能力就越强。线速背板带宽的计算方式为：全双工下线速背板带宽=2×（n×100Mbps+m×1000Mbps），n表示交换机有n个100Mbps端口，m表示交换机有m个1000Mbps端口。

例如：一台8×100Mbps/1×1000Mbps口的交换机在全双工下端口容量为3.6G。

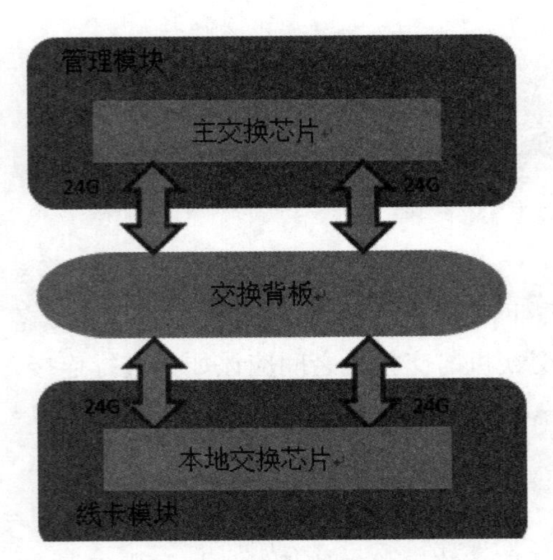

图 3-1　交换机背板带宽示意图

（4）包转发率

包转发率指交换机单位时间转发数据包的个数，单位一般为 pps（包 / 秒）。以太网以 64 字节的最小包为标准，计算时还要加上 20 字节的帧，计算方式：

对于 1 个全双工 1000Mbps 接口达到线速时要求：

转发能力＝ 1000Mbps/((64+20)×8bit) ＝ 1.488Mpps

对于 1 个全双工 100Mbps 接口达到线速时要求：

转发能力＝ 100Mbps/((64+20)×8bit) ＝ 0.149Mpps

因此，一台有 8 个 100M 接口和 1 个 1000M 接口的交换机，包转发率 =8×0.149+1.488=2.68Mpps。

（5）传输速率

交换机的传输速率是指交换机端口的数据交换速度，常见的有 10Mbps、100Mbps、1000Mbps 等。

（6）内存容量

在交换机中，内存用于数据缓冲或存储交换机配置信息。交换机的内存容量越大，它所能存储、缓冲的数据越多，其工作状态也就越稳定。

3.1.3　任务实施

1. 交换机与工作站或服务器之间的连接

交换机与服务器或工作站之间连接属于不同类型网络设备相连，因此，连接交换机与工作站或服务器时，用直通线相连。部分交换机有支持自动适应直通线 / 交叉线的功能，其他设备与交换机相连时可不区分直通线或交叉线。另外，若通过 UTP（非屏蔽双绞线）或 STP（屏蔽双绞线）连接，则线缆长度限制在 100 米内。连接方法如图 3-2 所示。

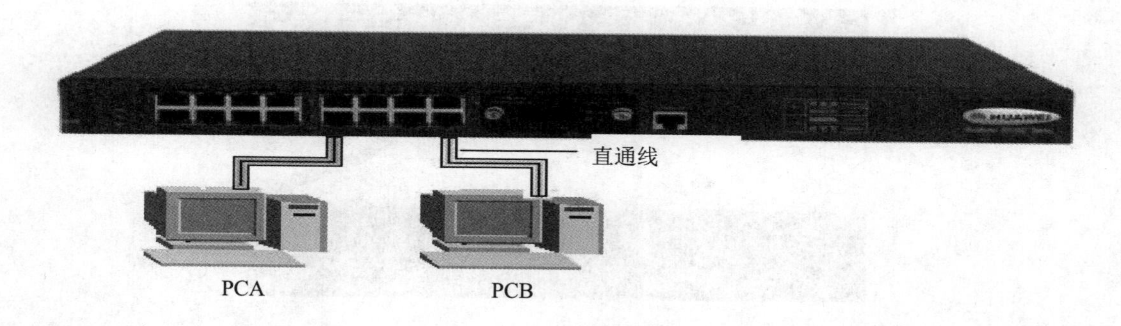

图 3-2 直通线连接交换机与工作站示意图

2. 交换机与交换机之间的连接

（1）交换机级联

级联是一种多台交换机之间连接方式，它通过交换机上的级联口（Uplink）或者普通端口进行连接。但交换机不能无限制级联，级联层数一般不超 5 层，层数过多会使信号衰减过大，远端设备可能无法通信。级联方式分为以下两种：

① 使用普通端口级联

所谓普通端口级联就是通过交换机的非级联端口进行连接，连接双绞线要用交叉线（支持自动适应直通线 / 交叉线的交换机也可用直通线），其连接方法如图 3-3 所示。

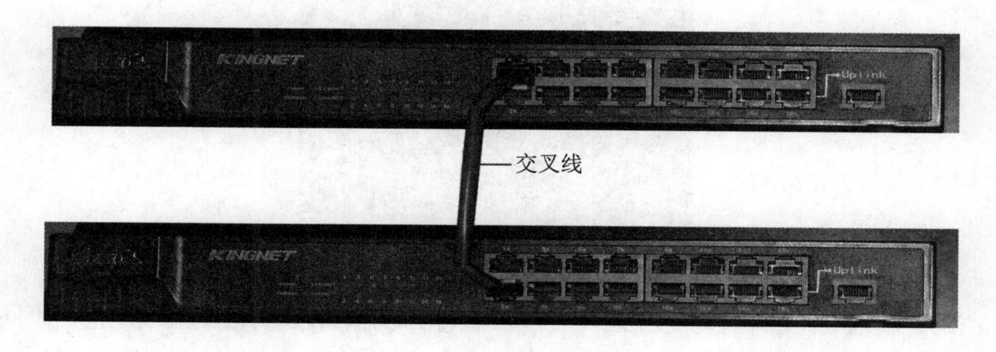

图 3-3 普通端口级联图

② 使用 Uplink 端口级联

在有些交换机端口中，有一个“Uplink”标识的端口，并用连接线与某一普通端口相连，叫级联口。此端口是为交换机之间级联提供的，只需通过直通双绞线将该端口连接至其他交换机上的普通端口即可，如图 3-4 所示。也可用交叉线连接两个 Uplink 端口。

图 3-4　Uplink 端口级联图

注意

使用 Uplink 后，与 Uplink 有连接线的普通端口就不能再连接任何设备，否则就会形成回路，造成网络瘫痪，如图 3-5 所示，1X 端口与 Uplink 端口只能同时用一个。另外，两个交换机用多条线连接时，或一个交换机各端口之间相互连接，也会形成回路。

图 3-5　Uplink 与普通端口连线

如果交换机不支持自动适应直通 / 交叉线，同类型端口之间用交叉线连接，不同类型端口间用直通线连接，如表 3-1 所示。

表 3-1　交换机级联接线标准

端口类型	端口类型	线型
Uplink 口	普通口	直连线
普通口	普通口	交叉线
Uplink 口	Uplink 口	交叉线
普通口	网卡	直连线
计算机（网卡）	计算机（网卡）	交叉线

（2）交换机堆叠

交换机堆叠连接方法有两种，星型堆叠和菊花链式堆叠。

菊花链式：菊花链式堆叠是一种基于级联结构的堆叠技术，对交换机硬件没有特殊的要求，通过相对高速的端口串接和软件的支持，最终实现构建一个多交换机的层叠结构，通过环路，可以在一定程度上实现冗余。菊花链式堆叠的层数一般不应超过4层，设备间距离控制在几米之内。堆叠线连接方法步骤如下。

第一步：将堆叠模块或堆叠卡安装在交换机插槽上，如图3-6所示。

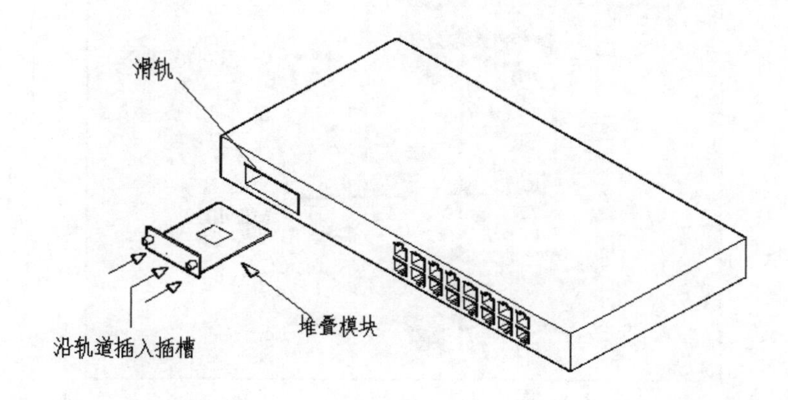

图3-6　模块安装示意图

第二步：将堆叠线缆的一端插入最上面一台交换机堆叠模块的“DOWN”端口，另一端插入下面一台交换机堆叠模块的“UP”端口。重复这一步骤，从最上面一台交换机的“DOWN”端口到最下面一台交换机的“UP”端口形成一个简单的链，如图3-7所示。

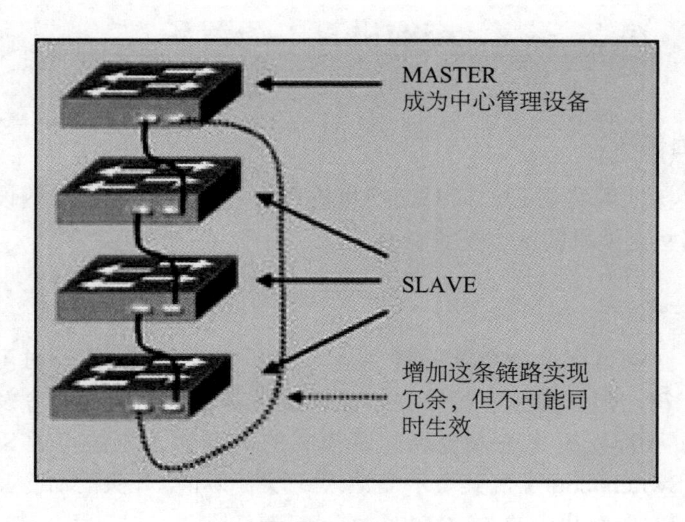

图3-7　菊花链式连线示意图

星型堆叠：星型堆叠技术是一种高级堆叠技术，需要为其提供一个独立的或者集成的高速交换中心（堆叠中心），所有的堆叠主机通过专用的高速堆叠端口（也可以是通用的高速端口）上行到统一的堆叠中心，涉及到专用总线技术，电缆长度一般不能超过2m。

连接示意图如图 3-8 所示。星型堆叠模式适用于要求高效率、高密度端口的单节点LAN，星型堆叠模式克服了菊花链式堆叠模式多层次转发时的高时延影响。

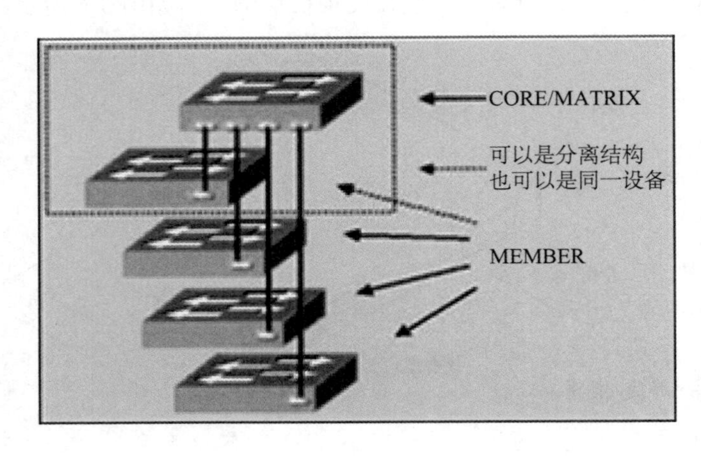

图 3-8　星型堆叠连接示意图

3.1.4　任务总结

通过本次任务的学习，我们已经能够利用所学知识进行交换机的连接。但这仅仅只是开始，我们将通过后续相关内容详细讲解交换机的配置。

3.2　任务 3-2：交换机基本配置

3.2.1　任务描述

交换机正确接入网络后，如何对交换机进行配置才能让网络中的设备实现通信？我们应该掌握哪些交换机的基本配置命令？

3.2.2　相关知识

交换机的命令行可支持命令及关键字全写也可支持简写。简写时可输入命令及关键字的一部分字符，但这部分字符不能与该模式下其他可使用的命令及关键字至左向右完全重复。如从特权模式进入全局配置模式的命令输入方法可由 Switch#configure terminal 简写成 Switch#conf t，其表示在该模式以“conf”开头的命令只有 configure，configure 命令后以“t”开头的关键字也只有 terminal。

交换机命令行也支持<Tab>键补齐功能。如输入Switch#conf<Tab> ter<Tab>后，在命令行就显示完整的命令Switch#configure terminal。但注意已输入的这部分字符不能与该模式下其他可使用的命令及关键字至左向右完全重复，否则无法补齐。输入命令后按回车键就表示确认输入该命令。

交换机配置过程中可从历史命令记录中重新调用当前命令行操作模式输入过的命令，在命令行用"上方向键"或"下方向键"选择当前模式下的历史命令。按"上方向键"选择当前命令的前一个历史命令，按"下方向键"选择当前历史命令的下一个历史命令。

灵活使用"？"命令，"？"命令用在不同的地方其作用不一样。

（1）列出该模式下与首部字符相同的所有命令：如输入Switch#di? 命令，回车后就显示以"di"开头的所有命令。

（2）列出当前命令的下一个关键字：如输入Switch#configure ? 命令，回车后就显示configure后的所有关键字。

（3）列出与关键字关联的下一个变量：如输入Switch (config) #interface fastethernet?，回车后就显示可输入的快速以太网所有端口号。

交换机的配置操作可以在命令行和图形化界面中实现。命令行界面是专业化的配置界面，能对交换机进行所有的管理配置，高性能的网管交换机都采用命令行界面，Console、Telnet管理方式是命令行界面。图形化界面只能进行一些简单的功能配置，适用于功能较简单的交换机，Web、SNMP管理方式是图形化界面。

（1）Console方式

第一次配置交换机或交换机未开启带外管理功能时，必须利用Console方式进行管理，这种方式是通过专用线将PC的RS-232端口与交换机的Console端口直接相连实现近距离管理的。

（2）Telnet方式

通过开启驻留在交换机上的Telnet Server，然后在远端计算机上用Telnet客户登录交换机实现管理，此方式为带内管理方式。

（3）Web方式

通过开启驻留在交换机上的Web Server，远程计算机就能用Web浏览器连接到交换机的Web管理界面，并在Web界面中对交换机实现管理，此方式为带内管理方式。

（4）SNMP方式

通过开启驻留在交换机上的SNMP Agent，并在程计算机上安装SNMP网络管理软件，用此软件来对交换机实现管理，此方式为带内管理方式。

1. 常用配置命令

（1）configure

命令功能：使用该命令进入全局配置模式，若要返回到特权模式，输入"exit"命令或"end"命令，或者键入"Ctrl+C"组合键。

语法格式：configure [terminal]

语法描述：terminal进入全局配置模式，允许使用终端配置交换机。

缺省值：该命令没有缺省值。

命令模式： 特权模式。

范例： Switch# configure

（2）copy

命令功能：使用 copy 命令可以将文件从源位置复制到目标位置。

命令格式：copy [ ] source-url destination-url

语法描述：

source-url 需要被复制的源文件名或 URL。URL 参数如表 3-2 所示。

destination-url 需要复制的目的文件名或 URL。

表 3-2 URL 参数

关键字	源或目的
running-config	表示正在运行的当前配置
xmodem	该前缀表示文件通过 Xmodem 协议方式传输
tftp:	该前缀表示文件通过 TFTP 协议方式传输
flash:	该前缀表示交换机文件系统
startup-config	表示当前正在运行的配置文件，是文件名为 config.text 的文件的别名

在交换机文件系统中复制文件使用命令：

copy flash:filename1 flash:filename2。

文件从交换机通过 TFTP 或 Xmodem 下载文件使用命令：

copy flash: {tftp:/xmodem:}。

文件通过 TFTP 或 Xmodem 传输到交换机命令：

copy {tftp:/xmodem:} flash:。

文件通过 TFTP 或 Xmodem 从交换机下载使用命令：

copy running-config {tftp:/xmodem:}。

参数文件通过 TFTP 或 Xmodem 传输到交换机使用命令：

copy {tftp:/xmodem} running-config。

将当前配置保存到参数文件使用命令：

copy running-config startup-config。

缺省值：该命令没有缺省值。

命令模式： 特权模式。

范例：

下面是一个文件传输的例子，目的是将当前配置文件通过 TFTP 从交换机下载到本地主机。

Switch# copy startup-config tftp:

Address or name of remote host []? 192.168.65.155 // 远程主机 IP 地址

Destination filename [config.text]? // 文件命名，默认为 config.text

2787 bytes copied in 1.320 secs (2787 bytes/sec)

（3）delete

命令功能：在特权模式下使用 delete 命令删除交换机上的文件。可以先使用 dir 命令查询交换机上存在的文件，删除时必须输入完整的文件名。

语法格式：delete flash: file-url

flash：表示删除的是交换机 flash 上的文件。

file-url：表示要删除的文件名。

缺省值：该命令没有缺省值。

命令模式：特权模式。

范例：Switch# delete flash: config.text

（4）dir

命令功能：该命令只能在特权模式下使用，显示交换机 flash 中的文件系统信息。

语法格式：dir

缺省值：该命令没有缺省值。

命令模式：特权模式。

范例：Switch# dir

（5）disable

命令功能：从特权模式切换到指定模式。该命令是模式导航命令，使用 show privilege 命令查看当前的级别。

语法格式：disable [level]

level：需要切换到的级别。

缺省值： 缺省切换到用户模式。

命令模式： 特权模式。

范例： Switch# disable

（6）duplex

命令功能：在接口配置模式下，使用该命令进行接口的双工设置。接口的双工属性与接口的类型有关。

语法格式：duplex {auto/full/half}

no duplex：表示设置恢复为缺省值。

auto：表示全双工和半双工自适应。

full：表示全双工。

half：表示半双工。

缺省值：缺省是全双工和半双工自适应。

命令模式：接口配置模式。

范例：Switch(config-if)# duplex full

（7）enable

命令功能：在普通用户级别和特权级别之间切换。该命令是模式导航命令，从权限较低的级别切换到权限较高的级别需要输入相应级别的口令。而从较高级别切换到较低级别则不需要口令。切换的目的级别必须是有效的。

语法格式：enable [level]

level 需要切换到的级别。

缺省值：缺省值切换到 15 级。

命令模式：用户模式和特权模式。

范例：进入 14 级。

Switch>enable 14

Switch#

（8）enable secret

命令功能：设置交换机各级别的访问口令，打开或禁止访问该级别。使用该命令的“no”选项禁止该级别，该命令只能在最高的特权级别 15 级使用。无论使用明文还是密文输入口令，在保存到配置文件中时都将转换成密文形式，可以防止口令泄漏。在登录交换机时只能使用明文登录，从配置文件中得到的密文是无法登录到交换机的。

语法格式：

enable secret [level level] {encryption-type encrypted-password}

no enable secret [level level]

level level：口令应用于交换机的管理级别。可以设置 0～15 共 16 个级别，如果不指明级别，则缺省为 15 级。

encryption-type：加密类型。0 表示用明文输入口令，5 表示用密文输入口令。

encrypted-password：输入的口令。如果加密类型为 0，则口令以明文形式输入，如果加密类型为 5，则口令以密文形式输入。

缺省值：缺省没有设置口令。缺省的级别是 15 级。

命令模式：全局配置模式。

范例：使用明文输入口令。

Switch(config)#enable secret level 14 0 123456

（9）enable services

命令功能：打开 snmp agent、telnet server、web server、ssh server。使用该命令的“no”选项关闭设置。

语法格式：

enable services { snmp-agent / telnet-server / web-server / ssh-server }

no enable services { snmp-agent / telnet-server / web-server / ssh-server }

snmp-agent snmp agent

telnet-server telnet server

web-server web server

ssh-server ssh server

缺省值： snmp agent、telnet server、web server。缺省是打开的。

命令模式：全局配置模式。

范例：Switch(config)#no enable services telnet-server

（10）exit

命令功能：从各配置模式直接返回到前一个模式，如果在用户模式下使用则退出登录交换机。在用户模式或特权下命令作用相同，等于退出登录交换机。使用 end 命令可以从各配置模式退回到特权模式。

语法格式：exit

语法描述：该命令没有参数。

缺省值：该命令没有缺省值。

命令模式：所有模式。

范例：从接口配置模式退回到全局配置模式。

Switch(config-if)#exit

Switch(config)#

end

（11）hostname

命令功能：指定或修改交换机的主机名。使用该命令的“no”选项将该设置恢复为缺省值。修改了主机名将对命令行的提示产生影响。

语法格式：

hostname name

no hostname

name：修改后的交换机的主机名。

缺省值：交换机的缺省主机名是 Switch。

命令模式：全局配置模式。

范例：Switch(config)# hostname MySwitch

MySwitch(config)#

（12）interface fastEthernet

该命令是模式导航命令，选择快速以太网接口，并进入接口配置模式。该命令没有“no”选项，该类型接口不能删除。使用 show interfaces 或 show interfaces fastEthernet 命令查看接口设置。

语法格式：

interface fastEthernet mod-num/port-num

mod-num/port-num 模块号 / 模块上的端口号，范围由设备和扩展模块决定。

缺省值：该命令没有缺省值。

命令模式：全局配置模式。

范例：Switch(config)#interface fastEthernet 0/5

Switch(config-if)#

（13）interface vlan

命令功能：该命令是模式导航命令，创建或访问一个动态交换虚拟接口（SVI，

switch virtual interface），并进入接口配置，使用 show interfaces 或 show interfaces vlan 命令查看接口设置模式。使用该命令的“no”选项删除该 SVI。

语法格式：

interface vlan vlan-id

no interface vlan vlan-id

vlan-id vlan id：范围由设备决定。

缺省值： 该命令没有缺省值。

命令模式： 全局配置模式。

范例：Switch(config)#interface vlan 3

Switch(config-if)#

（14）ip address

命令功能：设置交换虚拟接口（SVI）的 IP 地址（VLAN 接口）和 Routed Port（路由器接口）三层接口。使用该命令的“no”选项删除指定的 IP 地址。在二层下，仍然可以对 SVI 使用该命令，但这只是设置交换机的管理地址。这种情况下只有管理 VLAN 对应的第一个 IP 地址才是交换机管理的 IP 地址，其他设置将无效。使用“no”选项来删除 IP 地址时，如果不制定具体的 IP 地址，则删除所有配置的 IP 地址。

语法格式：

ip address ip-address mask [secondary]

no ip address [ip-address]

ip-address 接口的 IP 地址。

mask 接口的 IP 掩码。

secondary：表示是接口另外的 IP 地址。

缺省值：接口缺省没有设置 IP 地址。

范例：

Switch(config)#interface vlan 3

Switch(config-if)#ip address 192.168.65.2 255.255.255.0

Switch(config-if)#ip address 192.168.65.2/24 secondary

（15）more

命令功能：打开并阅读文本文件。

语法格式：

more flash:filename

flash：表示打开的是交换机 flash 上的文件。

filename：要打开的文件名。

缺省值：该命令没有缺省值。

命令模式：特权模式。

范例：Switch# more flash:config.text

（16）reload

命令功能：使用该命令，交换机将立即重启。在重启之前将提示是否保存设置，没有保存的设置将丢失。

语法格式：reload

语法描述：该命令没有参数。

缺省值： 该命令没有缺省值。

命令模式： 特权模式。

范例： Switch# reload

（17）services web host

命令功能：该命令设置 Telnet 访问源主机的限制。使用该命令的“no”选项禁止该设置。

语法格式：

services web host host-ip

no services web host host-ip

host-ip：允许 web 访问的源主机的 IP。

缺省值：没有配置。

命令模式：全局配置模式。

范例： Switch(config)# services web host 172.17.2.25

（18）show configuration

命令功能：显示配置文件的信息。该命令相当于使用 more 命令打开 config.text 文件。

语法格式：show configuration

语法描述： 该命令没有参数。

缺省值： 该命令没有缺省值。

命令模式： 特权模式。

范例： Switch# show configuration

（19）show interfaces

命令功能：查看接口设置和统计信息。如果不加参数，则显示接口的基本信息。

语法格式：

show interfaces [interface-id] [counters / description / status / switchport / trunk]

interface-id：接口（包括以太网接口、aggregateport 接口、SVI 接口、loopback 接口）

counters：接口的统计信息。

description：接口的描述信息，包括 link 状态。

status：查看二层接口的各种状态信息，包括传输速率、双工等。

switchport：二层接口信息，只对二层接口有效。

trunk：gigabitEthernet、aggregate port 有效。

缺省值：缺省显示所有接口信息。

命令模式：特权模式。

范例 Switch# show interfaces gigabitEthernet 2/1

（20）show privilege

命令功能：查看当前的用户级别。

语法格式：show privilege

语法描述：该命令没有参数。

缺省值： 该命令没有缺省值。

命令模式： 特权模式。

范例： Switch# show privilege

Current privilege level is 15

（21）show running-config

命令功能：显示当前的全部配置信息。

语法格式：

show running-config [interface[interface-id]]

interface：显示接口。

语法描述：该命令没有参内文。

interface-id：具体指定某个接口。

缺省值： 该命令没有缺省值。

命令模式： 特权模式。

范例： Switch# show running-config

（22）show services

命令功能：显示 telnet server、web server、snmp agent 连接状态信息。

语法格式：show services。

语法描述：该命令没有参数。

缺省值：缺省显示全部信息。

命令模式：特权模式。

范例 Switch# show services

（23）show version

命令功能：显示设备的软、硬件等系统信息。没有输入参数则不显示系统版本等信息。

语法格式：

show version [devices / slots]

devices：显示设备信息

slots：显示插槽信息。

缺省值： 该命令没有缺省值。

命令模式： 特权模式。

范例：Switch# show version

（24）shutdown

命令功能：在接口配置模式中，使用该命令关闭当前接口。

使用该命令的“no”选项打开接口。

语法格式：

shutdown

no shutdown

缺省值：该命令没有缺省值。

命令模式：接口配置模式。

范例：

关闭 fastEthernet 0/1。

Switch(config)#interface fastEthernet 0/1

Switch(config-if)#shutdown

打开 fastEthernet 0/1：

Switch(config)#interface fastEthernet 0/1

Switch(config-if)#no shutdown

（25）speed

命令功能：设置接口的速率。使用该命令的“no”选项将该设置恢复成缺省值。如果接口是 AP 的成员，则该接口的速率由 AP 的速率决定，可以设置该接口的速率，但是不起作用。接口退出 AP 时使用自己的速率设置。

语法格式：

speed {10 / 100 / 1000 / auto }

no speed

10：表示接口的速率为 10Mbps。

100：表示接口的速率为 100Mbps。

1000：表示接口的速率为 1000Mbps。

auto：表示接口的速率为自适应的。

缺省值：速率缺省是自适应的。

命令模式：接口配置模式。

范例：

Switch(config)#interface gigabitethernet 0/1

Switch(config-if)#speed 100

（26）write memory

命令功能：将当前运行的配置信息保存到配置文件 config.text 中去。

语法格式：

write memory

命令模式：特权模式。

范例：

Switch#write memory

Building configuration...

3.2.3 任务实施

不同厂家生产的不同型号的交换机，其具体的配置命令和方法是有差别的。不过配置的原理基本相同，下面我们主要以 Cisco Crystal 2950 系列交换机为例实现整个配置过程。

1. 电缆连接及终端配置

如图 3-9 所示，接好 PC 和交换机各自的电源，并在未开机的条件下，把 PC 的串口（COM1）通过控制台电缆与交换机的 Console 端口连接，即完成设备的连接工作。

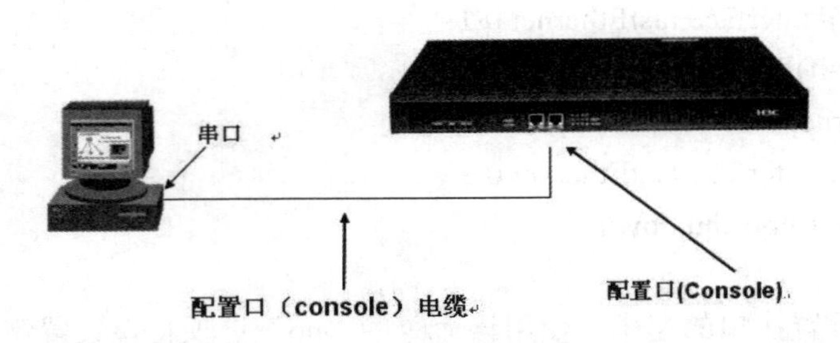

图 3-9　仿真终端与交换机的连接

交换机 Console 端口的默认参数如下。

- 端口速率：9600bps。
- 数据位：8。
- 奇偶校验：无。
- 停止位：1。
- 流控：无。

在配置 PC 的超级终端时只需将端口配置属性和上述参数匹配，就可以成功访问到交换机，如图 3-10 所示。

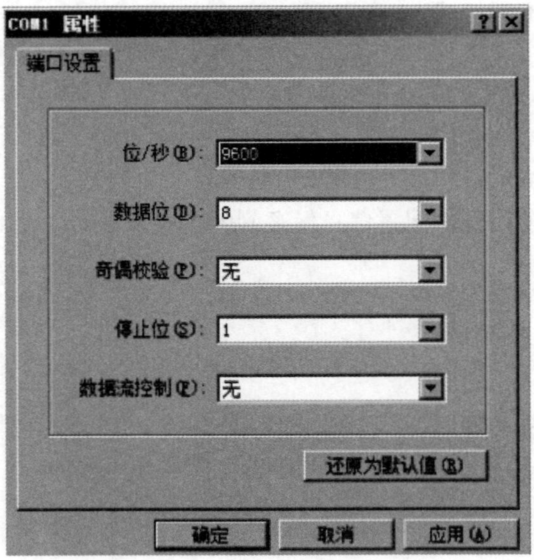

图 3-10　仿真终端端口参数配置

2. 交换机的启动

在连接好线路、匹配好超级终端仿真软件后，就可以打开交换机，此时超级终端端口就会显示交换机的启动信息，利用该信息可以对交换机的硬件结构和软件加载有直观的认识。

3. 交换机的配置模式

在进行交换机的配置之前，我们需要了解交换机的基本配置模式。交换机有以下常见的配置模式：普通用户模式、特权模式、全局配置模式、局部配置模式。在不同模式下，用户对交换机所具有的权限是不同的。在普通用户模式下，用户只能对交换机进行简单的操作，如查询操作系统版本和系统时间，使用很少的几个命令；在特权模式下，用户可以使用较多的命令对交换机进行查看、配置等操作；在全局配置模式下，主要完成对交换机的配置，如虚拟局域网的配置、访问控制列表的配置等；在局部配置模式下，用户可以对某个具体端口进行配置，这几种配置模式是递进的关系。

（1）用户模式。在交换机正常启动后，用户使用超级终端仿真软件或 Telnet 登录上交换机，自动进入用户配置模式，其命令状态如下：

Switch>

（2）特权模式。在用户模式下，输入以下命令可以进入特权模式：

Switch>enable
Switch#

（3）全局配置模式。在特权模式下，输入以下命令可以进入全局配置模式：

Switch#config terminal
Switch(config)#

（4）局部配置模式。局部配置模式包括端口配置模式和线路配置模式，在全局配置模式下，输入以下命令可以进入局部配置模式：

Switch(config)#interface fastEthernet 0/1
Switch(config-if)#　　　　（端口配置模式）
Switch(config)#line console 0
Switch(config-line)#　　　　（线路配置模式）

4. 交换机的基本配置

在默认配置下，所有接口处于可用状态并且属于 VLAN1，在这种情况下交换机就可以正常工作了。但为了方便管理和使用，首先应对交换机做基本的配置。最基本的配置可以通过启动时的对话框配置模式完成，也可以在交换机启动后再进行配置。

（1）配置 enable 口令和主机名。在交换机中可以配置使能口令（enable password）和使能密码（enable secret），一般情况下只需配置一个就可以，当两者同时配置时，后者生效。这两者的区别是：使能口令以明文形式显示，使能密码以密文形式显示。

```
Switch>                                  （用户执行模式提示符）
Switch>enable                            （进入特权模式）
Switch#                                  （特权模式提示符）
Switch#config terminal                   （进入全局配置模式）
Switch(config)#                          （全局配置模式提示符）
Switch(config)#enable password cisco     （设置 enable password 为 cisco）
Switch(config)#enable secret sico1       （设置 enable secret 为 sico1）
Switch(config)#hostname c2950            （设置主机名为 c2950）
c2950(config)#end                        （退回到特权模式）
c2950#
```

（2）配置交换机 IP 地址、默认网关、域名、域名服务器。应该注意的是这里所设置的 IP 地址、网关、域名等信息，是为交换机本身所设置的用来管理交换机的，和连接在交换机上的计算机或其他网络设备无关。也就是说所有与交换机连接的主机都应该设置自身的域名、网关等信息。

```
c2950(config)#ip address 192.168.1.1 255.255.255.0      （设置交换机 IP 地址）
c2950(config)#ip default-gateway 192.168.1.254          （设置默认网关）
c2950(config)#ip domain-name cisco.com                  （设置域名）
c2950(config)#ip name-server 200.0.0.1                  （设置域名服务器）
c2950(config)#end
```

（3）配置交换机的端口属性。交换机的端口属性默认地支持一般网络环境下的正常工作，一般情况下是不需要对其端口属性进行设置的。在某些情况下需要对其端口进行配置时，配置的对象主要有速率、双工和端口描述等信息。

```
c2950(config)#interface fastEthernet 0/1                （进入接口 0/1 的配置模式）
c2950(config-if)#speed ?                                （查看 speed 命令的子命令）
 10    Force 10 Mbps operation                          （显示结果）
 100   Force 100 Mbps operation
 auto  Enable AUTO speed configuration
c2950(config-if)#speed 100                              （设置该端口的速率为 100Mbps）
c2950(config-if)#duplex ?                               （查看 duplex 命令的子命令）
 auto  Enable AUTO duplex configuration
 full  Force full duplex operation
 half  Force half-duplex operation
c2950(config-if)#duplex full                            （设置该端口为全双工）
c2950(config-if)#description to_pc1                     （设置该端口描述为 to_pc1）
c2950(config-if)#end                                    （返回到特权模式）
c2950#show interfaces fastEthernet 0/1                  （查看端口 0/1 的配置结果）
c2950#show interfaces fastEthernet 0/1 switchport       （查看端口 0/1 的状态）
```

（4）查看配置信息。对于已配置完成的交换机可以通过查看命令显示其已有参数，然后根据需要进行修改。

```
c2950#show interfaces fastEthernet 0/1          （查询显示端口 0/1 的基本信息）
c2950#show running-config                        （查询显示当前的全部配置信息）
c2950#show version                               （查询显示设备软、硬件信息）
```

3.2.4 任务总结

通过本次任务的学习，我们已经掌握了交换机配置的基本命令，但是还远远不够，我们还应学会如何通过这些基本命令进行 VLAN 的配置等，这将在下一节进行介绍。

3.3 任务 3-3：配置 VLAN

3.3.1 任务描述

某公司为便于管理，需构建 3 个 VLAN。其要求如下：

（1）PC1-1 与 PC1-2 分别连接在交换机 A、B 的 1# 端口，该两台 PC 属于 VLAN 1;

（2）PC2-1 与 PC2-2 分别连接在交换机 A、B 的 9# 端口，该两台 PC 属于 VLAN 2;

（3）PC3-1 与 PC3-2 分别连接在交换机 A、B 的 10# 端口，该两台 PC 属于 VLAN 3。

现对两台交换机进行配置，并实现上述功能，其拓扑结构图如图 3-11 所示。

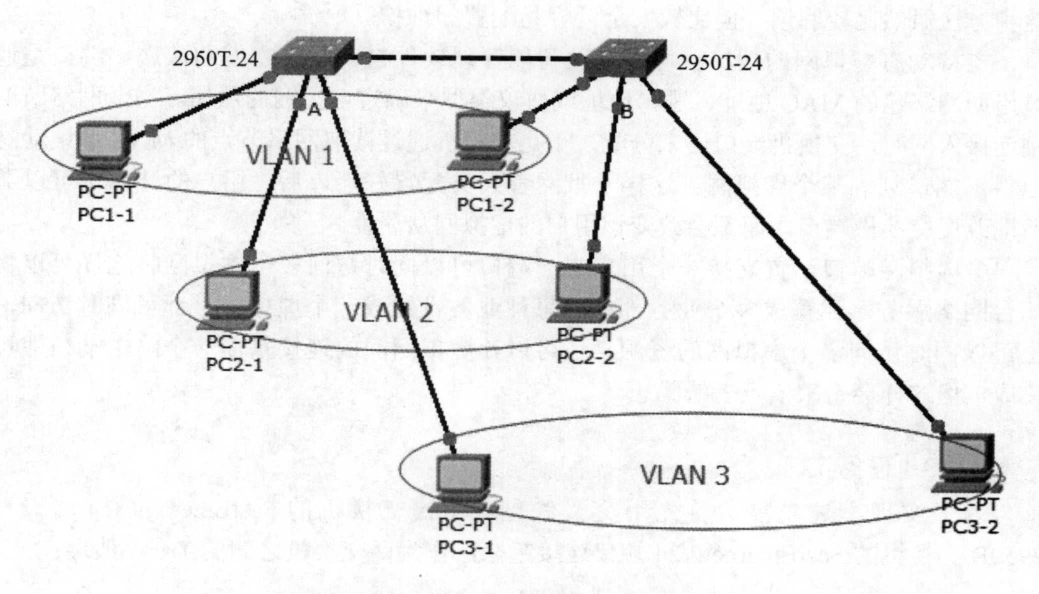

图 3-11 该公司的网络拓扑结构图

3.3.2 相关知识

VLAN 技术是交换技术的重要组成部分，也是交换机的重要进步之一，它用于把物理上直接连接的网络从逻辑上划分为多个子网。每一个 VLAN 对应着一个广播域，处于不同 VLAN 上的主机不能进行通信，不同 VLAN 之间的通信要引入第三层交换技术才可以解决。对虚拟局域网的配置和管理主要涉及 VTP、VLAN 中继和 VLAN 的配置。

VLAN 中继（VLAN Trunk）也称为 VLAN 主干，是指在交换机与交换机或交换机与路由器之间连接情况下，在互相连接的端口上配置中继模式，使得属于不同 VLAN 的数据帧都可以通过这条中继链路进行传输。

VLAN 中继协议（即 VTP 协议）可以帮助交换机设置 VLAN。VTP 协议可以维护 VLAN 信息全网的一致性。VTP 有三种工作模式，即服务器模式、客户模式和透明模式，其中服务器模式可以设置 VLAN 信息，服务器会自动将这些信息广播到网上其他交换机以统一配置；客户模式下交换机不能配置 VLAN 信息，只能被动接受服务器的 VLAN 配置；而透明模式下是独立配置，它可以配置 VLAN 信息，但是不广播自己的 VLAN 信息，同时它接收到的服务器发来的 VLAN 信息并不使用，而是直接转发给别的交换机。

交换机的初始状态是工作在透明模式有一个默认的 VLAN，所有的端口都属于这个 VLAN。

虚拟局域网是交换机的重要功能，通常虚拟局域网的实现形式有三种，即静态虚拟网、动态虚拟网和多虚拟网端口配置。

静态虚拟网的端口配置通常是网管人员使用网管软件或直接设置交换机的端口，使其直接从属于某个虚拟网。这些端口一直保持这些从属性，除非网管人员重新设置。这种方法虽然比较麻烦，但比较安全，容易配置和维护。

支持动态虚拟网的端口，可以借助智能管理软件自动确定它们的从属。端口是通过借助网络包的 MAC 地址、逻辑地址或协议类型来确定虚拟网的从属。当一网络节点刚连接入网时，交换机端口还未分配，于是交换机通过读取网络节点的 MAC 地址动态地将该端口划入某个虚拟网。这样一旦网管人员配置好端口后，用户的计算机可以灵活地改变交换机端口，而不会改变该用户的虚拟网从属性。

多虚拟网端口配置支持一个用户或一端口可以同时访问多个虚拟网。这样可以将一台网络服务器配置成多个业务部门（每种业务设置成一个虚拟网）都可同时访问，也可以同时访问多个虚拟网的资源，还可以让虚拟网间的连接只需一个路由端口即可完成。但这样会带来安全上的隐患。

3.3.3 任务实施

为了实现上述功能，首先用交叉线把 2950A 交换机的 FastEthernet0/24 端口和 2950B 交换机的 FastEthernet0/24 端口连接起来，作为两交换机之间的 Trunk 线路。

1. 配置 VTP 协议

配置 2950A 交换机为服务器模式。

```
Switch>enable                                         进入特权模式
Switch#configure terminal                             进入配置子模式
Switch(config)#hostname 2950A                         修改主机名为 2950A
2950A(config)#end
2950A#
2950A#vlan database                                   进入 VLAN 配置子模式
2950A(vlan)#vtp server                                设置本交换机为 Server 模式
Device mode already VTP SERVER.
2950A(vlan)#vtp domain vtpserver                      设置域名
Changing VTP domain name from NULL to
vtpserver                                             退出 VLAN 配置模式
2950A(vlan)#exit
APPLY completed.
Exiting....                                           查看 VTP 设置信息（查看结果略）
2950A#show vtp status
```

配置 2950B 交换机为客户机模式，则它会从服务器（2950A）那里学习到 VTP 的其他信息及 VLAN 信息。

```
Switch>enable                                         进入特权模式
Switch#configure terminal                             进入配置子模式
Switch(config)#hostname 2950B                         修改主机名为 2950B
2950B(config)#end
2950B#
2950B#vlan database                                   进入 VLAN 配置子模式
2950B(vlan)#vtp client                                设置本交换机为 Client 模式
Setting device to VTP CLIENT mode.
```

2. 配置 VLAN Trunk 端口

跨交换机的同一 VLAN 内的数据经过 Trunk 线路进行交换，默认情况下 Trunk 允许所有的 VLAN 通过。可以使用"switchport trunk allowed vlan remove vlan-list"来去掉某一 VLAN。可以在 2950A 和 2950B 上做如下相同的配置操作。

```
Switch>enable                                         进入特权模式
Switch#configure terminal                             进入配置子模式
Switch(config)#
Switch(config)#interface fastEthernet 0/24            进入端口 24 配置模式
Switch(config-if)#switchport mode trunk               设置当前端口为 Trunk 模式
Switch(config-if)#switchport trunk allowed vlan all   允许从该端口交换数据的 VLAN
Switch(config-if)#exit
Switch(config)#exit
Switch#
```

3. 创建 VLAN

VLAN 信息可以在服务器模式或透明模式交换机上创建。在这里我们在 2950A 交换机上创建两个 VLAN。

```
2950A#vlan database
2950A(vlan)#vlan 2                              创建一个 VLAN2
VLAN 2 added:
   Name: VLAN0002                               系统自动命名
2950A(vlan)#vlan 3 name vlan3                   创建一个 VLAN3，并命名为 vlan3
VLAN 3 added:
   Name: vlan3
2950A(vlan)#exit
```

4. 将端口加入到某个 VLAN 中

配置完 VTP 协议及 VLAN Trunk 端口后就可以设置该端口属于哪个 VLAN。在交换机 2950A 和 2950B 上做如下相同的配置操作，则 vlan2 中包含两个交换机的 fa0/9 端口，vlan3 包含两个交换机的 fa0/10 端口，其余端口可以做类似设置。除了加入 vlan2 和 vlan3 的端口外，其余各端口均属于 vlan1（交换机默认的 VLAN）。

```
Switch#configure terminal
Enter configuration commands, one per line.  End
with CNTL/Z.
Switch(config)#interface fastEthernet 0/9            进入端口 9 的配置模式
Switch(config-if)#switchport mode access             设置端口为静态 VLAN 访问模式
Switch(config-if)#switchport access vlan 2           把端口 9 分配给 vlan2
Switch(config-if)#exit
Switch(config)#interface fastEthernet 0/10
Switch(config-if)#switchport mode access
Switch(config-if)#switchport access vlan 3
Switch(config-if)#exit
Switch(config)#exit                                  查看 VLAN 配置信息（查看结果
Switch#show vlan                                     略）
```

3.3.4 任务总结

通过本次任务的学习，我们已经能够通过交换机进行 VLAN 的配置，但是交换机主要用于局域网内部的通信。那么不同网络、不同网段之间通信需要什么设备？需要进行什么样的配置？这将在后续内容中进行介绍。

3.4 任务 3-4：静态路由协议配置

3.4.1 任务描述

某学校有新旧两个校区，每个校区是一个独立的局域网。为了使新旧校区能够正常地相互通信，共享资源，每个校区出口利用一台路由器进行连接，网络拓扑图如图3-12所示。学校在两台路由器间申请了一条2M的DDN专线进行相连，要求你完成以下操作：

（1）将路由器A的F1/0和F1/1端口的IP地址分别配置为10.1.1.2和192.168.1.1。

（2）将路由器B的F1/0和F1/1端口的IP地址分别配置为10.1.1.1和192.168.2.1。

（3）配置新、旧两个校区网络的静态路由，实现两个校区间的正常的相互访问。

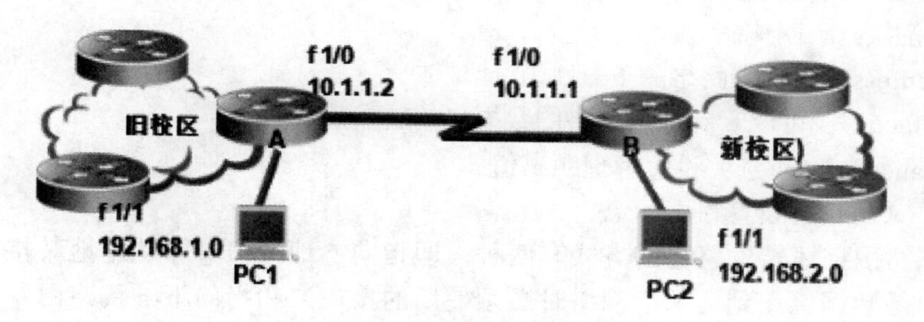

图 3-12 静态路由配置拓扑

3.4.2 相关知识

路由器可以用于互联两个或两个以上的网络。路由器具有两项功能：为要转发的数据包选择最佳路径以及将数据包发送（交换）到正确的端口，概括为路由和交换功能。

路由就是为数据包选择一条合适的路径。如图3-13所示，主机A发送出来的数据包到达R1，R1根据当时的网络拓扑状况进行路径选择，可能选择从R4这条路径发送数据包；R4接收到数据包后也要进行路径选择，可能把数据包发送到R5；R5再把数据包发送给R7；最后R7把数据包发送到主机B。从图中可以看出，从主机A发送到主机B的数据包有多条路径可走，因此各个路由器在收到数据包后进行转发时就必须做出选择：究竟把数据从哪个端口发送出去？我们把这个过程叫做路径选择。路径选择是路由器为一个数据包选择到达目标的路径，确定下一跳的过程。

静态路由是一种特殊的路由，它由网络管理员采用手工方法在路由器中配置而成。通过静态路由的配置可建立一个完整的网络。在交换设备不支持动态路由的小型网络以及网络通信规模不大的企事业单位网络中，应用静态路由对网络进行配置是省时、高效的一种方法。

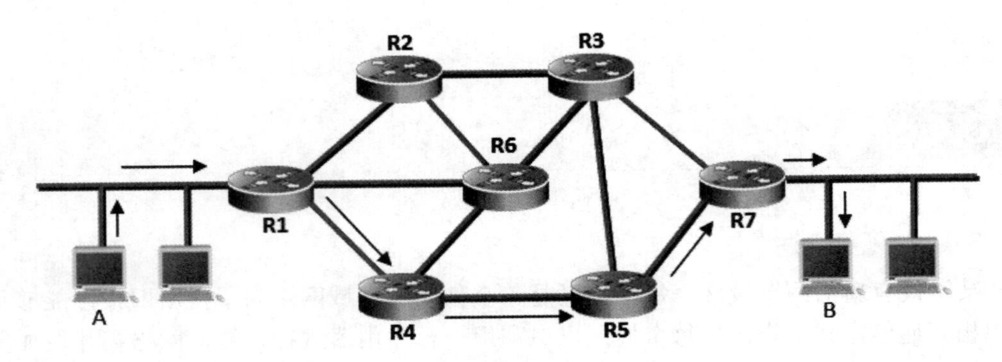

图 3-13　路径选择示意图

静态路由配置命令为 ip route，其语法为：

ip route network net-mask {ip-address / interface [ip-address]} [distance] [tag tag]

其中

network：目的网络编号，即接收数据包的网络编号。

net-mask：子网掩码

ip-address：到达该网络的下一跳 IP 地址。

interface：（可选）到达该网络的数据包的转发接口。

[distance]：（可选）设置管理距离值。

tag：（可选）设置路由标记。

静态路由描述转发路径的方式有两种，即指向本地接口（即从本地某接口发出，这个接口是数据包在到达那个网络时必须使用的接口）和指向下一跳路由器直连接口的 IP 地址（即将数据包交给 X.X.X.X）。

3.4.3　任务实施

1. 配置路由器 A

```
Router>enable
Router#configure terminal
Router(config)#hostname RouterA
RouterA(config)#interface fastEthernet 1/1
RouterA(config-if)#ip add 192.168.1.1 255.255.255.0        设置 IP 地址及子网掩码
RouterA(config-if)#no shutdown                              启用该端口
RouterA(config-if)#exit
RouterA(config)#interface fastEthernet 1/0
RouterA(config-if)#ip add 10.1.1.2 255.255.255.252
RouterA(config-if)#no shutdown
RouterA(config-if)#exit
RouterA(config) #ip router 192.168.2.0 255.255.255.0       设置静态路由
10.1.1.1
```

```
RouterA#show ip route                                   查看路由信息（以下为查看结果）
Codes: C - connected, S - static,  R - RIP
    O - OSPF, IA - OSPF inter area
    E1 - OSPF external type 1, E2 - OSPF external
type 2
Gateway of last resort is not set
   192.168.0.0/24 is subnetted, 1 subnets               10.1.1.0 网段通过 F0 端口直接与路由器相联
C  10.1.1.0 is directly connected, FastEthernet0        10.1.1.0 网段通过 F1 端口直接与路由器相联
C  192.168.1.0 is directly connected, FastEthernet1     通过 10.1.1.1 接口到达 192.168.2.0 网段的静
S  192.168.2.0/24 [1/0] via 10.1.1.1                    态路由
```

2. 配置路由器 B

```
Router>enable
Router#configure terminal
Router(config)#hostname RouterB
RouterB(config)#interface fastEthernet 1/1
RouterB(config-if)#ip add 192.168.2.1
255.255.255.0
RouterB(config-if)#no shutdown
RouterB(config-if)#exit
RouterB(config)#interface fastEthernet 1/0
RouterB(config-if)#ip add 10.1.1.1
255.255.255.252
RouterB(config-if)#no shutdown
RouterB(config-if)#exit
RouterB(config) # ip router 192.168.1.0                 设置静态路由
255.255.255.0 10.1.1.2
RouterB#show ip route                                   查看路由信息（以下为查看结果）
Codes: C - connected, S - static,  R - RIP
    O - OSPF, IA - OSPF inter area
    E1 - OSPF external type 1, E2 - OSPF
external type 2
Gateway of last resort is not set
   192.168.0.0/24 is subnetted, 1 subnets
C  10.1.1.0 is directly connected, FastEthernet0        10.1.1.0 网段通过 F0 端口直接与路由器相联
C  192.168.2.0 is directly connected,                   192.168.2.0 网段通过 F1 端口直接与路由器相联
FastEthernet1
S  192.168.2.0/24 [1/0] via 10.1.1.1                    通过 10.1.1.2 接口到达 192.168.1.0 网段的静态路由
```

3. 测试

把 PC1 与路由器 A 的 F1/1 接口相连，设置计算机的 IP 地址为 192.168.1.2，子网掩码为 255.255.255.0，网关为 192.168.1.1。

把路由器 A 的 F1/0 接口与路由器 B 的 F1/0 接口使用网线相连接。

把 PC2 与路由器 B 的 F1/1 接口直连。配置 PC2 的 IP 地址为 192.168.2.2，子网掩码为 255.255.255.0，网关为 192.168.2.1。

经过上面的初始配置后，在 PC1 上执行 ping 192.168.2.2，这时我们看到如图 3-14 所示的结果。

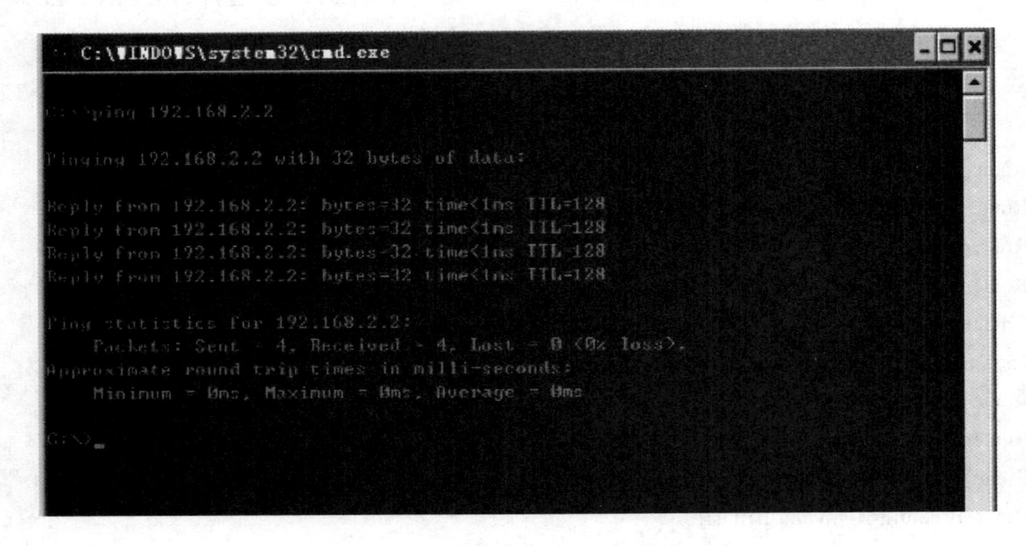

图 3-14　在 PC1 上 ping 通 PC2 的结果显示

在 PC2 上执行 ping 192.168.1.2，这时我们看到如图 3-15 所示的结果。

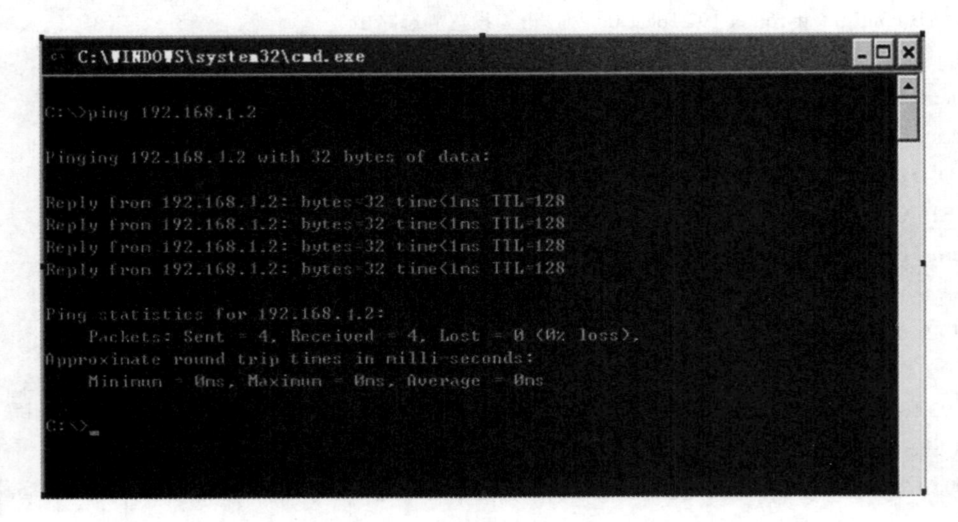

图 3-15　在 PC2 上 ping 通 PC1 的结果显示

由图 3-14 和图 3-15 证明网络互通。

3.4.4 任务总结

通过本次任务的学习，我们已经能进行静态路由协议的配置，但是这种方式只能适用于小型网络，如果在 Internet 上也采用静态路由协议进行配置，那么工作量将会非常庞大。因此我们需要学会动态路由协议的配置，这将在后续内容中进行介绍。

3.5 任务 3-5：RIP 路由协议配置

3.5.1 任务描述

假设某公司网络拓扑结构图如图 3-16 所示，路由器之间通过 DCE 串口线进行连接，通过配置 RIP 协议使全网联通。

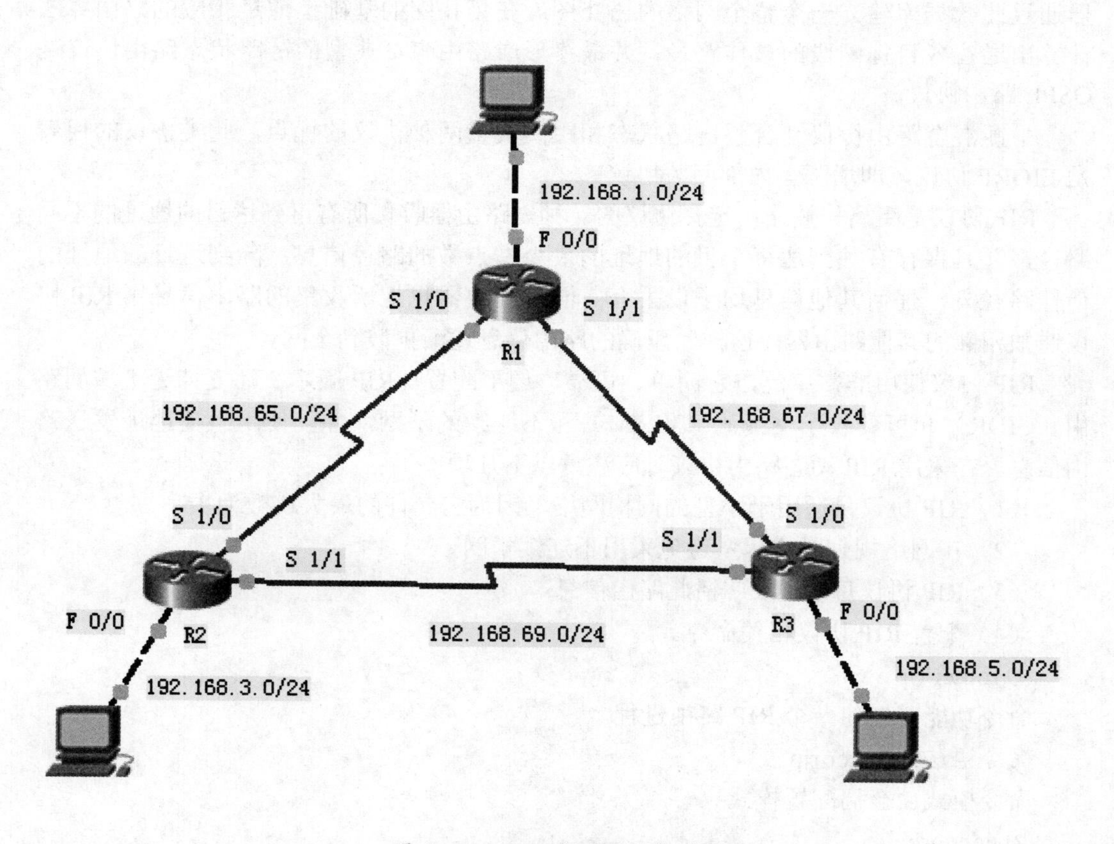

图 3-16 RIP 协议配置拓扑图

其中路由器各个接口 IP 地址如表 3-3 所示。

表 3-3　路由器接口 IP 地址

R1：F 0/0 192.168.1.1	R2：F 0/0 192.168.3.1	R3：F 0/0 192.168.5.1
R1：S 1/0 192.168.65.1	R2：S 1/0 192.168.65.2	R3：S 1/0 192.168.67.2
R1：S 1/1 192.168.67.1	R2：S 1/1 192.168.69.1	R3：S 1/1 192.168.69.2

3.5.2　相关知识

IP 路由选择协议用有效的、无循环的路由信息填充路由表，从而为数据包在网络之间的传递提供了可靠的路径信息。路由选择协议又分为距离矢量、链路状态和平衡混合三种。

距离矢量路由协议计算网络中所有链路的矢量和距离，并以此为依据确认最佳路径。使用距离矢量路由协议的路由器定期向其相邻的路由器发送全部或部分路由表。典型的距离矢量路由协议有 RIP 协议和 IGRP 协议。

链路状态路由协议使用为每个路由器创建的拓扑数据库来创建路由表，每个路由器通过此数据库建立一个整个网络的拓扑图。在拓扑图的基础上通过相应的路由算法计算出通往各目标网段的最佳路径，并最终形成路由表。典型的链路状态路由协议是 OSPE 路由协议。

平衡混合路由协议结合了链路状态和距离矢量两种协议的优点，此类协议的代表是 EIGRP 协议，即增强型内部网关协议。

RIP 协议是距离矢量路由选择协议的一种。路由器收集所有可到达目的地址的不同路径，并且保存有关到达每个目的地址的最少站点数的路径信息，除到达目的地址的最佳路径外，任何其他信息均予以丢弃。同时路由器也把所收集的路由信息用 RIP 协议通知相邻的其他路由器。这样，正确的路由信息逐渐扩散到全网。

RIP 协议使用非常广泛，它简单、可靠，便于配置。RIP 版本 2 还支持无类域间路由（CIDR）和可变长子网掩码（VLSM）和不连续的子网，并且使用组播地址发送路由信息。在采用 RIP 动态路由协议时应注意以下几项：

（1）RIP 协议只适用于小型的同构网络，因为它允许的最大跳数为 15。

（2）在网络规划时应尽量避免采用不连续子网。

（3）RIP 协议每隔 30s 广播此路由信息。

（4）配置 RIP 协议相关命令。

① router rip

命令功能：创建一个 RIP 路由进程。

命令语法：router rip。

命令模式：全局配置模式。

② network

命令功能：定义 RIP 路由进程要通告的网络列表。

命令语法：network network-number。

命令模式：路由进程配置模式。

参数说明：network-number 为直连网络的网络号，该网络号为自然类网络号，IP 地址属于该自然网络的所有接口都可发送和接收 RIP 数据包。

3.5.3 任务实施

首先根据图中的要求配置各路由器各接口地址。

```
R1(config)#no logging console
R1(config)#interface fastEthernet 0/0
R1(config-if)#ip address 192.168.1.1 255.255.255.0
R1(config-if)#no shutdown
R1(config-if)#exit
R1(config)#interface serial 1/0
R1(config-if)#ip address 192.168.65.1 255.255.255.0
R1(config-if)#no shutdown
R1(config-if)#exit
R1(config)#interface serial 1/1
R1(config-if)#ip address 192.168.67.1 255.255.255.0
R1(config-if)#no shutdown
```

在全局配置模式先使用 no logging console 配置命令，可以防止大量的端口状态变化信息和报警信息对配置过程的影响。为了查明串行接口所连接的电缆类型，从而正确配置串行接口，可以使用 show controllers serial 命令来查看相应的控制器。注意在配置端口时使用 no shutdown 命令，因为默认情况下各物理接口处于关闭状态，配置完成后需要对端口进行激活。

类似配置 R1 各接口地址的方法可以配置好路由器 R2 和 R3 的各接口地址。此时路由表中只有和路由器直接连接的各个网段的路由信息。即每个路由器只可以 ping 通和它直接连接的路由器的接口。此时可以用 show ip route 命令查看路由表信息。

```
R1#show ip route
Codes: C - connected, S - static, I - IGRP, R - RIP, M - mobile, B - BGP
    D - EIGRP, EX - EIGRP external, O - OSPF, IA - OSPF inter area
    N1 - OSPF NSSA external type 1, N2 - OSPF NSSA external type 2
    E1 - OSPF external type 1, E2 - OSPF external type 2, E - EGP
    i - IS-IS, L1 - IS-IS level-1, L2 - IS-IS level-2, ia - IS-IS inter area
    * - candidate default, U - per-user static route, o - ODR
    P - periodic downloaded static route
Gateway of last resort is not set
C    192.168.1.0/24 is directly connected, FastEthernet0/0
C    192.168.65.0/24 is directly connected, Serial1/0
C    192.168.67.0/24 is directly connected, Serial1/1
```

配置完接口地址后就可以进行 RIP 协议配置，RIP 协议配置非常简单。用 router rip 命令进入 RIP 协议配置模式，然后使用 network 语句声明进入 RIP 进程的网络就可以了。

配置路由器 R1：

```
R1(config)#router rip                         进入 RIP 协议配置子模式
R1(config-router)#network 192.168.1.0         声明网络 192.168.1.0/24
R1(config-router)#network 192.168.65.0
R1(config-router)#network 192.168.67.0
R1(config-router)#version 2                   设置 RIP 协议版本 2
R1(config-router)#exit
```

配置路由器 R2：

```
R2(config)#router rip                         进入 RIP 协议配置子模式
R2(config-router)#network 192.168.3.0         声明网络 192.168.3.0/24
R2(config-router)#network 192.168.65.0
R2(config-router)#network 192.168.69.0
R2(config-router)#version 2                   设置 RIP 协议版本 2
R2(config-router)#exit
```

配置路由器 R3：

```
R3(config)#router rip                         进入 RIP 协议配置子模式
R3(config-router)#network 192.168.5.0         声明网络 192.168.5.0/24
R3(config-router)#network 192.168.67.0
R3(config-router)#network 192.168.69.0
R3(config-router)#version 2                   设置 RIP 协议版本 2
R3(config-router)#exit
```

配置完 RIP 协议后，RIP 协议的路由器广播自己的路由信息到周边路由器，此时各路由器就可以学习到其他路由器的路由信息。此时再查看路由信息则有所不同，下面我们查看 R1 上的路由表。

```
R1#show ip route
Codes: C - connected, S - static, I - IGRP, R - RIP, M - mobile, B - BGP
       D - EIGRP, EX - EIGRP external, O - OSPF, IA - OSPF inter area
       N1 - OSPF NSSA external type 1, N2 - OSPF NSSA external type 2
       E1 - OSPF external type 1, E2 - OSPF external type 2, E - EGP
       i - IS-IS, L1 - IS-IS level-1, L2 - IS-IS level-2, ia - IS-IS inter area
       * - candidate default, U - per-user static route, o - ODR
       P - periodic downloaded static route
Gateway of last resort is not set
```

```
C    192.168.1.0/24 is directly connected, fastEthernet0/0
R    192.168.3.0/24 [120/1] via 192.168.65.2, 00:00:04, Serial1/0
R    192.168.5.0/24 [120/1] via 192.168.67.2, 00:00:19, Serial1/1
C    192.168.65.0/24 is directly connected, Serial1/0
C    192.168.67.0/24 is directly connected, Serial1/1
R    192.168.69.0/24 [120/1] via 192.168.65.2, 00:00:04, Serial1/0
             [120/1] via 192.168.67.2, 00:00:19, Serial1/1
```

路由表中的项目解释如下：

R 192.168.3.0/24 [120/1] via 192.168.65.2, 00:00: 04, Serial1/0

R：表示此项路由是由 RIP 协议获取的，另外 C 代表直接连接的网段。

192.168.3.0：表示目标网段。

[120/1]：120 表示 RIP 协议的管理距离默认为 120，1 是该路由的度量值，即跳数。

via：经由的意思。

192.168.65.2：表示从当前路由器出发到达目标网的下一跳点的 IP 地址。

00:00: 04：表示该条路由产生的时间。

Serial1/0：表示该条路由使用的接口。

从路由表中我们可以看出多出了 3 条 RIP 路由信息，这 3 条路由信息分别可以访问到网络 192.168.3.0/24、192.168.67.0/24、192.168.69.0/24，其中访问到 192.168.69.0/24 的路由有 2 条。之所以保存 2 条路由信息，是因为到达目的网段需要经过的跳数相同都为 1。而访问另外两个网段也可以经过另外两个路由器来转发，但是因为那样要经过 2 条，而 RIP 协议是选择跳数作为唯一路由选择的标准，所以它只将跳数最少的路径保存在路由表中，而其余的路径都被放弃。

另外，因为 RIP 版本 2 支持不连续子网和可变长子网掩码，所以各网段的 IP 地址可以是任何形式的合法 IP。通过以上的对各路由器配置 RIP 协议可以达到全网连通的目的。

3.5.4 任务总结

通过本次任务的学习，我们学会了 RIP 动态路由协议的配置方法。但是 RIP 动态路由协议的 15 跳限制，使得超过 15 跳的路由被认为不可达，因此其不适用于大型网络，而下一节我们将学习的 OSPF 路由协议则很好地解决了这个问题。

3.6 任务 3-6：OSPF 路由协议配置

3.6.1 任务描述

假设东校区校园网络有多台路由器互相连接，如图 3-17 所示。路由器 R1 通过 S1/2 接口与 R2 的 S1/2 接口互联，R1 的 F1/1 以太网口接 PC1，R1 的 F1/0 以太网口接 R3；路由器 R2 的 S1/2 同步口接 R1，R2 的 F1/1 以太网口接 PC2，R2 的 F1/0 以太网口接 R4；路由器 R3 使用 F1/0 以太网口与 R1 的 F1/0 以太网口互联，R3 的 F1/1 以太网口接 PC3；路由器 R4 的 F1/0 以太网与 R2 的 F1/0 以太网口互联，R4 的 F1/1 以太网口接 PC4，路由器 R1、R2，PC1，PC2 在 area 0 内，路由器 R1、R3，PC3 在 area1 内，路由器 R2、R4，PC4 在 area2 内。

要求：

（1）根据网络拓扑图配置路由器 R1、R2、R3、R4 各接口信息。

（2）为 R1、R2、R3、R4 配置 OSPF 路由协议，使用 OSPF 路由协议实现所有的 PC 互通。

（3）根据网络拓扑图将路由器 R1、R2、R3、R4 各接口加入所对应的域（Area）。

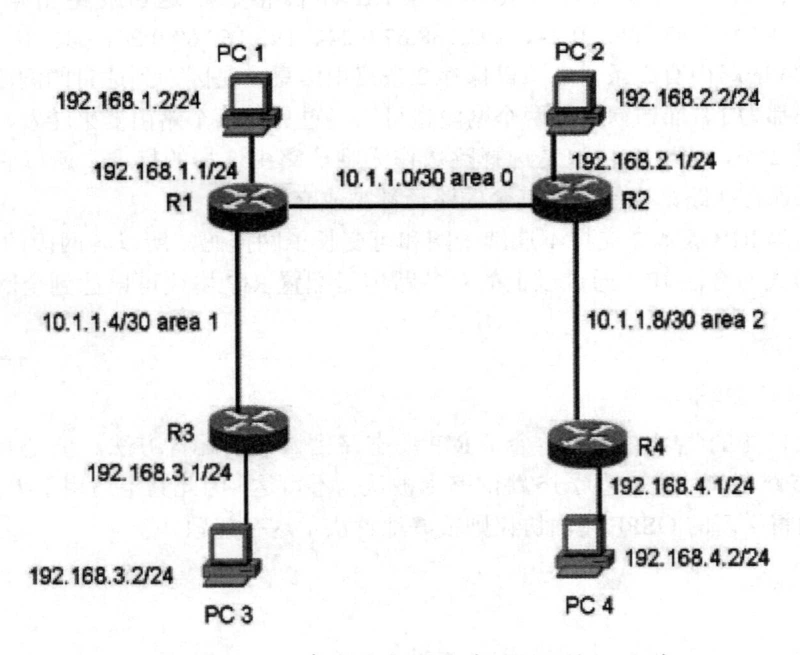

图 3-17　多台路由器通过 OSPF 协议互联

3.6.2 相关知识

开放最短路径优先（OSPF）协议是重要的路由选择协议。它是一种链路状态路由选择协议，是由Internet工程任务组开发的内部网关（IGP）路由协议，用于在单一自治系统（AS）内决策路由。

链路是路由器接口的另一种说法，因此OSPF协议也称为接口状态路由协议。OSPF协议通过路由器之间通告网络接口的状态来建立链路状态数据库，生成最短路径树，每个OSPF路由器使用这些最短路径构造路由表。下面分别介绍一下OSPF协议的相关要点。

① 自治系统。自治系统包括一个独立管理实体下所控制的一组路由器，OSPF是内部网关路由协议，工作于自治系统内部。

② 链路状态。所谓链路状态是指路由器接口的状态，如UP、Down、IP地址、网络类型以及路由器和它邻接路由器间的关系。链路状态信息通过链路状态通告（LSA）扩散到网上每台路由器。每台路由器根据LSA信息建立一个关于网络的拓扑数据库。

③ 最短路径优先算法。OSPF协议使用最短路径优先算法，利用从LSA通告得来的信息计算每一个目标网络的最短路径，以自身为根生成一棵树包含了到达每个目的网络的完整路径。

④ 路由标示。OSPF协议的路由标示是一个32位的数字，它在自治系统中被用来唯一识别路由器。默认使用最高回送地址，若回送地址没有被分配，则使用物理接口上最高的IP地址作为路由器标示。

⑤ 邻居和邻接。OSPF协议在相邻路由器间建立邻接关系，使他们交换路由信息。邻居是指共享同一个网络的路由器，并使用Hello包来建立和维护邻居路由器间的关系。

⑥ 区域。在OSPF网络中使用区域（Area）来为自治系统分段。OSPF是一种层次化的路由选择协议，区域0是一个OSPF网络中必须具有的区域，也称为主干区域，其他所有区域要求通过区域0互联在一起。

在配置OSPF动态路由协议时应注意以下几项：

在配置OSPF多域时，非0区域一定要与area0连接，否则就要做虚链路，这样致使网络结构更加复杂。同时，还可以使用loopback接口来做路由ID，使路由更稳定。在OSFP进程里面的Network段，配置与自己直连的网段，非直连的网段不用配置，这也是与静态路由配置的一个最大区别。

1. 配置OSPF路由协议常用命令

（1）router ospf

命令功能：创建OSPF路由进程。

命令语法：router ospf process-id。

命令模式：全局配置模式。

参数说明：

process-id定义OSPF路由进程号，该值只对本地有效，可以取任意整数。

例：创建一个OSPF路由进程，进程号为100。

router ospf 100

（2）area range

命令功能：配置 OSPF 区域之间的路由汇聚。

命令语法：area area-id range ip-address net-mask。

命令模式：路由进程配置模式。

参数说明：

area-id 指定要注入汇聚路由的 OSPF 区域号，区域号可以是一个十进制整数值，也可以是一个 IP 地址。

ip-address：定义汇聚路由的网段。

net-mask：定义汇聚路由的网络掩码。

例：将区域 1 的路由汇聚成一条路由 172.16.16.0/20。

```
router ospf 100
network 172.16.0.0 0.0.15.255 area 0
network 172.16.17.0 0.0.15.255 area 1
area 1 range 172.16.16.0 255.255.240.0
```

（3）network area

命令功能：定义哪些接口将运行 OSPF 协议，以及所属 OSPF 区域。

命令语法： network ip-address wildcard area area-id。

命令模式：路由进程配置模式。

参数说明：

ip-address 即接口对应的 IP 地址。

wildcard 即定义 IP 地址比较比特位，0 表示精确匹配，1 表示做比较。

area-id 是 OSPF 区域标识，一个 OSPF 区域总是关联一个地址范围，为了便于管理，也可以用一个子网作为 OSPF 区域标识。

例：假设定义了 3 个区域：0、1 和 172.16.16.0。要求将 IP 地址落在 192.168.12.0/24 范围内的接口定义到区域 1，将 IP 地址落在 172.16.16.0/20 范围内的接口定义到区域 172.16.16.0，将其余接口定义到区域 0。

```
router ospf 100
network 172.16.16.0 0.0.15.255 area 172.16.16.0
network 192.168.12.0 0.0.0.255 area 1
network 0.0.0.0 255.255.255.255 area 0
```

3.6.3 任务实施

1. 配置路由器 R1

// 假设路由器 R1 已经被命名为 Router1。

步骤 1：进入全局配置层。

```
Router1>en
Router1#conf  t
Enter configuration commands， one per line.  End with CNTL/Z.
```

步骤 2：配置接口 IP 地址。

```
Router1(config)#int f 1/1
Router1(config-if)#ip add 192.168.1.1 255.255.255.0
Router1(config-if)#no shut
Router1(config-if)#exit
Router1(config)#int f 1/0
Router1(config-if)#ip add 10.1.1.5  255.255.255.252
Router1(config-if)#no shut
Router1(config-if)#exit
Router1(config)#int s1/2
Router1(config-if)#ip add 10.1.1.1  255.255.255.252
Router1(config-if)#no shut
Router1(config-if)#encap  ppp  //给广域网口封装点到点协议（PPP）
Router1(config-if)# clock rate 2048000  // 定义 R1 为 DCE 设备，给出 2M 的时钟
Router1(config-if)#exit
```

步骤 3：启动 OSPF 路由进程。

```
Router1(config)#router ospf
```

步骤 4：配置本机直连网段地址。

```
Router1(config-router)#network 10.1.1.0 0.0.0.3 area 0
Router1(config-router)#network 192.168.1.0 0.0.0.255 area 0
Router1(config-router)#network 10.1.1.4 0.0.0.3 area 1
Router1(config-router)#exit
Router1(config)#
```

步骤 5：查看配置文件。

```
Router1#sh run
Building configuration...
Current configuration : 652 bytes
!
version 8.3(building 17)
!
!
interface serial 1/2
 encapsulation PPP
 ip address 10.1.1.1 255.255.255.252
 clock rate 2048000
!
interface serial 1/3
```

```
clock rate 64000
!
interface FastEthernet 1/0  //路由器 R1 接口 F 1/0 配置信息
 ip address 10.1.1.5 255.255.255.252
 duplex auto
 speed auto
!
interface FastEthernet 1/1  //路由器 R1 接口 F 1/1 配置信息
 ip address 192.168.1.1 255.255.255.0
 duplex auto
 speed auto
!
interface Null 0
!
!
router ospf     //路由器 R1 上的 OSPF 路由配置信息
 network 10.1.1.0 0.0.0.3 area 0.0.0.0
 network 192.168.1.0 0.0.0.255 area 0.0.0.0
 network 10.1.1.4 0.0.0.3 area 0.0.0.1
!
!
!
!
line con 0
line aux 0
line vty 0 4
 login local
!
!
end
Router1#
```

2. 配置路由器 R2

//假设路由器 R2 已经被命名为 Router2。

步骤 1：进入全局配置层。

```
Router2>en
Router2#conf t
Enter configuration commands， one per line.  End with CNTL/Z.
```

步骤 2：配置接口 IP 地址。

```
Router2(config)#int f 1/1
Router2(config-if)#ip add 192.168.2.1 255.255.255.0
Router2(config-if)#no shut
Router2(config-if)#exit
Router2(config)#int f 1/0
Router2(config-if)#ip add 10.1.1.9 255.255.255.252
Router2(config-if)#no shut
Router2(config-if)#exit
Router2(config)#int s 1/2
Router2(config-if)#ip add 10.1.1.2 255.255.255.252
Router2(config-if)#no shut
Router2(config-if)#encap ppp
Router2(config-if)#exit
```

步骤 3：启动 OSPF 路由进程。

```
Router2(config)#router ospf
```

步骤 4：配置本机直连网段地址。

```
Router2(config-router)#network 10.1.1.0 0.0.0.3 area 0
Router2(config-router)#network 192.168.2.0 0.0.0.255 area 0
Router2(config-router)#network 10.1.1.8  0.0.0.3 area 2
Router2(config-router)#exit
Router2(config)#
```

步骤 5：验证配置。

（参见路由 1 的配置信息）

3. 配置路由器 R3

// 假设路由器 R3 已经被命名为 Router3。

步骤 1：进入全局配置层。

```
Router3>en
Router3#conf  t
Enter configuration commands， one per line.  End with CNTL/Z.
```

步骤 2：配置接口 IP 地址。

```
Router3(config)#int f 1/1
Router3(config-if)#ip  add  192.168.3.1  255.255.255.0
Router3(config-if)#no shut
Router3(config-if)#exit
Router3(config)#int f 1/0
Router3(config-if)#ip  add  10.1.1.6  255.255.255.252
```

Router3(config-if)#no shut

Router3(config-if)#exit

步骤 3：启动 OSPF 路由进程。

Router3(config)#router ospf

步骤 4：配置本机直连网段地址。

Router3(config-router)#network 10.1.1.4 0.0.0.3 area 1

Router3(config-router)#network 192.168.3.0 0.0.0.255 area 1

Router3(config-router)#exit

Router3(config)#

步骤 5：验证配置。

（参见路由 1 的配置信息）

4. 配置路由器 R4

// 假设路由器 R4 已经被命名为 Router4。

步骤 1：进入全局配置层。

Router4>en

Router4#conf t

Enter configuration commands， one per line. End with CNTL/Z.

步骤 2：配置接口 IP 地址。

Router4(config)#int f 1/1

Router4(config-if)#ip add 192.168.4.1 255.255.255.0

Router4(config-if)#no shut

Router4(config-if)#exit

Router4(config)#int f 1/0

Router4(config-if)#ip add 10.1.1.10 255.255.255.252

Router4(config-if)#no shut

Router4(config-if)#exit

步骤 3：启动 OSPF 路由进程。

Router4(config)#router ospf

步骤 4：配置本机直连网段地址。

Router4(config-router)#network 10.1.1.8 0.0.0.3 area 2

Router4(config-router)#network 192.168.4.0 0.0.0.255 area 2

Router4(config-router)#exit

Router4(config)#

步骤 5：验证配置。

（参见路由 1 的配置信息）

3.6.4 任务总结

本小节介绍了 OSPF 动态路由协议的配置，OSPF 协议主要应用于大型网络。通常将网络划分成为多个区域，在区域划分时，必须要有一个骨干区域（即区域 0），其他非 0 或非骨干区域与骨干区域必须要有物理或逻辑连接，这样才能实现整个网络 OSPF 动态路由协议的配置。

3.7 本章小结

通过本章的学习，我们学会了交换机和路由器的连接和基本配置方法。在进行网络配置时我们应结合实际情况，灵活地运用本章节的知识进行网络的配置。

第 4 章 计算机网络之资源子网——网络操作系统与网络服务器配置

网络操作系统是一种能代替操作系统的软件程序，是网络的心脏和灵魂，是向网络计算机提供服务的特殊的操作系统。服务器是网络环境下能为网络用户提供集中计算、信息发表及数据管理等服务的专用计算机。那么常见的网络服务器有哪些？它们的安装和配置方法是什么？这就是本章需要学习的主要内容。

4.1 网络操作系统

4.1.1 网络操作系统基础

1. 网络操作系统的概念

网络操作系统（Network Operating System，NOS），首先它必须是一个操作系统。那么什么是操作系统呢？一个完整的计算机系统是由硬件系统和软件系统两大部分组成的。仅有硬件，计算机是不能自行工作的，还必须给它配备“思想”，即指挥它如何工作的软件。软件家族中最重要的系统软件就是操作系统，它有两个功能：一是管理计算机系统的各种软、硬件资源，众多的软件、硬件资源组合在一起有条不紊地工作靠的就是操作系统的管理，操作系统对资源进行统一分配、协调；二是提供人机交互的界面，在计算机内部，处理和存储的都是二进制数据，人是不能直接识别的，而人对计算机下达的命令，计算机也是不能识别的，为此，中间需要一个翻译，这个翻译就是操作系统。

网络操作系统作为一个操作系统也应具有上述功能，以实现网络中的资源管理和共享。计算机单机操作系统是用户和计算机之间的接口，网络操作系统则是网络用户和计算机网络之间的接口。计算机网络不只是计算机系统的简单连接，还必须有网络操作系统的支持。网络操作系统的任务就是支持网络的通信和资源的共享，网络用户则通过网络操作系统请求网络服务。网络操作系统除了具备单机操作系统所需的功能（如处理器管理、存储管理、设备管理和文件管理等）外，还必须承担整个网络范围内的任务管理以及资源的管理与分配任务，且能够对网络中的设备进行存取访问，提供高效可靠的网络通信能力及更高一级的服务。除此之外，它还必须兼顾网络协议，为协议的实现创造条件和提供支持。

简单地讲，网络操作系统是使联网计算机能够方便而有效地共享网络资源，为网络用户提供所需的各种服务的软件与协议的集合。网络操作系统是网络的心脏和灵魂，是向网络计算机提供服务的特殊的操作系统，它在计算机操作系统下工作，使计算机操作系统增加了网络操作所需要的能力。

2. 网络操作系统的功能

网络操作系统的基本功能有：

（1）文件服务

（2）打印服务

（3）数据库服务

（4）通信服务

（5）信息服务

（6）分布式服务

（7）网络管理服务

（8）Internet/Intranet 服务

3. 网络操作系统的特点

作为网络用户和计算机网络之间的接口，一个典型的网络操作系统一般具有以下特点：

（1）复杂性。单机操作系统的主要功能是管理本机的软硬件资源，而网络操作系统一方面对全网资源进行管理，以实现整个网络的资源共享，另一方面，还要负责计算机之间的通信与同步，显然比单机操作系统要负责得多。

（2）并行性。单机操作系统通过为用户建立虚拟处理器来模拟多机环境，从而实现程序的并发执行。而网络操作系统在每个节点上的程序都可以并发执行，一个用户作业既可以在本地运行，也可以在远程节点上运行。在本地运行时，还可以分配到多个处理器中并发操作。

（3）高效性。网络操作系统采用多线程的处理方式。线程相对于进程而言需要较少的系统开销，比进程更易于管理。采用抢先式多任务时，操作系统不用专门等待某一线程完成后，再将系统控制交给其他线程，而是主动将系统控制交给首先申请到系统资源的其他线程，这样就可以使系统运行具有更高的效率。

（4）安全性。网络操作系统的安全性主要体现在：具有严格的权限管理，用户通常分为系统管理员、高级用户和一般用户，不同级别的用户具有不同的权限；审查进入系统的每个用户，对用户的身份进行验证，执行某一特权操作也要进行审查；文件系统采取相应的保护措施，不同程序有不同的运行方式。

4. 网络操作系统的结构

当前在局域网（LAN）上配置的网络操作系统，基本上都是采用客户 / 服务器模式。在客户 / 服务器模式下的网络操作系统由两部分组成：客户机（也称工作站）操作系统和服务器操作系统。

（1）工作站操作系统

工作站上配置操作系统的目的是：一方面工作站上的用户可使用本地资源并执行在本地可以处理的应用程序和用户命令；另一方面，实现工作站上的进程与服务器之间的交互。

（2）服务器操作系统

在客户 / 服务器模式下的网络操作系统主要指的是服务器操作系统。位于网络服务器上的操作系统的主要功能包括：一是管理服务器上的各种资源，如处理器、存储器、I/O 设备以及数据库等；二是实现服务器与客户的通信；三是提供各种网络服务；四是提供网络安全管理。

4.1.2 Windows 操作系统介绍

Windows 起源可以追溯到 Xerox 公司进行的工作。1970 年，美国 Xerox 公司成立了著名的研究机构 Palo Alto Research Center（PARC），该机构从事局域网、激光打印机、图形用户接口和面向对象技术的研究，并于 1981 年宣布推出世界上第一个商用的 GUI（图形用户接口）系统：Star 8010 工作站。但和后来许多公司一样，由于种种原因，技术上的先进性并没有给它带来它所期望的商业上的成功。

当时，Apple Computer 公司的创始人之一 Steve Jobs（史蒂夫•乔布斯），在参观 Xerox 公司的 PARC 研究中心后，认识到了图形用户接口的重要性及其广阔的市场前景，于是便开始着手进行自己的 GUI 系统的研究开发工作，并于 1983 年研制成功第一个 GUI 系统：Apple Lisa。随后不久，Apple 公司又推出第二个 GUI 系统：Apple Macintosh，这是世界上第一个成功的商用 GUI 系统。当时，Apple 公司在开发 Macintosh 时，出于市场战略上的考虑，只开发了 Apple 公司自己微机上的 GUI 系统，而此时，基于 Intel x86 微处理器芯片的 IBM 兼容微机已渐露峥嵘。这样，就给 Microsoft 公司开发 Windows 提供了发展空间和市场。

Microsoft 公司 1983 年春季宣布开发 Windows。1985 年和 1987 年分别推出 Windows 1.0 版和 Windows 2.0 版。但是，由于当时硬件和 DOS 操作系统的限制，这两个版本并没有取得很大的成功。此后，Microsoft 公司对 Windows 的内存管理、图形界面做了重大改进，使其图形界面更加美观并支持虚拟内存。Microsoft 于 1990 年 5 月份推出 Windows 3.0 并一举成功。

此后 Windows 操作系统产品形成了两条主线，一条是适合于桌面 PC 运行的操作系统，如 1995 年推出的 Windows 95，它可以独立运行而无需 DOS 支持。还有随后陆续推出的 Windows 98、Windows Me、Windows XP、Windows 7 等。另一条是网络操作系统 NT（New Technology）系列。

1993 年 6 月，Microsoft 公司发布了旨在与 UNIX 和 Netware 竞争的 NT 第 1 版 NT3.1，但由于该系统存在很多缺陷，没有获得成功。1994 年 9 月，Microsoft 同时发布了 NT3.5 和 Backoffice 应用包，NT3.5 的资源要求比 NT3.1 减少了 4MB，并增强了与 UNIX 和 Netware 的连接和集成。1996 年，Microsoft 发布了 NT4.0 版，该版本支持 Windows 95 界面和 Network OLE，后者允许软件对象经过网络进行通信。2000 年初，融合了 Windows 98 和 Windows NT 的 Windows 2000 问世。2003 年 4 月，Microsoft 发布了 Windows Server 2003。2008 年 2 月，微软正式发布 Windows Server 2008。而 2009 年 10 月发布的 Windows Server 2008 R2 与 Windows Server 2008 相比，继续提升了虚拟化、系统管理弹性、网络存取方式，以及信息安全等领域的应用，本章后续部分的服务器配置将以该版本为基础。

4.1.3 Linux 操作系统介绍

1991 年，芬兰赫尔辛基大学的学生 Linus Torvalds 利用互联网，发布了他在 i386 个人计算机上开发的 Linux 操作系统内核的源代码，创建了具有全部 UNIX 特征的

Linux 操作系统。近年来，Linux 操作系统发展十分迅猛，每年的发展速度超过 200%，得到了包括 IBM、COMPAQ、HP、Oracle、Sybase、Informix 在内的许多著名软硬件公司的支持，目前 Linux 操作系统已全面进入应用领域。由于它是互联网和开放源码的基础，许多系统软件设计专家利用互联网共同对它进行了改进和提高，直接形成了与 Windows 系列产品的竞争。究其原因，主要是 Linux 具有以下特点：

（1）可完全免费得到。只要有快速的网络连接，Linux 操作系统可以从互联网上免费下载使用，而且，Linux 上的绝大多数应用程序也是免费可得的。

（2）可以运行在 386 以上及各种 RISC 体系结构的机器上。Linux 最早诞生于微机环境，一系列版本都充分利用了 X86 CPU 的任务切换能力，使 X86 CPU 的效能发挥得淋漓尽致，而这一点 Windows 没有做到。此外，它可以很好地运行在由各种主流 RISC 芯片（ALPHA、MIPS、PowerPC、UltraSPARC、HP-PA 等）搭建的机器上。

（3）Linux 是 UNIX 的完整实现。Linux 是从一个成熟的 UNIX 操作系统发展而来的，UNIX 上的绝大多数命令都可以在 Linux 里找到并有所加强。UNIX 的可靠性、稳定性以及强大的网络功能也在 Linux 身上一一体现。

（4）具有强大的网络功能。实际上 Linux 就是依靠互联网才迅速发展了起来，因此 Linux 具有强大的网络功能。它可以轻松地与 TCP/IP、LANManager、Windows for Workgroups、Novell Netware 或 Windows NT 网络集成在一起，还可以通过以太网或调制解调器连接在 Internet 上。Linux 不仅能够作为网络工作站使用，更可以胜任各类服务器的工作，如：应用服务器、文件服务器、打印服务器、邮件服务器、新闻服务器等。

（5）是完整的 UNIX 开发平台。Linux 支持一系列的 UNIX 开发工具，几乎所有的 UNIX 主流程序设计语言都已经移植到 Linux 上并可免费得到，如：C、C++、FORTRAN77、ADA、PASCAL、Modual2 和 3、Tcl/TkScheme、SmallTalk/X 等。

（6）完全符合 POSIX 标准。POSIX 是基于 UNIX 的第一个操作系统族国际标准，Linux 遵循这一标准使 UNIX 下许多应用程序可以很容易地移植到 Linux 下，相反也是这样。

4.2 任务 4-1：Web 服务器安装与配置

4.2.1 任务描述

某公司因业务发展，需要搭建一台 Web 服务器，利用下面所学的知识搭建该服务器。

4.2.2 相关知识

Web 服务器一般指网站服务器，是驻留于因特网上某类计算机的程序，可以向浏览器等 Web 客户端提供文档；可以放置网站文件，让全世界浏览；也可以放置数据文件，让全世界下载。

Internet Information Services（IIS，互联网信息服务），是由微软公司提供的基于运行 Microsoft Windows 的互联网基本服务。IIS 的身份验证功能分为匿名身份验证、集成 Windows 身份验证、基本身份验证、摘要式身份验证。

1. 匿名身份验证

如果启用了匿名访问，访问站点时，不要求提供经过身份认证的用户凭据。当需要让大家公开访问那些没有安全要求的信息时，使用此验证方式最合适。

2. 基本身份验证

使用基本身份认证可限制对 NTFS 格式的 Web 服务器上文件的访问。使用基本身份认证，用户必须输入凭据，而且访问是基于用户 ID 的。用户 ID 和密码都以明文形式在网络间进行发送。要使用基本身份认证，需授予每个用户进行本地登录的权限，为了使管理更加容易，要将每个用户都添加到可以访问所需文件的组中。因为用户凭据是使用 Base64 编码技术编码的，但它们在通过网络传输时没有加密，所以基本身份验证被认为是一种不安全的身份认证方式。

3. Windows 身份验证

集成 Windows 身份验证比基本身份验证安全，而且在具有 Windows 域账户的内部网环境中能很好地发挥作用。在集成 Windows 身份验证中，浏览器尝试使用当前用户在域登录过程中使用的凭据，如果尝试失败，就会提示该用户输入用户名和密码。如果用户使用集成 Windows 身份认证，则用户的密码将不传送到服务器。如果用户作为域用户登录到本地计算机，则此用户在访问该域中的网络计算机时不必再次进行身份认证。集成 Windows 身份认证以前称为 NTLM 或 Windows NT 质询 / 响应身份认证，此方法以 Kerberos 票证的形式通过网络向用户发送身份认证信息，并提供较高的安全级别。集成 Windows 身份验证使用 Kerberos v5 和 NTLM 身份认证。注意：如果选择了多个身份认证选项，IIS 服务首先会尝试协商最安全的方法，然后按可用身份认证协议的列表向下逐个试用其他协议，直到找到客户端和服务器都支持的某种共有的身份认证协议为止。

4. 摘要式身份验证

摘要式身份验证需要用户 ID 和密码，可提供中等的安全级别，如果用户要从公共网络访问安全信息，则可以使用这种方法。摘要式身份验证提供的功能与基本身份认证提供的功能相同，但摘要式身份验证克服了基本身份验证的许多缺点。在使用摘要式身份验证时，密码不是以明文形式发送的。另外，用户可以通过代理服务器使用摘要式身份验证。摘要式身份验证使用一种质询 / 响应机制（集成 Windows 身份认证使用的机制），其密码是以加密形式发送的。

4.2.3 任务实施

1. 安装 IIS 服务

不同的 Windows 系统内置的 IIS 版本是各不相同的，Windows Server 2008 R2 为

IIS7.0，默认状态下没有安装 IIS 服务，必须手动安装。IIS 是微软出品的包括 Web、FTP、SMTP 服务器的一套整合软件。

安装 IIS 的过程非常简单。首先在任务栏中启动服务器管理器，如图 4-1 所示。

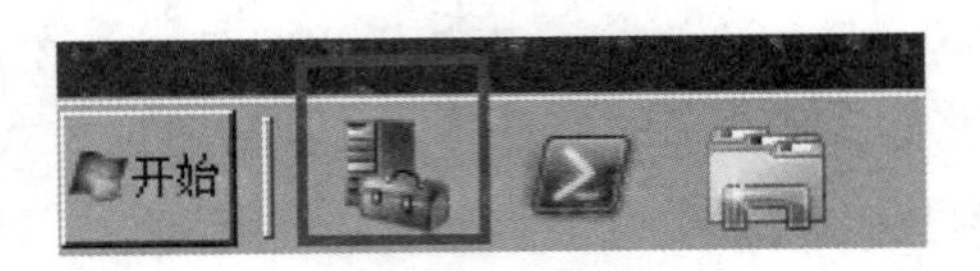

图 4-1　安装 IIS 服务（1）

在“服务器管理器”窗口中选择“角色”，然后选择“添加角色”，如图 4-2 所示。

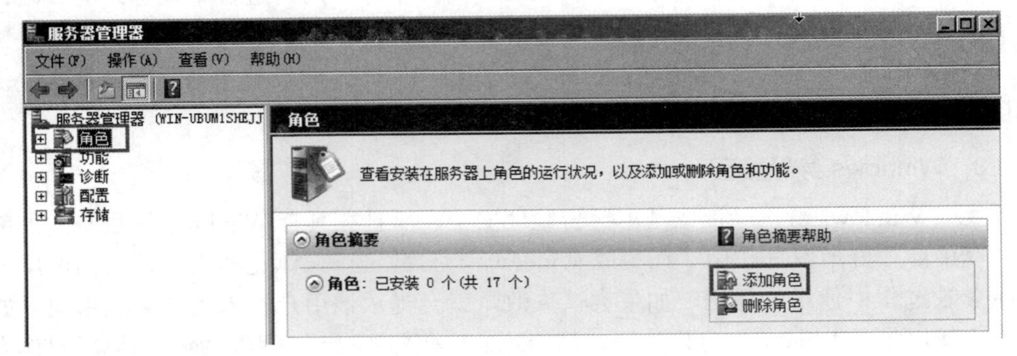

图 4-2　安装 IIS 服务（2）

在“添加角色向导”对话框的“服务器角色”项中勾选“Web 服务器（IIS）”，如图 4-3 所示。

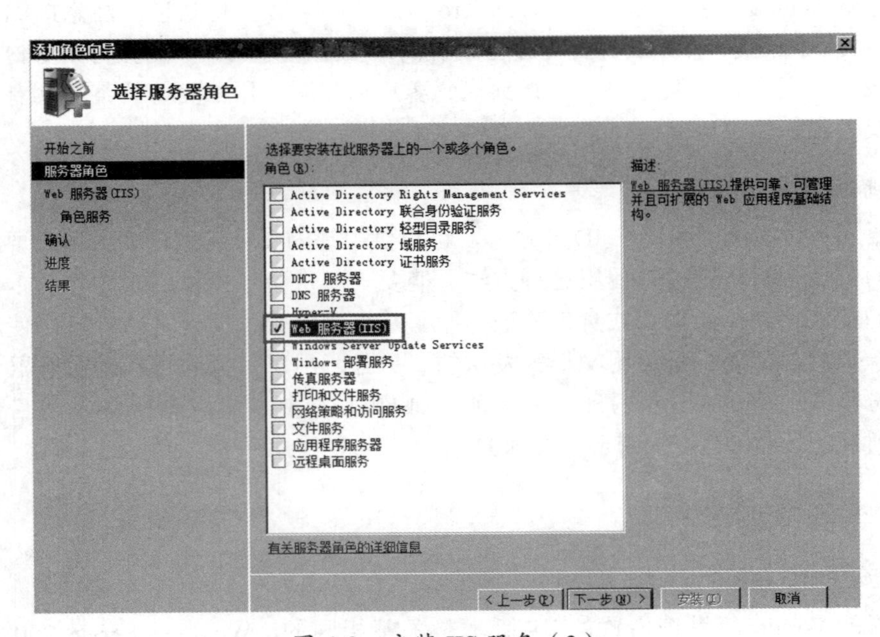

图 4-3　安装 IIS 服务（3）

在“Web 服务器（IIS）”的“角色服务”中勾选“常见 HTTP 功能”“应用程序开发”“健康和诊断”的所有选项，如图 4-4 所示。

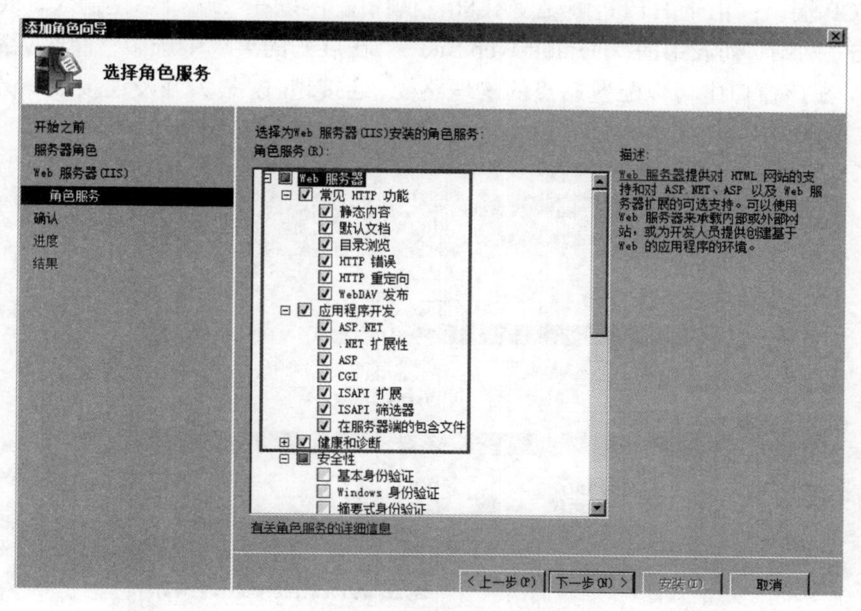

图 4-4　安装 IIS（4）

最后按照默认步骤即可完成安装。

2. Web 服务器的配置

（1）网站创建及配置

创建 Web 服务器可以通过修改 IIS 默认的 Web 站点实现。在控制面板中选择“管理工具”，然后选择“Internet 信息服务（IIS）管理器”，打开 IIS 主界面。依次展开“计算机名称”-“网站”，右击需要修改属性的网站（系统缺省为 Default Web Site），在展开的菜单中选择“编辑网站绑定”，在该窗口中可以配置站点的 IP 地址和 TCP 端口，如图 4-5 所示。

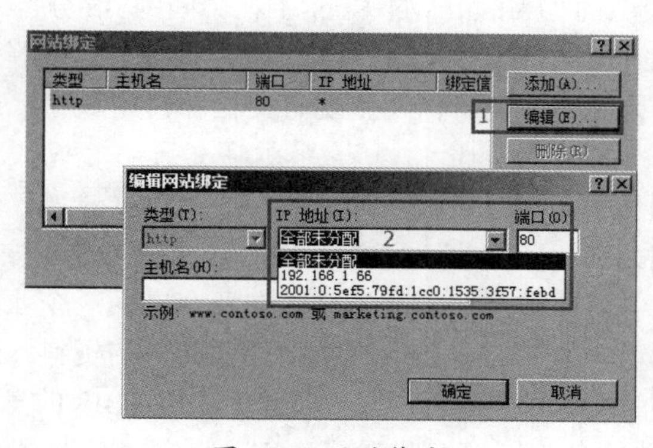

图 4-5　网站绑定

● IP 地址：为了安全起见，通常要为 Web 站点分配一个 IP 地址，单击“IP 地址（I）”下拉列表，选中与网络连接的网卡的 IP 地址，在 IIS7 中增加了对 IPv6 的支持。

● TCP 端口：由于 HTTP 协议使用 80 号端口，所以在“端口”栏输入“80”。

右击“网站”列表中的“Default Web Site”，在展开的菜单中选中“管理网站”-“高级设置”。在该窗口中可以配置站点的物理路径、连接超时、最大并发连接数、最大宽带，如图 4-6 所示。

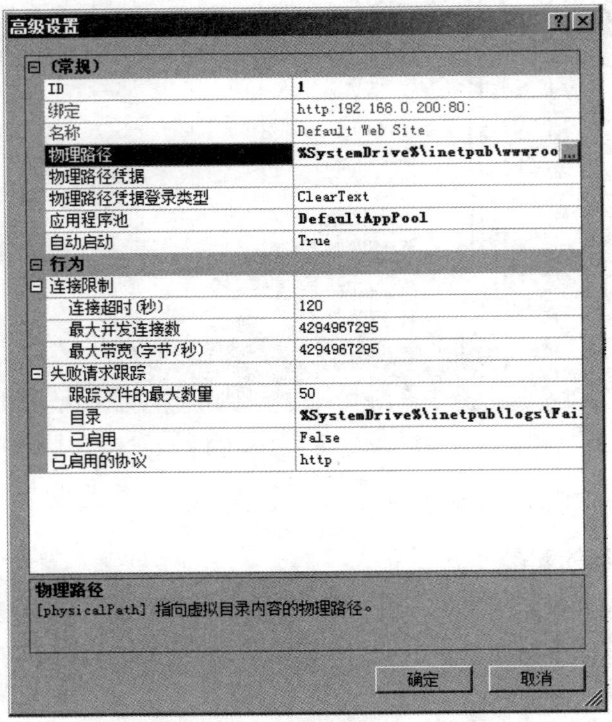

图 4-6　高级设置

● 物理路径：指 Web 站点的文件在服务器硬盘上的具体存放目录地址。

选择“网站”列表中的“Default Web Site”，在中间的 IIS 分类中双击“默认文档”。在“默认文档”属性窗口中，通过右侧操作窗口的“添加”“删除”“上移”“下移”按钮可以添加新的默认文档，也可以调整现有文档的使用顺序，或者删除不用的默认文档，如图 4-7 所示。

（2）网站安全性配置

为了保证 Web 网站和服务器的运行安全，IIS 还有一项关于安全的功能，即身份验证功能。在生产环境中，通常企业的网站会面向两个方面：企业内部和企业外部。对于企业内部的员工来说，他们需要访问网站中企业内部的资料，但这些资料是需要被保护的，并不能让所有人都可以访问。这一项就可以通过 IIS 的身份验证来完成了。

IIS 的身份验证功能分为匿名身份验证、Windows 身份验证、基本身份验证、摘要式身份验证。进行 IIS 身份验证模式设置需选择对应站点，如选择“Default Web

Site”，在中间的IIS分类中双击“身份验证”即可进行设置。默认情况下系统只安装了匿名身份验证，要启用其余几项身份验证则需要通过添加角色服务的方式来添加。安装时依次选择“服务器管理器”-“角色”-“Web服务器（IIS）”，然后选择“添加角色服务”，之后勾选“基本身份验证”“Windows身份验证”“摘要式身份验证”即可，如图4-8所示。

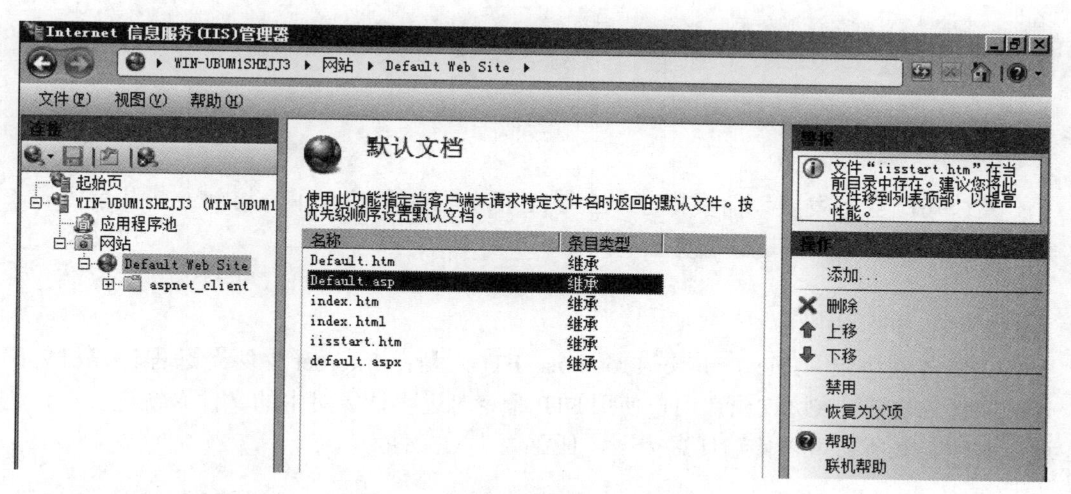

图4-7 默认文档设置

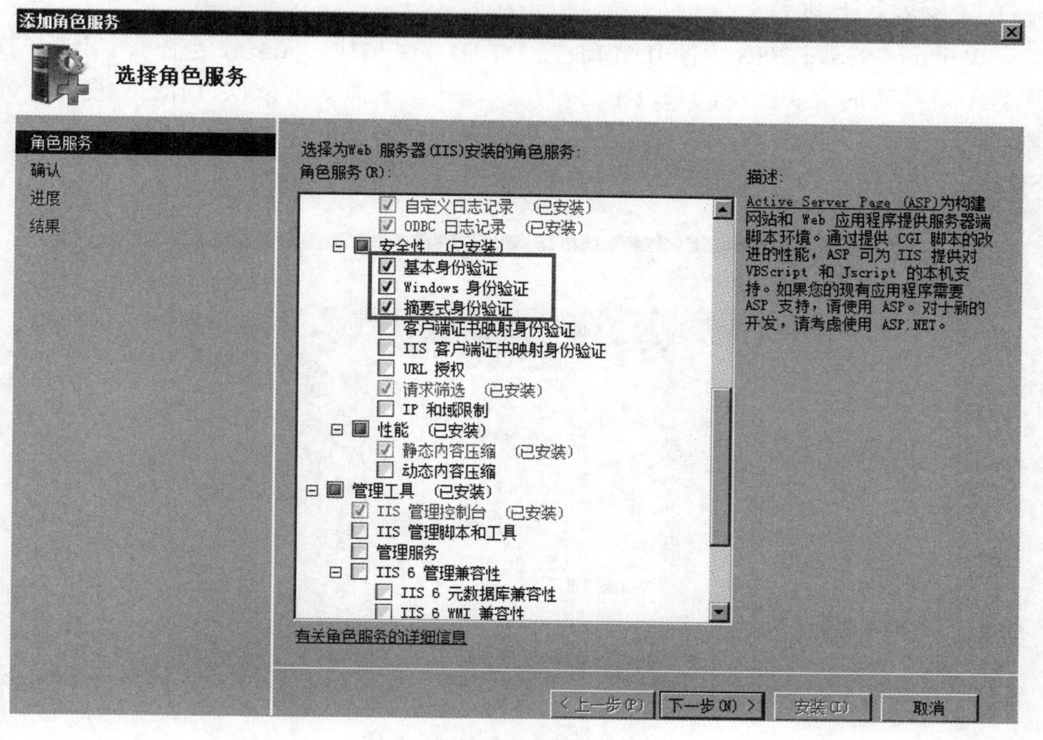

图4-8 安装身份验证

4.2.4 任务总结

通过本次任务的学习，我们已经能够利用所学的知识搭建 Web 服务器，但是企业运维中常见的服务器除了 Web 服务器之外还有 FTP 服务器、DNS 服务器等，我们将在后续内容中继续学习。

4.3 任务 4-2：FTP 服务器安装与配置

4.3.1 任务描述

某公司因业务发展，需要搭建一台 FTP 服务器供员工和用户访问一些共享资源，利用下面所学的知识搭建该服务器。

4.3.2 相关知识

文件传输协议（File Transfer Protocol，FTP）是在 Internet 中两个远程计算机之间传输文件的协议。该协议允许用户使用 FTP 命令对远程计算机中的文件系统进行操作。通过 FTP，服务器可以传输任意类型、任意大小的文件。

4.3.3 任务实施

1. 安装 FTP 服务

Windows Server 2008 中的 IIS 内放置了 FTP 服务模块，安装较为简单。由于 FTP 服务不是默认的安装组件，系统不会自动安装。安装方式为依次选择“服务器管理器”-“角色”-“Web 服务器（IIS）”，然后选择“添加角色服务”，最后勾选“FTP Service”“FTP 扩展”安装即可，如图 4-9 所示。

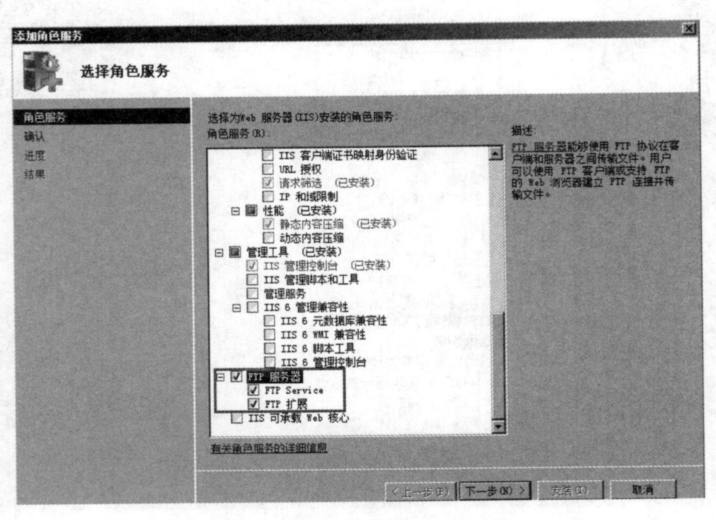

图 4-9 安装 FTP 服务器

2. 配置 FTP 服务

在 Windows Server 2008 中，安装好 FTP 服务器后默认是没有建立任何 FTP 站点的，需要手动添加 FTP 站点，添加方法为选择"管理工具"-"Internet 信息服务（IIS）管理器"，打开 IIS 主界面，然后右击"网站"，选择添加"添加 FTP 站点"，如图 4-10 所示。

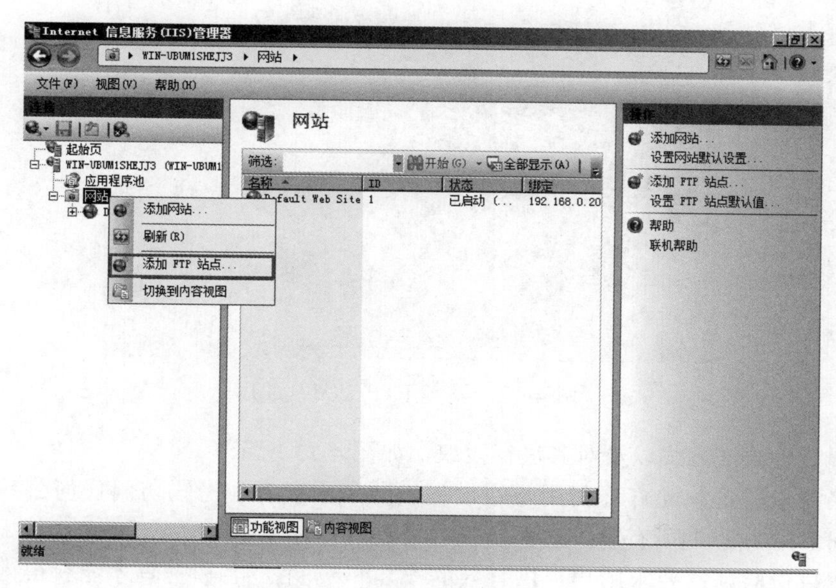

图 4-10　添加 FTP 站点（1）

设置 FTP 站点名称以及选择 FTP 站点的物理路径，物理路径即为该 FTP 站点文件夹的位置，如图 4-11 所示。

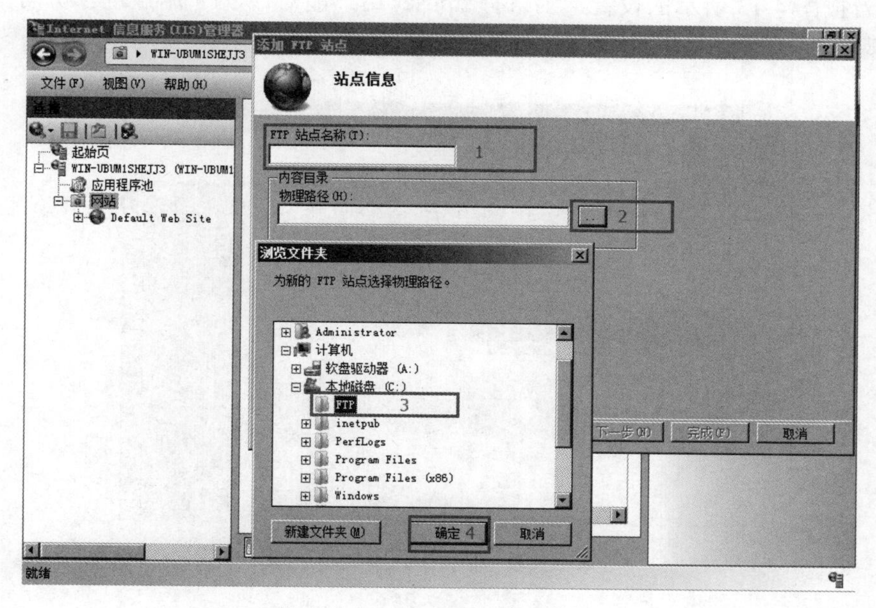

图 4-11　添加 FTP 站点（2）

绑定 FTP 站点的 IP 地址及端口，一般 FTP 站点的 IP 地址是固定的，这样做的目的是为了便于用户进行访问，端口号默认为 21 号，SSL 选择“无”，如图 4-12 所示。

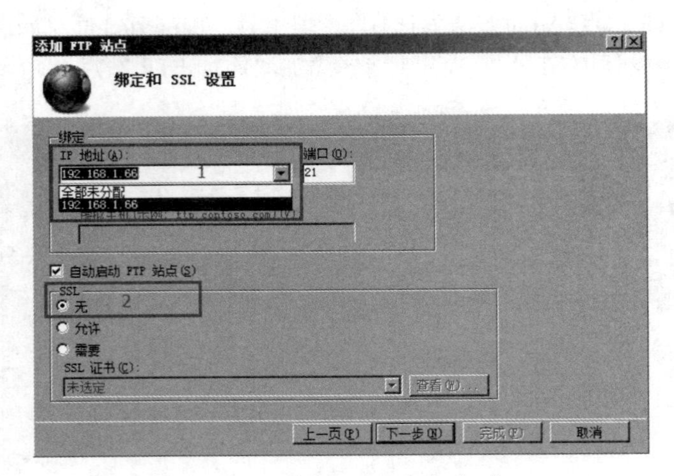

图 4-12　添加 FTP 站点（3）

设置身份验证方式以及对其进行授权，如图 4-13 所示。

匿名身份验证：允许任何用户通过提供匿名用户名和密码访问任何公共内容。当希望访问 FTP 站点的所有客户端都能查看站点内容时，使用匿名身份验证。

基本身份验证：要求用户提供有效的 Windows 用户名和密码才能获得内容访问权限。用户账户可以是 FTP 服务器的本地账户，也可以是域账户。基本身份验证在网络上传输未加密的密码。只有确信已使用 SSL 保护客户端与服务器之间的连接时，才使用基本身份验证。

如若按图 4-13 所示的设置，则只有 ftpuser 用户能对该 FTP 站点进行访问，并具备读写权限。

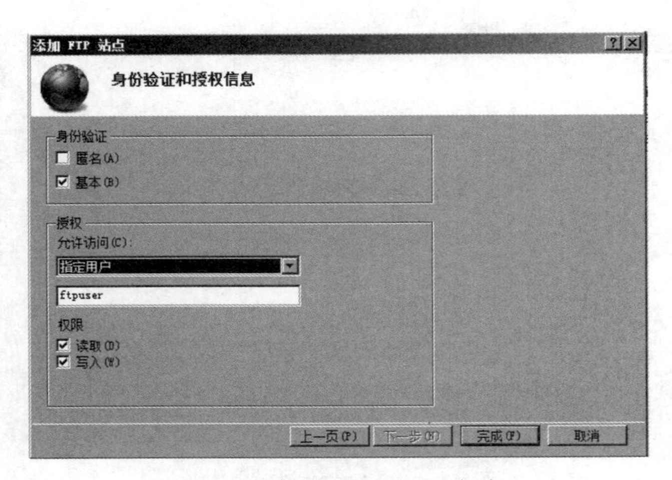

图 4-13　添加 FTP 站点（4）

单击“完成”按钮即可完成 FTP 站点的添加，如图 4-14 所示。

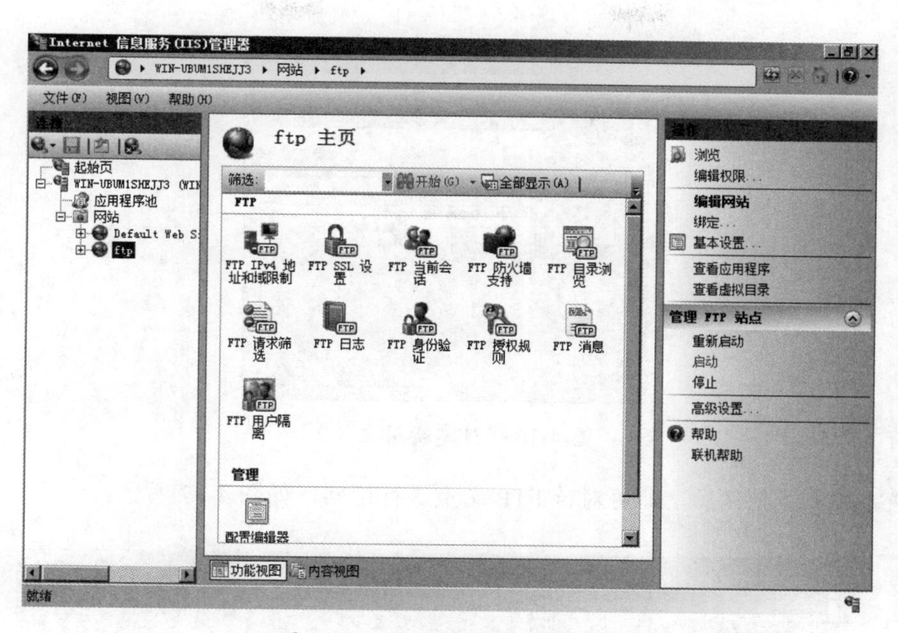

图 4-14 添加 FTP 站点（5）

完成 FTP 站点的添加后，为了实现对 FTP 站点的访问，需要在系统中添加一个名为“ftpuser”的用户，在“服务器管理器”中右击“本地用户和组”，然后选择“新用户”创建新用户，如图 4-15 所示。

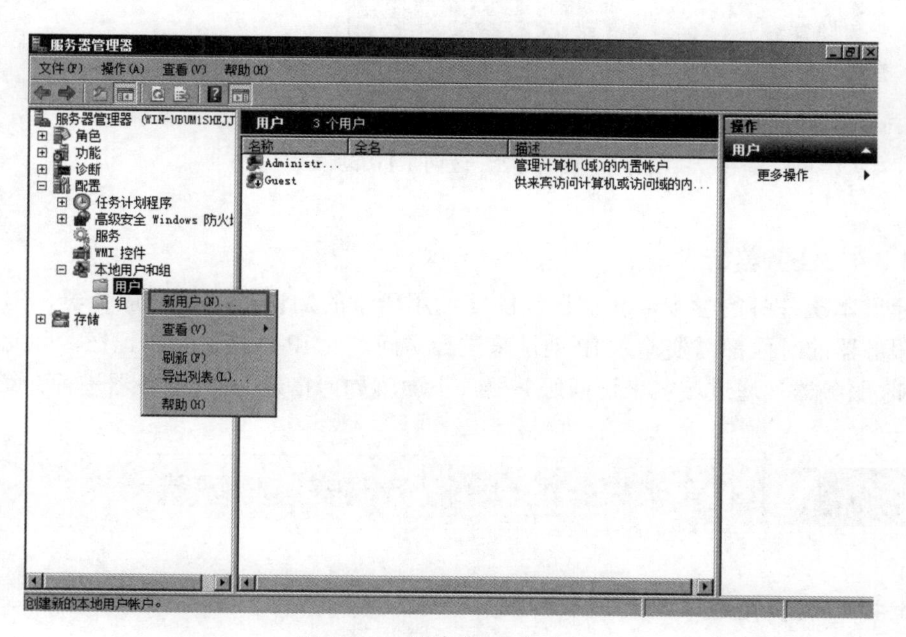

图 4-15 创建新用户（1）

最后在图 4-16 所示的窗口中增加用户“ftpuser”以及设置对应的密码。

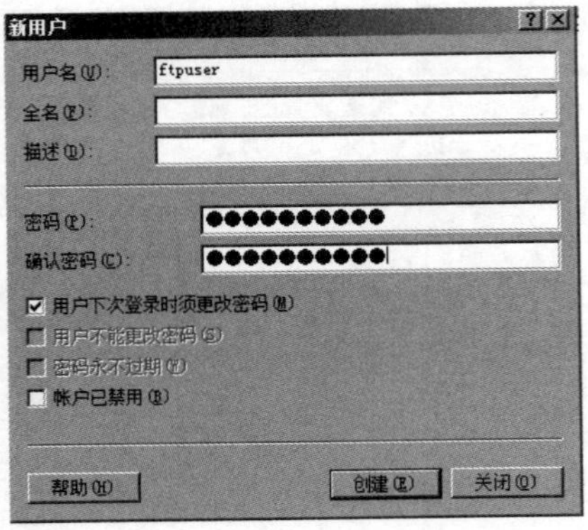

图 4-16　创建新用户（2）

当完成上述创建后，即可对该 FTP 站点进行访问，如图 4-17 所示。

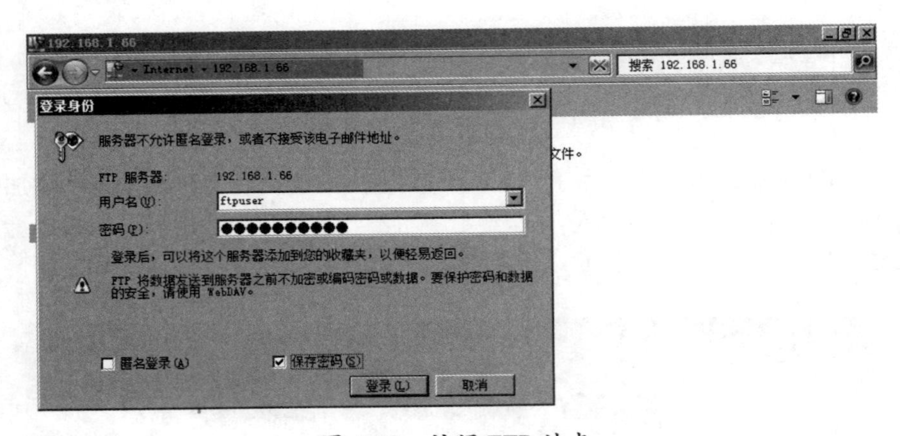

图 4-17　访问 FTP 站点

4.3.4　任务总结

通过本次任务的学习，我们已经能够利用所学的知识搭建 FTP 服务器，但是每次访问服务器的时候都需要输入 IP 地址来进行访问，而 IP 地址又难以记忆，因此需要搭建 DNS 服务器，通过域名来访问服务器。下面就如何搭建 DNS 服务器进行介绍。

4.4　任务 4-3：DNS 服务器安装与配置

4.4.1　任务描述

某公司内部局域网中搭建了若干台服务器，但是访问服务器资源的时候均要通过输入 IP 地址才能进行访问，而复杂的 IP 地址不便于记忆，因此需要搭建一台 DNS 服务器，让局域网的各终端访问这些服务器的时候通过输入域名即可进行访问。下面我们利用所学的知识搭建该 DNS 服务器。

4.4.2 相关知识

域名系统（DNS）是一种 TCP/IP 的标准服务，负责 IP 地址和域名之间的转换。DNS 服务允许网络上的客户机注册和解析 DNS 域名。这些名称用于为搜索和访问网络上的计算机提供定位。

域名服务器负责控制本地数据库中的名字解析。DNS 的数据库结构形成一个倒立的树状结构，树的每一个节点都表示整个分布式数据库中的一个分区（域），每个域可再进一步划分成子分区（域）。每个节点有 1~63 个字符长的标识，命名标识中一律不区分大小写。节点的域名是从根到当前域所经过的所有节点的标记名，从右往左排列，并用“.”分隔。域名树上的每一个节点必须有唯一的域名，每个域名对应一个 IP 地址，一个 IP 地址可以对应多个域名。

一个域名服务器可以管理一个域，也可以管理多个域，通常在一个域中可能有多个域名服务器，域名服务器有以下几种类型。

（1）主域名服务器（primary name server）：负责维护一个区域的所有域名信息，是特定域所有信息的权威信息源。一个域有且只有一个主域名服务器，它从域管理员构造的本地磁盘文件中加载域信息，该文件包含着该服务器具有管理权的一部分域结构的最精确信息。主域名服务器是一种权威性服务器，因为它以绝对的权威去回答对本域的任何查询。

（2）辅域名服务器（secondary name server）：当主域名服务器关闭、出现故障或负载过重时，辅域名服务器作为备份服务器提供域名解析服务。辅域名服务器从主域名服务器获得授权，并定期向主服务器询问是否有新数据，如果有则调入并更新域名解析数据，以达到与主域名服务器同步的目的。在辅助域名服务器中一个所有域信息的完整拷贝，可以权威地回答对该域的查询。因此，辅助域名服务器也被称作权威性服务器。

（3）缓存域名服务器（caching-only server）：可运行域名服务器软件但是并没有域名数据库。缓存域名服务器从某个远程服务器取得每次域名服务器查询的应答，一旦取得一个答案，就将它放在一个高速缓存中，以后查询相同的信息时就用它予以回答。缓存域名服务器不是权威性服务器，因为它提供的所有信息都是间接信息。

（4）转发域名服务器（forwarding server）：负责所有非本地域名的本地查询。转发域名服务器接到查询请求时，在其缓存中查找，如找不到就把请求依次转发到指定的域名服务器，直到查询到结果为止，否则返回无法映射的结果。

另外，我们还需要了解两个概念：一个是正向解析，表示将域名转换成 IP 地址；另一个是反向解析，表示将 IP 地址转换成域名。反向解析时要用到反向域名，顶级反向域名为“in-addr.arpa.”，例如一个 IP 地址为 200.20.100.10 的主机，它所在域的反向域名是 100.20.200.in-addr.arpa。

4.4.3 任务实施

1. 安装 DNS 服务器

在 Windows Server 2008 中的 IIS 内置了 DNS 服务模块，安装较为简单。由于 DNS 服务不是默认的安装组件，系统不会自动安装。安装方式为打开“服务器管理器”-“角色”，然后选择“添加角色”，在“选择服务器角色”步骤中勾选“DNS 服务器”安装即可，如图 4-18 所示。

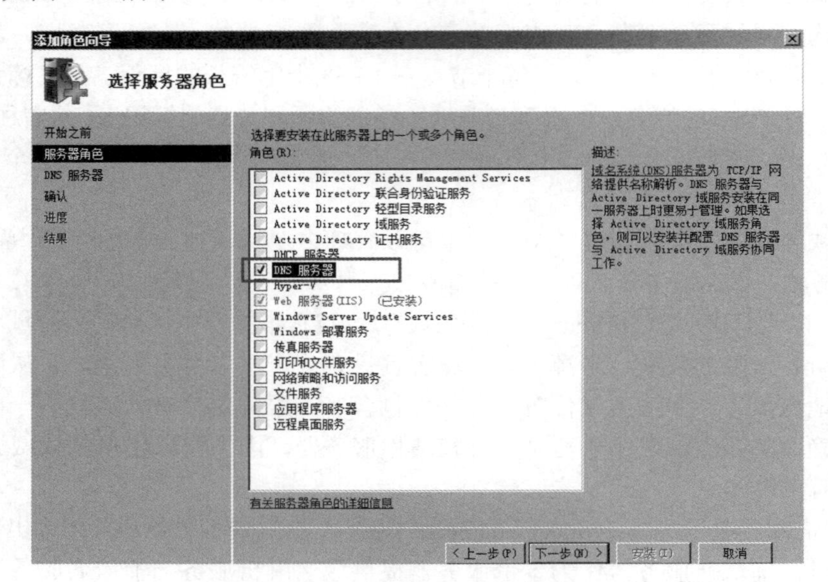

图 4-18 安装 DNS 服务器

2. 创建区域

DNS 区域分为两大类：正向查找区域和反向查找区域，其中正向查找区域用于 FQDN（完全合格域名 / 全称域名）到 IP 地址的映射，当 DNS 客户端请求解析某个 FQDN 时，DNS 服务器在正向查找区域中进行查找，并返回给 DNS 客户端对应的 IP 地址；反向查找区域用于 IP 地址到 FQDN 的映射，当 DNS 客户端请求解析某个 IP 地址时，DNS 服务器在反向查找区域中进行查找，并返回给 DNS 客户端对应的 FQDN。

创建区域首先依次单击“开始”-“管理工具”-“DNS”，打开“DNS 管理器”，然后右击“正向查找区域”，选择“新建区域”，如图 4-19 所示。

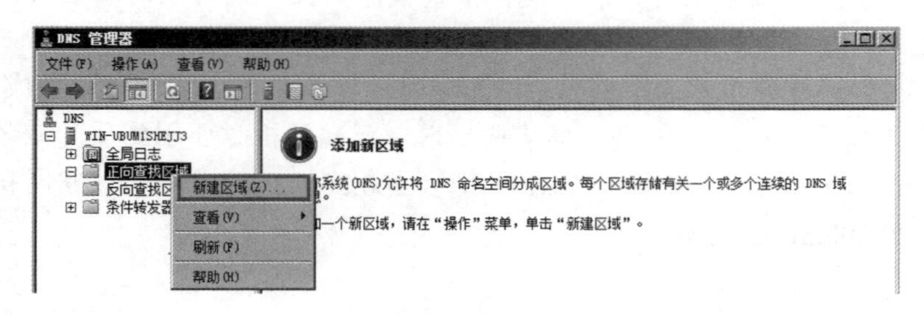

图 4-19 新建区域（1）

选择区域类型，如图 4-20 所示。

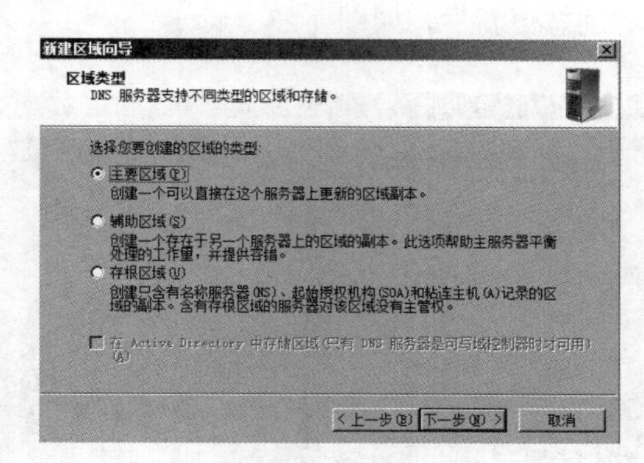

图 4-20　新建区域（2）

在“区域名称”对话框中，输入在域名服务机构申请的正式域名 “cqvie.com”，如图 4-21 所示。

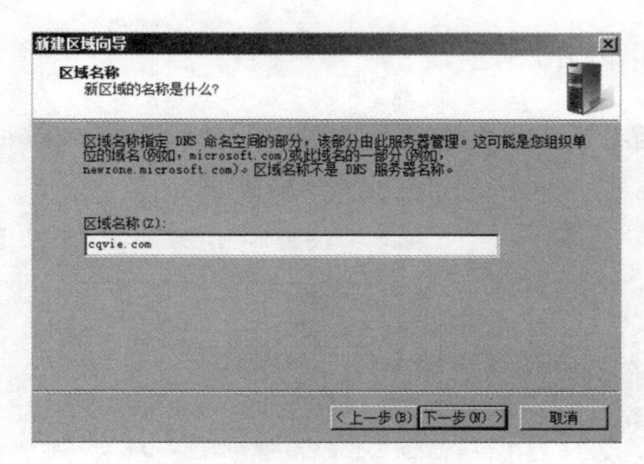

图 4-21　新建区域（3）

选择“创建新文件”，文件名使用默认即可。如果要从另一个 DNS 服务器将记录的文件复制到本地计算机，则选中“使用此现存文件”单选按钮，并输入现存文件的路径，如图 4-22 所示。

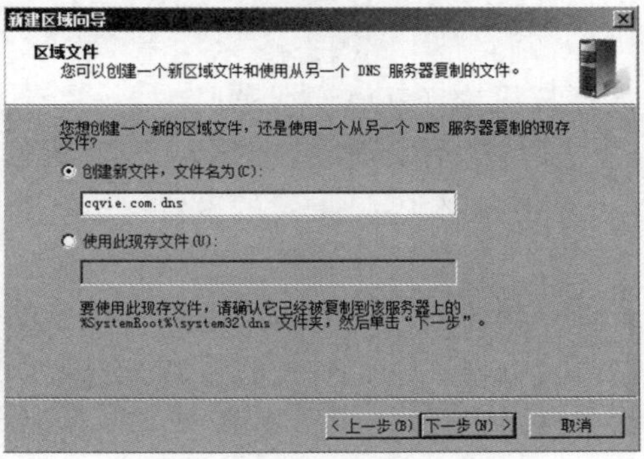

图 4-22　新建区域（4）

只有在 Active Directory 的环境下才可以使用活动目录集成区域和动态安全更新，在这里我们选择“不允许动态更新”，如图 4-23 所示。

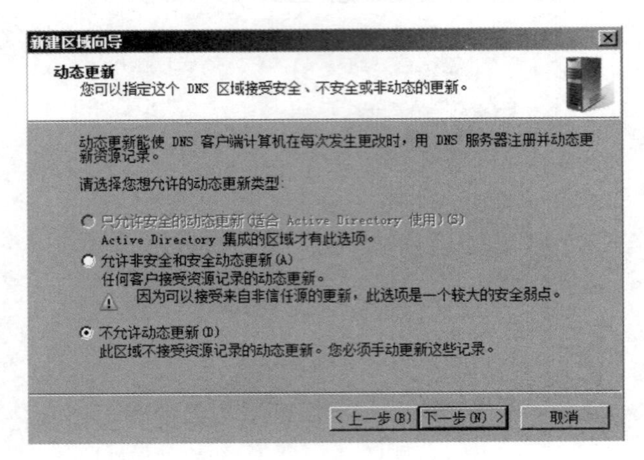

图 4-23 新建区域（5）

完成区域新建，如图 4-24 所示。

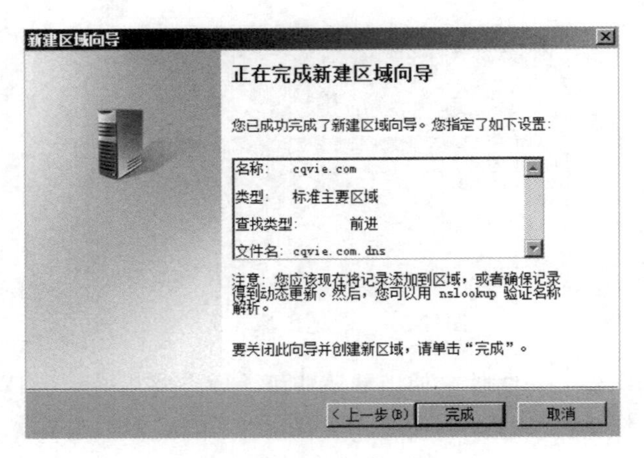

图 4-24 新建区域（6）

3. 配置区域属性

（1）修改区域的起始授权机构（SOA）记录

SOA（Start of Authority）是用来识别域名中由哪一个域名服务器负责信息授权，在区域数据库文件中，第一条记录必须是 SOA 的设置记录。

在区域属性窗口中，单击“起始授权机构（SOA）”标签，如有需要，可以修改起始授权机构（SOA）的属性。要调整“刷新间隔”“重试间隔”或“过期时间”，首先在下拉列表中选择以秒、分钟、小时、天或星期为单位的时间段，然后在文本框中输入数字，如图 4-25 所示。

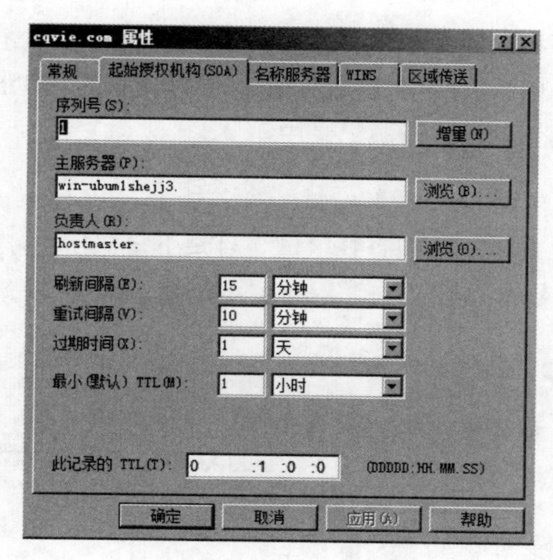

图 4-25 起始授权机构（SOA）设置

表 4-1 详细描述了设置界面中各选项的意义。

表 4-1 SOA 设置选项

设置选项	意义
序列号	序列号代表了区域文件的修订号，当区域中任何资源记录被修改或者点击了“增量”按钮时，此序列号会自动增加
主服务器	主服务器包含了DNS区域的主DNS服务器的FQDN，此名字必须使用“.”结尾
负责人	指定了管理此DNS区域的负责人的邮箱，用户可以修改为在DNS区域中定义的其他RP（负责人）的资源记录，此名字必须使用“.”结尾
刷新间隔	定义辅助DNS服务器查询主服务器以进行区域更新前等待的时间，默认情况下，刷新间隔为15分钟
重试间隔	定义当区域复制失败时，辅助DNS服务器进行重试前需要等待的时间间隔，默认情况下为10分钟
过期时间	定义当辅助DNS服务器无法联系主服务器时，还可以使用此辅助DNS区域答复DNS客户端请求的时间，默认情况下为1天
最小（默认）TTL	定义应用到此DNS区域中所有资源记录的生存时间（TTL），默认情况下为1小时
此记录的TTL	此参数用于设置此SOA记录的TTL值，这个参数将覆盖最小（默认）TTL中设置的值

（2）将其他DNS服务器指定为区域的名称服务器

如果要向域中添加名称服务器，在区域属性窗口中，单击“起始授权机构（SOA）”标签，按IP地址指定其他的DNS服务器，然后将它们加入列表。还可以通过输入其

DNS 名称将区域添加到授权服务器的列表中，输入名称时，点击“解析”可以在将它添加到列表之前将其名称解析为 IP 地址，使用该过程指定的 DNS 服务器将被加入到该区域现有的名称服务器（NS）资源记录中。

4．添加资源记录

打开 DNS 管理器，右击“正向查找区域”目录下自己所建立的“cqvie.com”区域，接着选择“新建主机（A 或 AAAA）”，如图 4-26 所示。

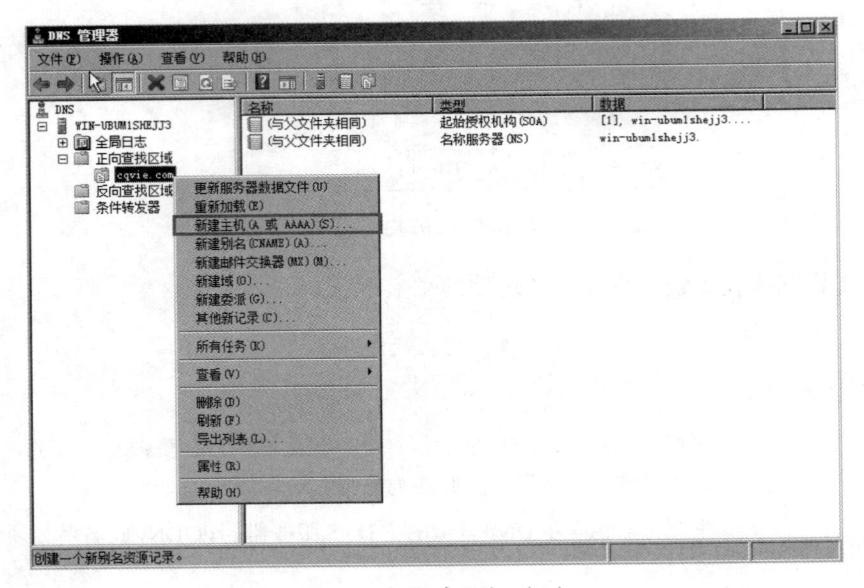

图 4-26　新建主机（1）

在“新建主机”对话框中，输入新建的主机名称以及对应的 IP 地址，如图 4-27 所示。

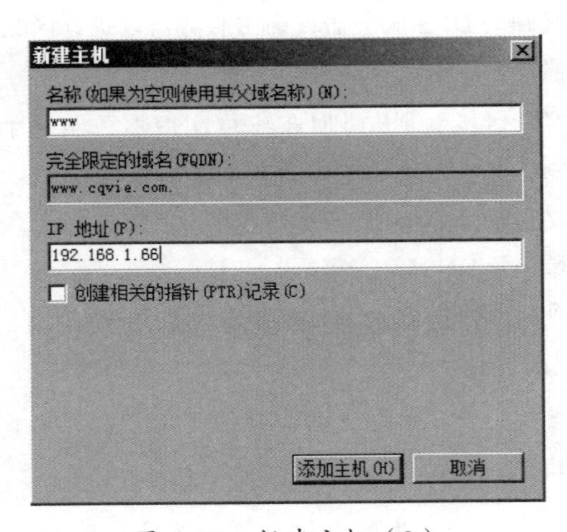

图 4-27　新建主机（2）

此外还可以配置别名（CNAME）以及邮件记录（MX）等资源记录。

5. 配置 DNS 客户端

虽然已经有了 DNS 服务器，但客户机并不知道 DNS 服务器在哪里，因此用户必须手动设置 DNS 服务器的 IP 地址才行。在客户机“Internet 协议版本 4（TCP/IPv4）属性”对话框中的“首选 DNS 服务器”文本框设置刚刚部署的 DNS 服务器的 IP 地址，如图 4-28 所示。

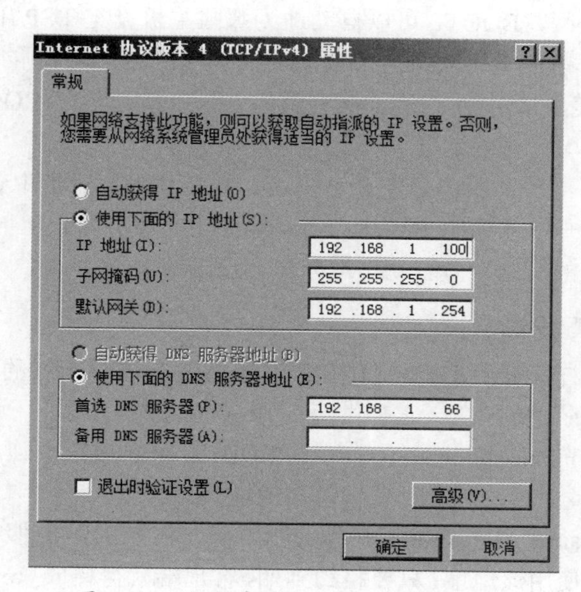

图 4-28 设置客户端 DNS 服务器地址

4.4.4 任务总结

通过本次任务的学习，我们已经能够利用所学知识搭建 DNS 服务器。有了该服务器，局域网的各终端通过域名即可实现相互访问。但是这还不够，因为一般企业局域网的终端有很多，而目前我们需要对每个终端设置一个静态 IP，终端才能访问网络资源，这对于不熟悉网络设置的用户来说是个难题。为了解决这个问题，下面我们需要学习 DHCP 服务器的相关知识。

4.5 任务 4-4：DHCP 服务器安装与配置

4.5.1 任务描述

某公司内部局域网中有 50 台电脑，为了让每台电脑能连入互联网，需要对每台电脑设置一个静态 IP。下面我们将搭建一台 DHCP 服务器，所有电脑无需设置静态 IP，通过自动获取动态 IP 的方式即可实现对网络的访问。

4.5.2 相关知识

DHCP 服务器是采用动态主机配置协议（Dynamic Host Configuration Protocol，DHCP）对网络中的 IP 地址自动动态分配的服务器，旨在通过服务器集中管理网络上使用的 IP 地址和其他相关配置的详细信息减少管理地址配置的复杂性。

DHCP 的前身是 BOOTP。BOOTP 原本用于无磁盘网络主机使用 BOOT ROM 而不是磁盘启动并连接上网，BOOTP 可以自动地为那些主机设定 TCP/IP 环境。但 BOOTP 有一个缺点：在设定前需事先获得客户端的硬件地址，而且与 IP 的对应是静态的。换而言之，BOOTP 缺乏“动态性”，若在有限的 IP 资源环境中，BOOTP 的一对一对应会造成非常大的浪费。

DHCP 分为两个部分：服务器端和客户端。DHCP 服务器集中管理所有的 IP 地址信息，并负责处理客户端的 DHCP 请求；客户端使用从服务器分配下来的 IP 环境资料。DHCP 透过“租约”的概念有效且动态地分配客户端的 IP 地址。

1. DHCP 的分配形式

首先，必须至少有一台 DHCP 工作在网络上，它会监听网络的 DHCP 请求，并与客户端协商 TCP/IP 的设定环境。它提供两种 IP 定位方式。

自动分配（Automatic Allocation）：一旦 DHCP 客户端第一次成功地从 DHCP 服务器端租用到 IP 地址之后，就永远使用这个地址。

动态分配（Dynamic Allocation）：当 DHCP 第一次从 DHCP 服务器端租用到 IP 地址之后，并非永久的使用该地址，只要租约到期，客户端就得释放（release）这个 IP 地址，以给其他工作站使用。当然，客户端可以比其他主机更优先的延续（renew）租约，或是租用其他的 IP 地址。

动态分配显然比自动分配更加灵活，尤其是当用户的实际 IP 地址不足的时候，例如：本地用户是一家 ISP，只能提供 200 个 IP 地址用来给客户，但并不意味着客户最多只能有 200 个。因为客户不可能全部同一时间上网，除了他们各自的行为习惯的不同，也有可能是电话线路的限制。这样，本地用户就可以将这 200 个地址，轮流地租用给接上来的客户使用了。

2. DHCP 的工作原理

区别于客户端是否第一次登录网络，DHCP 的工作形式会有所不同。

第一次登录：

（1）寻找 Server。当 DHCP 客户端第一次登录网络的时候，也就是客户发现本机上没有任何 IP 数据设定，它会向网络发出一个 DHCP discover 数据包。因为客户端还不知道自己属于哪一个网络，所以数据包的来源地址为 0.0.0.0，而目的地址则为 255.255.255.255，然后再附上 DHCP discover 的信息，向网络进行广播。

在 Windows 的预设情形下，DHCP discover 的等待时间预设为 1s，也就是当客户端将第一个 DHCP discover 数据包发送出去后，在 1s 内没有得到回应的话，就会进行第二次 DHCP discover 广播。在一直得不到回应的情况下，客户端一共会进行四次

DHCP discover 广播（包括第一次在内），除了第一次会等待 1s 之外，其余三次的等待时间分别是 9、13、16s。如果四次都没有得到 DHCP 服务器的回应，则客户端会显示错误信息，宣告 DHCP discover 的失败。之后，基于使用者的选择，系统会继续在 5 分钟之后再重复一次 DHCP discover 的过程。

（2）提供 IP 租用地址。当 DHCP 服务器监听到客户端发出的 DHCP discover 广播后，它会从那些还没有租出的地址范围内，选择最前面的空置 IP 地址，连同其他 TCP/IP 设定，回应给客户端一个 DHCP offer 数据包。

由于客户端在开始的时候还没有 IP 地址，所以在其发送的 DHCP discover 数据包内会带有其 MAC 地址信息，并且有一个 XID 编号来辨别该数据包，DHCP 服务器回应的 DHCPoffer 数据包则会根据这些数据传递给要求租约的客户。根据服务器端的设定，DHCPoffer 数据包会包含一个租约期限的信息。

（3）接受 IP 租约。如果客户端收到网络上多台 DHCP 服务器的回应，只会挑选其中一个 DHCP offer（通常是最先抵达的那个），并且会向网络发送一个 DHCP request 广播数据包，告诉所有的 DHCP 服务器它将接收哪一台服务器提供的 IP 地址。

同时，客户端还会向网络发送一个 ARP 数据包，查询网络上有没有其他机器使用该 IP 地址；如果发现该 IP 地址已经被占用，则客户端会发送一个 DHCP Decline 数据包给 DHCP 服务器，拒绝接受其 DHCP offer，并重新发送 DHCP discover 信息。

事实上，并不是所有 DHCP 客户端都会无条件地接受 DHCP 服务器的 offer，尤其当这些主机安装有其他 TCP/IP 相关的客户软件时。客户端也可以用 DHCP request 向服务器提出 DHCP 选择，而这些选择会以不同的号码填写在 DHCP Option Field 里面。换一句话说，在 DHCP 服务器上的设定，客户端未必全都接受，客户端可以保留自己的一些 TCP/IP 设定。因此主动权永远在客户端这边。

（4）租约确认。当 DHCP 服务器接收到客户端的 DHCP request 之后，会向客户端发出一个 DHCP Ack 响应，以确认 IP 租约的正式生效，也就结束了一个完整的 DHCP 工作过程。

非第一次登录：

一旦 DHCP 客户端成功地从服务器那里取得 DHCP 租约后，除非其租约已经失效并且 IP 地址也重新设定回 0.0.0.0，否则就无需再发送 DHCP discover 信息了，而会直接使用已经租用到的 IP 地址向之前的 DHCP 服务器发出 DHCP request 信息，DHCP 服务器会尽量让客户端使用原来的 IP 地址，如果没问题的话，直接响应 DHCPack 来确认即可。如果该地址已经失效或已经被其他机器使用了，服务器则会响应一个 DHCP Nack 数据包给客户端，要求其重新执行 DHCP discover。

4.5.3 任务实施

1. 安装 DHCP 服务

安装 DHCP 服务器需要确保在 Windows Server 2008 服务器中安装了 TCP/IP，并为这台服务器指定了静态 IP 地址。因为在 Windows Server 2008 系统中默认没有安装 DHCP 服务组件，所以需要手动添加。安装方式为：

首先打开 “服务器管理器” - “角色”，然后选择“添加角色”，在“选择服务器角色”步骤勾选“DHCP 服务器”，如图 4-29 所示。

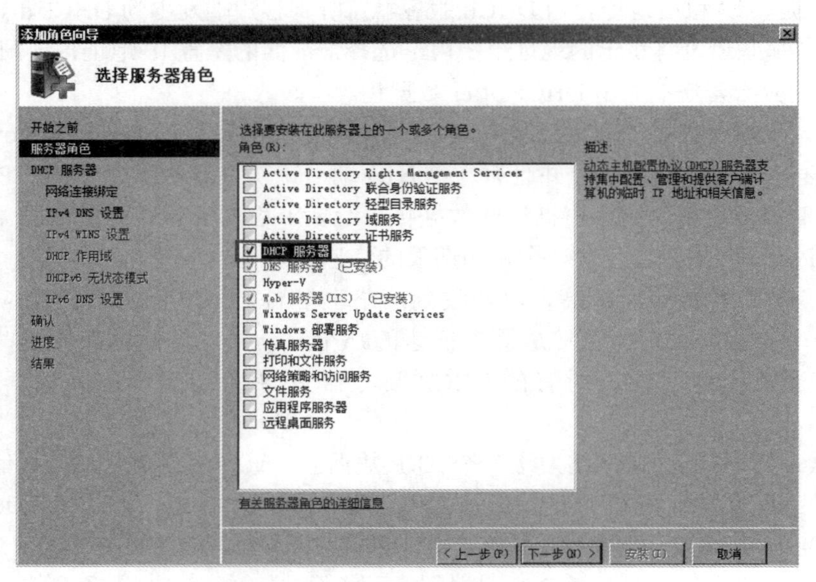

图 4-29　安装 DHCP 服务器（1）

选择“网络连接绑定”，如图 4-30 所示，图中的 IP 地址即为本机所设的静态 IP 地址。

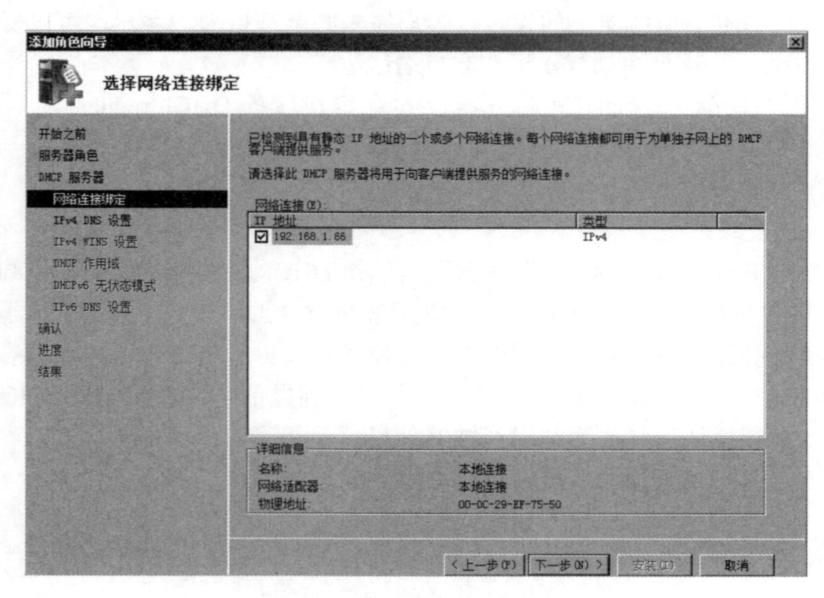

图 4-30　安装 DHCP 服务器（2）

设置父域以及 DNS 服务器地址，如图 4-31 所示。

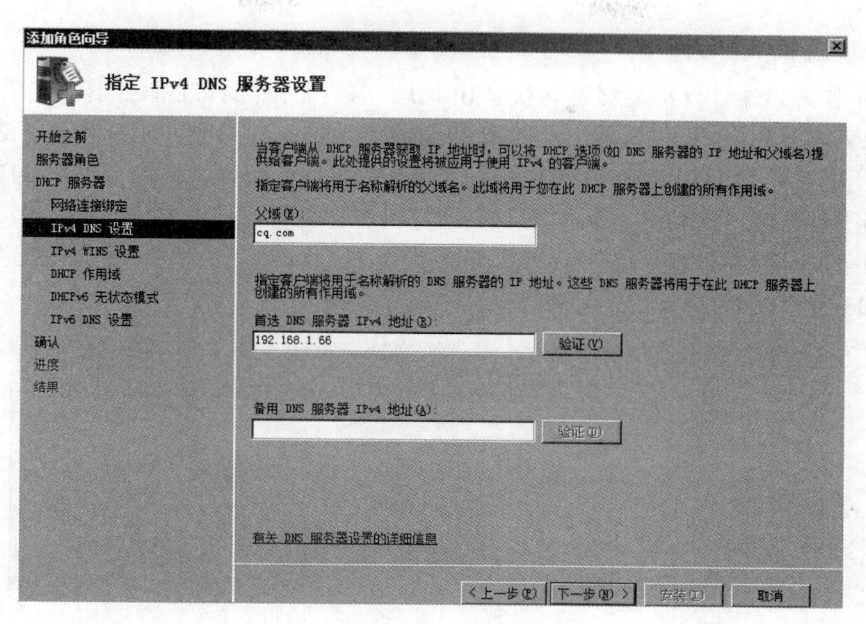

图 4-31　安装 DHCP 服务器（3）

添加作用域，此步骤较为关键，主要作用就是为网络中的节点或计算机确定一段 IP 地址范围，并创建一个 IP 作用域，属于配置 DHCP 服务器的核心内容。在 DHCP 作用域步骤单击“添加”即可实现，如图 4-32 所示。

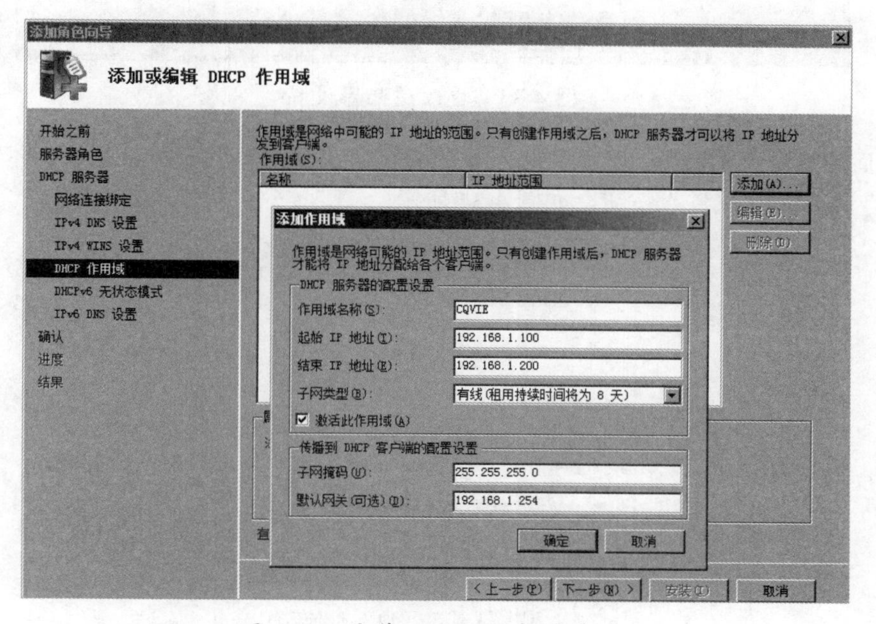

图 4-32　安装 DHCP 服务器（4）

之后“DHCPv6 无状态模式”“IPv6 DNS 设置”按照默认步骤即可完成 DHCP 服务器的安装。

2. 设置 DHCP 客户端

为了使客户端计算机能够自动获取 IP 地址，除了保证 DHCP 服务器正常工作以外，还需要将客户端计算机设置成自动获取 IP 地址的方式。实际上在默认情况下客户端计算机使用的都是自动获取 IP 地址的方式，并不需要进行配置。但为了保证 DHCP 客户端能够正常工作，以 Win7 为例对客户端计算机进行配置，具体方法如下：

在桌面上用鼠标右键单击“网络”，并选择“属性”命令，然后选择“更改适配器设置”，如图 4-33 所示。

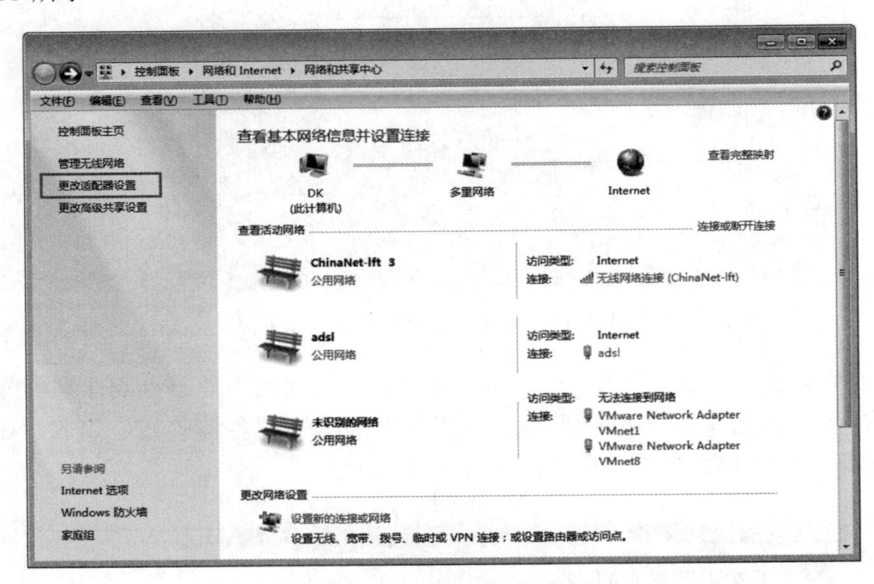

图 4-33　更改适配器设置

之后选择对应的网卡，单击右键选择“属性”，然后选择“Internet 协议版本 4（TCP/IPv4）”，单击“属性”按钮，如图 4-34 所示。

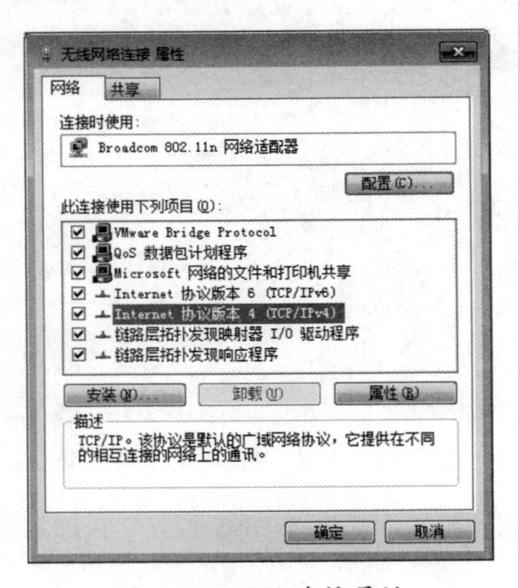

图 4-34　网络连接属性

将IP地址的获取方式和DNS服务器地址的获取方式设置为自动获取，如图4-35所示。

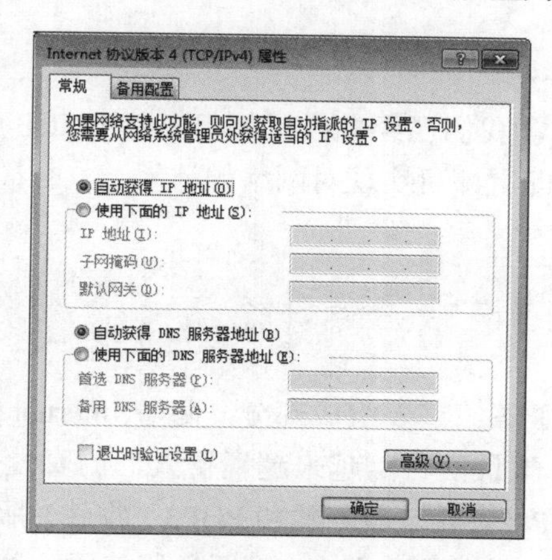

图4-35 设置客户端IP和DNS

至此，DHCP服务器端和客户端已经全部设置完成，一个基本的DHCP服务环境已经部署成功。在DHCP服务器正常运行的情况下，首次开机的客户端会自动获取一个IP地址，并拥有8天的使用期限。

3. 备份、还原DHCP服务器的配置信息

在网络管理工作中，备份一些必要的配置信息是一项重要的工作，以便当网络出现故障时，能够及时地恢复正确的配置信息，保障网络正常的运转，在配置DHCP服务器时也不例外。Windows Server 2008服务器操作系统中，也提供了备份和还原DHCP服务器配置的功能。

打开“服务器管理器”窗口，展开并选择已经建立好的DHCP服务器，右击服务器名，选择“备份”，如图4-36所示，之后指定备份路径即可。

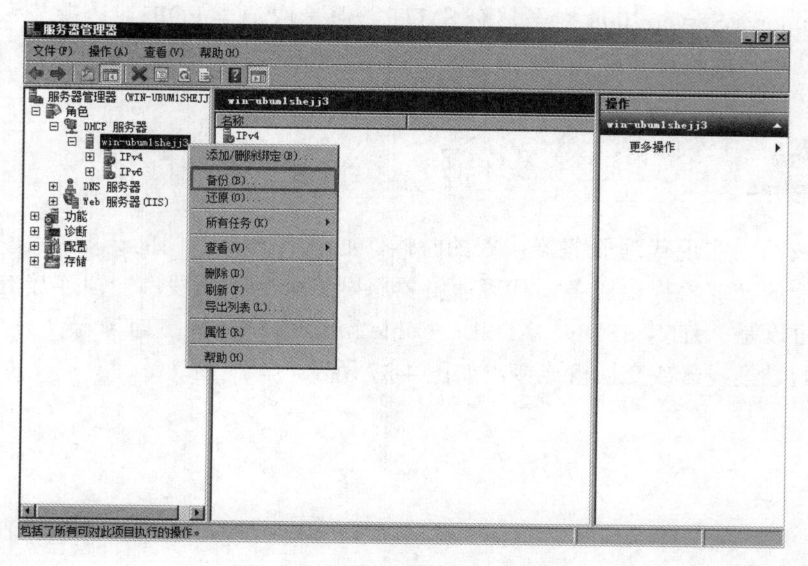

图4-36 备份DHCP服务器

当出现配置故障需要还原 DHCP 服务器的配置信息时，选择“还原”即可。

4.5.4 任务总结

通过本次任务的学习，我们已经学会了如何搭建 DHCP 服务器，怎样连入局域网的所有终端无需进行任何配置即可实现对网络的访问。

4.6 电子邮件服务器介绍

电子邮件是 Internet 服务的重要组成部分，随着 Internet 技术日新月异的发展，电子邮件以其方便、快速、廉价的特点越来越赢得人们的喜爱。电子邮件系统中有两个至关重要的服务器：SMTP（发件）服务器和 POP3（收件）服务器。平时发送邮件时，我们其实只是把邮件发送到发件服务器上，而服务器使用一种叫做“存储转发”的技术，把它收到的电子邮件排队，依次发送到收件服务器上面，而邮件就一直存储在收件服务器上，直到收件人收信或直接删除。安装和配置电子邮件服务器的主要工作，就是对这两个服务器（逻辑上的）进行操作。

POP（Post Office Protocol，邮局协议）：主要功能是用于传送电子邮件，当我们寄信给另一个人时，对方当时多半不会在线上，所以邮件服务器必须为收信者保存这封信，直到收信者来检查这封信件。当收信人收信的时候，必须通过 POP 通信协议，才能取得邮件。

SMTP（Simple Mail Transfer Protocol，简易邮件传输协议）：主要功能是用于传送电子邮件，当我们通过电子邮件程序寄 E-mail 给另一个人时，必须通过 SMTP 通信协议，将邮件送到对方的邮件服务器上，等到对方上网的时候，就可以收到你所寄的信。

在 Windows Server 2008 中虽然有 SMTP，但是取消了 POP3，因此安装邮件服务器需要借助于其他软件才能实现，如微软的 Exchange Server 2010。

4.7 代理服务器介绍

在局域网中实现代理服务器接入的时候，必须有一台专门的计算机作为代理服务器，为其他的计算机提供服务，代理服务器将网络分为了两段：一段连接 Internet，接入的方法可以是 PSTN、ISDN、ADSL、Cable Modem、LAN+FTTX 等；另一段与局域网连接，通过集线器或交换机连接，如图 4-37 所示。

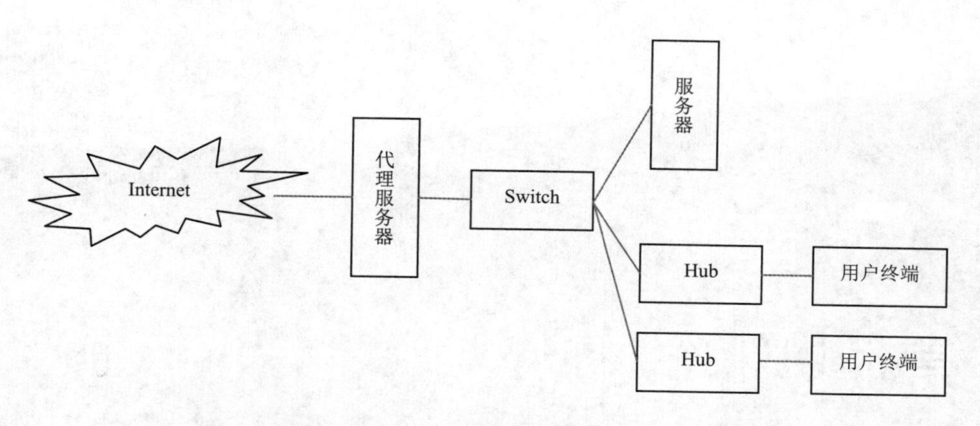

图 4-37 采用代理服务器接入 Internet 示意图

代理服务器的主要功能如下：

（1）设置用户验证和记账功能，可按用户进行记账，没有登记的用户无权通过代理服务器访问 Internet。此外，可对用户的访问时间、访问地点、信息流量进行统计。

（2）对用户进行分级管理，设置不同用户的访问权限。

（3）增加缓冲器（Cache），提高访问速度，对经常访问的地址创建缓冲区，大大提高热门站点的访问效率。通常代理服务器都设置一个较大的硬盘缓冲区（可能高达几 GB 或更大），当有外界的信息通过时，将其保存到缓冲区中，当其他用户再访问相同的信息时，则直接由缓冲区中取出信息传给用户，以提高访问速度。

（4）连接内网与 Internet，充当防火墙（Firewall）。因为所有内部网的用户通过代理服务器访问外界时，只映射为一个 IP 地址，所以外界不能直接访问到内部网；同时可以设置 IP 地址过滤，限制内部网对外部的访问权限。

（5）节省 IP 开销：代理服务器允许使用大量的伪 IP 地址，节约网上资源，即用代理服务器可以减少对 IP 地址的需求，对于使用局域网方式接入 Internet，如果为局域网（LAN）内的每一个用户都申请一个 IP 地址，其费用可想而知。但使用代理服务器后，只需代理服务器上有一个合法的 IP 地址，LAN 内其他用户可以使用 10.*.*.* 这样的私有 IP 地址，可以节约大量的 IP 地址，降低网络的维护成本。

通常代理服务器的实现有 Internet 连接共享（Internet Connection Share，ICS）、WinGate 以及 SyGate 等多种方式。

4.8 本章小结

本章主要介绍了 Web 服务器、FTP 服务器、DNS 服务器、DHCP 服务器的安装与配置，这四类服务器是企业运维中最简单、最基本的服务器。目前市面上有不少软件也具备这几类服务器的功能，而且配置也更加灵活。但究其原理也是通过软件对系统进行配置，因此当我们掌握了基本的配置原理后，再来运用这些软件时就会游刃有余。

第 5 章
计算机网络的应用——Internet 与网站建设

因特网（Internet）是当今世界上最大的信息网，是全人类最大的知识宝库之一。通过因特网，用户可以实现全球范围内的 WWW 信息查询、电子邮件、文件传输、网络娱乐、语音与图像通信服务等功能。目前，因特网已成为覆盖全球的信息基础设施之一。那么因特网主要有哪些应用呢？这将是本章我们要学习的主要内容。

5.1 Internet

5.1.1 Internet与广域网

1. 因特网简介

因特网（Internet）又称互联网，是当今世界上最大的信息网，是全人类最大的知识宝库之一。通过因特网，用户可以实现全球范围内的WWW信息查询、电子邮件、文件传输、网络娱乐、语音与图像通信服务等功能。目前，因特网已成为覆盖全球的信息基础设施之一。

因特网的前身是1969年美国国防部高级研究计划署（ARPA，Advanced Research Projects Agency）的军用实验网络，名字为ARPANET，起初只有4台主机，分别位于美国国防部、原子能委员会、加州理工学院和麻省理工大学，其设计目标是当网络中的一部分因战争原因遭到破坏时，其他主机仍能正常运行。20世纪80年代初期，ARPA和美国国防部通信局成功地研制了用于异构网络的TCP/IP协议并投入使用。1986年，在美国国家科学基金会（NSF，National Science Foundation）的支持下，通过高速通信线路把分布在各地的一些超级计算机连接起来，经过十几年的发展形成了因特网的雏形。

因特网连接了分布在世界各地的计算机，并且按照统一的规则为每台计算机命名，还制订了统一的网络协议TCP/IP来协调计算机之间的信息交换。任何人、任何团体都可以连入因特网，对用户开放、对服务提供者开放是因特网获得成功的重要原因。TCP/IP协议就像是在因特网中使用的世界语，只要因特网上的用户都使用TCP/IP协议，大家就能方便地进行交谈。

在因特网上你“是谁”并不重要，重要的是你提供了什么样的信息。每个连入因特网的主机都有各种类型的信息资源，无论是跨国公司的服务器，还是个人连网的计算机，都仅仅是因特网数千万网站中的一个节点；无论是总统、明星还是平民，都只是因特网数千万网民中的一员。没有人能完全拥有或控制因特网，因特网是一个不属于任何组织或个人的开放网络，只要是遵照TCP/IP协议的主机，均可上网。因特网代表着全球范围内一组无限增长的信息资源，其内容之丰富是任何语言都难以描述的。它是第一个实用的信息网络，入网用户既可以是信息的消费者，也可以是信息的提供者。随着一个又一个的计算机接入，因特网的实用价值愈来愈高，因此因特网早期以科研教育为主的运营性质正在被突破，应用领域越来越广，除商业领域外，政府上网也日益普及，借助因特网的电子政务发展得也很快。

一般来说，因特网可以提供以下主要服务。

（1）万维网（WWW）服务：可以通过WWW服务浏览新闻，下载软件，购买商品，收听音乐，观看电影，上网聊天，在线学习等。

（2）电子邮件（E-mail）服务：可以通过因特网上的电子邮件服务器发送和接收电子邮件进行信息传输。

（3）搜索引擎服务：可以帮助用户快速查找所需要的资料、想访问的网站、想下载的软件或者是所需要的商品。

（4）文件传输（FTP）服务：提供了一种实时的文件传输环境，可以通过 FTP 服务连接远程主机进行文件的下载和上传。

（5）电子公告板（BBS）服务：提供一个在网上发布各种信息的场所，也是一种交互式的实时应用。除发布信息外，BBS 还提供了类似新闻组、收发电子邮件、聊天等功能。

（6）远程登录（Telnet）服务：可以通过远程登录程序进入远程的计算机系统。只要拥有在因特网上某台计算机的账号，无论在哪里，都可以通过远程登录来使用该台计算机，就像使用本地计算机一样。

（7）新闻组（Usenet）服务：这是为需要进行专题研究与讲座的使用者开辟的服务，通过新闻组既可以发表自己的意见，也可以领略别人的见解。

2. 我国的互联网

我国是第 71 个加入因特网的国家，1994 年 5 月，以“中科院—北大—清华”为核心的“中国国家计算机与网络设施（NCFC，The National Computing and Network Facility Of China，也称中关村网）”与因特网联通。随后，我国陆续建造了基于 TCP/IP 技术的并可以和因特网互联的 4 个全国范围的公用计算机网络，它们分别是：中国公用计算机互联网 CHINANET，中国金桥信息网 CHINAGBN，中国教育和科研计算机网 CERNET，以及中国科技网 CSTNET。其中前两个是经营性网络，而后两个是公益性网络。最近两年又陆续建成了中国联通互联网、中国网通公用互联网、宽带中国、中国国际经济贸易互联网、中国移动互联网等。

CHINANET 始建于 1995 年，由中国电信负责运营，是上述网络中最大的一个，也是我国最主要的因特网骨干网。它通过国际出口接入因特网，从而使 CHINANET 成为因特网的一部分。CHINANET 具有灵活的接入方式和遍布全国的接入点，可以方便用户接入因特网并享用因特网上的丰富资源和各种服务。CHINANET 由核心层、接入层和网管中心 3 部分组成。核心层主要提供国内高速中继通道和连接“接入层”，同时负责与因特网的互联，核心层构成 CHINANET 骨干网，接入层主要负责提供用户端口以及各种资源服务器。

5.1.2 Internet 接入方式

如果用户想使用因特网提供的服务，首先必须将自己的计算机接入因特网，然后才能访问因特网中提供的各类服务与信息资源。

1. 通过公共交换电话网（PSTN，Public Switched Telephone Network）接入因特网

所谓通过公共交换电话网接入因特网，是指用户计算机使用调制解调器通过普通

电话与因特网服务提供商（ISP，Internet Service Provider）相连接，再通过ISP接入因特网。图5-1显示了通过PSTN接入因特网的结构。

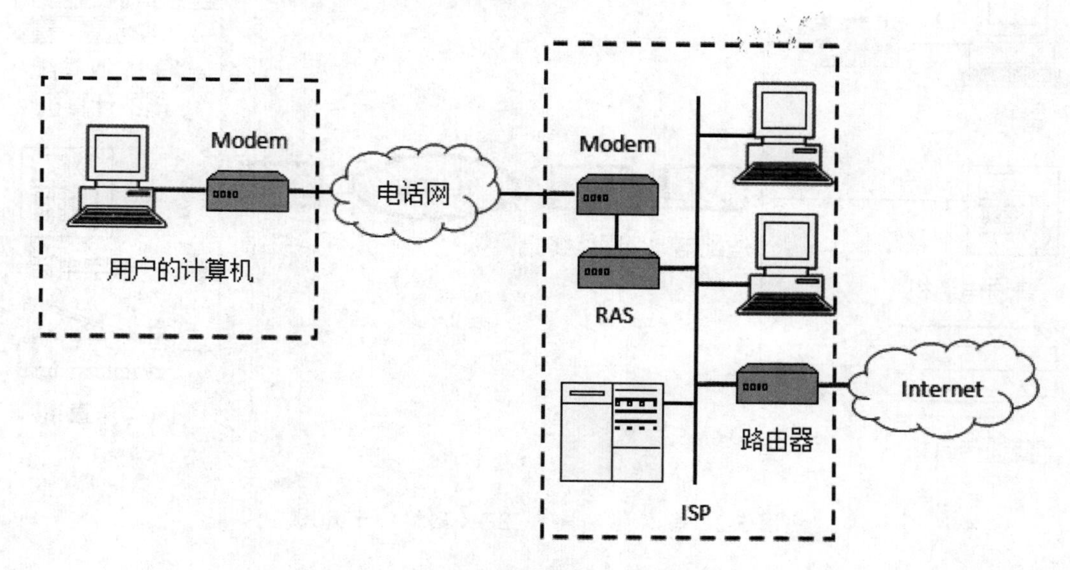

图5-1 通过PSTN接入因特网的结构

用户的计算机与ISP的远程接入服务器（RAS，Remote Access Server）均通过调制解调器与电话网相连。用户在访问因特网时，通过拨号方式与ISP的RAS建立连接，然后通过ISP的路由器访问因特网。在用户端，既可以将一台计算机直接通过调制解调器与电话网相连，也可以利用代理服务器将一个局域网间接通过调制解调器与电话网相连。由于电话线支持的传输速率有限，目前较好线路的最高传输速率可以达到50kbps左右，一般线路只能达到30~40kbps，而较差线路的传输速率更低。因此，这种方式只适合于个人或小型企业使用。

电话拨号线路除受速率的限制外，另一个特点就是需要通过拨号建立连接，由于技术本身的原因，在大量信息的传输过程中，连接有时会断开。

2. 通过综合业务数字网（ISDN，Integrated Services Digital Network）接入因特网

采用了基本速率接口（BRI，Basic Rate Interface）2B+D的N-ISDN，在各用户终端之间实现以64kbps速率为基础的端到端的透明传输，上网传输速率最高可达128kbps，提供端到端的数字连接，用来承载包括语音和非语音在内的各种通信业务，可同时支持上网、打电话、传真等多种业务，俗称一线通。

非ISDN标准终端、普通话机可以通过终端适配器（TA，Terminal Adapter）、网络终端接入ISDN网络。标准ISDN终端、数字话机或G4传真机等其他标准ISDN用户终端设备通过网络终端接入ISDN网络。图5-2是各种终端接入ISDN网络的示意图。

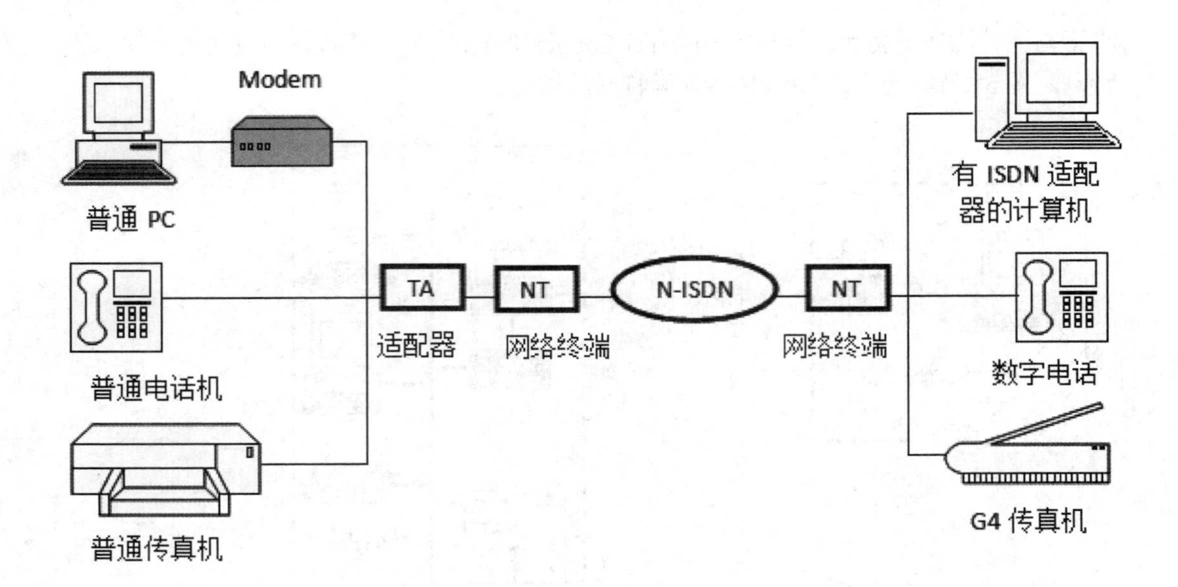

图 5-2　各种终端接入 ISDN 网络的示意图

3. 通过非对称数字用户环路（ADSL）接入因特网

ADSL（Asymmetric Digital Subscriber Line，非对称数字用户环路）是 xDSL 家族中的一员。DSL（Digital Subscriber Line，数字用户环路）是以普通铜质电话线为传输介质的系列传输技术，它包括普通 DSL、HDSL（对称 DSL）、ADSL（不对称 DSL）、VDSL（超高速 DSL）、SDSL（单线制 DSL）、CDSL（Consumer DSL）等。

ADSL 调制解调技术的主要特点在于：ADSL 技术以现有电话铜线为基础，几乎能为所有家庭和企业提供各种服务，用户能以比普通 Modem 高 100 多倍的速率通过数据网络或因特网进行交互式通信或取得其他相关服务。在这种交互式通信中，ADSL 的下行线路可提供比上行线路更高的带宽，即上下行带宽不相等，且一般都在 1：10 左右。如果线路的上行速率是 640kbps，则下行线路就有 6.4Mbps 的高速传输速率。这也就是 ADSL 为什么叫非对称数字用户环路的原因，其非对称性的特点使其适合开展上网业务。同时，ADSL 采用频分复用技术，可将电话语音和数据流一起传输，用户只须加装一个 ADSL 用户端设备，通过分流器（语音与数据分离器）与电话并联，便可在一条普通电话线上同时通话和上网且互不干扰。因此，使用 ADSL 接入方式，等于在不改变原有通话方式的情况下，另外增加了一条高速上网的专线。可见，ADSL 技术与拨号上网调制技术有很大区别。

调制技术是 ADSL 的关键所在。在 ADSL 调制技术中，一般使用高速数字信号处理技术和性能更佳的传输码型，用以获得传输中的高速率和远距离。ADSL 能够在现有的铜线环路，即普通电话线上提供最高达 8Mbps 的下行速率和 640kbps 的上行速率，传输距离达 3～5km，是目前主要的几种宽带网络接入方式之一。其优势在于要充分利用现有的电话线网络，在线路两端加装 ADSL 设备即可为用户提供高带宽服务。由于不需要重新布线，所以降低了成本，进而减少了用户上网的费用。

ADSL 的接入方式主要有两种。

（1）专线入网方式：用户拥有固定的静态 IP 地址，24 小时在线。

（2）虚拟拨号入网方式：并非是真正的电话拨号，而是用户输入账号、密码，通过身份验证，获得一个动态的 IP 地址，可以掌握上网的主动性。

ADSL 的接入模型主要由中央交换局端模块和远端模块组成，如图 5-3 所示。

中央交换局端模块包括在中心位置的 ADSL Modem 和接入多路复合系统（DSLAM，DSL Access Multiplexer），处于中心位置的 ADSL Modem 被称为 ATU-C（ADSL Transceiver Unit-Centroloffice）。

远端模块由用户 ADSL Modem 和滤波器组成，用户端 ADSL Modem 通常被称为 ATU-R（ADSL Transceiver Unit-Remote）。

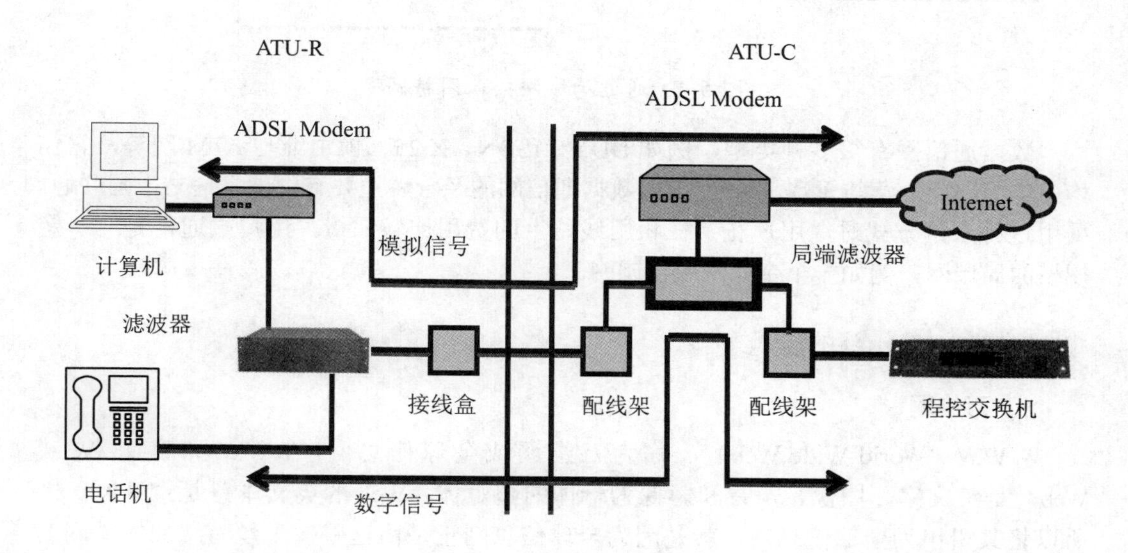

图 5-3 通过 ADSL 接入因特网

ADSL 安装包括局端线路调整和用户端设备安装两部分。在局端方面，由 ISP 在用户原有的电话线中串接 ADSL 局端设备；用户端的 ADSL 安装也非常简易方便，只要将电话线连上滤波器，滤波器与 ADSL Modem 之间用一条两芯电话线连上，ADSL Modem 与计算机的网卡之间用一条交叉网线连通即可完成硬件安装，再将 TCP/IP 协议中的 IP、DNS 和网关参数项设置好，便完成了安装工作。

4. 通过局域网接入因特网

所谓“通过局域网接入因特网”，是指用户通过局域网，局域网使用路由器通过数据通信网与 ISP 相连接，再通过 ISP 接入因特网。图 5-4 显示了通过局域网接入因特网的结构。

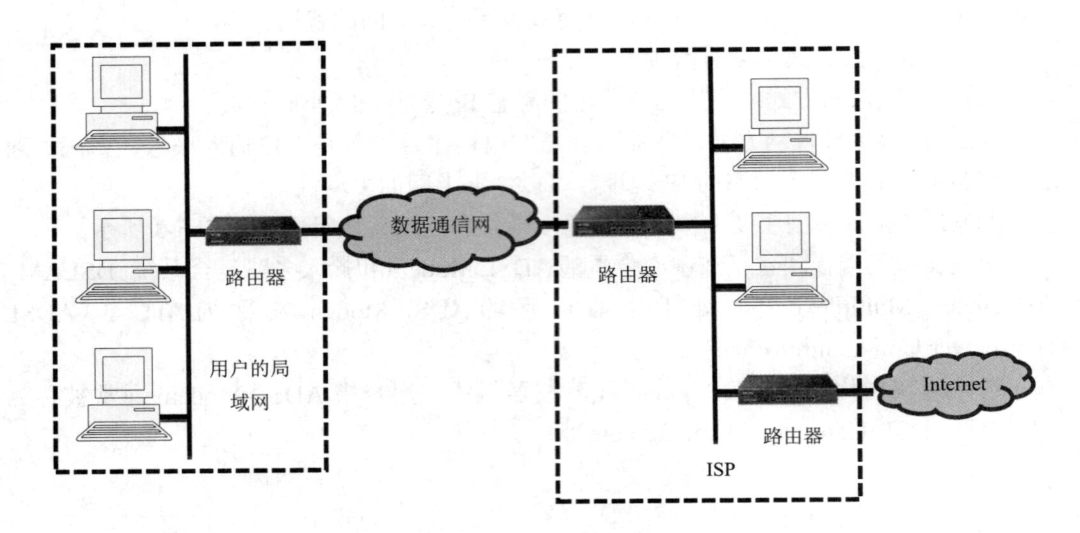

图 5-4 通过局域网接入因特网

数据通信网有很多种类型，例如 DDN、ISDN、X.25、帧中继与 ATM 网等，它们均由电信部门运营与管理。目前，国内数据通信网的经营者主要有中国电信与中国联通。采用这种入网方式时，用户花费在租用线路上的费用比较昂贵，用户端通常是有一定规模的局域网，例如一个企业网或校园网。

5.1.3 Internet 的应用

1．万维网

WWW（World Wide Web），称为万维网或全球信息网，WWW 又简称 3W 或 Web，是集文字、图像、声音和影像为一体的超媒体。Web 的英文本意是蜘蛛网，之所以将其引申为全球信息网，就是因为全球信息网正是由这些像千丝万缕的蜘蛛网一样的超链接连接在一起的。WWW 是目前因特网上最先进、交互性能最好、应用最为广泛的信息检索工具，它为用户提供了一个可以轻松驾驭的图形化用户界面，以方便用户查阅因特网上的文档，这些文档与它们之间的链接一起构成了一个庞大的信息网。

Web 允许通过“超链接”从某一页跳到其他页，如图 5-5 所示。可以把 Web 看成一个巨大的图书馆，Web 节点就像一本书，而 Web 页好比书中特定的页，页可以包含文档、图像、动画、声音、3D 世界以及其他任何信息，而且能够存放在全球任何地方的计算机上。Web 融入了大量的信息，从商品报价到就业机会、从电子公告牌到新闻、电影预告、文学评论以及娱乐等。多个 Web 页合在一起便组成了一个 Web 结点。用户可以从一个特定的 Web 节点开始 Web 环游之旅。人们常常谈论 Web“冲浪”就是访问这些节点，“冲浪”意味着沿超链接转到那些相关的 Web 页和专题，用户可以通过“冲浪”会见新朋友、参观新地方以及学习新的东西。用户一旦与 Web 连接，就可以使用 WWW 的方式访问全球任何地方的信息，而不用支付额外的“长距离”连接费用或受其他条件的制约。Web 正在逐步改变全球用户的通信方式，这种新的大众传媒比以往的任何一种通讯媒体都要快捷，因而受到人们的普遍欢迎。

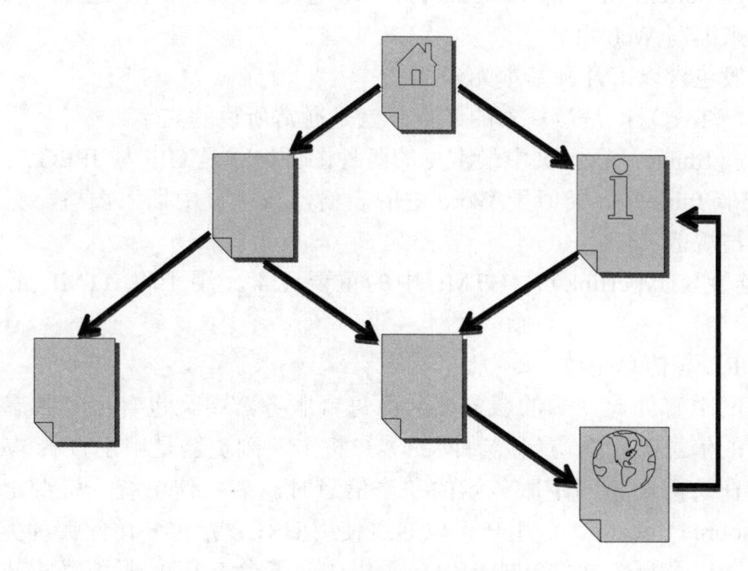

图 5-5 WWW 超链接示意图

（1）超文本（Hypertext）

超文本是 WWW 的信息组织形式，也是 WWW 实现的关键技术之一。所谓超文本就是指含有超链接的文本。

长期以来，人们一直在研究如何对信息进行组织，其中最常见的组织方式就是按书籍的目录结构。书籍目录采用有序的方式来组织信息，它将所要描述的信息内容按照章、节的分级结构组织起来，读者可以按照章、节的顺序阅读。随着计算机技术的发展，人们不断推出新的信息组织方式，以方便对各种信息进行访问。在 WWW 系统中，信息是按超文本方式组织的。用户在浏览文本信息的同时，随时可以选中其中的超链接，进一步到指定位置访问相关信息。超链接往往是上下文的关联词，通过选择超链接可以跳转到其他文本信息。

（2）超媒体（Hypermedia）

超媒体进一步扩展了超文本所链接的信息类型，用户不仅能从一个文本跳到另一个文本，而且还可以激活一段声音，显示一个图形，甚至是播放一段动画。目前流行的多媒体电子书籍大多采用这种方式。例如，在一本多媒体儿童读物中，当读者选中屏幕上显示的老虎图片、文字时，可以同时播放一段关于老虎的动画。超媒体可以通过这种集成化的方式，将多种媒体的信息通过超链接联系在一起。

（3）主页（Homepage）

主页的英文名称是 Homepage，直译为首页。主页，又叫网页，有时也称 Web 页。主页用于 WWW 服务进行信息的查询和浏览文档，扩展名为 .html 或 .htm 的文档。主页是某一个 Web 节点的起始点，它就像一本书的封面或者目录，是个人或机构的基本信息页面。用户通过主页可以访问有关的信息资源。在 WWW 环境中，信息是以主页的形式出现的，这些主页是以超文本和超媒体格式编写的。通常将编写主页的语言称为 HTML（Hypertext Markup Language），即超文本标记语言，这是一种计算机描述语言，专门用来编写 Web 页。

主页一般包含以下几种基本元素。

① 文本（Text）：是最基本的元素，就是通常所说的文字。

② 图片（Image）：主页中最常见的两种图像格式是 GIF 与 JPEG。

③ 表格（Table）：类似于 Word 中的表格，在主页中插入表格，更加有利于保持页面的整齐与规范。

④ 超链接（Hyperlink）：HTML 中的重要元素，用于将 HTML 元素与其他主页相连。

（4）URL 与信息定位

在因特网中有如此众多的服务器，而每台服务器中又包含很多共享信息，如何才能找到需要的信息呢？在访问因特网的客户机上，浏览器是用于查看 Web 页的软件工具。浏览器在访问因特网中服务器的共享信息时，需要使用统一资源定位器（URL，Uniform Resource Locator）。用户可以通过使用 URL，指定要访问哪种类型的服务器，哪台服务器，以及哪个文件。如果用户希望访问某台 WWW 服务器的某个页面，只要在浏览器中输入该页面的 URL 地址，就可以方便地浏览到该页面。

标准的 URL 由三部分组成：服务器类型、主机名和路径及文件名。例如清华大学 WWW 服务器的 URL 地址为 http://www.tsinghua.edu.cn；清华大学 FTP 服务器的 URL 地址为 ftp://ftp.tsinghua.edu.cn。

其中，http 和 ftp 指的是服务器类型，在这里是用访问这台服务器要使用的协议来代替的。http 是超文本传输协议，ftp 是文件传输协议。

www.tsinghua.edu.cn 和 ftp.tsinghua.edu.cn 指的是要访问的服务器的主机名，也就是一个域名地址。

通常在 URL 中省略路径及文件名，当然在实际应用中也可以采用路径及文件名，例如：http://go5.162.com/～garyzgm/index.html。

（5）浏览器

前面提到浏览站点需要浏览器。那么，什么是浏览器呢？ WWW 浏览器是用来浏览因特网主页的工具软件。WWW 浏览器的功能非常强大，利用它可以方便地访问因特网上的各类信息，目前版本的浏览器基本上都支持多媒体，可以通过浏览器来播放声音、动画与视频，使 WWW 世界变得更加丰富多彩。现在人们使用较多的浏览器软件是 Netscape 公司的 Communicator 和 Microsoft 公司的 Internet Explorer。

Internet Explorer 是由美国 Microsoft 公司开发的 WWW 浏览器软件，它的中文意思是“因特网探索者”，通常人们把它叫做 IE。用户可以使用 IE 来浏览主页、下载文件、收发电子邮件、阅读新闻组、制作与发表主页等。如果说因特网是大海，那么 Explorer 就是轮船，用户就是这艘轮船的舵手。Internet Explorer 的出现虽比 Navigator 晚一些，但由于 Microsoft 公司的 Windows 在操作系统领域的优势，以及它本身是一个免费软件，所以它在浏览器市场的占有率逐年增长，IE和Windows 7、Windows 8、Windows Server 2008都集成在一起，在安装操作系统的同时，IE会自动安装。安装了浏览器以后，就可以访问主页了。

Communicator的前一个版本是Navigator，是Netscape公司开发的最为流行的浏览器软件之一，Navigator虽然不是第一个浏览器，但却是第一个多媒体浏览器，正是由于它的出现才真正掀起了WWW的狂潮，可以说Navigator为今天因特网的迅速普及起到了极大的推动作用。

2. 电子邮件

E-mail是Internet上使用最广泛的一种服务。用户只要能与Internet连接，具有能收发电子邮件的程序，就可以与Internet上所有的E-mail用户方便、快速地交换电子邮件，也可以向多个用户发送同一封邮件，或将收到的邮件转发给其他用户。电子邮件中除文本外，还可包含声音、图像、应用程序等各类文件。此外，用户还可以邮件方式在网上订阅电子杂志、获取所需文件、参与有关的讨论组。

收发电子邮件必须有相应的软件支持。常用的收发电子邮件的软件有Exchange和Outlook-Express等，这些软件提供邮件的接收、编辑、发送及管理功能。邮件服务器使用的协议有简单邮件传输协议SMTP（Simple Mail Transfer Protocol）、电子邮件扩充协议MIME（Multipurpose Internet Mail Extensions）和邮局协议POP（Post Office Protocol）。POP服务需由邮件服务器来提供，用户必须在该邮件服务器上取得账号才可能使用这种服务。目前使用得较普遍的POP协议为第三版，故又称为POP3协议。

3. Usenet

Usenet指各种专题讨论组。Usenet用于发布公告、新闻、评论及各种文章供网上用户使用和讨论。讨论内容按不同的专题分类组织，每一类为一个专题组，称为新闻组，其内部还可以分出更多的子专题。

Usenet的每个新闻都由一个区分类型的标记引导，每个新闻组围绕一个主题，如comp.（计算机主题）、news.（新闻组本身的主题）、rec-（体育、艺术及娱乐主题）、sci.（科技主题）、SOC（社会主题）、talk（讨论交流主题）、misc.（其他主题）、biz.（商业主题）等，用户除了可以选择参加感兴趣的专题小组外，也可以自己开设新的专题组。只要有人参加，该专题组就可一直存在；若一段时间无人参加，则这个专题组便会自动删除。

4. FTP文件传输

FTP文件传输服务允许Internet上的用户将某台计算机上的文件传输到另一台上。几乎所有类型的文件，包括文本文件、二进制可执行文件、声音文件、图像文件、数据压缩文件等，都可以用FTP传输。FTP是一套文件传输服务软件，它以文件传输为界面，使用简单的get或put命令进行文件的下载或上传，如同在Intenet上执行文件复制命令一样。大多数FTP服务器主机都采用UNIX操作系统，但普通用户通过Windows也能方便地使用FTP服务器。

FTP 最大的特点是用户可以使用 Internet 上众多的匿名 FTP 服务器。所谓匿名服务器，指的是不需要专门的用户名和口令就可进入的系统。用户连接匿名 FTP 服务器时，都可以用“anonymous（匿名）”作为用户名，以自己的 E-mail 地址作为口令登录。登录成功后，用户便可以从匿名服务器上下载文件。匿名服务器的标准目录为 pub，用户通常可以访问该目录下所有子目录中的文件。基于对安全问题的考虑，大多数匿名 FTP 服务器不允许用户上传文件。

5. 远程登录

Telnet 是 Internet 远程登录服务的协议，该协议定义了远程登录用户与服务器交互的方式。Telnet 允许用户在一台联网的计算机上登录到远程分时系统中，然后像使用自己的计算机一样使用该远程系统。要使用远程登录服务，必须在本地计算机上启动客户应用程序，指定远程计算机的名字，并通过 Internet 与之建立连接。一旦连接成功，本地计算机就可直接访问远程计算机系统的资源。远程登录软件允许用户直接与远程计算机交互，通过键盘或鼠标操作，客户应用程序将有关的信息发送给远程计算机，再由服务器将输出的结果返回给用户。用户退出远程登录软件后，用户的键盘、显示控制权又回到本地计算机。一般用户可以通过 Windows 的 Telnet 客户程序进行远程登录。

6. 电子商务

电子商务是指利用计算机网络进行的商务活动，它将顾客、销售商、供货商和雇员联系在一起，统指商务活动的电子化、网络化、自动化。

7. Internet 电话

通常指在 Internet 上完成的语音、传真、视频传输等多种电信业务。IP 电话是最常用的 Internet 电信业务，它也称作 Internet 电话或网络电话。IP 电话的语音利用基于 IP 的数据网进行传输，语音（模拟信号）首先由数字信号处理器（DSP）将其转换为数字信号，然后数字信号被压缩成更便于网络传输的数据包，接着通过 Internet 将数据包传送到目的地，在目的地以相反的过程进行解压、解包、数 / 模转换，最后再送达对方话筒。由于 Internet 中采用“存储 - 转发”的方式传递数据包，并不独占电路，并且对语音信号进行了大比例的压缩处理，因此，IP 电话占用的带宽仅为 8～10Kbps，还不到模拟电话所需带宽的 1/8，再加上 Internet 上数据传输的计费方式与距离的远近无关，自然大大节省了长途通信费用。

8. 基于 IP 的视频业务

基于 IP 的视频业务主要包括 IP TV 和 Internet 视频会议。基于数字视频通信会议的电视已经发展了 20 多年，顺应三网（计算机网络、电信网、有线电视网）合一的趋势，已进入重要的转型阶段。转型之一就是，传输网络的基础由专线网络向 IP 网过渡；转型之二是，其所针对的服务对象将由中大型会议向小型的工作组会议、个人工作桌面、家庭延伸。

5.2 校园网站建设

5.2.1 使用 HTML 制作静态网页

1. HTML 简介

目前 Internet 上绝大多数网页都是采用 HTML 文档格式存储的。HTML 是标准通用型标记语言（Standard Generalized Markup Language, SGML）的一个应用，是一种对文档进行格式化的标注语言。HTML 文档的扩展名为 html 或 htm，包含大量的标记，用以对网页内容进行格式化和布局，定义页面在浏览器中查看时的外观。例如：<B></B> 标记表示文本使用粗字体。HTML 文档中的标记也可以用来指定超文本链接，使用户用鼠标点击该链接时被引导到另一个页面。

（1）HTML 元素

HTML 文档是标准的 ASCII 文档。从结构上讲 HTML 文档由元素（element）组成，组成 HTML 文档的元素有许多种，用于组织文档的内容和定义文档的显示格式。绝大多数元素是“容器”，即它有起始标记（start tag）和结束标记（end tag），在起始标记和结束标记中间的部分是元素体。每一个元素都有名称和可选择的属性，元素的名称和属性都在起始标记内标明。例如以下 body 元素：

```
<body background="back-ground.gif">
<h2> demo </h2>
This is my first html file.<p>
</body>
```

第一行是 body 元素的起始标记，它标明 body 元素从此开始。元素名称不分大小写。标记内的 background 是属性名，指明用什么方法来填充背景，其属性值为 back-ground.gif。一个元素可以有多个属性，属性及其属性值不分大小写。

第二行和第三行是 body 元素的元素体，最后一行是 body 元素的结束标记。

（2）HTML 文档的组成

HTML 文档的基本结构如下：

```
<html>
<head>
    <title></title>
 ……
</head>
<body>
……
</body>
```

</html>

HTML 文档以 <html> 标记开始，以 </html> 结束，由文档头和文档体两部分构成。文档头由元素 <head></head> 标记，文档体由元素 <body></body> 标记。

文档头部分可以包含以下元素：

① 窗口标题。提供 HTML 文档的简单描述，出现在浏览器的标题栏。用户在收藏页面显示的就是标题。

② 脚本语言。脚本是一组由浏览器解释执行的语句，能赋予页面更多的交互性。

③ 样本定义。用来将页面样式与内容相分离的级联样式单。

④ 元数据。提供有关文档内容和主题的信息。

需要说明的是，这些元素书写的次序是无关紧要的，它只表明文档头是否有该属性。

文档体包含了可以在浏览器中显示的内容，它常常是 HTML 文档中最大的部分，文档体可以包含以下元素：

① 文本。文本内容可以使适当的格式化元素放置在主体中，这些格式化元素将控制内容的显示方式。

② 图像。文档中的重要部分，使网页内容更加丰富。

③ 链接。允许在网站中导航或到达其他的网站，链接通常放在页面主体中。

④ 多媒体和特定的编辑事件。通过放置在 HTML 文档主体中的代码来管理 Shockwave、SWF、Java Applet，甚至是在线视频。

2. HTML 常用元素

（1）窗口标题（title）

title 元素是文档中唯一一个必须出现的元素，格式如下：

<title> 窗口标题描述 </title>

title 标明该 HTML 文档的标题，是对文档内容的概括。标题元素是头元素中唯一必须出现的标记。title 的长度没有限制，一般情况下它的长度不应超过 64 个字符。

（2）页面标题（hn）

页面标题有 6 种，分别为 h1，h2，…，h6，用于表示文章中的各种标题，标题号越小字体越大。一般情况下，浏览器对标题作如下解释：

h1 黑体，特大字体，居中，上下各有两行空行；

h2 黑体，大字体，上下各有一到两行空行；

h3 黑体（斜体），大字体，左端微缩进，上下空行；

h4 黑体，普通字体，比 h3 缩进更多，上边有一空行；

h5 黑体（斜体），与 h4 缩进相同，上边有一空行；

h6 黑体，与正文有相同缩进，上边有一空行；

hn 还可以有对齐属性 align，属性值可以为 left（标题居左），center（标题居中），right（标题居右）。例如：

<h2 align=center>Chapter2</h2>

（3）字体

① 字体大小。

HTML有7种字号，1号最小，7号最大，默认字号为3。可以用<baseFontsize=字号>设置默认字号。

设置文本的字号有两种办法，一种是设置绝对字号，<font size=字号>；另一种是设置文本的相对字号；<font size=±n>。用第二种方法时“＋”号表示字体变大，“－”号表示字体变小。

② 字体风格

字体风格分为物理风格和逻辑风格。物理风格直接指定字体，物理风格的字体有<b>黑体、<i>斜体、<u>下划线、<tt>打字机体。逻辑风格指定文本的作用，字体有<em>强调、<srrony>特别强调、<code>源代码、<samp>例子、<kbd>键盘输入、<var>变量、<dfn>定义、<cite>引用、<small>较小、<big>较大、<sup>上标、<sup>下标等。

③ 字体颜色

字体的颜色用<font color=#>指定，#可以是6位十六进制数，分别指定红、绿、蓝的值，也可以是black，olive，teal，red，blue，maroon，navy，gray，lime，fudrsia，white，green，purple，sliver，yellow，aqua之一。

④ 闪烁

<blink>文本</blink>使文本闪烁，闪烁频率为1秒钟一次。

（4）横线（hr）

横线一般用于分隔同一文体的不同部分。在窗口中划一条横线非常简单，只要写一个<hr>即可。

（5）分行
和禁止分行<nobr>

表示在此处分行；<nobr>....</nobr>表示通知浏览器其中的内容在一行内显示，若一行内显示不了，则超出部分被裁剪掉。

（6）分段<p>

HTML浏览器是基于窗口的，用户可以随时改变显示区的大小，所以HTML将多个空格以及回车等效为一个空格，这是和绝大多数字处理器不同的。HTML的分段完全依靠于分段元素<p>。比如下面两段文档有相同的输出。

```
<h2>This is a level Two Heading</h2>
Paragraph one <p>paragraph two <p>
...
<h2>This is a level Two Heading <h2>
Paragraph one <p>
Paragraph Two <p>
```

<p>也可以有多种属性，比较常用的属性是align。例如：

```
<p align=center>This is a centered paragraph</p>
```

当HTML文档中有图形时，若图形只占据了窗口的一端，其周围还有较大的空白区，这时，不带 clear 属性的 <p> 可能会将文章的内容显示在该空白区内。为确保下一段内容显示在图形的下方，可使用 clear 属性。clear 属性值可以为 left（下一段显示在左边界处空白的区域），right（下一段显示在右边界处空白的区域）或 all（下一段的左右两边都不许有别的内容）。

（7）转义字符与特殊字符

HTML 使用的字符集是 ISO&895 Larin-1 字符集，该字符集中有许多标准键盘上无法输入的字符。对这些特殊字符只能使用转义序列。例如 HTML 中 <、> 和 & 有特殊含义（前两个字符用于连接签，& 用于转义）不能直接使用。使用这三个字符时，应使用它们的转义序列。

& 的转义序列为 &s 或 &，< 的转义序列为 < 或 <，> 的转义序列为 &lgt 或 >。序列中前者为字符转义序列，后者为数字转义序列。例如 < font > 显示为 <font>，若直接写为 <font> 则被认为是一个标记。引号的转义序列为 ": 或 "。例如 <img src="image.gif" alt="A&quol:real"example">。

说明如下：

① 转义序列各字符间不能有空格。

② 转义序列必须以“;”结束。

③ 单独的 & 不能被认为是转义开始。

（8）背景和文本颜色

窗口背景可以用下列方法指定

<body background="image-url">

<body bgcolor=# text=# link=# alink=# vlink=#> 前者指定填充背景的图像，如果图像的尺寸小于窗口尺寸，则把背景图像重复，直到填满窗口区域。后者指定的是十六进制的红、绿、蓝分量。其中：

bgcolor 指背景颜色

text 指文本颜色

link 指链接指针颜色

alinik 指活动的链接指针颜色

vlinik 指已访问过的链接指针颜色

例如：<body bgcolor=FFOOOO> 大红背景色。注意，此时字体元素必须写完整，即用 <body> 结束。

（9）图像（image）

图像使你的页面更加漂亮，但是图像会导致网络通信量急剧增大。使访问时间延长。所以在主页（homepage）不宜采用很大的图像。如果确实需要一些大图像，最好在主页中用一个缩小的图像指向原图，并标明该图的大小。

① 图像的基本格式

<img src="image-url"> 或 <img src="image-url" alt="text">，其中 image-url 是图像文

件的url，alt属性告诉不支持图像的浏览器用text代替该图。

② 图像与文本的对其方式

图像在窗口中会占据一块空间，在图像的左右边界可能会有空白，不加说明时，浏览器会将随后的文本显示在这些空白中，显示的位置由align属性指定。用align=left或align=right时，图像是一个浮动图像。比如align=left，图像必须挨着左边框，它把原来占据该块空白的文本“挤走”，或挤到它右边，或挤到它上、下边。文本与图像的间距用vspace=#,hspace=#指定，前者指定纵向间距，后者指定横向间距，#是整数，单位是像素。

（10）列表（list）

列表用于列举事实，常用的列表有3种格式，即无序列表（unordered list），有序列表（ordered list）和定义列表（definition list）。

① 无序列表

无序列表用<ul>开始，每一个列表条目用<li>引导，最后是</ul>，注意列表条目不需要结来标记</li>。输出时每一列表条目缩进，并且以黑点标示。

例：源文件

```
<ul>
<li>Today
<li>Tomorrow
</ul>
```

其输出显示结果如图5-6所示。

图5-6 无序列表

② 有序列表

有序列表与无序列表相比，区别只是在于输出时列表条目用数字标示。

例：源文件

```
<ol>
<li>Today
<li>Tommorow
</ol>
```

其输出显示结果如图 5-7 所示。

图 5-7　有序列表

③ 自定义列表

自定义列表用于对列表条目进行简短说明的场合，用 <dl> 开始，列表条目用 <dt> 引导，它的说明用 <dd> 引导。

例：源文件

```
<dl>
<dt>Item 1
<dd>The definition of item 1
<dt>Item 2
<dd>Definition or explaination of item 2
</dl>
```

其输出显示结果如图 5-8 所示。

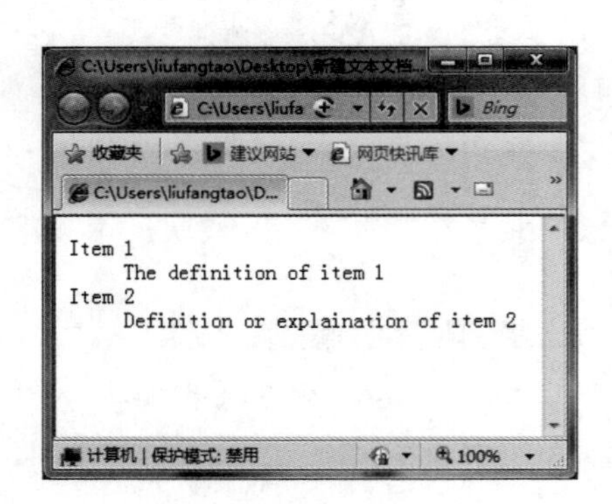

图 5-8　自定义列表

3. 超文本链接

超文本链接指针是 html 最吸引人们优点之一。一个超文本链接指针由两部分组成，一是被指向的目标，它可以是同一文档的另一部分，也可以是远程主机的一个文件，还可以是动画或音乐；另一部分是指向目标的链接指针。使用超文本链接指针可以使顺序存放的文档具有一定程度上随机访问的能力，这更加符合人类的思维方式。人的思维是跳跃的、交叉的，而每一个链接指针正好代表了作者或者读者的思维跳跃。

（1）统一资源定位器（Uniform Resource Locator，URL）

统一资源定位器用于指定访问该文档的方法。一个URL的构成如下：

protocol://machine.name[:port]/directory/filename

其中protocol是访问该资源所采用的协议，即访问该资源的方法，它可以是：http（超文本传输协议，指向HTML资源）、ftp（文件传输协议，指向文件资源）、news（指向网络新闻资源）等。

machine.name用于存放该资源主机的IP地址，通常以字符形式出现。

port用于存放该资源主机中相关服务器所使用的端口号。一般情况下端口号不需要指定。只有当服务器所使用的端口号不是缺省的端口号时才指定。

directory和filename是该资源的路径和文件名。

（2）指向一个目标<a>

在HTML文件中用链接指针指向一个目标。其基本格式为：

<a href="url"> 字符串 </a>

href属性中的统一资源定位器（URL）是被指向的目标，随后的“字符串”在HTML文件中充当指针的角色，它一般显示为蓝色。当读者用鼠标点击这个字符串时，浏览器就会将URL处的资源显示在屏幕上。

（3）标记一个目标

前面提到的链接指针可以在整个Internet网上方便地链接。但如果编写了一个很长的HTML文件，往往需要在同一个文档的不同部分之间也建立链接，使用户方便地在上下方跳转。

标识一个目标的方法为：

<a name="name">text</a>

name属性将放置该标记的地方标记为“name”，name是一个全文唯一的标记串，text部分可有可无。这样，我们就把放置标记的地方做了一个叫做“name”的标记。做好标记后，可以用下列方法来指向它，

<a href="url#name">text</a>

URL是放置标记的HTML文件的URL，name是标记名。对于同一个文件，可以写为：

<a href="#name">text</a>

这时就可以单击text跳转到标记名为name的部分了。

（4）图像链接

图像也可以建立链接。格式为：

<a href="URL"><img src="URL"></a>

下面是一个简单的图像链接指针。

<a href="www.cqvie.edu.cn"> 重庆工程职业技术学院主页 <img src ="flag.gif"></a>

（5）图像地图

上面介绍的图像链接指针在每幅图中只能指向一个地点，而图像地图可以把图像分成多个区域，每个区域指向不同的地点。可以用图像地图编写出很漂亮的HTML文件。

图像地图不仅需要在HTML文件中说明，还需要一个后缀为.map的文件，用来说明图像分区及其指向的URL的信息。在.map文件中说明分区信息的格式如下：

● rect指定一个矩形区域，该区域的位置由左上角坐标和右下角坐标说明。

● poly指定一个多边形区域，该区域的位置由各顶点坐标说明。

● circle指定一个圆形区域，区域位置由垂直通过圆心的直径与该圆的交点坐标说明。

● default指定图像地图其他部分的URL。坐标的写法为：x,y，各点坐标之间用空格分开。

图像地图需要一个特殊的处理程序imagemap，imagemap放在/cgi-bin中。在HTML文件中引用图像地图的格式为：

```
<a href="/cgi-bin/imagemap/mymap.map">
<img src="mymap.gif" ismap></a>
```

可以看出这是一个包含图像元素的链接指针元素。图像元素指明用于图像地图的图像的URL，并用ismap属性说明。需要说明的是链接指针中的href属性，它由两部分组成，第一部分是/cgi-bin/imagemap，它指出用哪个程序来处理图像地图，它必须原样写入；第二部分是图像地图的说明文件mymap.map。在Netscape扩展中，图像地图可以用一种简化的方式来表示，这就是客户端图像地图。用户端地图可以将图像地图的说明文件写在HTML文件中，而且不需要另外的程序来处理。这就使HTML作者可以用与别的元素相一致的写法来写图像地图。客户端图像地图还有一个优点，当鼠标指向图像地图的不同区域时，浏览器能显示出各个区域所指向的URL。

用户端图像地图的格式为：

```
<img src="url" usemap="#mymap">
```

src="url"指定用作图像地图的图像，usemap属性指明这是客户端图像地图，"#mymap"是图像文件说明部分的标记名，浏览器寻找名字为mymap的<map>元素并从中得到图像地图的分区信息。客户端图像地图的分区信息用<map name=mapname>元素说明，name属性命名<map>元素。图像地图的各个区域用<area shape="形状" coords="坐标" href="url">说明，形状可以是：rect矩形，用左上角、右下角的坐标表示，各个坐标值之间用逗号分开；poly多边形，用各顶点的坐标值表示；circle圆形，用圆心及半径表示，前两个参数分别为圆心的横、纵坐标，第三个参数为半径。href="url"，表示该区域所指向的资源的URL，也可以是nohref，表示在该区域鼠标点击无效。客户端图像地图各个区域可以重叠，重叠区以先说明的条目为准，下面是一个例子：

```
<img src="mapimg.gif" usemap="#Face">
<map name="Face">
<!Text BOTTON> 此行是注释
```

```
<area shape="rect" href="page.html" coords="140,20,280,60">
<!Triangle BOTTON>
<area shape="poly" href="image.html" coords="100,100,180,80,200,140">
<!FACE>
<area shape="circle" href="nes.html" coords="80,100,60">
</map>
```

4. 表格（Table）

（1）表格的基本形式

一个表格由 <table> 开始，</table> 结束，表格的内容由 <tr>、<th> 和 <td> 定义。<tr> 说明表格的一个行，表格有多少行就有多少个 <tr>；<th> 说明表格的列数和相应栏目的名称，有多少个栏目就有多少个 <th>；<td> 则填充由 <tr> 和 <th> 组成的表格。

（2）有通栏的表格

有横向通栏的表格用 <th colspan=#> 属性说明，colspan 表示横向栏距，# 代表通栏占据的网格数，它是一个小于表格的横向网格数的整数。有纵向通栏的表格用 rowspan=# 属性说明，rowspan 表示纵向栏距，# 表示通栏占据的网格数，应小于纵向网络数。需要说明的是有纵向通栏的表格，其每一行必须用 </tr> 明确给出一横向栏目结束，这是和表格的基本形式不同的地方。

（3）表格的大小、边框宽度和表格间距

表格的大小用 width=# 和 height=# 属性说明。前者为表格宽，后者为表格高，# 是以像素为单位的整数。

边框宽度由 border=# 说明，# 为宽度值，单位是像素。

表格间距即划分表格的线的粗细，用 cellspacing=# 表示，# 的单位是像素。

（4）表格中文本的输出

文本与表框的距离用 cellpadding=# 说明。表格的宽度大于其中的文本宽度时，文本的输出位置用 align=# 说明。# 是 left、center 和 right 三者之一，分别表示左对齐、居中和右对齐，align 属性可修饰 <tr>、<th> 和 <td> 标记。

表格的高度大于其中文本的高度时，可以用 valign=# 说明文本在其中的位置。# 是 top、middle、bottom、baseline 四者之一。分别表示上对齐，文本中线与表格中线对齐，下对齐，文本基线与表格中线对齐，特别注意的是 baseline 对齐方式，它使文本出现在网格的上方而不是下方。同样，valign 可以修饰 <tr>、<th>、<td> 中的任何一个。

（5）浮动表格

所谓浮动表格是指表格与文件中的内容对齐时，若在现在的位置上不能满足其对齐方式，表格含上下移动，即“挤开”一些内容，直到满足其对齐要求。浮动属性一般由 align=left 或 right 指定。

（6）表格颜色

表格的颜色用 bgcolor=# 指定。# 是十六进制的 6 位数，格式为 rrggbb，分别表示红、绿、蓝三色的分量，或者是 16 种已定义好的颜色名称。

5. 框架

框架将流览器的窗口分成多个区域，每个区域可以单独显示一个html文件，各个区域也可相关联地显示某一个内容，比如可以将索引放在一个区域，文件内容显示在另一个区域。

框架的基本结构如下：

```
<html>
<head>
<title>...</title>
</head>
<noframes>...</noframes>
<frameset>
<frame src="url">
</frameset>
</html>
```

可以在框架中安排行或列并确定这些行或列的HTML页面。这是通过以下标记完成的：

（1）<frameset>标记。该标记定义了结构，它的基本参数定义了行或列，<frameset>在框架HTML页面中的概念相当于<body>，在简单的框架中不应出现body标记。

（2）<frame>标记。该标记在框架中排列单独框架，包括通过src="x"来填充框架中所需的HTML文档的位置。

（3）noframe标记。当浏览器不支持框架时就显示这个标记的内容。

在框架中可以使用如下属性：

（1）cols="x"，这个属性可以创建多个列。框架页面的每一列都给出了一个x值，这样就可以创建动态或相对大小的框架，每列的属性值之间用逗号分开。例如，一个有三列框架的cols属性是这样的：cols="200,150,*"。它表示第一列宽200像素，第二列宽150像素，第三列由剩余像素组成。

（2）row="x"，使用列属性的方式来创建行。

（3）border="x"，这个值按像素设置带宽。

（4）frameborder="x"，IE浏览器用它来控制边界的宽度。

（5）framespacing="x"，这个属性最初由IE浏览器使用，用来控制边界宽度。

框架标记使用以下属性：

（1）frameborder="x"，使用这个属性来控制单个框架周围的边界。

（2）marginheight="x"，根据像素来控制框架边界的高度。

（3）marginwidth="x"，根据像素来控制框架边界的宽度。

（4）name="x"，这个属性允许设计者命名一个单独的框架。命名框架可以作为其他HTML页面中的链接目标。名称必须以标准的字母或数字开头。

（5）noresize，这个属性固定了框架的位置且不允许用户改变框架大小，该属性不需要属性值。

（6）scrolling="x"，通过选择yes、no或auto，可以控制滚动条的外观。yes为在框架中自动放置滚动条，值为no则不出现滚动条，值为auto则在需要时放置一个滚动条。

（7）scr="x"，x的值由想要放置在框架中的HTML页面的相对或绝对URL来代替。

5.2.2 动态网页设计

早期的Web主要是静态页面的浏览，由Web服务器使用HTTP协议将HTML文档从Web服务器传输到用户的Web浏览器上，它适用于组织各种静态的文档类型元素如图片、文字及文档间的连接。

Web技术发展的第二阶段是生成动态页面。随着三层Client/Server结构和CGI标准、ISAPI扩展、动态HTML语言、Java/JDBC等技术的出现，产生了可以供用户交互的动态Web文档，HTML页除了能显示静态信息外，还能够作为信息管理中客户与数据库交互的人机页面。动态网页技术主要依赖服务器端编程，包括CGI版本、Server-API程序（包括NSAPI和ISAPI）、Java Servlets以及服务器端脚本语言。

服务端脚本编程方式试图使编程和网页联系更为紧密，并使它以更简单、更快速的方式运行。服务器端脚本的思想是创建与HTML混合的脚本文件或模板，当需要的时候由服务器来读它们，然后服务器端分析处理脚本代码，并输出由此产生的HTML文件。图5-9显示了这个过程。

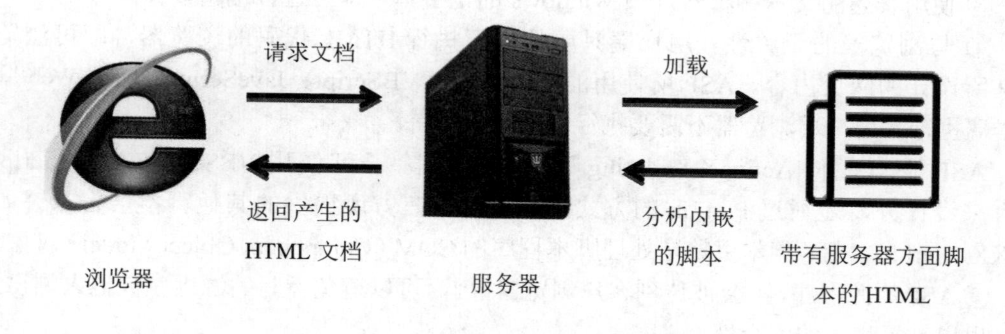

图5-9 服务器端脚本的分析过程

服务器脚本环境有许多，其中最流行的几种包括ASP（Active Server pages）、JSP（Java Server Pages）、ColdFusion、PHP等，它们的主要区别仅在于语法上，每一种技术与其他技术相比差别不大，因此在它们之间做出选择往往是出于自己的偏爱。所有这样的技术与更先进的服务器端编程如服务器API相比，其执行速度都相对较慢，可以弥补性能不足的是该项技术相对比较简单。

1. ASP 技术

（1）ASP 简介

ASP 从字面上说，包含了三方面的含义：

① Active。ASP 使用了 Microsoft 的 ActiveX 技术。它采用封装程序调用对象的技术，以简化编程和加强程序间的合作。ASP 本身封装了一些基本组件和常用组件，有很多公司也开发了很多实用组件。只要在服务器上安装了这些组件，通过访问组件，就可以快速、简易地建立 Web 应用。

② Server：ASP 运行在服务器端。这样就不必担心浏览器是否支持 ASP 所使用的编程语言。ASP 的编程语言可以是 VBScript 和 JavaScript。VBScript 是 VB 的一个简集，会 VB 的人可以很方便的快速上手。然而 Netscape 浏览器不支持客户端的 VBScript，所以最好不要在客户端使用 VBScript。而在服务器端，则无需考虑浏览器的支持问题，Netscape 浏览器可以正常显示 ASP 页面。

③ Pages。ASP 返回标准的 HTML 页面，可以正常地在常用的浏览器中显示。浏览者查看页面源文件时，看到的是 ASP 生成的 HTML 代码，而不是 ASP 程序代码。

由此看出，ASP 是在 IIS（Internet Information Services）下开发 Web 应用的一种简单、方便的编程工具。在了解了 VBScript 的基本语法后，只需要清楚各个组件的用途、属性、方法，就可以轻松编写出自己的 ASP 页面。

（2）ASP 的特点

① 使用 VBScript、JavaScript 等简单易懂的脚本语言，结合 HTML 代码，即可快速地完成网站应用程序的编写。

② 无需 compile 编译、容易编写，可在服务器端直接执行。

③ 使用普通的文本编辑器，如 Windows 的记事本，即可进行编辑设计。

④ 与浏览器的无关性。用户端只要使用可执行 HTML 代码的浏览器，即可浏览 ASP 所设计的网页内容。ASP 所使用的脚本语言（VBScript、JaveScript）均在 Web 服务器端执行，用户端浏览器不需要执行这些脚本语言。

ASP 能与任何 ActiveX Scripting 语言相容。除了可使用 VBScript 或 JaveScript 语言来设计外，还通过 Plug-in 的方式，使用由第三方所提供的其他脚本语言，譬如 REXX、Perl、Tcl 等。脚本引擎是处理脚本程序的 COM（Component Object Model）对象。

⑤ ASP 的源程序，不会被传到客户浏览器，因而可以避免所写的源程序被他人剽窃，同时也提高了程序的安全性。

⑥ 可使用服务器端的脚本生成客户端的脚本。

⑦ 面向对象的（Object-Oriented）。

⑧ ActiveX Server Components（ActiveX 服务器元件）具有无限可扩充性。可以使用 Visual Basic、Java、Visual C++、COBOL 等编程语言来编写所需要的 ActiveX Server Components。

（3）ASP 编程环境

与一般的程序不同，.asp 程序无须编译，ASP 程序的控制部分是使用 VBScript、

JaveScript 等脚本语言来设计的。当执行 ASP 程序时，脚本程序将一整套命令发送个给脚本解释器（即脚本引擎），由脚本解释器进行翻译并将其转换成服务器所能执行的命令。当然，同其他编程语言一样，ASP 程序的编写也遵循一定的规则，如果想使用某种脚本语言编写 ASP 程序，那么服务器上必须要有能够解释这种脚本语言的脚本解释器。当安装 ASP 时，系统提供了两种脚本语言，即 VBSrcipt 和 JavaScript，而 VBScript 则是系统默认的脚本语言。

ASP 程序其实是以扩展名为 .asp 的纯文本形式存在于 Web 服务器上的，所以可以用任何文本编辑器打开它，ASP 程序中可以包含纯文本、HTML 标记以及脚本命令。只需将 .asp 程序放在 Web 服务器的虚拟目录下（该目录必须要有可执行的权限），即可以通过 WWW 的方式访问 ASP 程序。

所谓脚本，是由一系列的脚本命令组成的，如同一般的程序，脚本可以将一个值赋给一个变量，可以命令 Web 服务器发送一个值到客户浏览器，还可以将一系列命令定义成一个过程。要编写脚本，必须要熟悉至少一门脚本语言，如 VBScript。脚本语言是一种介于 HTML 和诸如 Java、Visual Basaic、C++ 等编程语言之间的一种特殊的语言，尽管它更接近后者，但它却不具有编程语言复杂、严谨的语法和规则。ASP 所提供的脚本运行环境可支持多种脚本语言，譬如 JaveScript、Perl 等，这给 ASP 程序设计者提供了发挥的余地。ASP 的出现使 Web 设计者不必在为客户浏览器是否支持而担心，实际上就算在同一个 .asp 文件中使用不同的脚本语言，也无须为此担忧，因为所有的一切都将在服务器端进行，客户浏览器得到的只是一个程序执行的结果，只需在 .asp 中声明使用不同的脚本语言即可。

2．ASP 内嵌对象

Asp 提供了可在脚本中使用的内嵌对象。这些对象使用户更容易收集那些通过浏览器请求发送的信息，响应浏览器以及存储用户信息，从而使对象开发摆脱了很多繁琐的工作。内嵌对象不同于正常的对象，在利用内嵌对象的脚本时，不需要首先创建一个它的实例。在整个网站应用中，内嵌对象的所有方法、集合以及属性都是自动访问的。

一个对象由方法、属性和集合构成，其中对象的方法决定了这个对象可以做什么。对象的属性可以读取，它描述对象状态或者设置对象状态。对象的集合包含了很多和对象有关系的键和值的配对，例如，书是一个对象，这个对象包含的方法决定了可以怎样处理它，书这个对象的属性包括页数、作者等，对象的集合包含了许多键和值的配对，对书而言，每一页的页码就是键，那么值就是对应于该页码的这一页的内容。

（1）Request 对象

Request 对象为脚本提供了当客户端请求一个页面或者传输一个窗体时，客户端所需要的全部信息。这包括能指明浏览器和用户的 HTTP 变量，这个域名存放在浏览器中的 cookie，作为任何查询字符串而附于 URL 后面的字符串或页面的 <form> 段中的 HTML 控件的值，同时也提供使用 Secure Socket Layer（SSL）或其他加密通信协议的授权访问，以及有助于对连接进行管理的属性。

① Request 对象的集合

Request 对象提供了 5 个集合，可以用来访问客户端对 Web 服务器请求的各类信息，如表 5-1 所示。

表 5-1　Request 对象的集合及说明

集合名称	说明
Client Certificate	当客户端访问一个页面或其他资源时，用来向服务器表明身份的客户证书的所有字段或条目的数值集合，每个成员均是只读
Cookies	根据用户的请求，用户系统发出的所有 Cookie 的值的集合，这些 Cookie 仅对相应的域有效，每个成员为只读
Form	METHOD 的属性值为 POST 时，所有作为请求提交的 <form> 段中的 HTML 控件单元的值的集合，每个成员均为只读
QueryString	依附于用户请求的 URL 后面的名称 / 数值对或者作为请求提交的且 METHOD 属性值为 GET（或者省略其属性）的，或 <form> 中所有 HTML 控件单元的值，每个成员均为只读
ServerVariables	随同客户端请求发出的 HTTP 报头值，以及 Web 服务器的几种环境变量的值的集合，每个成员均为只读

② Request 对象的属性

Request 对象唯一的属性及说明如表 5-2 所示，它提供关于用户请求的字节数量的信息，很少用于 ASP 页，用户通常关注指定值而不是整个请求字符串。

表 5-2　Request 对象的属性及说明

属性	说明
Total Bytes	只读。返回由客户端发出的请求的整个字节数量

③ Request 对象的方法

Request 对象唯一的方法及说明如图 5-3 所示，它允许访问从一个 <form> 段中传输服务器的用户请求部分的完整内容。

表 5-3　Request 对象的方法及说明

方法	说明
Binary Read（count）	当数据作为 POST 请求的一部分发往服务器时，从客户请求中获得 count 字节的数据，返回一个 Variant 数组。如果 ASP 代码已经引用了 Request.Form 集合，这个方法就不能用。同时，如果用了 Binary Read 方法，就不能访问 Request.Form 集合

（2）Response 对象

用来访问服务器端所创建的并发回到客户端的响应信息。为脚本提供 HTTP 变量，指明服务器、服务器的功能、关于发回浏览器的内容的信息以及任何将为这个域而存放在浏览器里新的 cookie。它也提供了一系列的方法用来创建输出，例如 Response.Write 方法。

① Response 对象的集合

Response 对象只有一个集合，如表 5-4 所示，该集合设置希望放置在客户系统上的 Cookie 的值，它直接等同于 Response.Cookie 集合。

表 5-4　Response 对象的集合及说明

集合	说明
Cookie	在当前响应中，发回客户端的所有 Cookie 的值，这个集合为只写

② Response 对象的属性

Response 对象也提供一系列的属性，可以读取和修改，使其能够适应相应的请求。这些由服务器设置，用户不需要设置它们。需要注意的是，当设置某些属性时，使用的语法可能与通常所使用的有一定的差异。这些属性如表 5-5 所示。

表 5-5　Response 对象的属性及说明

属性	说明
Buffer=True|False	读 / 写。布尔型。表明由一个 ASP 页所创建的输出是否一直存放在 IIS 缓冲区，直到当前页面的所有服务器脚本处理完毕或 Flush、End 方法被调用。在任何输出（包括 HTTP 报送信息）送住 IIS 之前这个属性必须设置。因此在 .asp 文件中，这个设置应该在 <%@ LANGUAGE=...%> 语句后面的第一行
CacheControl"setting"	读 / 写，字符型，设置这个属性为“Public”允许代理服务器缓存页面，如为“Private”则禁止代理服务器缓存的发生
Charset="value"	读 / 写，字符型，在由服务器为每个响应创建的 HTTP Content-Type 报头中附上所用的字符集名称
Content Type = "MIME-type"	读 / 写，字符型，指明响应的 HTTP 内容类型，标准的 MIME 类型（例如“text/xml”或者“Image/gif”）。假如缺省，表示使用 MIME 类型“text/html”，内容类型告诉浏览器所期望内容的类型
Expires minutes	读 / 写，数值型，指明页面有效的以分钟计算的时间长度，假如用户请求其有效期满之前的相同页面，将直接读取显示缓冲中的内容，这个有效期间过后，页面将不再保留在私有（用户）或公用（代理服务器）缓冲中

属性	说明
Expires Absolute #date [time]#	读 / 写，日期 / 时间型，指明当一个页面过期和不再有效时的绝对日期和时间
Is Client Connected	只读，布尔型，返回客户是否仍然连接和下载页面的状态标志。在当前的页面已执行完毕之前，假如一个客户转移到另一个页面，这个标志可用来中止处理
PICS("PICS-Label-string")	只写，字符型，创建一个 PICS 报头定义页面内容中的词汇等级，如暴力、性、不良语言等
Status="Code message"	读 / 写，字符型，指明发回客户的响应的 HTTP 报头中表明错误或页面处理是否成功的状态值和信息。例如“200 OK”和“404 Not Found”

③ Response 对象的方法

Response 对象提供一系列的方法，如表 5-6 所示，允许直接处理为返回给客户端而创建的页面内容。

表 5-6　Response 对象的方法及说明

方法	说明
AddHeader("name","content")	通过使用 name 和 Content 值，创建一个定制的 HTTP 报头，并增加到响应之中。不能替换现有的相同名称的报头。一旦已经增加了一个报头就不能被删除。这个方法必须在任何页面内容（即 text 和 HTML）被发住客户端前使用
AppendToLog("string")	当使用“W3C Extended Log File Format”文件格式时，对于用户请求的 Web 服务器的日志文件增加一个条目。至少要求在包含页面的站点的“Extended Properties”页中选择“URL Stem”
BinaryWrite(safeArray)	在当前的 HTTP 输出流中写入 Variant 类型的 SafeArray，而不经过任何字符转换。对于写入非字符串的信息，例如定制的应用程序请求的二进制数据或组成图像文件的二进制字节，是非常有用的
Clear()	当 Response.Buffer 为 True 时，从 IIS 响应缓冲中删除现存的缓冲页面内容。但不删除 HTTP 响应的报头，可用来放弃部分完成的页面
End()	让 ASP 结束处理页面的脚本，并返回当前已创建的内容，然后放弃页面的任何进一步处理
Flush()	发送 IIS 缓冲中所有当前缓冲页给客户端。当 Response.Buffer 为 True 时，可以用来发送较大页面的部分内容给个别的用户

方法	说明
Redirect("url")	通过在响应中发送一个“302 Object Moved”HTTP报头，指示浏览器根据字符串url下载相应地址的页面
Write("string")	在当前的HTTP响应信息流和IIS缓冲区写入指定的字符，使之成为返回页面的一部分

（3）ASP的Application对象成员概述

Application对象是在为响应一个ASP的首次请求而载入ASP DLL时创建的，它提供了存储空间来存放变量和对象的引用，可用于所有的页面，任何访问者都可以打开它们。

①Application对象的集合

Application对象提供了两个集合，可以用来访问存储与全局应用程序空间中的变量和对象。集合及说明如表5-7所示。

表5-7 Application对象的集合及说明

集合	说明
Contents	没有使用<OBJECT>元素定义的存储于Application对象中所有变量（及它们的值）的一个集合。包括Variant数组和Variant类型对象实例的引用
StaticObjects	使用<OBJECT>元素定义的储存于Application对象中的所有变量（及它们的值）的一个集合

②Application对象的方法

Application对象的方法允许删除全局应用程序空间中的值，控制在该空间内对变量的并发访问。方法及说明如表5-8所示。

表5-8 Application对象的方法及说明

方法	说明
Contents.Remove ("variable_name")	从Application.Content集合删除一个名为variable_name的变量
Contents.RemoveAll()	从Application.Content集合删除所有变量
Lock()	锁定Application对象，使得只有当前的ASP页面对内容能够进行访问。用于确保通过允许两个用户同时读取和修改值的方法而进行的并发操作不会破坏内容。
Unlock()	解除对在Application对象上的ASP网页的锁定。

③Application对象的事件

Application对象提供了在其启动和结束时触发的两个事件，如表5-9所示。

表 5-9　Application 对象的事件及说明

事件	说明
OnStart	当 ASP 启动时触发，在用户请求的网页执行之前和任何用户创建 Session 对象之前，用于初始化变量、创建对象或运行其他代码
OnEnd	当 ASP 应用程序结束时出发。在最后一个用户会话已经结束并且该会话的 OnEnd 事件中的所有代码已经执行之后发生。其结束时，应用程序中存在的所有变量被取消

（4）ASP 的 Session 对象成员概述

独特的 Session 对象是在每一个访问者从 Web 站点或 Web 应用程序中首次请求一个 ASP 页时创建的，它将保留到默认的期限结束（或者由脚本决定中止的期限）。它与 Application 对象一样提供一个空间来存放变量和对象的引用，但只能供目前的访问者在会话的生命期中打开的页面使用。

① Session 对象的集合

Session 对象提供了两个集合，可以用来访问存储于用户的局部会话空间中的变量和对象，这些集合及说明如表 5-10 所示。

表 5-10　Session 对象的集合及说明

集合	说明
Contents	存储这个特定 Session 对象中的所有变量和其值的一个集合，并且这些变量和值没有使用 <OBJECT> 元素进行定义，包括 Variant 数组和 Variant 类型对象实例的引用
StaticObjects	通过使用 <OBJECT> 元素定义的、存储在这个 Session 对象中的所有变量的一个集合

② Session 对象的属性

Session 对象提供了 4 个属性。这些属性及说明如表 5-11 所示。

表 5-11　Session 对象的属性及说明

属性	说明
CodePage	读 / 写。整型。定义用于在浏览器中显示页内容的代码页（CodePage）。代码页是字符集的数字值，不同的语言和场所可能使用不同的代码页。例如 ANSI 代码页 1252 用于美国英语和大多数欧洲语言，代码页 932 用于日文字
LCID	读 / 写。整型。定义发送给浏览器的页面地区标识（LCID）。LCID 是唯一地标识地区的一个国际标准缩写，例如 2057 定义当前地区的货币符号是 '£'。LCID 也可用于 Format Currency 等语句中，只要其中有一个可选的 LCID 参数。LCID 也可在 ASP 处理指令 <%...%> 中设置，并优先于会话的 LCID 属性中的设置

属性	说明
SessionID	只读。长整型。返回这个会话标识符，创建会话时该标识符由服务器产生。只在父 Application 对象的生存期内是唯一的，因此当一个新的应用程序启动时可重新使用
Timeout	读/写。整型。为这个会话定义以 min（分钟）为单位的超时周期。如果用户在超时间周期内没有进行刷新或请求一个网页，该会话结束。在各网页中根据需要可以修改。缺省值是 10min。在使用率高的站点上该时间应更短

③ Session 对象的方法

Session 对象允许从用户级的会话空间删除指定值，并根据需要终止会话。Session 对象的方法及说明如表 5-12 所示。

表 5-12　Session 对象的方法及说明

方法	说明
Contents.Remove ("variable_name")	从 Session.Content 集合中删除一个名为 variable_name 的变量
Contents.RemoveAll()	从 Session.Content 集合中删除所有变量
Abandon()	当网页的执行完成时，结束当前用户会话并撤销当前 Session 对象。但即使在调用该方法以后，仍可以访问该页中的当前会话的变量。当用户请求下一个页面时将启动一个新的会话，并建立一个新的 Session 对象

④ Session 对象的事件

Session 对象提供了在启动和结束时触发的两个事件，如表 5-13 所示。

表 5-13　Session 对象的事件及说明

事件	说明
OnStart	在用户请求的网页执行之前，当 ASP 用户会话启动时触发。用于初始化变量、创建对象或运行其他代码
OnEnd	当 ASP 用户会话结束时触发。从用户对应用程序的最后一个页面请求开始，如果已经超出预定的会话超时周期则触发该事件。当会话结束时，取消该会话中的所有变量。在代码中使用 Abandon 方法结束 ASP 用户会话时，也触发该事件

（5）ASP 的 Server 对象成员概述

Server 对象提供了一系列的方法和属性，在使用 ASP 编写脚本时非常有用。最常用的是 Server.CreateObject 方法，它允许在当前的环境或会话中在服务器上实例化其 COM 对象。还有一些方法能够把字符串翻译成在 URL 和 HTML 中使用的正确格式，即通过把非法字符转换成正确的、合法的等价字符来实现。

Server 对象是专门为处理服务器上的特定任务而设计的，特别是与服务器的环境和处理活动有关的任务。因此提供信息的属性只有一个，但却有 7 种方法用来以服务器特定的方法格式化数据、管理其他网页的执行、管理外部对象和组件的执行以及处理错误。

① Server 对象的属性

Server 对象唯一的一个属性用于访问一个正在执行的 ASP 网页的脚本超时值，如表 5-14 所示。

表 5-14　Server 对象的属性及说明

属性	说明
ScriptTimeout	整型。缺省值为 90。设置或返回页面的脚本在服务器退出执行和报告一个错误之前可以执行的时间（秒数）。达到该值后将自动停止页面的执行，并从内存中删除包含可能进入死循环的错误的页面或者是那些长时间等待其他资源的网页。这会防止服务器因存在错误的页面而过载。对于运行时间较长的页面需要增大这个值

② Server 对象的方法

Server 对象的方法用于格式化数据、管理网页执行和创建其他对象实例，如表 5-15 所示。

表 5-15　Server 对象的方法及说明

方法	说明
CreateObject("identifier")	创建由 identifier 标识的对象（一个组件、应用程序或脚本对象）的一个实例，返回可以在代码中使用的一个引用。可以用于一个虚拟应用程序（global.asa 页）创建会话层或应用程序层范围内的对象。该对象可以用其 ClassID 来标识，如“{clsid:BD96C556-65A3...37A9}”或一个 ProgID 串来标识，如“ADODB.Connection”
Execute("url")	停止当前页面的执行，把控制转到在 url 指定的网页。用户的当前环境（即会话状态和当前事务状态）也传递到新的网页。在该页面执行完成后，控制传递回原先的页面，并继续执行 Execute 方法后面的语句
GetLastError()	返回 ASP ASPError 对象的一个引用，这个对象包含该页面在 ASP 处理过程中发生的最近一次错误的详细数据。这些由 ASPError 对象给出的信息包含文件名、行号、错误代码等

方法	说明
HTMLEncode("string")	返回一个字符串，是输入值 string 的拷贝，但去掉了所有非法的 HTML 字符，如<、>、& 和双引号，并转换为等价的 HTML 条目，即 <、'>'、'&'、'"' 等
MapPath("url")	返回在 url 中指定的文件或资源的完整物理路径和文件名
Transfer("url")	停止当前页面的执行，把控制转到 url 中指定的页面。用户的当前环境（即会话状态和当前事务状态）也传递到新的页面。与 Execute 方法不同，当新页面执行完成时，不回到原来的页面，而是结束执行过程
URLEncode("string")	返回一个字符串，是输入值 string 的拷贝，但是在 URL 中无效的所有字符，如？、& 和空格，都转换为等价的 URL 条目，即 %3F、%26 和 +

3. ASP 使用范例

```
<HTML>
<BODY>
<TABLE>
<%Call Callme%>
</Table>
<%Call ViewDate%>
</BODY>
</HTML>
<SCRIPT LANGUAGE=VBScript RUNAT=server>
Sub Callme
    Response.Write"<TR><TD>Call</TD><TD>Me</TD></TR>"
End Sub
</SCRIPT>
<SCRIPT LANGUAGE=JScript RUNAT=server>
Function ViewDate()
{
    Var x
    x=new Date()
    Response.Write(x.toString())
}
</SCRIPT>
```

ASP 不同于客户端脚本语言，它有自己特定的语法，所有的 ASP 命令都必须包含在 <% 和 %> 之内，如 <%test="English"%>。ASP 通过包含在 <% 和 %> 中的表达式将执行结果输出到客户浏览器。例如 <%=test%> 就是将前面赋给变量 test 的值 English 发送到客户端浏览器中，而变量 test 的值为 Mathematics 时，以下程序：

This weekend we will test<%=test%>.

在客户浏览器中则显示为：

This weekend we will test Mathematics.

4．ADO 数据库编程

微软公司的 ADO（ActiveX Data Objects）是一个用于存取数据源的 COM 组件。它是编程语言和统一数据访问方式 OLE DB 的一个中间层，允许开发人员编写访问数据的代码、到数据库的链接，而不用关心数据库的实现。

（1）基本的 ADO 编程模型

ADO 提供执行以下操作的方式：

- 连接到数据源，同时，可确定对数据源的所有更改是否已成功或没有发生。
- 指定访问数据源的命令，同时可带变量参数，或优化执行。
- 执行命令。如果这个命令使数据按表中的行的形式返回，则将这些行存储在易于检查、操作或更改的缓存中。
- 可使用缓存行的更改内容来更新数据源。
- 提供常规方法检测错误（通常由建立连接或执行命令造成）。

ADO 具有很强的灵活性，只需执行部分模块就能做一些有用的工作。例如，将数据从文件直接存储到缓存行，然后仅用 ADO 资源对数据进行检查。进行 ADO 连接的主要模块包括：

① 连接

连接是交换数据所必需的环境，通过“连接”可从应用程序访问数据源。通过如 Microsoft Internet Information Server 作为媒介，应用程序可直接（有时称为双层系统）或间接（有时称三层系统）访问数据源。

“事物”用于界定在连接过程中发生的一系列数据访问操作的开始和结束。ADO 可明确事务中的操作造成的对数据源的更改或者成功发生，或者根本没有发生。如果取消事务或它的一个操作失败，则最终的结果将仿佛是事务中的操作均未发生，数据源将会保持事务开始以前的状态。

“对象模型”使用 Connection 对象使连接概念得以具体化。对象模型无法清楚地体现出事务的概念，而是用一组 Connection 对象方法来表示。

ADO 访问来自 OLE DB 提供者的数据和服务。Connection 对象用于指定专门的提供者和任意参数。例如，可对远程数据服务（RDS）进行显式调用，或通过 Microsoft OLE DB Remoting Provider 进行隐式调用。

② 命令

通过已建立的连接发出的“命令”可以某种方式来操作数据源。一般情况下，命令可以在数据源中添加、删除或更新数据，或者在表中以行的格式检索数据。对象模型用 Command 对象来体现命令概念。Command 对象使 ADO 能够优化对命令的执行。

③ 参数

通常，命令需要的变量部分即“参数”可以在命令发布之前进行更改。例如，可重复发出相同的数据检索命令，但每一次均可更改指定的检索信息。

参数对执行与其行为类似的函数的命令非常有用，这样就可知道命令是做什么的，但不必知道它如何工作。例如，可发出一项银行用户过户的命令，从一方借出，贷给另一方，可将要过户的款额设置为参数。

对象模型用 Parameter 来体现参数概念。

④ 记录集

如果命令是在表格中按信息行返回数据的查询（行返回查询），则这些结果将会存储在本地。对象模型将该存储体现为 Recordset 对象。

记录集是在行中检查和修改数据最主要的方法。Recordset 对象用于指定可以检查的行，移动行，指定移动行的顺序，添加、更改或删除行，通过更改行更新数据源，管理 Recordset 的总体状态。

⑤ 字段

一个记录集行包含一个或多个“字段”。如果将记录集看作二维网格，字段将排列成“列”。每一字段（列）都分别包含有名称、数据类型和值的属性，正是在字段值中包含了来自数据源的真实数据。

对象模型以 Field 对象体现字段。

要修改数据源中的数据，可在记录集行中修改 Field 对象的值，对记录集的更改最终被传送给数据源。作为选项，Connection 对象的事务管理方法能够可靠地保证更改要么全部成功，要么全部失败。

⑥ 错误

错误随时可能在应用程序中发生，通常是由于无法建立连接、执行命令或对某些状态（例如，试图使用没有初始化的记录集）的对象进行操作。

对象模型以 Error 对象体现错误。

任意给定的错误都会产生一个或多个 Error 对象，随后产生的错误将会放弃先前的 Error 对象组。

⑦ 属性

每个 ADO 对象都有一组唯一的“属性”来描述或控制对象的行为。

属性有两种类型：内置和动态。内置属性是 ADO 对象的一部分并且随时可用。动态属性则由特别的数据提供者添加到 ADO 对象的属性集合中，仅在提供者被使用时才能存在。

对象模型以 Property 对象体现属性。

⑧ 集合

ADO 提供“集合”，这是一种可方便地包含其他特殊类型对象的对象类型。使用集合方法可按名称（文本字符串）或序号（整型数）对集合中的对象进行检索。

ADO 提供四种类型的集合：

● Connection 对象具有 Errors 集合，包含为响应与数据源有关的单一错误而创建的所有 Error 对象。

● Command 对象具有 Parameters 集合，包含应用于 Command 对象的所有 Parameter 对象。

● Recordset 对象具有 Fields 集合，包含所有定义 Recordset 对象列的 Field 对象。

另外，Connection、Command、Recordset 和 Field 对象都具有 Properties 集合。它包含所有属于各个包含对象的 Property 对象。

ADO 对象拥有可在其上使用的诸如“整型”“字符型”或“布尔型”这样的普通数据类型来设置或检索值的属性。然而，有必要将某些属性看成是数据类型“COLLECTION OBJECT”的返回值。相应的，集合对象具有存储和检索适合该集合的其他对象的方法。

例如，可认为 Recordset 对象具有能够返回集合对象的 Properties 属性。该集合对象具有存储和检索描述 Recordset 性质的 Property 对象的方法。

⑨ 事件

“事件”是对将要发生或已经发生的某些操作的通知。一般情况下，可用事件高效地编写包含几个异步任务的应用程序。

对象模型无法显式体现事件，只能在调用事件处理程序例程时表现出来。

在操作开始之前调用事件处理程序便于对操作参数进行检查或修改，然后取消或允许操作完成。

操作完成后调用的事件处理程序在异步操作完成后进行通知。多个操作经过增强可以有选择地异步执行。例如，用于启动异步 Recordset.Open 操作的应用程序将在操作结束时得到执行完成事件的通知。

（2）ADO 操作步骤

ADO 的目标是访问、编辑和更新数据源，而编程模型体现了为完成该目标所必需的系列动作的顺序。ADO 提供类和对象以完成以下活动：

● 连接到数据源（Connection），并选择开始一个事务。

● 选择创建对象来表示 SQL 命令（Command）。

● 选择在 SQL 命令中指定列、表和值作为变量参数（Parameter）。

● 执行命令（Command、Connection 或 Recordset）。

● 如果命令按行返回，则将行存储在缓存中（Recordset）。

● 可选择创建缓存视图，以便能对数据进行排序、筛选和定位（Recordset）。

● 通过添加、删除或更改行和列编辑数据（Recordset）。

● 在适当情况下，使用缓存中的更改内容来更新数据源（Recordset）。

● 如果使用了事务，则可以接受或拒绝在完成事务期间所作的更改。结束事务（Connection）。

① 打开连接

ADO 打开连接的主要方法是使用 Connection.Open 方法。另外也可在同一个操作中调用快捷方法 Recordset.Open 打开连接并在连接上发出命令。以下是 Visual Basic 中用于两种方法的语法：

```
connection.Open ConnectionString,UserID,Password,OpenOptions
recordset.Open Source,ActiveConnection,CursorType,LockType,Options
```

ADO 提供了多种指定操作数的简便方式。例如：Recordset.Open 带有 ActiveConnection 操作数，该操作数可以是文字字符串（表示字符串的变量），或者是代表一个已打开的连接的 Connection 对象。

对象中的多数方法具有属性，当操作数缺省时，属性可以提供参数。使用 Connection.Open，可以省略显式 ConnectionString 操作数，并通过将 ConnectionString 的属性设置为“DSN=pubs;uid=sa;pwd=;database=pubs”隐式地提供信息。

与此相反，连接字符串中的关键字操作数 uid 和 pwd 可为 Connection 对象设置 UserID 和 Password 参数。

② 创建命令

查询命令要求数据源返回含有所要求信息行的 Recordset 对象。命令通常使用 SQL 编写。例如：

代表字符串的文字串或变量。本教程可使用命令字符串“SELECT * from authors”查询 pubs 数据库中的 authors 表中的所有信息。

代表命令字符串的对象。在这种情况下，Command 对象的 CommandText 属性的值设置为命令字符串。

```
Command cmd = New ADODB.Command;
cmd.CommandText = "SELECT * from authors"
```

在查询命令中，使用占位符“?”指定参数化命令字符串。

尽管 SQL 字符串的内容是固定的，用户也可以创建“参数化”命令，这样在命令执行时占位符“?”字符串将被参数所替代。

使用 Prepared 属性可以优化参数化命令的性能，参数化命令可以重复使用，每次使用只需要改变参数。

例如，执行以下命令字符串将对所有姓“Ringer”的作者进行查询：

```
Command cmd = New ADODB.Command
cmd.CommandText = "SELECT * from authors WHERE au_lname = ?"
```

指定 Parameter 对象并将其追加到 Parameter 集合。

每个占位符“?”将由 Command 对象 Parameter 集合中相应的 Parameter 对象值替代。可将“Ringer”作为值来创建 Parameter 对象，然后将其追加到 Parameter 集合：

```
Parameter prm = New ADODB.Parameter
prm.Name = "au_lname"
prm.Type = adVarChar
prm.Direction = adInput
prm.Size = 40
```

```
prm.Value = "Ringer"
cmd.Parameters.Append prm
```

使用 CreateParameter 方法指定并追加 Parameter 对象。

ADO 现在可提供简易灵活的方法在单个步骤中创建 Parameter 对象并将其追加到 Parameter 集合。

```
cmd.Parameters.Append cmd.CreateParameter _
"au_lname", adVarChar, adInput, 40, "Ringer"
```

③ 执行命令

返回 Recordset 的方法有三种：Connection.Execute、Command.Execute 以及 Recordset.Open。以下是它们的 Visual Basic 语法：

```
connection.Execute(CommandText, RecordsAffected, Options)
command.Execute(RecordsAffected, Parameters, Options)
recordset.Open Source, ActiveConnection, CursorType, LockType, Options
```

必须在发出命令之前打开连接，每个发出命令的方法分别代表不同的连接：

- Connection.Execute 方法使用由 Connection 对象自身表现的连接。
- Command.Execute 方法使用在其 ActiveConnection 属性中设置的 Connection 对象。
- Recordset.Open 方法所指定的或者是连接字符串，或者是 Connection 对象操作数，否则使用在其 ActiveConnection 属性中设置的 Connection 对象。

命令在三种情况下的指定方式：

- 在 Connection.Execute 方法中，命令是字符串。
- 在 Command.Execute 方法中，命令是不可见的，它在 Command.CommandText 属性中指定。另外，此命令可含有参数符号“?”，它可以由“参数”VARIANT 数组中的相应参数替代。
- 在 Recordset.Open 方法中，命令是 Source 参数，它可以是字符串或 Command 对象。

每种方法可根据性能需要替换使用：Execute 方法针对（但不局限于）执行不返回数据的命令。两种 Execute 方法都可返回快速只读、仅向前 Recordset 对象。Command.Execute 方法允许使用可高效重复利用的参数化命令。Open 方法允许指定 CursorType（用于访问数据的策略及对象）和 LockType（指定其他用户的 isolation 级别以及游标是否在 immediate 或 batch modes 中支持更新）。

④ 操作数据

大量 Recordset 对象的方法和属性可用于对 Recordset 数据行进行检查、定位以及操作。

Recordset 可看作行数组，在任意给定的时间可进行测试和操作的行为“当前行”，在 Recordset 中的位置为“当前行位置”。每次移动到另一行时，该行将成为新的当前行。

有多种方法可在 Recordset 中显式移动或“定位”（Move 方法）。一些方法（如 Find 方法）在其操作的附加效果中也能够做到。此外，设置某个属性（如 Bookmark 属性）同样可以更改行的位置。

Filter 属性用于控制可访问的行（即这些行是“可见的”）。Sort 属性用于控制所定位的 Recordset 行中的顺序。

Recordset 有一个 Fields 集合，它是在行中代表每个字段或列的 Field 集，可从 Field 对象的 Value 属性中为字段赋值或检索数据。作为选项，可访问大量字段数据（使用 GetRows 和 Update 方法）。

使用 Move 方法从头至尾对经过排序和筛选的 Recordset 定位。当 Recordset EOF 属性表明已经到达最后一行时停止。在 Recordset 中移动时，显示作者的姓和名以及原始电话号码，然后将 phone 字段中的区号改为“777”（phone 字段中的电话号码格式为“aaa xxx-yyyy”，其中 aaa 为区号，xxx 为局号）。

```
rs("au_lname").Properties("Optimize") = TRUE
rs.Sort = "au_lname ASC"
rs.Filter = "phone LIKE '415 5*'"
rs.MoveFirst
Do While Not rs.EOF
  Debug.Print "Name: " & rs("au_fname") & " " rs("au_lname") & _
    "Phone: " rs("phone") & vbCr
  rs("phone") = "777" & Mid(rs("phone"), 5, 11)
  rs.MoveNext
Loop
```

⑤ 更新数据

对于添加、删除和修改数据行，ADO 有两个基本概念。

第一个概念是不立即更改 Recordset，而是将更改写入内部“复制缓冲区”。如果用户不想进行更改，复制缓冲区中的更改将被放弃；如果想保留更改，复制缓冲区中的改动将应用到 Recordset。

第二个概念是只要用户声明行的工作已经完成，则将更改立刻传播到数据源（即“立即”模式），或者只是收集对行集合的所有更改，直到用户声明该行集合的工作已经完成（即“批”模式）。这些模式将由 CursorLocation 和 LockType 属性控制。

在“立即”模式中，每次调用 Update 方法都会将更改传播到数据源。而在“批”模式中，每次调用 Update 或移动当前行位置时，更改都被保存到 Recordset 中，只有 UpdateBatch 方法才可将更改传送给数据源，由于使用“批”模式打开 Recordset，因此更新也使用批模式。

Update 可采用简洁的形式将更改用于单个字段或将一组更改用于一组字段，然后再进行更改，这样可以一步完成更新操作。也可选择在“事务”中进行更新，使用事务来确保多个相互关联的操作或者全部成功执行，或者全部取消。在此情况下，事务不是必需的。

事务可在一段相当长的时间内分配和保持数据源上的有限资源，因此建议事务的存在时间越短越好（这便是本书不在进行连接之初就开始事务的原因）。

⑥ 结束更新

假设批更新结束时发生错误，如何解决将取决于错误的性质和严重性，以及应用程序的逻辑关系。如果数据库是与其他用户共享的，典型的错误则是他人在本地用户之前更改了数据字段，这种类型的错误称为“冲突”。ADO 将检测到这种请况并报告错误。

如果错误存在，它们会被错误处理例程捕获。可使用 adFilterConflicting Records 常量对 Recordset 进行筛选，将冲突行显示出来。要纠正错误只需打印作者的姓和名（au_fname 和 au_lname），然后回卷事务，放弃成功的更新，由此结束更新。

```
...
conn.CommitTrans
...
On Error
rs.Filter = adFilterConflictingRecords
rs.MoveFirst
Do While Not rs.EOF
  Debug.Print "Conflict: Name: " & rs("au_fname") " " & rs("au_lname")
  rs.MoveNext
Loop
conn.Rollback
Resume Next
...
```

（3）ADO 示例代码

```
Public Sub main()
Dim conn As New ADODB.Connection
Dim cmd As New ADODB.Command
Dim rs As New ADDODB.Recordset
 '步骤 1
conn.Open"DSN=pubs;uid=sa;pwd=;database=pubs"
 '步骤 2
Set cmd.ActiveConnection=conn
Cmd.CommandText="SELECT*from authors"
 '步骤 3
rs.CursorLocation=adUseClient
rs.Open cmd,adOpenStatic,adLockBatchOptimistic
```

```
  '步骤 4
rs("au_lname").Properties("Optimize")=True
rs.Sort="au_lname"
rs.Filter="phone LIKE '415 5*'"
rs.MoveFirst
Do While Not rs.EOF
    Debug.Print"Name:"&rs("au_fname")&"";rs("au_lname")&_"phone:";rs("phone")&vbCr
    rs("phone")="777"&Mid(rs("phone"),5,11)
    rs.MoveNext
Loop
  '步骤 5
conn.BeginTrans
  '步骤 6-A
On Error GoTo ConflictHandler
rs.UpdateBatch
On Error GoTo 0
conn.CommitTrans
Exit Sub
  '步骤 6-B
ConflictHandler:
rs.Filter=adFilterConflictingRecords
rs.MoveFirst
Do While Not rs.EOF
    Debug.Print"Conflict:Name:"&rs("au_fname");""&rs("au_lname")
    rs.MoveNext
Loop
conn.Rollback
Resume Next
End Sub
```

5.3 本章小结

通过本章的学习，我们了解了 Internet 的主要应用以及 Internet 的常见接入方法。同时通过对 HTML 语言的学习，掌握了静态网页的设计方法；通过对 ASP 技术的学习，掌握了动态页面的基本设计思路。但这仅是一个开始，要想真正掌握网页设计技术，我们还应学好其他程序设计课程。

第 6 章 计算机网络的守护者——网络安全建设

网络信息安全是社会稳定安全的必要前提条件。人类社会已经无法脱离对网络与计算机的依赖，但是网络是开放的、共享的，因此如何保障网络安全已经成为计算机与信息安全界的一个重要研究课题。了解网络信息安全有关的概念，如何防范非法入侵，保护网络安全是本章我们要学习的主要内容。本章将首先介绍网络信息安全的相关概念，然后介绍网络安全的常见防范技术，最后介绍病毒的分类及基于网络的防病毒系统和系统漏洞扫描。

6.1 网络安全基础

6.1.1 网络安全的基本概念

由于网络传播信息快捷，隐蔽性强，在网络上难以识别用户的真实身份，以致网络犯罪、黑客攻击、有害信息传播等方面的问题日趋严重，网络安全已成为网络发展中的一个重要课题。网络安全的产生和发展，标志着传统的通信保密时代过渡到了信息安全时代。

1. 网络安全基本要素

网络安全通常包括5个基本要素，分别为机密性、完整性、可用性、可控性与可审查性。

机密性：信息不泄露给非授权用户、实体、过程，或供其利用的特性。

完整性：数据未经授权不能进行改变的特性。即信息在存储或传输过程中保持不被修改、破坏和丢失的特性。

可用性：可被授权实体访问并按需求使用的特性，即当需要时能否存取所需的信息。例如网络环境下拒绝服务、破坏网络和有关系统的正常运行等都属于对可用性的攻击。

可控性：对信息的传播及内容具有控制能力。

可审查性：出现安全问题时提供依据与手段。

2. 网络安全威胁

当前，普遍认为网络存在的威胁主要表现在如下5个方面。

（1）非授权访问：没有预先经过同意就使用网络或计算机资源则被看作非授权访问，如有意避开系统访问控制机制，对网络设备及资源进行非正常使用，或擅自扩大权限，越权访问信息。它主要有以下几种形式：假冒、身份攻击、非法用户进入网络系统进行违法操作、合法用户以未授权方式进行操作等。

（2）信息泄露或丢失：指敏感数据在有意或无意中被泄漏出去或丢失，它通常包括信息在传输中丢失或泄漏、信息在存储介质中丢失或泄漏以及建立隐藏隧道等窃取敏感信息等。如黑客利用电磁泄漏或搭线窃听等方式截取机密信息；或通过对信息流向、流量、通信频度和长度等参数的分析，推测出有用信息，如用户口令、账号等重要信息。

（3）破坏数据完整性：以非法手段窃得对数据的使用；删除、修改、插入或重发某些重要信息，以取得有益于攻击者的响应；恶意添加、修改数据、以干扰用户的正常使用。

（4）拒绝服务攻击：不断对网络服务系统进行干扰，改变其正常的作业流程，执行无关程序使系统响应减慢甚至瘫痪，影响正常用户的使用，甚者使合法用户被排斥而不能进入计算机网络系统或不能得到相应的服务。

（5）利用网络传播病毒：通过网络传播计算机病毒，其破坏性大大高于单机系统，而且用户很难防范。

3. 网络安全控制技术

为了保护网络信息的安全可靠，除了运用法律和管理手段外，还需依靠技术方法来实现。网络安全控制技术目前有防火墙、加密技术、用户识别技术、访问控制技术、网络反病毒技术、漏洞扫描技术、入侵检测技术等。

防火墙技术：防火墙技术是近年维护网络安全最重要的手段。根据网络信息保护程度，实施不同的安全策略和多级保护模式。加强防火墙的使用，可以经济、有效地保证网络安全。目前已有不同功能的多种防火墙。但防火墙也不是万能的，需要配合其他安全措施来协同防范。

加密技术：加密技术是网络信息安全主动的、开放型的防范手段，对于敏感数据采用加密处理，并且在数据传输时采用加密传输。目前加密技术主要有两大类：一类是基于对称密钥的加密算法，也称私钥算法；另一类是基于非对称密钥的加密算法，也称公钥算法。加密手段，一般分软件加密和硬件加密两种。软件加密成本低而且实用灵活，更换也方便；硬件加密效率高，本身安全性高。密钥管理包括密钥的产生、分发、更换等，是数据保密的重要一环。

用户识别技术：用户识别和验证也是一种基本的安全技术，其核心是识别访问者是否属于系统的合法用户，目的是防止非法用户进入系统。目前一般采用基于对称密钥加密或公开密钥加密的方法，采用高强度的密码技术来进行身份认证。比较著名的有 Kerberos、PGP 等方法。

访问控制技术：访问控制是控制不同用户对信息资源的访问权限，根据安全策略，对信息资源进行集中管理。对资源的控制粒度有粗粒度和细粒度两种，可控制到文件、Web 的 HTML 页面、图形、CCT、Java 应用。

网络反病毒技术：计算机病毒从 1981 年首次被发现以来，在近 20 年的发展过程中，其数目和危险性都在飞速发展。因此，计算机病毒问题越来越受到计算机用户和计算机反病毒专家的重视，目前许多防病毒的产品已被开发。

漏洞扫描技术：漏洞检测和安全风险评估技术可预知主体受攻击的可能性和具体地指证将要发生的行为和产生的后果。该技术的应用可以帮助用户分析资源被攻击的可能指数，了解支撑系统本身的脆弱性，评估所有存在的安全风险。网络漏洞扫描技术，主要包括网络模拟攻击、漏洞检测、报告服务进程、提取对象信息以及评测风险、提供安全建议和改进措施等功能，帮助用户控制可能发生的安全事件，最大可能地消除安全隐患。

入侵检测技术：入侵行为主要是指对系统资源的非授权使用。它可以造成系统数据的丢失和破坏，或造成系统拒绝合法用户的服务等危害。入侵者可以是一个手工发出命令的人，也可以是一个基于入侵脚本或程序自动发布命令的计算机。入侵者分为两类：外部入侵者和允许访问系统资源但又有所限制的内部入侵者。入侵检测是一种增强系统安全的有效技术，其目的就是检测出系统中违背系统安全性规则或者威胁到系统安全的活动。检测时，通过对系统中用户行为或系统行为的可疑程度进行评估，并根据评估结果来鉴别系统中行为的正常性，从而帮助系统管理员进行安全管理或对系统所受到的攻击采取相应的对策。

6.1.2 黑客的攻击手段

涉及网络安全的问题很多，但最主要的问题还是人为攻击，黑客就是最具代表性的一类群体。黑客的出现可以说是当今信息社会中，尤其是在因特网互联全球的过程中，网络用户有目共睹、不容忽视的一个独特现象。黑客在世界各地出击，寻找机会袭击网络，几乎到了无孔不入的地步。有不少黑客袭击网络时并不是怀有恶意，他们多数情况下只是为了表现和证实自己在计算机方面的天分与才华，但也有一些黑客的网络袭击行为是有意地对网络进行破坏。

黑客（Hacker）是指那些利用技术手段进入其权限以外的计算机系统的人。在虚拟的网络世界里，活跃着这批特殊的人，他们是真正的程序员，有过人的才能和乐此不疲的创造欲。技术的进步给了他们充分表现自我的天地，同时也使计算机网络多了一份灾难，一般人们把他们称之为黑客或骇客（Cracker），前者更多指的是具有反传统精神的程序员，后者更多指的是利用工具攻击别人的攻击者，具有明显的贬义。但无论是黑客还是骇客，都是具备高超的计算机知识的人。在国外，更多的黑客是无政府主义者、自由主义者，而在国内，大部分黑客表现为民族主义者。近年来，国内陆续出现了一些自发组织的黑客团体，有“中国鹰派”“绿色兵团”“中华黑客联盟”等，其中的典型代表是“中国红客网络安全技术联盟（Honker Union of China）”，简称H.U.C，其网址为www.cnhonker.com。黑客的攻击手段多种多样，下面列举一些常见的形式。

（1）口令入侵

所谓口令入侵，是指使用某种合法用户的账号和口令登录到目的主机，然后再实施攻击活动。使用这种方法的前提是得到了该主机上的某个合法用户的账号，然后再进行合法用户口令的破译。

通常黑客会利用一些系统习惯性账号的特点，采用字典技术来破解用户的密码。由于破译过程由计算机程序自动完成，因而几分钟到几个小时之间就可以把拥有几十万条记录的字典的所有单词都尝试一遍。其实黑客能够得到并破解主机上的密码文件，一般都是利用系统管理员的失误。在UNIX操作系统中，用户的基本信息都存放在passwd文件中，而所有口令则经过DES加密方法加密后专门存放在一个叫shadow的文件中。黑客们获取口令文件后，就会使用专门的破解DES加密的程序来破解口令。同时，由于为数不少的操作系统都存在许多安全漏洞、Bug或一些其他设计缺陷，这些缺陷一旦被找到，黑客就可以长驱直入。例如，让Windows系统后门洞开的特洛伊木马程序就是利用了Windows的基本设置缺陷。

采用中途截击的方法也是获取用户账号和密码的一条有效途径。因为有很多协议没有采用加密或身份认证技术，如在Telnet、FTP、HTTP、SMTP等传输协议中，用户账号和密码信息都是以明文格式传输的，此时攻击者利用数据包截取工具便可以很容易地收集到账号和密码。还有一种中途截击的攻击方法，它在用户同服务器端完成“三次握手”建立连接之后，在通信过程中扮演“第三者”的角色，假冒服务器身份欺骗用户，再假冒用户向服务器发出恶意请求，其造成的后果不堪设想。另外，黑客有时还会利用软件和硬件工具时刻监视系统主机的工作，等待记录用户登录信息，从而取得用户密码；或者使用有缓冲区溢出错误的 SUID 程序来获得超级用户权限。

（2）木马攻击

● 什么是木马

特洛伊木马（Trojan Horse）简称“木马”，其名称来源于古希腊神话《特洛伊木马记》。古希腊传说，帕里斯 Paris（原名：亚历山大，荷马史诗《伊利亚特》中的特洛伊王子）访问希腊，诱走了王后海伦，希腊人因此远征特洛伊。围攻 9 年后，到第 10 年，希腊将领奥德修斯献了一计，就是把一批勇士埋伏在一个巨大的木马腹内，放在城外后，扮作退兵。特洛伊人以为敌兵已退，就把木马作为战利品搬入城中。到了夜间，埋伏在木马中的勇士跳出来，打开了城门，希腊将士一拥而入攻下了城池。

后来，人们常用“特洛伊木马”这一典故比喻在地方营垒里埋下伏兵里应外合的活动。在计算机领域，木马比喻埋伏在别人的计算机里，偷取对方机密信息的程序。

● 木马工作原理

常见的普通木马一般是客户端 / 服务端（C/S）模式，客户端 / 服务端之间采用 TCP/UDP 的通信方式。如果要给别人的计算机上植入木马，则受害者运行的是服务器端程序，而自己则使用客户端来控制受害者的计算机。

木马是一种基于远程控制的黑客工具，具有隐藏性和非授权性的特点。所谓隐藏性是指服务端即使发现感染了木马，由于不确定其具体位置，往往只能望“马”兴叹。所谓非授权性是指一旦客户端与服务端建立起连接后，客户端将享受服务端的大部分操作权限，包括修改文件、修改注册表、控制鼠标和键盘等，而这些权利不是服务端赋予的，而是通过木马程序窃取的。一旦木马程序被植入到毫不知情的用户的计算机中，以“里应外合”的工作方式，服务程序通过打开特定端口进行监听，这些端口好像“后门”一样，所以，也有人把特洛伊木马叫做后门工作。攻击者所掌握的客户端程序向该端口发出请求，木马便与其连接起来。攻击者可以使用控制器进入计算机，通过客户端程序命令达到控制服务器端的目的。

木马的传播方式主要有两种：一种是通过 Email，客户端将木马程序以附件的形式夹在邮件中发送出去，收信人只要打开附件系统就会感染木马；另一种是软件下载，一些非正规的网站以提供软件下载为名，将木马捆绑在软件安装程序上，下载后，只要一运行这些程序，木马就会自动安装。

常见的木马：Windows 下有 Netbus、Subseven、BO、冰河、网络神偷等，UNIX 操作系统下有 Rhost++、Login 后门、Rootkit 等。

（3）DoS 攻击

拒绝服务（Denial of Service，DoS）攻击建立在 IP 地址欺骗攻击的基础上。最常见的 DoS 攻击有计算机网络带宽攻击和连通性攻击。带宽攻击指以极大的通信量冲击网络使得所有可用网络资源都被消耗殆尽，最后导致合法的用户请求无法通过。连通性攻击指用大量的连接请求冲击计算机，使得所有可用的操作系统资源都被占用，最终计算机无法再处理合法用户请求。

实施DoS攻击的工具很容易在Internet上找到，而且效果明显。仅在美国，每周的DoS攻击就超过4000次，每年造成的损失达上千万美元。常见的DoS攻击方式有以下几种。

① SYN Flood：该攻击以多个随机的源主机地址向目的主机发送SYN包，而在收到目的主机的SYN ACK后并不回应，这样，目的主机就为这些源主机建立了大量的连接队列，而且由于没收到ACK一直维护着这些队列，造成了资源的大量消耗而不能向正常请求提供服务。

② Smurf：该攻击向一个子网的广播地址发送一个带有特定请求（如ICMP回应请求）的数据包，并且将源地址伪装成想要攻击的主机地址。子网上所有主机都回应广播包请求而向被攻击主机发送数据包，使该主机受到攻击。

③ Ping of Death：根据TCP/IP协议的规范，一个数据包的长度最大为65536字节。尽管一个数据包的长度不能超过65535字节，但是一个数据包分成的多个片段的叠加却能做到。当一个主机收到了长度大于65536字节的数据包时，就是受到了Ping of Death攻击，该攻击会造成主机死机。

其他DoS攻击方式还有Land-based、Ping Sweep和PingFlood攻击等。

（4）端口扫描

端口扫描是指某些别有用心的人发送一组端口扫描消息，试图以此侵入某台计算机，并了解其提供的计算机网络服务类型（这些网络服务均与端口号相关）。端口扫描是计算机解密高手喜欢的一种方式。攻击者可以通过它了解到从哪里可探寻到攻击的弱点。实质上，端口扫描包括向每个端口发送消息，一次只发送一个消息。接收到的回应类型表示是否在使用该端口并且可由此探寻攻击弱点。

扫描器是一种自动检测远程或本地主机安全性弱点的程序，通过使用扫描器你可以不留痕迹的发现远程服务器的各种TCP端口的分配及提供的服务和它们的软件版本！这就能让我们间接地或直观地了解到远程主机所存在的安全问题。扫描器应该具有三种功能：一是发现一个主机或网络；二是发现一台主机后检测什么服务正运行在这台主机上；三是通过测试这些服务发现漏洞。

（5）网络监听

网络监听是一种监视网络状态、数据流程以及网络上信息传输的管理工具，它可以将网络界面设定成监听模式，并且可以截获网络上所传输的信息。也就是说，当黑客登录网络主机并取得超级用户权限后，若要登录其他主机，使用网络监听便可以有效地截获网络上的数据，这是黑客使用的最好的方法。但是网络监听只能应用于连接同一网段的主机，通常被用来获取用户密码等。

Sniffer是一款著名的监听工具，它可以监听到网络上传输的所有信息。Sniffer可以是硬件也可以是软件，主要用来接收在网络上传输的信息。Sniffer可以使用在任何一种平台之中，且极不容易被发现，它可以截取口令，也可以截获到本来是秘密的或者是专用信道内的信息，例如信用卡号、金融数据、E-mail 等，甚至可以用来攻击与自己相邻的网络。在 Sniffer 中，还有“热心人”编写了它的 Plugin，称为 TOD 杀手，可以将 TCP 的连接完全切断。总之，Sniffer 是个非常危险的软件，应该引起人们的重视。

（6）欺骗攻击

欺骗攻击是指攻击者创造一个易于误解的上下文环境，以诱使受攻击者进入并且做出缺乏安全考虑的决策。欺骗攻击就像是一场虚拟游戏：攻击者在受攻击者的周围建立起一个错误但是令人信服的世界。如果该虚拟世界是真实的话，那么受攻击者所做的一切都是无可厚非的。但遗憾的是，在错误的世界中似乎合理的活动可能会在现实的世界中导致灾难性的后果。常见的欺骗攻击如下：

● 什么是源 IP 地址欺骗攻击

许多应用程序认为如果数据包可以使其自身沿着路由到达目的地，并且应答包也可回到源地，那么源 IP 地址一定是有效的，而这正是使源 IP 地址欺骗攻击成为可能的一个重要前提。

假设同一网段内有两台主机 Alice 和 Bob，另一网段内有主机 Cracker，Bob 授予 Alice 某些特权。Cracker 为获得与 Alice 相同的特权，所做欺骗攻击如下：首先，Cracker 冒充 Alice，向主机 Bob 发送一个带有随机序列号的 SYN 包。主机 Bob 响应，回送一个应答包给 Alice，该应答号等于原序列号加 1。然而，此时主机 Alice 已被主机 Cracker 利用拒绝服务攻击“淹没”了，导致主机 Alice 服务失效。结果，主机 Alice 将 Bob 发来的包丢弃。为了完成三次握手，Cracker 还需要向 Bob 回送一个应答包，其应答号等于 Bob 向 Alice 发送包的序列号加 1。此时，主机 Cracker 并不能检测到主机 Bob 的数据包（因为不在同一网段），只有利用 TCP 顺序号估算法来预测应答包的顺序号并将其发送给目标机 Bob。如果猜测正确，Bob 则认为收到的 ACK 是来自内部主机 Alice。此时，Cracker 即获得了主机 Alice 在主机 Bob 上所享有的特权，并开始对这些服务实施攻击。

● 什么是源路由欺骗攻击

在通常情况下，信息包从起点到终点所走的路是由位于此两点间的路由决定的，数据包本身只知道去往何处，而不知道该如何去。源路由可使信息包的发送者将此数据包要经过的路径写在数据包里，使数据包循着一个对方不可预料的路径到达主机。

（7）电子邮件攻击

电子邮件攻击，是目前商业应用最多的一种商业攻击，我们也将它称为邮件炸弹攻击，就是对某个或多个邮箱发送大量的邮件，使网络流量加大占用处理器的时间，消耗系统资源，从而使系统瘫痪。目前有许多邮件炸弹软件，虽然它们的操作有所不同，成功率也不稳定，但是有一点就是它们可以隐藏攻击者不被发现。

电子邮件炸弹是一种让很多人厌烦的攻击。传统的邮件炸弹只是简单的向邮箱内扔去大量的垃圾邮件，从而充满邮箱，大量占用系统的可用空间和资源，使机器暂时无法正常工作。如果是拨号上网的用户利用 POP 来接收的话，那么还会增加连网时间，造成费用和时间的浪费。事实上现在这样的工具在网络中随处都可以找到，不单是如此，更令人担心的是这些工具往往会被一些刚刚学会上网的人利用，因为它们很简单。同时这些工具有着很好的隐藏性，能保护发起攻击者的地址。过多的邮件垃圾往往会加剧网络的负载力和消耗大量的空间资源来储存它们，过多的垃圾信件还将导致系统的Log文件变得很大，甚至有可能溢出文件系统，这样会给UNIX、Windows等系统带来危险。除了系统有崩溃的可能之外，大量的垃圾信件还会占用大量的CPU时间和网络带宽，造成正常用户的访问速度降低的问题。例如：同时间内有近百人同时向某国的大型军事站点发送大量垃圾信件的话，那么这样很有可能会使这个站点的邮件服务器崩溃，甚至造成整个网络中断。

6.1.3 可信计算机系统评估标准

当前，计算机网络系统和计算机信息系统的建设者、管理者和使用者都面临着一个共同的问题，就是他们建设、管理或使用的信息系统是否是安全的？那么如何来评估系统的安全性呢？这就需要有一整套用于规范计算机信息系统安全建设和使用的标准和管理办法。

1. 计算机系统安全评估准则综述

计算机系统安全评估准则是一种技术性法规。在信息安全这一特殊领域，如果没有这一标准，与此相关的立法、执法就会有失偏颇，最终会给国家的信息安全带来严重后果。由于信息安全产品和系统的安全评估事关国家的安全利益，因此许多国家都在充分借鉴国际标准的前提下，积极制定本国的计算机安全评估认证标准。

美国国防部早在20世纪80年代就针对国防部门的计算机安全保密开展了一系列有影响的工作，后来成立了所属的机构——国家计算机安全中心（NCSC）继续进行有关工作。1983，年他们公布了可信计算机系统评估准则（Trusted Computer System Evaluation Criteria，TCSEC，俗称桔皮书），桔皮书中使用了可信计算机基础（Trusted Computing Base，TCB）这一概念，即计算机硬件与支持不可信应用及不可信用户的操作系统的组合体。在TCSEC的评估准则中，从B级开始就要求具有强制存储控制和形式化模型技术的应用。桔皮书论述的重点是通用的操作系统，为了使它的评判方法适用于网络，NCSC于1987年出版了一系列有关可信计算机数据库、可信计算机网络指南（俗称彩虹系列）等书籍。该书从网络安全的角度出发，解释了准则中的观点，对用户登录、授权管理、访问控制、审计跟踪、隐通道分析、通信通道建立、安全检测、生命周期保障、文本写作、用户指南等方面均提出了规范性要求，并根据采用的安全策略、系统所具备的安全功能将系统分为4类7个安全级别，将计算机系统的可信程度划分为D1、C1、C2、B1、B2、B3和A1 7个层次。

TCSEC带动了国际计算机安全的评估研究，20世纪90年代，西欧四国（英、法、荷、德）联合提出了信息技术安全评估标准（Information Technology System Evaluation Criteria，ITSEC，又称欧洲白皮书），ITSEC除了借鉴TCSEC的成功经验外，首次提出了信息安全的保密性、完整性、可用性的概念，把可信计算机的概念提高到可信信息技术的高度上来认识。他们的工作成为欧共体信息安全计划的基础，并对国际信息安全的研究、实施带来深刻的影响。

ITSEC 标准将安全概念分为功能与评估两部分。功能准则从 F1～F10 共分为 10 级。F1～F5 级对应 TCSEC 的 D 到 A。F6～F10 级分别对应数据和程序的完整性、系统的可用性、数据通信的完整性、数据通信的保密性以及网络安全的机密性和完整性。评估准则分为 6 级，分别是测试、配置控制和可控的分配、能访问详细设计和源码、详细的脆弱性分析、设计与源码明显对应以及设计与源码在形式上一致。

1993 年，加拿大发布了“加拿大可信计算机产品评估准则（Canada Trusted Computer Product Evaluation Criteria，CTCPEC）”，CTCPEC 综合了 TCSEC 和 ITSEC 两个准则的优点，专门针对政府需求而设计。与 ITSEC 类似，该标准将安全分为功能性需求和保证性需求两部分。功能性需求共划分为 4 大类：机密性、完整性、可用性和可控性。每种安全需求又可以分成很多小类来表示安全性上的差别，级别为 0～5 级。

1993 年同期，美国在对 TCSEC 进行修改补充并吸收 ITSEC 优点的基础上，发布了“信息技术安全评估联邦准则（Federal Criteria，FC）”。FC 是对 TCSEC 的升级，并引入了“保护轮廓（Protect Profile，PP）”的概念。每个轮廓都包括功能、开发保证和评价三部分。FC 充分吸取了 ITSEC 和 CTCPEC 的优点，在美国的政府、民间和商业领域得到了广泛应用。

近年来，随着世界市场上对信息安全产品的需求迅速增长以及对系统安全的挑战不断加剧，六国七方（美国国家安全局和国家技术标准研究所、加、英、法、德、荷）联合起来，在美国的 TCSEC、欧洲的 ITSEC、加拿大的 CTCPEC、美国的 FC 等信息安全准则的基础上，提出了“信息技术安全评价通用准则（The Common Criteria for Information Technology Security Evaluation，CC）”，它综合了过去信息安全的准则和标准，形成了一个更全面的框架。CC 主要面向信息系统的用户、开发者和评估者，通过建立这样一个标准，使用户可以用它来确定对各种信息产品的信息安全要求，使开发者可以用它来描述其产品的安全性，使评估者可以对产品的安全特性的可信度进行评估。不过，CC 并不涉及管理细节和信息安全的具体实现、算法、评估方法等，也不作为安全协议、安全鉴定等，CC 的目的是形成一个关于信息安全的单一国际标准，从而使信息安全产品的开发者和信息安全产品能在全世界范围内发展。总之，CC 是安全准则的集合，也是构建安全要求的工具，对于信息系统的用户、开发者和评估者都有重要的意义。1996 年 6 月，CC 第一版发布；1998 年 5 月，CC 第二版发布；1999 年 10 月 CCv2.1 版发布，并且成为 ISO 标准。CC 的主要思想和框架都取自 ITSEC 和 FC，并充分突出了“保护轮廓”概念。CC 将评估过程划分为功能和保证两部分，评估等级分为 eal1、eal2、eal3、eal4、eal5、eal6、eal7 共 7 个等级。每一级均包括评估管理、分发和操作、开发过程、指导文献、生命期的技术支持、测试和脆弱性等。

1999 年 5 月，国际标准化组织和国际电联（ISO/IEC）通过了将 CC 作为国际标准 ISO/IEC 15408 信息技术安全评估准则的最后文本。从 TCSEC、ITSEC 到 ISO/IEC

15408 信息技术安全评估准则中可以看出，评估准则不仅评估产品本身，而且评估开发过程和使用操作，强调安全的全过程。ISO/IEC 15408 的出台，表明了安全技术的发展趋势。

2. 可信计算机安全评估准则（TCSEC）

TCSEC 将计算机系统的安全划分为 4 个等级、8 个级别。

D 类安全等级：D 类安全等级只包括 D1 一个级别。D1 是安全等级最低的一个级别。D1 系统只为文件和用户提供安全保护。D1 系统最普遍的形式是本地操作系统，或者是一个没有保护的网络。

C 类安全等级：该类安全等级能够提供审慎的保护，并为用户的行动和责任提供审计能力。C 类安全等级可划分为 C1 和 C2 两类。C1 系统的可信任运算基础体制（Trusted Computering Base，TCB）通过将用户和数据分开来达到安全的目的。在 C1 系统中，所有的用户以同样的灵敏度来处理数据，即用户认为 C1 系统中的所有文档都具有相同的机密性。C2 系统比 C1 系统加强了可调的审慎控制。在连接到网络上时，C2 系统的用户分别对各自的行为负责。C2 系统通过登录过程、安全事件和资源隔离来增强这种控制。C2 系统具有 C1 系统中所有的安全性特征。

B 类安全等级：B 类安全等级可分为 B1、B2 和 B3 三类。B 类系统具有强制性保护功能。强制性保护意味着如果用户没有与安全等级相连，系统就不会让用户存取对象。B1 系统满足下列要求：系统对网络控制下的每个对象都进行灵敏度标记；系统适用灵敏度标记作为所有强迫访问控制的基础；系统在把导入的、非标记的对象放入系统前标记它们；灵敏度标记必须准确地表示其所联系的对象的安全级别；当系统管理员创建系统或者增加新的通信通道或 I/O 设备时，管理员必须指定每个通信信道和 I/O 设备是单级还是多级，并且管理员只能手工改变指定，单级设备并不保持传输信息的灵敏度级别，所有直接面向用户位置的输出（无论是虚拟的还是物理的）都必须产生标记来指示关于输出对象的灵敏度；系统必须使用用户的口令或证明来决定用户的安全访问级别，以及系统必须通过审计来记录未授权访问的企图。

B2 系统必须满足 B1 系统的所有要求。另外，B2 系统的管理员必须使用一个明确的、文档化的安全策略模式作为系统的可信任运算基础体制。B2 系统必须满足下列要求：系统必须立即通知系统中的每一个用户所有与之相关网络连接的改变；只有用户才能在可信任通信路径中进行初始化通信；可信任运算基础体制能够支持独立的操作者和管理员。

B3 系统必须符合 B2 系统的所有安全需求。B3 系统具有很强的监视委托管理访问能力和抗干扰能力，且必须设有安全管理员。B3 系统应满足以下要求：除了控制对个别对象的访问外，B3 系统必须产生一个可读的安全列表；每个被命名的对象提供对该对象没有访问权的用户列表说明；B3 系统在进行任何操作前，都要求用户进行身份验证；B3 系统验证每个用户，同时还会发送一个取消访问的审计跟踪消息；设计者必须正确区分可信任的通信路径和其他路径；可信任的通信基础体制为每一个被命名的对象建立安全审计跟踪；可信任的运算基础体制支持独立的安全管理。

A 类安全等级：A 系统的安全级别最高。目前，A 类安全等级只包含 A1 一个安全类别。A1 类与 B3 类相似，对系统的结构和策略不作特别要求。A1 系统的显著特征是，系统的设计者必须按照一个正式的设计规范来分析系统。对系统分析后，设计者必须运用核对技术来确保系统符合设计规范。A1 系统必须满足下列要求：系统管理员必须从开发者那里接收一个安全策略的正式模型；所有的安装操作都必须由系统管理员进行；系统管理员进行的每一步安装操作都必须有正式文档。

3. 我国计算机信息系统安全保护等级划分准则

长期以来，我国十分重视信息安全的保密工作，并从敏感性、特殊性和战略性的角度，自始至终将其置于国家的绝对领导之下，由国家密码管理部门、国家安全机关、公安机关和国家保密主管部门等分工协作，各司其职，形成了维护国家信息安全的管理体系。

1999 年 2 月 9 日，为更好地与国际接轨，经国家质量技术监督局批准，正式成立了“中国国家信息安全测评认证中心（China National Information Security Testing Evaluation Certification Center，CNISTEC）”。1994 年，国务院发布了《中华人民共和国计算机信息系统安全保护条例》，该条例是计算机信息系统安全保护的法律基础。其中第九条规定“计算机信息系统实行安全等级保护。安全等级的划分标准和安全等级保护的具体办法，由公安部会同有关部门制定。”公安部在《条例》发布实施后组织制定了《计算机信息系统安全保护等级划分准则》（GB17859-1999），并于 1999 年 9 月 13 日由国家质量技术监督局审查通过并正式批准发布，已于 2001 年 1 月 1 日起执行。该准则的发布为制定我国计算机信息系统安全法规和配套标准的执法部门的监督检查提供了依据，为安全产品的研制提供了技术支持，为安全系统的建设和管理提供了技术指导，是我国计算机信息系统安全保护等级的工作的基础。本标准规定了计算机系统安全保护能力的 5 个等级。

（1）第一级：用户自主保护级（对应 TCSEC 的 C1 级）。本级的计算机信息系统可信计算基（Trusted Computing Base）通过隔离用户与数据，使用户具备自主安全保护的能力。它具有多种形式的控制能力，对用户实施访问控制，即为用户提供可行的手段，保护用户和用户组信息，避免其他用户对数据非法读写与破坏。

（2）第二级：系统审计保护级（对应 TCSEC 的 C2 级）。与用户自主保护级相比，本级的计算机信息系统可信计算基实施了粒度更细的自主访问控制，它通过登录规程、审计安全性相关事件和隔离资源，使用户对自己的行为负责。

（3）第三级：安全标记保护级（对应 TCSEC 的 B1 级）。本级的计算机信息系统可信计算基有系统审计保护级的所有功能。此外，还提供有关安全策略模型、数据标记以及主体对客体强制访问控制的非形式化描述；具有准确地标记输出信息的能力；消除通过测试发现的任何错误。

（4）第四级：结构化保护级（对应 TCSEC 的 B2 级）。本级的计算机信息系统可信计算基建立于一个明确定义的形式化安全策略模型之上，它要求将第三级系统中的自主和强制访问控制扩展到所有主体与客体。此外，还要考虑隐蔽通道，本级的计算机信息系统可信计算基必须结构化为关键保护元素和非关键保护元素。计算机信息系统可信计算机基的接口也必须明确定义，使其设计与实现能经受更充分的测试和更完整的复审。本级的计算机信息系统可信计算基加强了鉴别机制，支持系统管理员和操作员的职能，提供可信设施管理，增强了配置管理控制，且系统具有相当的抗渗透能力。

（5）第五级：访问验证保护级（对应TCSEC的B3级）。本级的计算机信息系统可信计算基满足访问监控器需求，访问监控器控制主体对客体的全部访问。访问监控器本身是抗篡改的，必须足够小，能够分析和测试。为了满足访问监控器的需求，计算机信息系统可信计算基在构造时，排除那些对实施安全策略来说并非必要的代码；在设计和实现时，从系统工程角度将其复杂性降低到最小程度；支持安全管理员的职能，扩展审计机制，当发生与安全相关的事件时发出信号，提供系统恢复机制；系统具有很高的抗渗透能力。

6.2 加密技术

加密技术是电子商务采取的主要安全保密措施，是最常用的安全保密手段。利用技术手段把重要的数据变为乱码（加密）传送，到达目的地后再用相同或不同的手段还原（解密），加密技术是信息安全的核心。加密技术的应用是多方面的，但最为广泛的还是在电子商务和VPN上的应用，加密技术深受广大用户的喜爱。

加密技术包括两个元素：算法和密钥。算法是将普通的文本（或者可以理解的信息）与一串数字（密钥）结合，产生不可理解的密文的步骤；密钥是用来对数据进行编码和解码的一种算法。在安全保密中，可通过适当的密钥加密技术和管理机制来保证网络的信息通信安全。密钥加密技术的密钥体制分为对称密钥体制和非对称密钥体制两种。相应地，对数据加密的技术分为两类，即对称加密（私人密钥加密）和非对称加密（公开密钥加密）。对称加密以数据加密标准（Data Encryption Standard，DES）算法为典型代表，非对称加密通常以RSA（Rivest Shamir Adleman）算法为代表。对称加密的加密密钥和解密密钥相同，而非对称加密的加密密钥和解密密钥不同，加密密钥可以公开而解密密钥需要保密。

6.2.1 数据加密原理

为什么要对数据加密呢？对哪些数据加密呢？怎样对这些数据加密？这些都是在网络传输数据时需要知道的问题。存放在计算机系统中的数据每时每刻都受到来自各方面的威胁。这些威胁轻则会破坏数据的完整性，重则导致数据完全不可用。数据一旦遭到破坏，给数据拥有者带来的损失是无法估量的。有没有一种方法能较好的保护数据，使其即使遭到攻击也能将损失限制在最小范围内呢？

数据加密和数据备份就是实现这个目标的两种最常用且最重要的手段。前者通过使原本清晰的数据变得晦涩难懂，从而实现对数据的保护。而后者在数据遭到破坏后，将数据恢复到最近的一个备份点来尽可能减少数据遭受破坏的程序。在数据备份的过程中，数据压缩是一项非常有用的技术，它能够在不影响数据可用性和正确性的前提下大大减少数据所占用的磁盘空间。

几乎任何网络电缆都可能被窃听或监听，攻击者可利用一些网络监听程序或设备截取敏感数据包或其他敏感数据的备份。假设所有经过网络传输的信息在传输前均被自动加密，则攻击者将不能完成窃听，网络分析程序收集到的数据包是已加密的数据。如果没有解密密钥，攻击者不能解释该数据，也就不能知道数据里所包含的真实信息。例如，利用加密板或调制解调器之类的硬件，或是利用位于该传输的两个合法末端的软件执行加密或解密。

大多数用户工作的PC机都与网络相连，计算机里包含了某些攻击者都很想得到的存储保存（如某公司的销售计划、财务报表或相关商业机密等）的硬磁盘。通过网络对该PC机的访问几乎是不可阻止的，解决办法是将所有存储硬磁盘及办公室中软磁盘上的敏感文件加密。

加密技术是网络信息安全主动的、开放型的防范手段，对于敏感的、主要的数据应采取加密处理，并且在数据传输时也应采用加密传输。

6.2.2 数据加密基本概念

数据加密，就是把原本能够读懂、理解和识别的信息（这些信息可以是语音、文字、图像和符号等）通过一定的方法进行处理，使之成为一些晦涩难懂的、不能轻易明白其真正含义的或者是偏离信息原意的信息，从而保障信息的安全。

下面介绍与数据加密概念相关的几个重要的术语。

（1）明文（Plaintext，记为P）是信息的原始形式，也就是加密前的原始信息。明文可以是文本、数字化语音流或数字化视频等信息。

（2）密文（Ciphertext，记为C）是通过数据加密手段，将明文变换成的晦涩难懂的信息。

（3）加密过程（Encryption，记为E）是将明文转变成密文的过程。用于加密的这种数据变换称为加密算法。

（4）解密过程（Decryption，记为D）是加密的逆过程，即将密文转变成明文的过程。

（5）加密过程和解密过程需要遵循一个重要原则是：明文与密文的相互变换是可逆变换，并且是唯一的、无误差的可逆变换。加密和解密是两个相反的数字变换过程，都是用一定的算法实现的。

（6）密码体制。加密和解密过程都是通过特定的算法来实现的，这一算法称为密码体制。

（7）密钥（Key）是由使用密码体制的用户随机选取的、唯一能控制明文与密文之间变换的关键参数，是一随机字符串。

数据加密和解密的过程如图6-1所示。

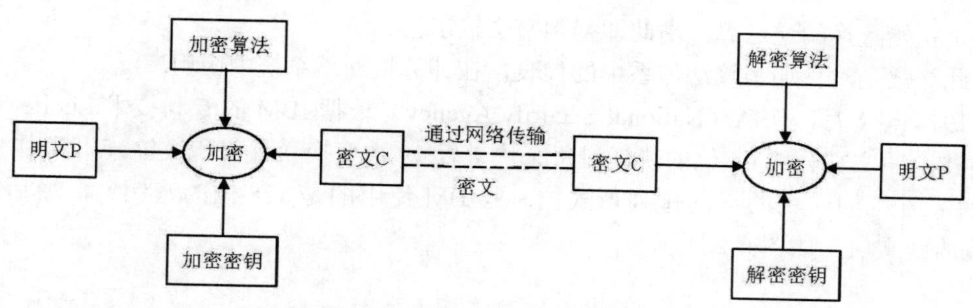

图 6-1 数据加密、解密过程示意图

6.2.3 现代加密技术

现代密码体制使用的基本方法仍然是替换或换位，但是采用更加复杂的加密算法和简单的密钥，而且增加了对付主动攻击的手段，例如加入随机的冗余信息，以防止制造假信息；加入时间控制信息，以防止旧消息重放。

1. DES（Data Encryption Standard）

DES（Data Encryption Standard），即数据加密标准，是一种使用密钥加密的块算法，1976 年被美国联邦政府的国家标准局确定为联邦资料处理标准（FiPS），随后在国际上广泛流传开来。

DES 算法的入口参数有三个：Key、Data、Mode。其中 Key 为 7 字节共 56 位，是 DES 算法的工作密钥；Data 为 8 字节 64 位，是要被加密或被解密的数据；Mode 为 DES 的工作方式，即加密或解密。

算法步骤如下：

DES 算法把 64 位的明文输入块变为 64 位的密文输出块，它所使用的密钥是 56 位，其算法主要分为两步：

（1）初始置换

其功能是把输入的 64 位数据块按位重新组合，并把输出分为 L0、R0 两部分，每部分各长 32 位，其置换规则为将输入的第 58 位换到第 1 位，第 50 位换到第 2 位……依此类推，最后 1 位是原来的第 7 位。L0、R0 则是换位输出后的两部分，L0 是输出的左 32 位，R0 是右 32 位，例：设置换前的输入值为 D1D2D3……D64，则经过初始置换后的结果为：L0=D58D50……D8；R0=D57D49……D7。

其置换规则如下：

58，50，42，34，26，18，10，2，60，52，44，36，28，20，12，4，
62，54，46，38，30，22，14，6，64，56，48，40，32，24，16，8，
57，49，41，33，25，17，9，1，59，51，43，35，27，19，11，3，
61，53，45，37，29，21，13，5，63，55，47，39，31，23，15，7，

（2）逆置换

经过 16 次迭代运算后，得到 L16、R16，将此作为输入值，进行逆置换，逆置换

正好是初始置换的逆运算，由此即得到密文输出值。

此算法是对称加密算法体系中的代表，在计算机网络系统中应用广泛。

1977 年 1 月，NSA（National Security Agency）根据 IBM 的专利技术 Lucifer 制定了 DES，明文被分成 64 位的块，对每个块进行 19 次变换（替代和换位），其中 16 次变换由 56 位的密钥的不同排列形式控制（IBM 使用的是 128 位的密钥），最后产生 64 位的密文块，如图 6-2 所示。

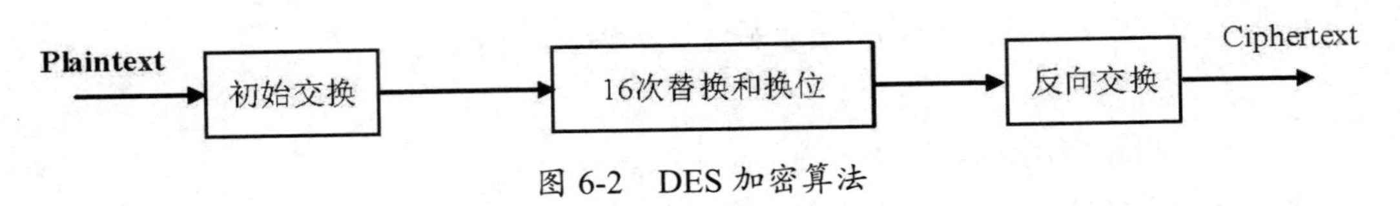

图 6-2 DES 加密算法

由于 DES 减少了密钥，而且对 DES 的制定过程保密，甚至为此取消了 IEEE 计划的一次密码学会议。人们怀疑 NSA 的目的是保护自己的解密技术，因而对 DES 从一开始就充满了怀疑和争论。

1977 年，Diffie 和 Hellman 设计了 DES 解密机，只要知道一小段明文和对应的密文，该机器可以在一天之内尝试 256 种不同的密钥（叫做野蛮攻击）。据估计，这个机器当时的造价为 2 千万美元。

2. IDEA（International Data Encryption Algorithm）

1990 年，瑞士联邦技术学院的来学嘉和 Massey 建议了一种新的加密算法，这种算法使用了 128 位的密钥，把明文分成 64 位的块，进行 8 轮迭代加密。IDEA 可以用硬件或软件实现，并且比 DES 快。在苏黎世技术学院用 25MHz 的 VLSI 芯片，加密速度是 177Mbps。

IDEA 经历了大量的详细审查，对密码分析具有很强的抵抗能力，在多种商业产品中得到应用，已经成为全球通用的加密标准。

3. 高级加密标准 AES (Advanced Encryption Standard)

高级加密标准在密码学中又称为 Rijndael 加密法，是美国联邦政府采用的一种区块加密标准。这个标准用来替代原先的 DES，已经被多方分析且广为全世界所应用。经过五年的甄选流程，高级加密标准由美国国家标准与技术协会（NIST）于 2001 年 11 月 26 日发布于 FiPS PUB 197，并在 2002 年 5 月 26 日成为有效的标准。2006 年，高级加密标准已然成为对称密钥加密中最流行的算法之一。

AES 支持 128、192 和 256 位 3 种密钥长度，能够在世界范围内免版税使用，提供的安全级别足以保护未来 20～30 年内的数据，可以通过软件或硬件实现。

4. 流加密算法和 RC4

所谓流加密，就是将数据流与密钥生成二进制比特流进行异或运算的加密过程。这种算法采用如下所述的两个步骤。

（1）利用密钥 K 生成一个密钥流 KS（伪随机序列）。

（2）用密钥流 KS 与明文 P 进行异或运算，产生密文 C，即 C=P ⊕ KS(K)。

解密过程则是用密钥流与密文 C 进行异或运算，产生明文 P，即 P=C ⊕ KS(K)，为了安全起见对不同的明文必须使用不同的密钥流，否则容易被破解。

Ronald L.Rivest 是 MIT 的教授，用他的名字命名的流加密算法有 RC2～RC6 系列算法，其中 RC4 是最常用的。RC 代表 Rivest Cipher 或 Ron's Cipher，RC4 是 Rivest 在 1987 年设计的，其密钥长度可选择 64 位或 128 位。RC4 是 RSA 公司私有的商业机密，1994 年 9 月，被人匿名发布在互联网上，从此得以公开。这个算法非常简单，就是 256 以内的加法、置换和异或运算。由于简单，所以速度极快，加密的速度可达到 DES 的 10 倍。

5. 私钥加密算法

在私钥加密算法中，信息的接受者和发送者都使用相同的密钥，所以双方的密钥都处于保密的状态，因为私钥的保密性必须基于密钥的保密性，而非算法上，这在硬件上增加了私钥加密算法的安全性。但同时我们也看到这增加了一个挑战：收发双方都必须为自己的密钥负责，在这种情况下，两者在地理上的分离显得尤为重要。私钥算法还面临着一个更大的困难，那就是对私钥的管理和分发十分的困难和复杂，而且所需的费用十分的庞大。比如说，一个 n 个用户的网络就需要派发 n(n–1)/2 个私钥，特别是对于一些大型的并且广域的网络来说，其管理是一个十分困难的过程，正是因为这些因素决定了私钥算法的使用范围。而且，私钥加密算法不支持数字签名，这对远距离的传输来说也是一个障碍。另一个影响私钥保密性的因素是算法的复杂性。目前，国际上比较通行的是 DES、3DES 以及最近推广的 AES。

数据加密标准（Data Encryption Standard）是 IBM 公司 1977 年为美国政府研制的一种算法。DES 是以 56 位密钥为基础的密钥块加密技术。它的加密过程一般如下：

① 一次性把 64 位明文块打乱置换；

② 把 64 位明文块拆成两个 32 位块；

③ 用机密 DES 密钥把每个 32 位块打乱位置 16 次；

④ 使用初始置换的逆置换。

但在实际应用中，DES 的保密性受到了很大的挑战。1999 年 1 月，EFF 破译了 56 位的 DES 加密信息，DES 的统治地位受到了严重的影响，为此，美国推出 DES 的改进版本——三重加密（Triple Data Encryption Standard），即在使用过程中，收发双方都用三把密钥进行加、解密，无疑这种 3×56 式的加密方法大大提升了密钥的安全性，按现在的计算机的运算速度，这种破解几乎是不可能的。但是我们在为数据提供强有力的安全保护的同时，也要花更多的时间来对信息进行三次加密和对每个密层进行解密。同时在这种前提下，使用这种密钥的双方都必须拥有 3 个密钥，如果丢失了其中任何一把，其余两把都成了无用的密钥。这样私钥的数量一下又提升了 3 倍，这显然不是我们想看到的。于是美国国家标准与技术协会推出了一个新的保密措施来保护金融交易——高级加密标准（Advanced Encryption Standard）。美国国家技术标准与技术协会（NIST）在 2000 年 10 月选定了比利时的研究成果“Rijndael”作为 AES 的基础。

“Rijndael”是经过三年漫长的过程，最终从进入候选的五种方案中挑选出来的。

AES内部有更简洁精确的数学算法，而加密数据只需一次通过。AES被设计成高速、坚固的安全性能标准，而且能够支持各种小型设备。AES与3DES相比，不仅在安全性能上有重大差别，在使用性能和资源有效利用上也有很大差别。

还有一些其他的算法，如美国国家安全局使用的飞鱼（Skipjack）算法，不过它的算法细节始终都是保密的，所以外人都无从得知其细节类容；一些私人组织开发的取代DES的方案，如RC2、RC4、RC5等。

6. 公钥加密算法

面对在执行过程中如何使用和分享密钥及保持其机密性等问题，1975年Whitefield Diffe和Marti Hellman提出了公开的密钥密码技术的概念，被称为Diffie-Hellman技术。从此公钥加密算法便产生了。

由于采取了公共密钥，密钥的管理和分发就变得简单多了，对于一个拥有n个用户的网络来说，只需要2^n个密钥便可达到密度，同时使公钥加密法的保密性全部集中在极其复杂的数学问题上，它的安全性因而也得到了保证。但是在实际运用中，公共密钥加密算法并没有完全取代私钥加密算法。其重要原因是它的实现速度远远赶不上私钥加密算法。不过因为它的安全性，所以常常被用来加密一些重要的文件。自公钥加密问世以来，学者们提出了许多种公钥加密方法，它们的安全性都是基于复杂的数学难题。根据基于的数学难题来分类，有以下三类系统目前被认为是安全和有效的：大整数因子分解系统（代表性的有RSA）、椭圆曲线离散对数系统（ECC）和离散对数系统（代表性的有DSA）。

椭圆曲线加密技术（ECC）建立在单向函数（椭圆曲线离散对数）的基础上，由于它比RSA使用的离散对数要复杂得多，而且该单向函数比RSA的要难，所以与RSA相比，它有如下几个优点：

① 安全性能更高，加密算法的安全性能一般通过该算法的抗攻击强度来反映。ECC和其他几种公钥系统相比，其抗攻击性具有绝对的优势。如160位ECC与1024位RSA有相同的安全强度。而210位ECC则与2048位的RSA具有相同的安全强度。

② 计算量小，处理速度快。虽然在RSA中可以通过选取较小的公钥（可以小到3）的方法提高公钥处理速度，即提高加密和签名验证的速度，使其在加密和签名验证速度上与ECC有可比性，但在私钥的处理速度上（解密和签名），ECC远比RSA、DSA快得多。因此ECC总的速度比RSA、DSA要快得多。

③ 存储空间占用小。ECC的密钥尺寸和系统参数与RSA、DSA相比要小得多，意味着它所占的存贮空间要小得多。这对于加密算法在IC卡上的应用具有特别重要的意义。

④ 带宽要求低，当对长消息进行加、解密时，三类密码系统有相同的带宽要求，但应用于短消息时ECC带宽要求却低得多。而公钥加密系统多用于短消息，例如用于数字签名和对称系统的会话密钥传递。带宽要求低使ECC在无线网络领域具有广泛的

应用前景。

ECC 的这些特点使它必将取代 RSA，成为通用的公钥加密算法。比如 SET 协议的制定者已把它作为下一代 SET 协议中缺省的公钥密码算法。

7. RSA（Rivest，Shamir，and Adleman）算法

RSA 公钥加密算法是 1977 年由罗纳德•瑞维斯特（Ron Rivest）、艾迪•夏弥尔（Adi Shamir）和里奥纳多•艾德拉曼（Leonard Adleman）一起提出的。1987 年首次公布，当时他们三人都在麻省理工学院工作。RSA 就是由他们三人姓氏开头字母拼在一起组成的。

RSA 是目前最有影响力的公钥加密算法，它能够抵抗到目前为止已知的绝大多数密钥攻击，已被 ISO 推荐为公钥数据加密标准。

今天只有短的 RSA 钥匙才可能被强力方式破解。到 2008 年为止，世界上还没有任何可靠的攻击 RSA 算法的方式。只要其钥匙的长度足够长，用 RSA 加密的信息实际上是不能被破解的。但在分布式计算和量子计算机理论日趋成熟的今天，RSA 加密安全性受到了挑战。

RSA 算法基于一个十分简单的数论事实：将两个大质数相乘十分容易，但是想要对其乘积进行因式分解却极其困难，因此可以将乘积公开作为加密密钥。

RSA 算法是一种非对称密钥算法，所谓非对称，就是指该算法需要一对密钥，使用其中一个加密，则需要用另一个才能解密。

RSA 的算法涉及三个参数：n、e1、e2。

其中，n 是两个大质数 p、q 的积，n 的二进制表示所占用的位数，就是所谓的密钥长度。

e1 和 e2 是一对相关的值，e1 可以任意取，但要求 e1 与 $(p-1)\times(q-1)$ 互质；再选择 e2，要求 $(e2\times e1)\bmod((p-1)\times(q-1))=1$。

（n, e1），（n, e2）就是密钥对。其中（n, e1）为公钥，（n, e2）为私钥。

RSA 加、解密的算法完全相同，设 A 为明文，B 为密文，则：A=B^e2 mod n；B=A^e1 mod n。（公钥加密体制中，一般用公钥加密，私钥解密。）

e1 和 e2 可以互换使用，即：

A=B^e1 mod n；B=A^e2 mod n；

RSA 的安全性依赖于大数分解，但是否等同于大数分解一直未能得到理论上的证明，因为没有证明破解 RSA 就一定需要作大数分解。假设存在一种无须分解大数的算法，那它肯定可以修改成为大数分解算法。RSA 的一些变种算法已被证明等价于大数分解，但不管怎样，分解 n 是最显然的攻击方法。人们已能分解多个十进制位的大质数，因此，模数 n 必须选大一些，且因具体适用情况而定。

6.3 认证

认证，是一种信用保证形式。按照国际标准化组织（ISO）和国际电工委员会（IEC）的定义，是指由国家认可的认证机构证明一个组织的产品、服务、管理体系符合相关标准、技术规范（TS）或其强制性要求的合格评定活动。

认证分为实体认证和消息认证两种。实体认证是识别通信双方的身份，防止假冒，可以使用数字签名的方法。消息认证是验证消息在传输或存储过程中有没有被篡改，通常使用消息摘要的方法。

6.3.1 基于共享密钥的认证

如果通信双方有一个共享的密钥，则可以确认对方的真实身份。这种算法依赖于双方都信赖的密钥分发中心 KDC（Key Distribution Center），如图 6-3 所示。其中 A 和 B 分别代表发送者和接收者，K_A、K_B 分别表示 A、B 与 KDC 之间的共享密钥。

认证过程是这样的：A 向 KDC 发出消息 $\{A, K_A(B, K_S)\}$，自己要和 B 通信，并指定了与 B 会话的密钥 K_S，注意这个消息中的一部分（B, K_S）是用 K_A 加密的，所以第三者不能了解信息的内容。KDC 知道了 A 的意图后就构造了一个消息 $\{K_B(A, K_S)\}$ 发送给 B。B 用 K_B 解密后就得到了 A 和 K_S，然后就可以与 A 用 K_S 会话了。

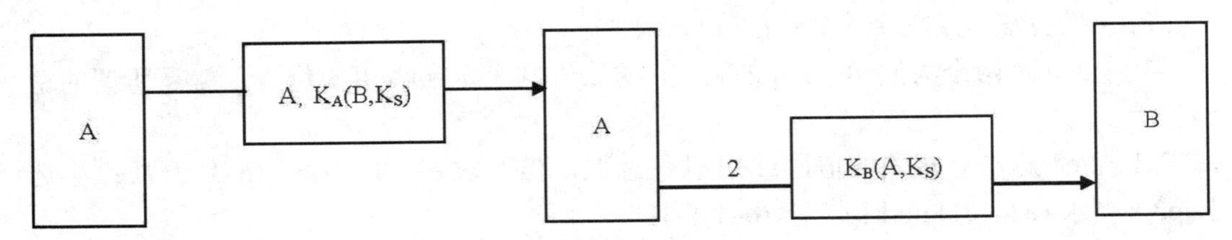

图 6-3 基于共享密钥的认证协议

然而，主动攻击者对这种认证方式可能进行重发攻击，例如 A 代表顾客，B 代表银行，第三者 C 为 A 工作，通过银行转账取得报酬。如果 C 为 A 工作了一次，得到了一次报酬，并偷听和复制了 A 和 B 之间就转账问题交换的报文，那么贪婪的 C 就可以按照原来的次序向银行重发报文 2，冒充 A 与 B 之间的会话，以得到第二次、第三次……的报酬。在重发攻击中，攻击者不需要知道会话密钥 K_S，只要能猜测密文的内容对自己有利或无利就可以达到攻击者的目的。

6.3.2 基于公钥的认证

这种认证协议如图 6-4 所示，A 给 B 发出 $E_B(A, R_A)$，该报文用 B 的公钥加密；B 返回 $E_A(R_A, R_B, K_S)$，用 A 的公钥加密。这两个报文中分别有 A 和 B 指定的随机数 R_A 和 R_B，因此能排除重放的可能性，通信双方都用对方的公钥加密，用各自的私钥解密，所以应答比较简单，其中的 K_S 是 B 指定的会话键。这个协议的缺陷是假定了双方都知道对方的公钥，但如果这个条件不成立呢？如果有一方的公钥是假的呢？

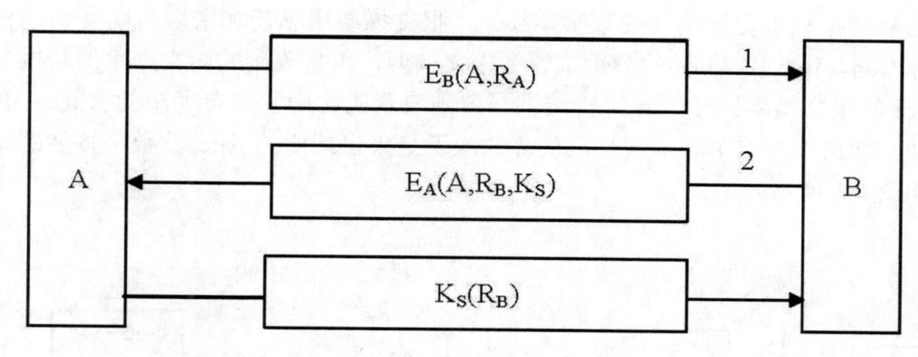

图 6-4 基于公钥的认证协议

6.4 数字签名

数字签名（又称公钥数字签名和电子签章）是一种类似写在纸上的普通的物理签名，但是使用了公钥加密领域的技术实现、用于鉴别数字信息的方法。一套数字签名通常定义两种互补的运算，一个用于签名，另一个用于验证。数字签名就是只有信息的发送者才能产生的别人无法伪造的一段数字串，这段数字串同时也是对信息发送者发送信息的真实性的一个有效证明。

数字签名是非对称密钥加密技术与数字摘要技术的应用，如保证信息传输的完整性、发送者的身份认证、防止交易中的抵赖发生。

一个安全有效的数字签名具备以下 5 个特性。

（1）可信性。文件的接收方相信签名者在文件上的数字签名，相信签名人认可文件的内容。

（2）不可伪造性。除签名本人以外的任何其他人不能伪造签名人的数字签名。

（3）不可重用性。签名是签文件不可分割的一部分，该签名不能转移到别的文件上。

（4）不可更改性。除了发送方，其他任何人不能伪造签名，也不能对接收或发送的信息进行篡改、伪造。若文件更改，其签名也会发生变化，使得原先的签名不能通过验证从而使文件无效。

（5）不可抵赖。签名人在事后不能否认其对某个文件的签名。

满足上述 5 个条件的数字签名技术就可以解决对网络上传输的报文进行身份验证的问题。为此，数字签名中经常用到的是采用公钥技术进行数字签名。

信息发送方 Alice 使用公开密钥算法的主要技术产生别人无法伪造的一段数字串，然后用自己的私有密钥加密数据后传给接收方 Bob，Bob 用 Alice 的公钥解开数据后，就可确定消息来自于 Alice，同时也是对 Alice 发送的信息的真实性的一个证明，Alice 对所发送的信息不能抵赖。

在实际应用中，数字签名协议的过程为：发送方 Alice 将要传输的明文通过 Hash

函数计算转换成报文摘要（或数字指纹），报文摘要用私钥加密后与明文一起传送给接收方 Bob，Bob 用 Alice 的公钥来解密报文摘要，再将收到的明文产生的新报文摘要与 Alice 的报文摘要比较，若比较结果一致则表示明文确实来自期望的 Alice，并且未被改动。如果不一致则表示明文已被篡改或不是来自期望的 Alice。数字签名的原理和过程如图 6-5 所示。

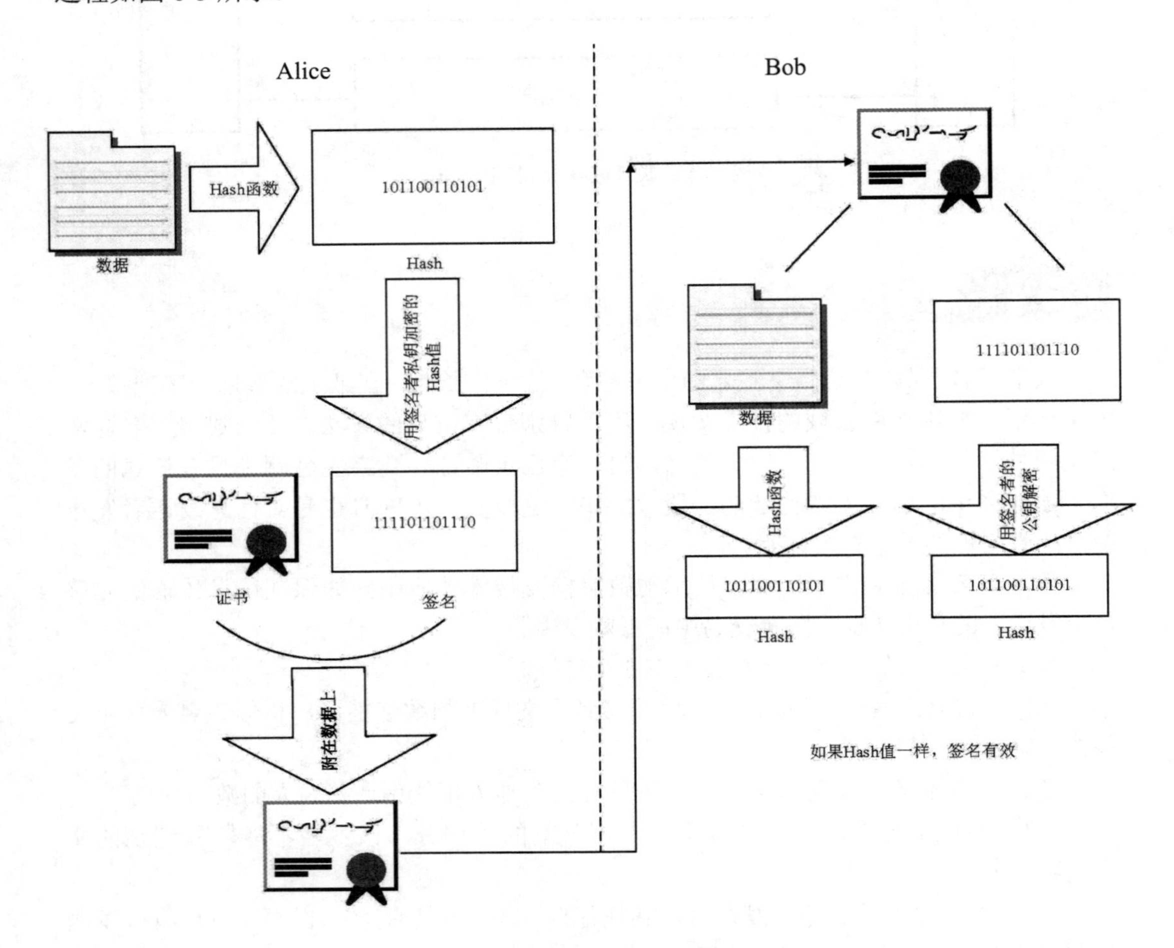

图 6-5　数字签名的原理和过程

实现数字签名的方法很多，除了上面提到的 Hash 函数外，目前数字签名采用较多的是公钥加密技术，如 RSA Data Security 公司的 PKCS（Public Key Cryptography Standards）、DSA（Digital Signature Algorithm）、X.509、PGP（Pretty Good Privacy）。1994 年，美国国家标准与技术协会公布了数字签名标准 DSS（Digital Signature Standard）使公钥加密技术广泛应用。

6.5 报文摘要

报文摘要是指单向哈希函数算法将任意长度的输入报文经计算得出固定位的输出。所谓单向是指该算法是不可逆的，找出具有同一报文摘要的两个不同报文是很困难的。

用于差错控制的报文检验根据冗余位检查报文是否受到信道干扰的影响，与之类似的报文摘要方案是计算密码检查和，即固定长度的认证码，附加在消息后面发送，根据认证码检查报文是否被篡改。设 M 是可变长的报文，K 是发送者和接收者共享的密钥，令 MD=CK(M)，这就是算出的报文摘要（Message Digest），如图 6-6 所示。由于报文摘要是原报文唯一的压缩表示，代表了原来报文的特征，所以也叫数字指纹（Digital Fingerprint）。

散列（Hash）算法将任意长度二进制串映射为固定长度的二进制串，这个长度较小的二进制串称为散列值。散列值是一段数据唯一的、紧凑的表示形式。如果对一段明文只更改其中的一个字母，随后的散列变换都将产生不同的散列值。

要找到散列值相同的两个不同的输入值在计算上是不可能的，所以数据的散列值可以检验数据的完整性。通常的实现方案是对任意长的明文 M 进行单向散列变换，计算固定长度的比特串，作为报文摘要。该算法对 Hash 函数 h=H(M) 的要求如下：

（1）可用于任意大小的数据块；

（2）能产生固定大小的输出；

（3）软、硬件容易实现；

（4）对任意 m 找出 x 满足 H(x)=m 是不可计算的；

（5）对于任意 x 找出 y ≠ x 使得 H(x)=H(y) 是不可计算的；

（6）找出 (x,y) 使得 H(x)=H(y) 是不可计算的。

前 3 项要求显然是实际应用和实现的需要。第 4 项要求就是所谓的单向性，这个条件使攻击者不能由偷听到的 m 得到原来的 x。第 5 项要求是为了防止伪造攻击，使攻击者不能用自己制造的假消息 y 冒充原来的消息 x。

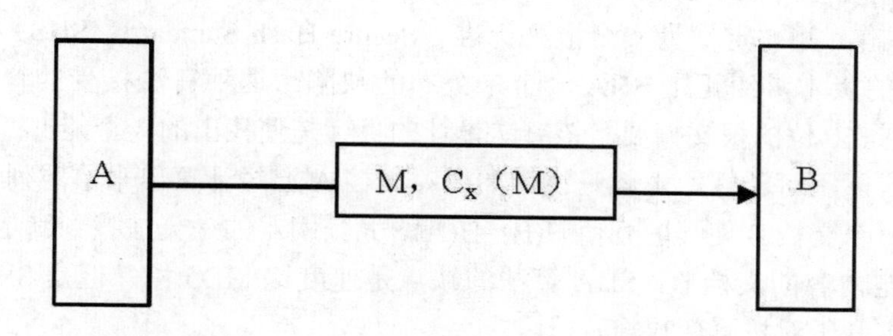

图 6-6 报文摘要方案

报文摘要可以用于加速数字签名算法。在图 6-7 中，BB 发给 B 的报文中，报文 P 实际上出现了两次，一次是明文，一次是密文，这显然增加了传输的数据量。

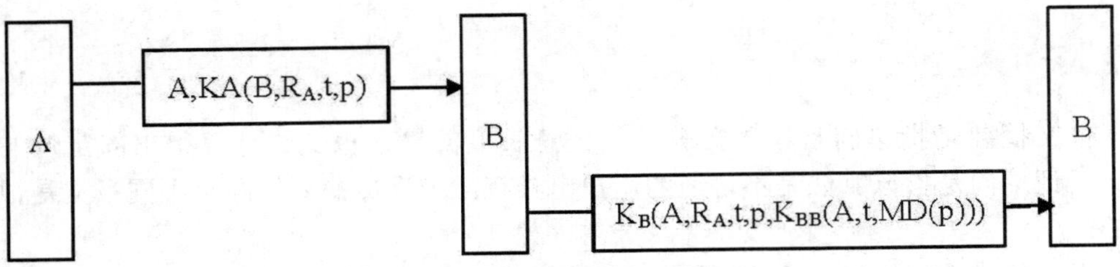

A

A,KA(B,R_A,t,p)

B

B

K_B(A,R_A,t,p,K_{BB}(A,t,MD(p)))

图 6-7　报文摘要的实例

6.5.1　报文摘要算法（MD5）

使用最广泛的报文摘要算法是 MD5，这是 Ronald L.Rivest 设计的一系列 Hash 函数中的第 5 个。其基本思想就是用足够复杂的方法把报文比特充分“弄乱”，使每一个输出比特都受到每一个输入比特的影响，具体操作分成为列步骤。

（1）分组和填充：把明文报文按 512 位分组，最后要填充一定长度的“1000…”，使得报文长度 =448（mod 512）；

（2）附加：最后加上 64 位的报文长度字段，整个明文恰好为 512 的整数倍；

（3）初始化：置 4 个 32 比特长的缓冲区 A、B、C、D，分别为 A=01234567、B=89ABCDEF、C=FEDCBA98、D=76543210；

（4）处理：用 4 个不同的基本逻辑函数（F,G,H,I）进行 4 轮处理，每一轮以 A、B、C、D 和当前的 512 位的块为输入值，处理后输入 A、B、C、D（128 位），产生 128 位的报文摘要。

关于 MD5 的安全性的解释如下：由于算法的单向性，所以要找出具有相同 Hash 值的两个不同报文是不可计算的。如果采用野蛮攻击，寻找具有给定 Hash 值的报文的计算复杂度为两个报文的计算复杂度为 264，用同样的计算机试验需要 585 年。从实用性考虑，MD5 用 32 位软件可高速实现，所以有广泛应用。

6.5.2　安全散列算法（SHA-1）

安全散列算法（The Secure Hash Algorithm，SHA）由美国国家标准与技术协会于 1993 年提出，并被定义为安全散列标准（Secure Hash Standard，SHS）。SHA-1 是 1994 年修订的版本，纠正了 SHA 一个未公布的缺陷。这种算法接受的输入报文小于 264 位，产生 160 位的报文摘要。该算法设计的目标是使找出的一个能够匹配给定的散列值的文本实际不可计算。也就是说，如果对文档 A 已经计算出来了散列值 H(A)，那么很难找到一个文档 B 使其散列值 H(B)=H(A)，尤其困难的是无法找到满足上述条件、而且又是指定内容的文档 B。SHA 算法的缺点是速度比 MD5 慢，但是 SHA 的报文摘要更长，更有利于对抗野蛮攻击。

6.6 数字证书

6.6.1 数字证书的基本概念

数字证书也称公钥证书，是由证书机构签发的，用于绑定证书持有人的身份与其公钥的一个数据结构，是公钥密码系统进行密钥管理的基本方法。数字证书就如同现实生活中我们拥有个人身份的身份证一样，可以表明持证人的身份或表明持证人具有某种资格，可以用于发送安全电子邮件、访问安全站点、网上证券、网上签约、网上办公、网上税务等网络安全电子事务的处理和安全电子交易活动。

迄今为止，最常用的数字证书类型就是 X.509 证书。X.509 是构成证书的二进制文件格式的规范。国际电信联盟（ITU）在 1988 年制定了 X.509 标准，这种格式是 X.509 标准的第一个版本。1993 年，X.509 的第二个版本发布了，添加了两个标识符域。1997 年发布了第 3 个版本，这个版本中添加了一个扩展域。图 6-8 列出了 X.509 的最终版本 3 的证书格式。

第3版 X.509 证书
版本
序列号
签名算法
发行者名称
有效期
主体名称
公钥
发行者的唯一ID
主体的唯一ID
扩展
签名

图 6-8　第 3 版 X.509 证书标准

数字证书把公钥和个人（或设备）身份绑定在一起。因此，公钥和持有该密钥的实体的名称就是证书中的两个核心项。下面对第 3 版 X.509 证书的结构进行进一步说明。

（1）版本（Version）——指出了证书格式与 3 种 X.509 标准中的哪一种标准一致。版本首先出现在证书中，使解析证书的程序能够知道证书中会出现哪些域。

（2）序号（Serial Number）——由证书颁发者分配给本证书的唯一的序列号。

（3）发行者名称（Issuer Name）——是证书颁发者的 X.509 DN（Distinguished Name，甄别名）。该 DN 能够标识签署和发行该证书的 CA 的身份。理想情况下，任何两个 CA 都不应使用相同的甄别名。

（4）有效期（Validity Period）——包含两个值，指定该证书有效的时间范围。有效期域的存在使 CA 能够限制证书使用的时间范围。有效期的两个部分是“不早于”时间和“不晚于”时间。“不早于”指定证书开始有效的时间，“不晚于”指定证书有效的最后时间，“不早于”时间和“不晚于”时间通常以世界时间的形式给出，并且以秒为精度。

（5）主体名称（Subject Name）——是证书持有者的 X.509 DN，它确定了证书的主体，跟公钥的所有者。

（6）公钥（Public Key）——包含两部分信息：一部分是用一个标识符指出公钥的算法，比如 RSA 算法；另一部分是公钥本身，公钥的格式取决于其类型。

（7）发行者的唯一 ID（Issuer Unique）和主体的唯一 ID（Subject Unique ID）——这些域是在 X.509 版本 2 中引入的，用来解决在独立的 CA 或主体使用相同 DN 情形下所发生的混乱问题。

（8）扩展域（Extension）——扩展域是在 X.509 的版本 3 中引入的，可以包含大量不同信息，CA 操作员可能需要把这些信息包含在证书中。

（9）签名（Signature）——这是 CA 所做的数字签名，CA 使用签名算法域中给出的签名算法，用自己的私钥对证书中的所有其他域进行数字签名，把签名后的结果放在该域中，因此，CA 会对证书中的所有信息进行认证，而不仅仅是主体名称和公钥。

在数字证书的应用过程中还包括对数字证书的获取、管理和验证。数字证书的管理包括与公钥、私钥及证书的创建、分配和撤销有关的各项功能。按照数字证书的生命周期可以把数字证书的管理分成 3 个阶段，即初始化阶段、应用阶段和撤销阶段。初始化阶段指在一个实体能够使用一个公钥系统提供的各种服务之前，实体需要一些初始化工作，如实体注册、密钥对的产生、证书的创建及分发、密钥的备份等。应用阶段包括证书检索、证书验证、密钥恢复和密钥更新。撤销阶段是数字证书生命周期的最后一个阶段，在此阶段完成证书撤销、密钥存档和销毁等操作。

6.6.2 证书的获取

CA 为用户产生的证书应具有以下特性：

（1）只要得到 CA 的公钥，就能由此得到 CA 为用户签署的公钥；

（2）除 CA 外，其他任何人员都不能以不被察觉的方式修改证书内容。

因为证书是不可伪造的，因此无须对存放证书的目录施加特别的保护。如果所有用户都由同一 CA 签署证书，则这一 CA 就必须取得所有用户的信任。用户证书除了能放在公共目录中供他人访问外，还可以由用户直接把证书转发给其他用户。例如用户 B 得到 A 的证书后，可相信用 A 的公钥加密的消息不会被他人获悉，还可相信用 A 的私钥签署的消息不是伪造的。

如果用户数量很多，仅一个 CA 负责为所有用户签署证书就可能不现实。通常应有多个 CA，每个 CA 为一部分用户发行和签署证书。

设用户 A 已从证书发放机构 X1 处获取了证书，用户 B 已从 X2 处获取了证书，如果 A 不知道 X2 的公钥，他虽然能读取 B 的证书，但却无法验证用户 B 证书中 X2 的签名，因此B的证书对A来说是没有用处的。然而，如果两个证书发放机构X1和X2彼此间已经安全地交换了公开密钥，则A可通过以下过程获取B的公开密钥。

（1）A从目录中获取由X1签署的X2的证书X1《X2》，因为A知道X1的公开密钥，所以能验证X2的证书，并从中得到X2的公开密钥。

（2）A再从目录中获取由X2签署的B的证书X2《B》，并由X2的公开密钥对此加以验证，然后从中得到B的公开密钥。

以上过程中，A是通过一个证书链来获取B的公开密钥的，证书链可表示为X1《X2》X2《B》；类似地，B能通过相反的证书链获取A的公开密钥，表示为X2《X1》X1《A》。以上证书链中只涉及两个证书，同样有N个证书的证书链可表示为X1《X2》X2《X3》……XN《B》，此时，任意两个相邻的CAXi和CAXi+1已彼此间为对方建立了证书，对每一个CA来说，由其他CA为这一CA建立的所有证书都应存放于目录中，并使用户知道所有证书之间的连接关系，从而可获取另一用户的公钥证书。X.509建议将所有CA以层次结构组织起来，用户A可从目录中得到相应的证书以建立到B的证书链“X《W》W《V》V《U》U《Y》Y《Z》Z《B》”，并通过证书链获取B的公开密钥。类似地，B可建立证书链“Z《Y》Y《U》U《V》V《W》W《X》X《A》”以获取A的公开密钥。

数字证书的验证，是验证一个证书的有效性、完整性、可用性的过程。证书验证主要包括以下5个方面的内容。

（1）验证证书签名是否正确有效，这需要知道签发证书的CA的公钥。

（2）验证证书的完整性，即验证CA签名证书散列值与单独计算的散列值是否一致。

（3）验证证书是否在有效期内。

（4）查看证书撤销列表，验证证书没有被撤销。

（5）验证证书的使用方式与任何声明的策略及使用限制一致。

6.6.3 证书的吊销

从证书的格式上可以看到，每一个证书都有一个有效期，然而有些证书还未到截止日期就会被发放该证书的CA吊销，这可能是由于用户的私钥已泄漏，或者该用户不再由该CA来认证，或者CA为该用户签署证书的私钥已经泄漏。为此，每个CA还必须维护一个证书吊销列表CRL（Certificate Revocation List），其中存放所有未到期而被提前吊销的证书，包括该CA发放给用户和发放给其他CA的证书。CRL还必须由该CA签字，然后存放于目录中以供他人查询。

CRL中的数据域包括发行者CA的名称，建立CRL的日期、计划公布下一个CRL的日期以及每一个被吊销的证书数据域。被吊销的证书数据域包括该证书的序列号和被吊销的日期。对一个CA来说，它发放的每一个证书的序列号是唯一的，所以可用序列号来识别每一个证书。

因此，每一个用户收到他人消息中的证书时，都必须通过目录检查这一证书是否已经被吊销，为避免搜索目录引起的延迟以及因此而增加的费用，用户也可自己维护一个有效证书和被吊销证书的局部缓存区。

6.7 应用层安全协议

6.7.1 S-HTTP

S-HTTP（Secure HTTP，安全的超文本传输协议）是一个面向报文的安全通信协议，是 HTTP 协议的扩展，其设计目的是保证商业贸易信息的传输安全，促进电子商务的发展。

S-HTTP 可以与 HTTP 消息模型共存，也可以与 HTTP 应用集成。S-HTTP 为 HTTP 客户端和服务器提供了各种安全机制，适用于潜在的各类 Web 用户。

S-HTTP 对客户端和服务器是对称的，对于双方的请求和响应做同样的处理，但是保留了 HTTP 的事务处理模型和实现特征。

为了与 HTTP 报文区分，S-HTTP 报文使用了协议指示器 Secure-HTTP/1.4，这样 S-HTTP 报文可以与 HTTP 报文混合在同一个 TCP 端口（80）进行传输。

由于 SSL 的迅速出现，S-HTTP 未能得到广泛应用。目前，SSL 基本取代了 S-HTTP。大多数 Web 交易均采用传统的 HTTP 协议，并使用经过 SSL 加密的 HTTP 报文来传输敏感的交易信息。

6.7.2 PGP

PGP（Pretty Good Privacy）是 Philip R. Zimmermann 在 1991 年开发的电子邮件加密软件包，已经成为使用最广泛的电子邮件加密软件。

PGP 提供数据加密和数字签名两种服务。数据加密机制可以应用于本次存储的文件，也可以应用于网络上传输的电子邮件。数字签名机制用于数据源身份认证和报文完整性验证。PGP 使用 RSA 公钥证书进行身份认证，使用 IDEA（128 位密钥）进行数据加密，使用 MD5 进行数据完整性验证。

PGP 进行身份认证的过程叫做公钥指纹（Public-Key Fingerprint）。所谓指纹，就是对密钥进行 MD5 变换后得到的字符串。假如 Alice 得到了 Bob 的公钥，并且信任 Bob 可以提供其他人的公钥，则经过 Bob 签名的公钥就是真实的。这样，在相互信任的用户之间就形成了一个信任圈。网络上有一些服务器提供公钥存储器，其中的公钥经过了一个或多个人的签名。如果信任某个人的签名，那么就可以认为他 / 她签名的公钥是真实的。SLED（Stable Large E-mail DataBase）就是这样的服务器，该服务器目录中的公钥都是经过 SLED 签名的。

PGP 证书与 X.509 证书格式有所不同，其中包括了如下信息。

- 版本号：指出创建证书使用的 PGP 版本。
- 证书持有者的公钥：这是密钥对的公开部分，并且指明了使用的加密算法 RSA、DH 或 DSA。
- 证书持有者的信息：包括证书持有者的身份信息，例如姓名、用户 ID 和照片等。

● 证书持有者的数字签名：也叫做自签名，这是持有者用其私钥生成的签名。

● 证书的有效期：证书的起始日期 / 时间和终止日期 / 时间。

● 对称加密算法：指明证书持有者首选的数据加密算法，PGP 支持的算法有 CAST、IDEA 和 3-DES 等。

PGP 证书格式的特点是单个证书可能包含多个签名，也许有一个或许多人会在证书上签名，确认证书上的公钥只属于某个人。

有些 PGP 证书由一个公钥和一些标签组成，每个标签包含确认公钥所有者身份的不同手段，例如所有者的姓名和公司邮件帐户、所有者的绰号和家庭邮件账户、所有者的照片等，所有这些全部在一个证书里。

每一种认证手段（每一个标签）的签名表可能是不同的，但是并非所有标签都是可信任的。这是指客观意义上的可信性——签名只是署名者对证书内容真实性的评价，在签名证实一个密钥之前，不同的署名者在认定密钥真实性方面所做的努力并不相同。

有一系列软件工具可以用于部署 PGP 系统，在网络中部署 PGP 可以分为以下三个步骤进行。

（1）建立 PGP 证书管理中心。PGP 证书服务器（PGP Certificate Server）是一个现成的工具软件，用于在大型网络系统中建立证书管理中心，形成统一的公钥基础结构。PGP 证书服务器结合了轻量级目录服务器（LDAP）和 PGP 证书的优点，大大简化了投递和管理证书的过程，同时具备灵活的配置管理和制度管理机制。PGP 证书服务器支持 LDAP 和 HTTP 协议，从而保证与 PGP 客户软件的无缝集成。其 Web 接口允许管理员执行各种功能，包括配置、报告和状态检查，并具有远程管理能力。

（2）对文档和电子邮件进行 PGP 加密。在 Windows 系统中，可以安装 PGP for Business Security 对文件系统和电子邮件系统进行加密传输。

（3）在应用系统中集成 PGP。系统开发人员可以利用 PGP 软件开发工具包（PGP Software Development Kit）将加密功能结合到现有的应用系统（如电子商务、法律、金融及其他应用）中。PGP SDK 采用 C/C++API 提供一致的接口和强健的错误处理功能。

6.7.3 S/MIME

S/MIME（Secure/Multipurpose Internet Mail Extension）是 RSA 数据安全公司开发的软件，提供的安全服务有报文完整性验证、数字签名和数据加密。S/MIME 可以添加在邮件系统的用户代理中，用于提供安全的电子邮件传输服务；也可以加入其他传输机制（如 HTTP）中，安全地传输任何 MIME 报文；甚至可以添加在自动报文传输代理中，在 Internet 中安全地传输由软件生成的 Fax 报文。S/MIME 得到了很多制造商的支持，各种 S/MIME 产品具有很高的互操作性。S/MIME 的安全功能基于加密信息语法标准 PKCS #7（RFC2315）和 X.509v3 证书，密钥长度是动态可变的，具有很高的灵活性。

S/MIME 发送报文的过程如下（A → B）：

（1）准备好要发送的报文 M（明文）。

① 生成数字指纹 MD5（M）。

② 生成数字签名 =KAD（数字指纹），KAD 为 A 的 RSA 私钥。

③ 加密数字签名 Ks（数字签名），Ks 为对称密钥，使用方法为 3DES 或 RC2。

④ 加密报文，密文 =Ks（明文），使用方法为 3DES 或 RC2。

⑤ 生成随机串 Passphrase。

⑥ 加密随机串 KBE（Passphrase），KBE 为 B 的公钥。

（2）解密随机串 KBD（Passphrase B 的私钥）。

① 解密报文，明文 =Ks（密文）。

② 解密数字签名 KAE（数字签名），KAE 为 A 的（RSA）公钥。

③ 生成数字指纹，MD5（M）。

④ 比较两个指纹是否相同。

6.7.4 安全的电子交易

安全电子交易（Secure Electronic Transaction，SET）是一个安全协议和报文格式的集合，融合了 Netscape 的 SSL、Microsoft 的 STT（Secure Transaction Technology）、Terisa 的 S-HTTP、以及 PKI 技术，通过数字证书和数字签名机制，使客户可以与供应商进行安全的电子交易。SET 得到了 Mastercard、Visa 以及 Microsoft 和 Netscape 的支持，成为电子商务中的安全基础设施。

SET 提供了如下三种服务。

（1）在交易涉及的各方之间提供安全信道。

（2）使用 X.509 数字证书实现安全的电子交易。

（3）保证信息的机密性。

对 SET 的需求源于在 Internet 上使用信用卡进行安全支付的商业活动，如对交易过程和订购信息提供机密性保护、保证数据传输的完整性、对信用卡持有者的合法性验证、对供应商是否可以接受信用交易提供验证以及创建既不依赖于传输层安全机制又不排斥其他应用协议的互操作环境等。

假定用户的客户端配置了具有 SET 功能的浏览器，而交易提供者（银行和商店）的服务器也配置了 SET 功能，则 SET 交易过程如下。

（1）客户在银行开通了 Mastercard 或 Visa 银行账户。

（2）客户收到一个数字证书，这个电子文件就是一个联机购物信用卡，或称为电子钱包，其中包含了用户的公钥及其有效期，通过数据交换可以验证其真实性。

（3）第三方零售商从银行收到自己的数字证书，其中包含零售商的公钥和银行的公钥。

（4）客户通过网页或电话发出订单。

（5）客户通过浏览器验证零售商的证书，确认零售商是合法的。

（6）浏览器发出定购报文，这个报文是通过零售商的公钥加密的，而支付信息是通过银行的公钥加密的，零售商不能读取支付信息，可以保证指定的款项用于特定的购买。

（7）零售商检查客户的数字证书以验证客户的合法性，这可以通过银行或第三方认证机构实现。

（8）零售商把订单信息发送给银行，其中包含银行的公钥、客户的支付信息以及零售商自己的证书。

（9）银行验证零售商和定购的信息。

（10）银行进行数字签名，向零售商授权，这时零售商就可以签署订单了。

6.7.5 Kerberos

Kerberos 是一项认证服务，它要解决的问题是在公开的分布式环境中，工作站上的用户希望访问分布在网络上的服务器；服务器希望能限制授权用户的访问，并能对服务请求进行认证。在这种环境下，存在如下三种威胁。

（1）用户可以假装成另一个用户操作工作站。

（2）用户可能会更改工作站的网络地址，使从这个已更改的工作站发出的请求看似来自被伪装的工作站。

（3）用户可能窃听交换中的报文，并使用重放攻击进入服务器或打断正在进行的操作。在任何一种情况下，一个未授权的用户能够访问未授权访问的服务器和数据。Kerberos 不是建立一个精密的认证协议，而是提供一个集中的认证服务器，其功能是实现应用服务器与用户间的相互认证。

6.8 防火墙

6.8.1 防火墙简介

1. 防火墙的定义

防火墙（Firewall），也称防护墙，是由 Check Point 创立者 Gil Shwed 于 1993 年发明并引入国际互联网（US5606668（A）1993-12-15）的。它是一种位于内部网络与外部网络之间的网络安全系统，即一项信息安全的防护系统，依照特定的规则，允许或是限制传输的数据通过。简单地说，防火墙是位于两个信任程度不同的网络之间的软件或硬件设备的组合，如图 6-9 所示。它对两个或多个网络之间的通信进行控制，通过强制实施统一的安全策略防止对重要信息资源的非法存取和访问，以达到保护系统安全的目的。

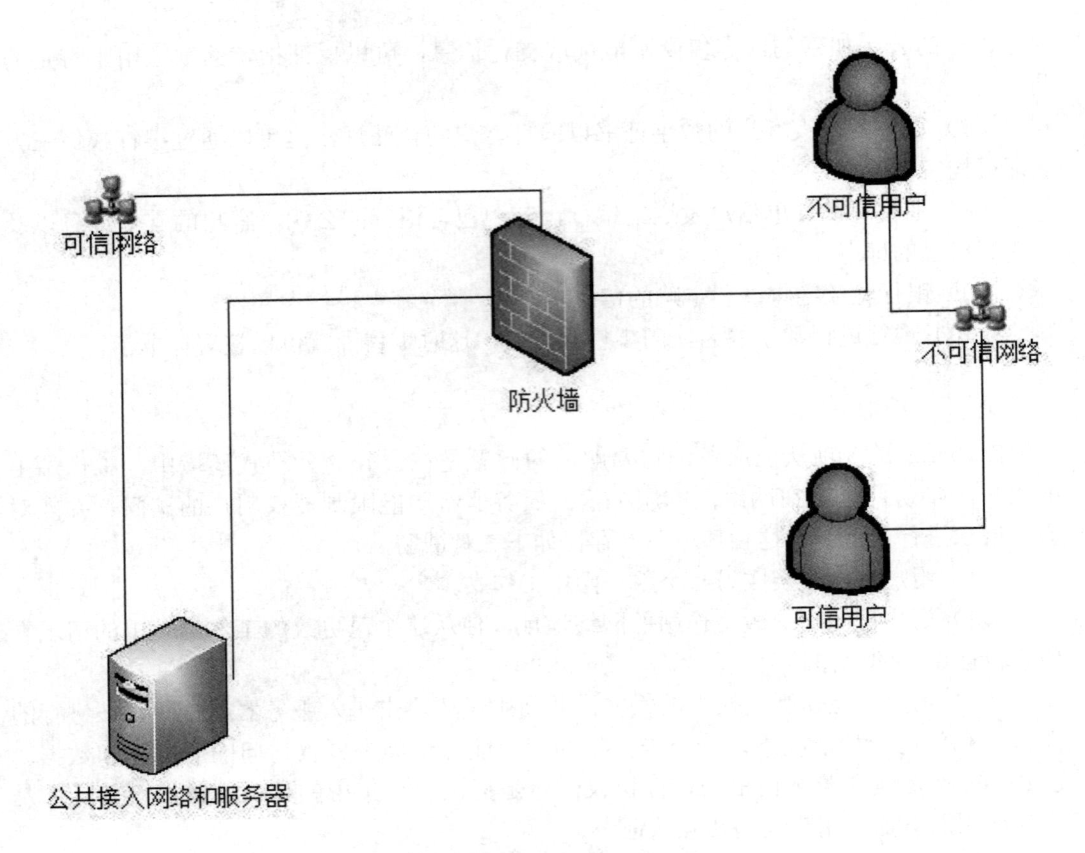

图 6-9　防火墙示意图

防火墙通常是运行在一台单独计算机之上的一个特别的服务软件，用来保护由许多台计算机组成的内部网络。它使企业的网络规划清晰明了，可以识别并屏蔽非法请求，有效防止跨越权限的数据访问。它既可以是非常简单的过滤器，也可以是精心配置的网关，但它们的原理是一样的，都是监测并过滤所有内部网和外部网之间交换的信息。防火墙保护着内部网络的敏感数据不被窃取和破坏，并记录内外通信的有关状态信息日志，如通信发生的时间和进行的操作等等。新一代的防火墙甚至可以阻止内部人员将敏感数据向外传输。即使在公司内部，同样也存在这种数据非法存取的可能性。设置了防火墙以后，就可以对网络数据的流动实现有效地管理；允许公司内部员工使用电子邮件、进行 Web 浏览以及传输文件等服务，但不允许外界随意访问公司内部的计算机，同样还可以限制公司中不同部门之间的互相访问，将局域网放置于防火墙之后可以有效阻止来自外界的攻击。

防火墙是加强网络安全的一种非常流行的方法。在互联网的 Web 网站中，超过 1/3 的网站都是由防火墙加以保护的，这是防范黑客攻击最安全的一种方式。从逻辑上讲，防火墙是分离器、限制器和分析器，它有效地监控了信任网络和非信任网络之间的任何活动，保证了信任网络的安全。从实现方式上讲，防火墙可以分为硬件防火墙和软件防火墙两类，硬件防火墙是通过硬件和软件的组合来达到隔离内、外部网络的目的；

软件防火墙是通过纯软件的方式来实现隔离内、外部网络的目的。

防火墙是一种非常有效的网络安全模型，通过它可以隔离风险区域（即非信任网络）与安全区域（信任网络）的连接，同时不会影响人们对风险区域的访问。防火墙的作用是监控进出网络的信息，仅让安全的、符合规则的信息进入内部网络，为用户提供一个安全的网络环境。通常的防火墙具有以下一些功能。

（1）对进出的数据包进行过滤，滤掉不安全的服务和非法用户。

（2）监视 Internet 安全，对网络攻击行为进行检测和报警。

（3）记录通过防火墙的信息内容和活动。

（4）控制对特殊点的访问，封堵某些禁止的访问行为。

2. 防火墙的相关概念

除了防火墙的概念外，还有必要了解其他一些防火墙的相关概念。

- 非信任网络（公共网络）：处于防火墙之外的公共开放网络，一般指 Internet。
- 信任网络（内部网络）：位于防火墙之内的信任网络，是防火墙要保护的目标。
- DMZ（非军事化区）：也称周边网络，可以位于防火墙之外也可以位于防火墙之内，安全敏感度和保护强度较低。非军事化区一般用来放置提供公共网络服务的设备，这些设备由于必须被公共网络访问，所以无法提供与内部网络主机相等的安全性。
- 可信主机：位于内部网络的主机，且具有可信任的安全特性。
- 非可信主机：不具有可信特性的主机。
- 公网 IP 地址：由 Internet 信息中心统一管理分配的 IP 地址，可在 Internet 上使用。
- 保留 IP 地址：专门保留用于内部网络的 IP 地址，可以由网络管理员任意指派，在 Internet 上不可识别和不可路由，如 192.168.0.0 和 10.0.0.0 等地址网段。
- 包过滤：防火墙对每个数据包进行允许或拒绝的决定，具体地说就是根据数据包的首部按照规则进行判断，决定继续转发还是丢弃。
- 地址转换：防火墙将内部网络主机不可路由的保留地址转换成公共网络可识别的公共地址，可以达到节省 IP 和隐藏内部网络拓扑结构信息等目的。

3. 防火墙的优、缺点

防火墙是加强网络安全的一种有效手段，它有以下优点。

（1）防火墙能强化安全策略。互联网上每天都有几百万人在浏览信息，不可避免的会有心怀恶意的黑客试图攻击别人，防火墙充当了防止攻击现象发生的“网络巡警”，它执行系统规定的策略，仅允许符合规则的信息通过。

（2）防火墙能有效的记录互联网上的活动。因为所有进出的信息都需要经过防火墙，所以防火墙可以记录信任网络和非信任网络之间发生的各种事件。

（3）防火墙是一个安全策略的边防站。所有进出内部网络的信息都必须通过防火墙，防火墙成为一个安全检查站，能够把可疑的连接或访问拒之门外。

有人认为只要安装了防火墙，就会解决网络内所有的安全问题。实际上，防火墙并不是万能的，安装了防火墙的系统依然存在着安全隐患，以下是防火墙的一些缺点。

（1）防火墙不能防范不经由防火墙的攻击。例如，如果允许从受保护的网络内部不受限制的向外拨号，一些用户可以形成与 Internet 的直接连接，从而绕过防火墙，造成一个潜在的后门攻击渠道。

（2）防火墙不能防止感染了病毒的软件或文件的传输。解决这个问题还需要防病毒系统。

（3）防火墙不能防止数据驱动式攻击。当有些表面看来无害的数据被邮寄或复制到 Internet 主机上并被执行而发起攻击时，就会发生数据驱动攻击。因此，防火墙只是一种整体安全防范政策的一部分。这种安全政策必须包括公开的、便于用户知道自身责任的安全准则，职员培训计划，网络访问，当地和远程用户认证，拨出拨入呼叫，磁盘和数据加密，以及病毒防护的有关政策。

6.8.2 防火墙基本分类及实现原理

根据防火墙实现原理的不同，通常将防火墙分为包过滤防火墙、应用层网关防火墙和状态检测防火墙三类。

1. 包过滤防火墙

包过滤防火墙在网络的入口对通过的数据包进行选择，只有满足条件的数据包才能通过，否则被抛弃。包过滤防火墙如图 6-10 所示。

从本质上说，包过滤防火墙是多址的，表明它有两个或两个以上的网络适配器或接口。例如，作为防火墙的设备可能有三块网卡，一块连接到内部网络，一块连接到公共的 Internet，另外一块连接到 DMZ。防火墙的任务就是作为“网络警察”，指引包和截住那些有危害的包。包过滤防火墙检查每一个传入包，查看包中可用的基本信息，包括源地址、目的地址、TCP/UDP 端口号、传输协议（TCP、UDP、ICMP 等）。然后，将这些信息与设立的规则相比较。如果已经设立了拒绝 Telnet 连接，只要包的目的端口是 23，该包就会被丢弃。如果允许传入 Web 连接，而目的端口为 80，则包就会被放行。

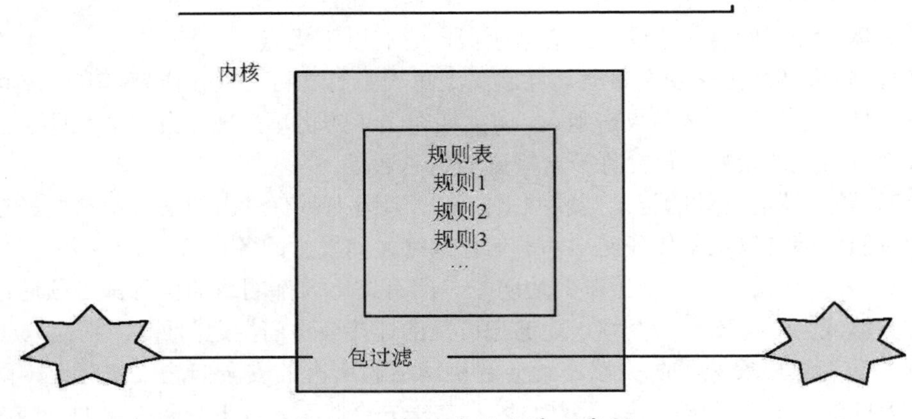

图 6-10 包过滤防火墙示意图

包过滤防火墙中每个IP包的字段都会被检查，例如源地址、目的地址、协议、端口等。防火墙将基于这些信息应用过滤规则，与规则不匹配的包就被丢弃，如果有理由让该包通过，就要建立规则来处理它。包过滤防火墙是通过规则的组合来完成复杂策略的。例如，一个规则可以包括“允许 Web 连接”“但只针对指定的服务器”“只针对指定的目的端口和目的地址”这样三个子规则。

包过滤技术的优点是简单实用，实现成本较低，在应用环境比较简单的情况下，能够以较小的代价在一定程度上保证系统的安全。但包过滤技术的缺陷也是明显的。包过滤技术是一种完全基于网络层的安全技术，只能根据数据包的来源、目标和端口等网络信息进行判断，无法识别基于应用层的恶意侵入，如恶意的 Java 小程序以及电子邮件中附带的病毒。有经验的黑客很容易伪造 IP 地址，骗过包过滤型防火墙。

2. 应用层网关防火墙

应用层网关防火墙，又称代理（Proxy）防火墙，实际上并不允许在它连接的网络之间直接通信。相反，它接受来自内部网络特定用户应用程序的通信，然后建立与公共网络服务器单独的连接，如图 6-11 所示。

网络内部的用户不直接与外部的服务器通信，所以服务器不能直接访问内部网络的任何一部分。另外，如果不为特定的应用程序安装代理程序代码，这种服务是不会被支持的，不能建立任何连接。这种建立方式拒绝任何没有明确配置的连接，从而提供了额外的安全性和控制性。

例如一个用户的 Web 浏览器可能在 80 端口，但也可能是在 1080 端口连接到了内部网络的 HTTP 代理防火墙。防火墙接受连接请求后，把它转到所请求的 Web 服务器。这种连接和转移对该用户来说是透明的，因为它完全是由代理防火墙自动处理的。代理防火墙通常支持的一些常见的应用程序有 HTTP、HTTPS/SSL、SMTP、POP3、IMAP、NNTP、Telnet、FTP、IRC 等，目前国内很多厂家在硬件防火墙里集成了这些模块，如北大方正公司的方正方御防火墙就能代理以上应用程序。

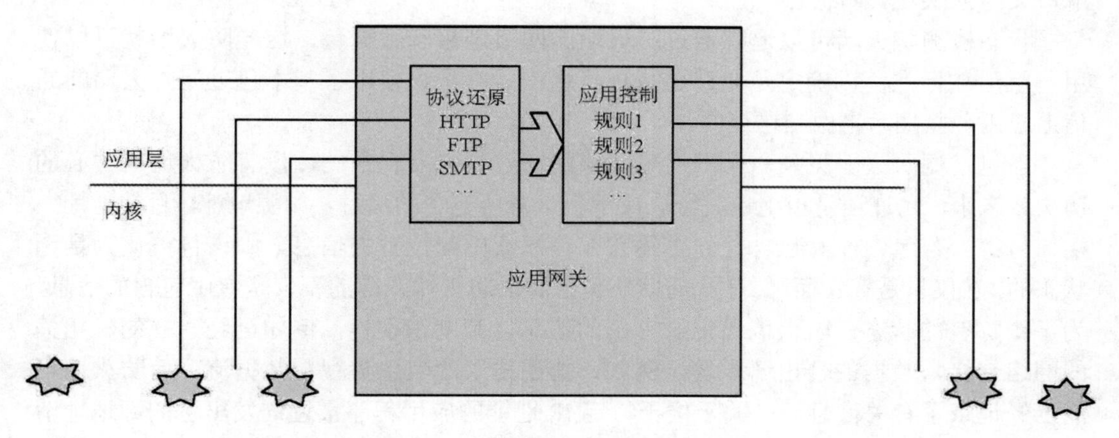

图 6-11 应用层网关防火墙示意图

应用程序代理防火墙可以配置成允许来自内部网络的任何连接，它也可以配置成要求用户认证后才建立连接，为安全性提供了额外的保证。如果网络受到危害，这个特征使网络从内部被攻击的可能性减少。

代理防火墙的优点是安全性较高，可以针对应用层进行侦测和扫描，对付基于应用层的侵入和病毒都十分有效。其缺点是对系统的整体性能有较大的影响，而且代理服务器必须针对客户机可能产生的所有应用类型逐一进行设置，大大增加了系统管理的复杂性。

3. 状态检测防火墙

状态检测防火墙又称为动态包过滤防火墙，是在传统包过滤防火墙上的功能扩展，现在已经成为防火墙的主流技术。状态检测防火墙如图 6-12 所示。

有人将状态检测防火墙称为第三代防火墙，可见其应用的广泛性。相对于动态检测包过滤，我们将传统的包过滤称为静态包过滤，静态包过滤将每个数据包进行单独分析，固定地根据其包头信息进行匹配，这种方法在遇到利用动态端口应用层协议时会发生困难。我们举一个经典的例子来说明 FTP 协议。

FTP 协议在整个过程中使用了两种 TCP 连接，控制连接用户客户端与服务器端之间的交互协商与命令传输，数据连接用于客户端与服务器端之间传输文件数据。客户端向服务器端固定的 21 端口发起连接请求并建立控制连接，防火墙的静态包过滤根据这个固定的端口信息，很好地对控制连接实施过滤功能。而数据连接则使用动态端口，它是由控制连接来协商并发起的，先由客户端或者服务器端在控制连接时发送 PORT 命令，将需要建立的动态端口作为参数传递，通过这种方式使客户端和服务器端完成动态端口的协定。动态端口意味着每次的端口都有可能不一样，而防火墙无法知道哪些端口需要打开，如果采用原始的静态包过滤，有希望用到此服务的话，就需要将所有可能的端口打开，这会给安全带来不必要的隐患。而状态检测通过检查跟踪应用程序信息（如 FTP 的 PORT 命令），判断是否需要临时打开某个端口，当传输结束时，端口又马上恢复关闭状态。

状态检测防火墙可以追踪通过防火墙的网络连接和数据包，这样防火墙就可以使用一组附加标准，以确定是允许还是拒绝通信。它是在使用了基本包过滤防火墙的通信上应用一些技术来做到这点的。

当包过滤防火墙见到一个网络包，该网络包是孤立存在的，没有防火墙所关心的历史或未来，允许还是拒绝包完全取决于包自身所包含的信息，如源地址、目的地址、端口号等。若包中没有包含任何描述它在信息流中的位置的信息，则该包被认为是无状态的，它仅只是存在而已。一个有状态包检查的防火墙跟踪的不仅是包中包含的信息，为了跟踪包的状态，防火墙还记录有用的信息以帮助识别包，例如已经建立的、相关的网络连接、数据的传出请求等。例如，如果传入的包包含视频数据流，而防火墙可能已经记录了有关信息，是关于位于特定 IP 地址的应用程序最近向发出包的源地址请求视频信号的信息。如果传入的包是要传输给发出请求的相同系统，防火墙进行匹配后，包就会被允许通过。一个状态检测防火墙可截断所有传入的通信，而允许所有传出的通信。因为防火墙跟踪内部发送出去的请求，所有按要求传入的数据被允许通过，直到连接被关闭，只有未被请求的传入通信被截断。

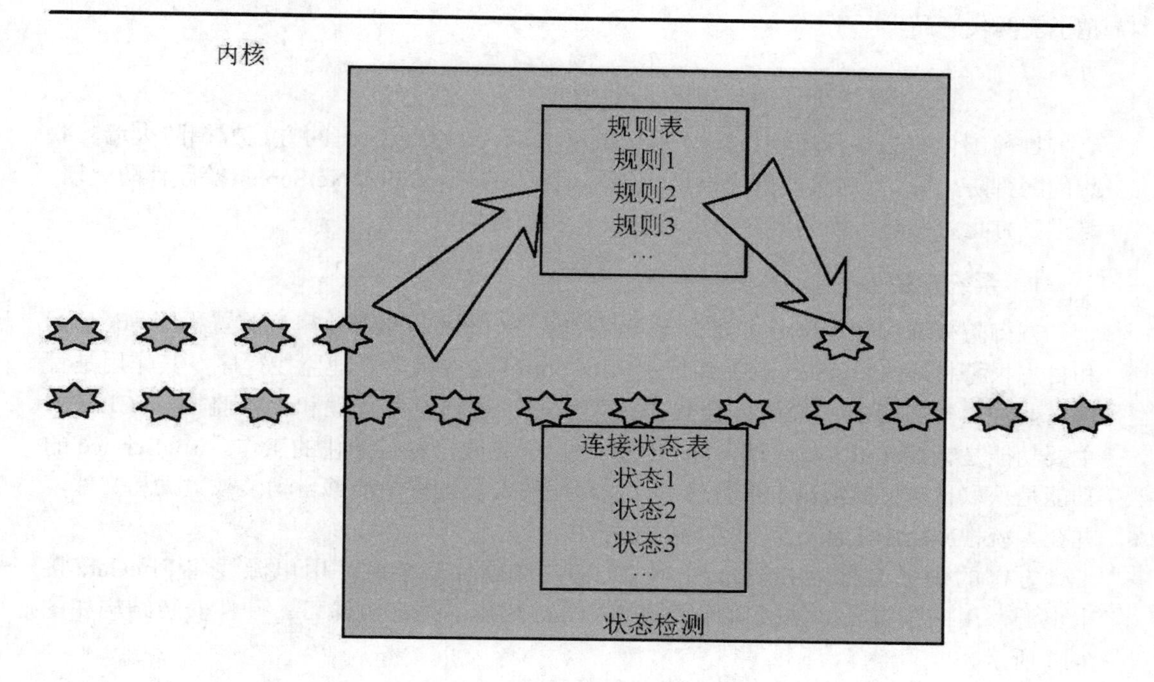

图 6-12 状态检测防火墙示意图

跟踪连接状态的方式取决于通过防火墙包的类型。

（1）TCP 包。当建立一个 TCP 连接时，通过的第一个包被标有包的 SYN 标志。通常情况下，防火墙会丢弃所有外部的连接企图，除非已经建立起某条件的特定规则来处理它们。对于内部的连接试图连接到外部主机时，防火墙会注明连接包，在这种方式下，当传入的包是响应一个已建立的连接时，才会被允许通过。

（2）UDP 包。UDP 包比 TCP 包简单，因为它们不包含任何连接或序列信息。它们只包含源地址、目的地址、校验和携带的数据，使防火墙确定包的合法性很困难。可是，如果防火墙跟踪包的状态，就可以解决这个问题。对传入的包，若它所使用的地址和 UDP 包携带的协议与传出的连接请求匹配，该包就被允许通过。和 TCP 包一样，所有传入的 UDP 包都不会被允许通过，除非它是响应传出的请求或已经建立了指定的规则来处理它。对其他种类的包，情况和 UDP 包类似。防火墙仔细地跟踪传出的请求，记录下所使用的地址、协议和包的类型，然后对照保存过的信息核对传入的包，以确保这些包是被请求的。

状态检测防火墙是新一代的产品，这一技术实际已经超越了最初的防火墙定义。状态检测防火墙能够对多层的数据进行主动的、实时的监测，在对这些数据加以分析的基础上，检测型防火墙能够有效地判断出各层中的非法入侵。同时，这种检测型防火墙产品一般还带有分布式探测器，这些探测器安置在各种应用服务器和其他网络的节点之中，不仅能够检测来自网络外部的攻击，同时对来自内部的恶意破坏也有极强的防范作用。据权威机构统计，在针对网络系统的攻击中，有相当比例的攻击来自网络内部。因此，状态检测防火墙不仅超越了传统防火墙的定义，而且在安全性上也超越了前两代产品。

6.8.3 防火墙系统安装、配置基础

目前国内有很多厂家研制出了自己的防火墙，如方正数码的方正方御防火墙、联想的网御防火墙、天网公司的天网防火墙等，国外的Cisco Pix、NetScreen等硬件防火墙。这里以方正方御防火墙为例对防火墙的安装和配置加以说明。

1. 系统安装

方御防火墙的软件部分主要由管理监控程序（FireControl）、串口配置程序（FCInit）和日志报警程序（LogService）组成。FireControl是方御的管理监控程序，其作用是管理、监控、配置方御和设置入侵攻击报警策略，进行设备管理和日常监控。FCInit的主要功能是初始化FG防火墙，通过配置串口来完成一些初始化的工作。LogService的功能是获取日志，提供日志报警信息，在程序的安装过程中能够自动装载数据和文件，并在系统程序组中生成方御防火墙的程序组。

方御的硬件名称为FireGate，简称FG。在硬件安装时，用电源线将FireGate接上电源，用网线将各网络接口连接到FireGate相应的网口上即可。硬件安装结构如图6-13所示。

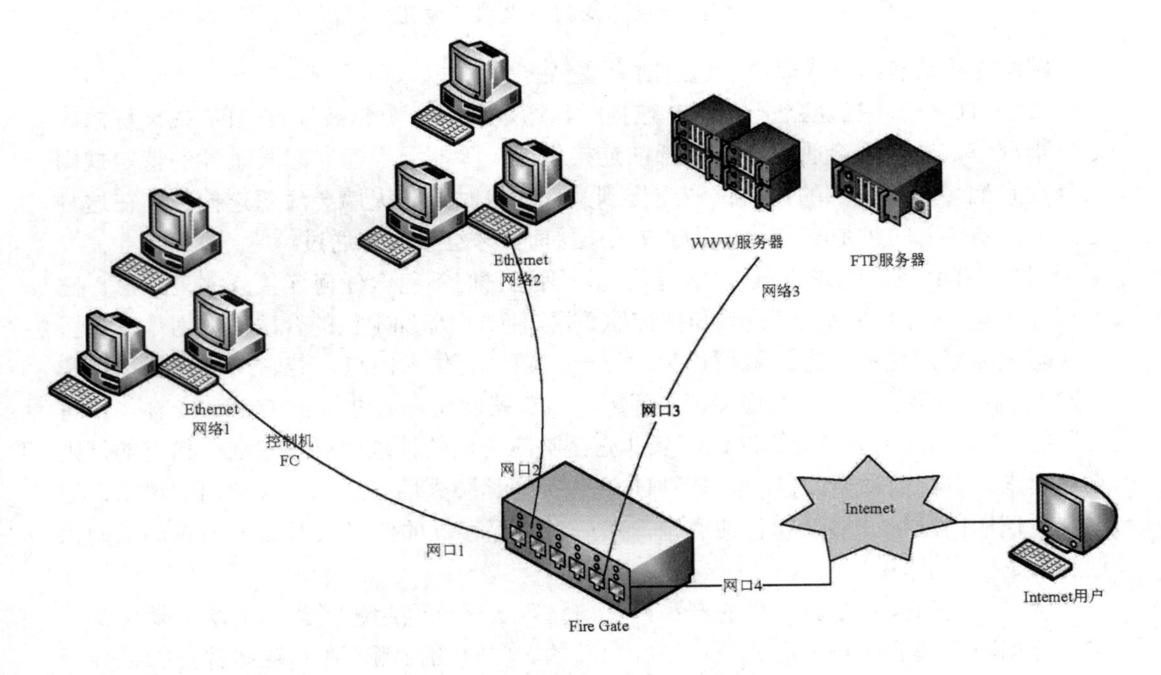

图 6-13　硬件安装结构图

2. 基本配置

在 FireControl 程序安装完毕后，即可在桌面找到它的快捷方式。FireControl 安装在控制机上，控制机可以是与 FireGate 网口相连的任意一台机器。

管理员第一次启动 FireControl 管理程序时，应使用在 FCInit 中新建实施域时默认创建的账号 Admin 进行登录。登录成功以后，为安全起见，建议即刻修改 Admin 账号的密码，并以策略管理员身份登录 FireControl。策略管理员可自定义防火墙的各种参数，配置个性化的防火墙。防火墙的基本配置包括以下几个方面。

（1）别名

别名的设计是为了方便策略管理员的使用，策略管理员可以用好记的别名代替多个功能端口以及子网，使配置不再繁琐。例如使用别名 WWW 代替端口 80 或 8080，别名 Office 代替 IP 地址为 105.118.0.0、子网掩码为 255.255.255.0 的网段地址，或者把几个离散的端口值或网段地址统一用一个别名进行管理。

别名是 FireGate 防火墙中重要的特性，大部分防火墙的功能模块配置都是通过别名来实现的，所以策略管理员需要事先定义好相关的网络地址和端口别名。

（2）设备配置

设备配置是防火墙自身的网络设置，包括对接口设备配置和显示防火墙基本信息。FireGate 初始化完成后，以策略管理员登录 FireCnotrol，首先需要进行设备配置。用户可以根据自己实际的网络需求在设备配置模块中通过对网络接口设备的设置实现多种工作模式。防火墙可以有三种工作模式：桥模式、路由模式、混杂模式。另外，FireGate 还对 VLAN 提供充分支持。

① 桥模式：如果用户不想改变原有的网络拓扑结构和设置，可以将防火墙设置成桥模式。在桥模式下，网络间的访问是透明的，所有网口设备将构成一个网桥。

② 路由模式：是防火墙的基本工作模式。在路由模式下，防火墙的各个网络设备的 IP 地址都位于不同的网段。

③ 混杂模式：指防火墙部分网口在路由模式下工作，部分网口在透明桥模式下工作。即某些子网间以路由方式通信，而某些子网间可以透明通信。

（3）SNMP 配置

FireGate 支持 SNMP 简单网络管理协议。一方面，网络管理工具可以实时获取 FireGate 的状态，并为其提供相关的系统状态、网络接口状态、IP 状态、ARP 表状态和 SNMP 服务状态等信息。另一方面，FireGate 为网络管理平台定期提供有关 FireGate 防火墙的信息，如入侵信息、管理信息和系统信息。

SNMP 的界面配置可分为 4 部分。

① 防火墙位置标识：对系统本地位置信息进行配置。

② 共同体：Community，用于简单的权限控制，默认为 Fgprivate。

③ SNMP 管理服务器地址：网络管理服务器地址。

④ 管理服务器 Trap 服务端口：网络管理服务器 Trap 接收端口，默认为 162。

（4）双机热备

FireGate 防火墙双机热备份系统由两台配置相同的防火墙组成，采用主从工作方式。

正常情况下，一台处于工作状态，为主防火墙；另一台处于热备份状态，为从防火墙。当主防火墙发生网络故障等情况时，备份防火墙可以迅速切换为工作状态，代替主防火墙工作，从而保证整个网络的正常运行。双机热备功能适用于对系统具有高可靠性要求的网络安全需求。

双机热备的硬件连接如图 6-14 所示，将防火墙的各个网口分别通过交换机或集线器用网线连接。硬件连接完成后，需要在 FireControl 控制端进行设置。只有策略管理员可以设置双机热备功能。双机热备系统只在桥和路由模式下工作，不支持混杂模式及 VLAN。

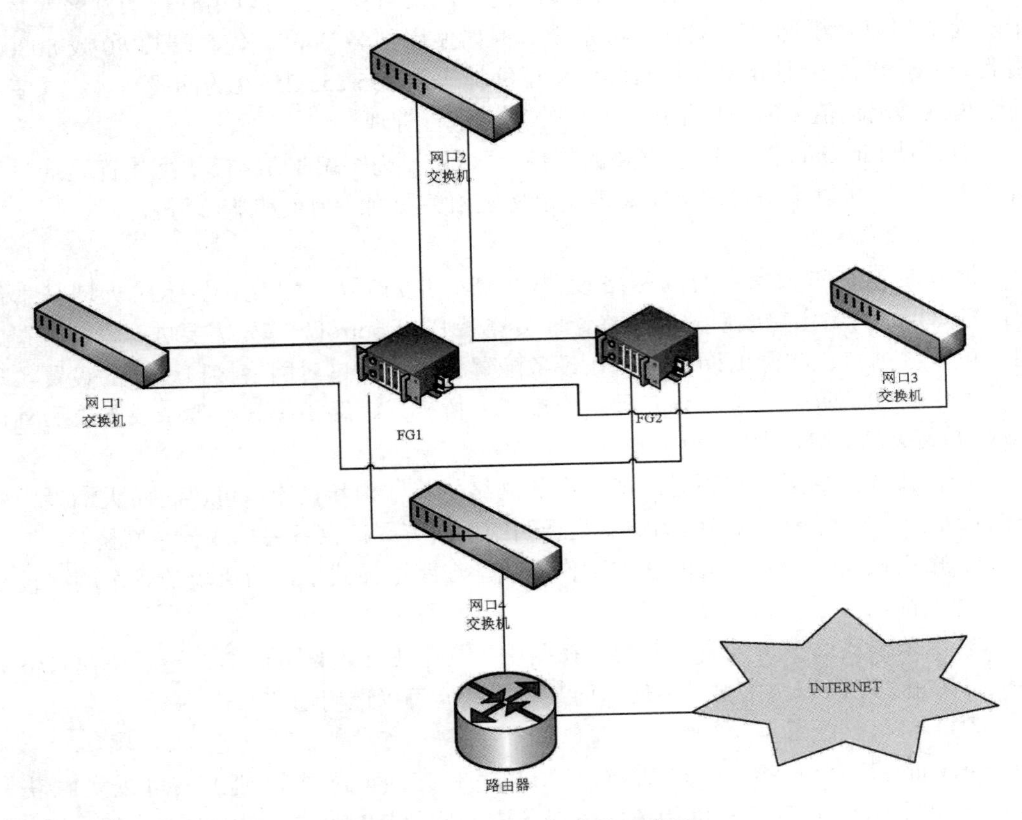

图 6-14　双机热备连接示意图

3. 规则配置

FireGate 防火墙提供基于状态检测技术的包过滤，能够根据数据包的地址、协议和端口进行访问控制。FireGate 防火墙包过滤功能主要是通过指定过滤规则集，对数据包头源地址、目的地址和端口号、协议类型等标志进行检查，判断是否允许通过。对于满足包过滤规则的数据包，根据规则的策略决定放行或者丢弃，不满足规则的包则被丢弃。包过滤规则采用按顺序匹配的方式，即首先匹配前面的规则，若匹配则不再向下执行，因此一定要注意规则设置的顺序问题。

防火墙的规则配置是面向网口设备的，每个网口上的规则是指：这个接口设备接收到的数据包要经过这些规则的过滤，此处的接口包括物理接口设备和VLAN设备。每条规则详细描述了源/目的地址、目的端口、协议、数据流向、状态检测和策略等信息。

策略包括4种：禁止（DROP）、允许（ACCEPT）、用户认证（Auth）、自动封禁（Auto）。

（1）允许（ACCEPT）：接受此包。

（2）禁止（DROP）：丢弃此包。

（3）自动封禁（Auto）：FireGate启动入侵检测功能后，需要在防火墙模块相应接口设备（包括物理网口、VLAN设备）上添加一条“自动封禁”规则，才能自动封禁入侵IP。FireGate的每个网口都可以自动封禁。一般情况下，入侵检测功能的自动封禁设置选择物理网口进行监听。

（4）用户认证：对于分配了公网IP的内部用户，如果出于安全的目的，管理员希望用户必须通过认证才能访问Internet，则需要在用户管理模块中选择一种认证方式（内置账号认证或第三方认证），并且在防火墙模块的相应接口设备上（一般是内部网对应的网口）加一条用户认证规则。FireGate的每个接口设备都可以添加认证规则，包括每一个物理网口（如网口1、网口2等）和VLAN设备（如网口2.100）。

6.8.4 入侵检测的基本概念

1. 入侵检测系统概念

传统的网络安全系统一般采用防火墙作为安全的第一道防线。而随着攻击者的网络知识的日趋成熟，攻击工具与手法的日趋复杂多样，单纯的防火墙策略已经无法满足对安全高度敏感的部门的需要，网络的防伪必须采用一种纵深的、多样的手段。与此同时，当今的网络环境也变得越来越复杂，各式各样的复杂设备需要不断地升级、补漏，这使得网络管理员的工作不断加重，一些不经意的疏忽便有可能造成安全的重大隐患。在这种环境下，入侵检测系统成为了安全市场上新的热点，不仅愈来愈多地受到人们的关注，而且已经开始在各种不同的环境中发挥其关键作用。

入侵检测是一种主动保护自己免受攻击的网络安全技术。作为防火墙的合理补充，入侵检测技术能够帮助系统对付网络攻击，扩展了系统管理员的安全管理能力（包括安全审计、监视、攻击识别和响应），提高了信息安全基础结构的完整性。它从计算机网络系统中的若干关键点收集信息，并分析这些信息。入侵检测被认为是防火墙之后的第二道安全闸门，在不影响网络性能的情况下能对网络进行监测。

“入侵（Intrusion）”是个广义的概念，不仅包括被发起攻击的人（如恶意的黑客）取得超出合法范围的系统控制权，也包括手机漏洞信息、拒绝服务（Denial of Service）等对计算机系统造成危害的行为。入侵检测（Intrusion Detection），顾名思义，便是对入侵行为的发觉。它通过对计算机网络或计算机系统中的若干关键点收集信息并对这些信息进行分析，从中发现网络或系统中是否有违反安全策略的行为和被攻击的迹象。进行入侵检测的软件与硬件的组合便是入侵检测系统（Intrusion Detection

System，IDS）。与其他安全产品不同的是，入侵检测系统需要更多的智能，它必须能够对得到的数据进行分析，并得出有用的结果。一个合格的入侵检测系统能大大的简化管理员的工作，保证网络安全的运行。

2. 入侵检测系统的功能

由于入侵检测系统的市场在近几年中飞速发展，很多公司相继投入到这一领域上来。入侵检测系统有的作为独立的产品，有的作为防火墙的一部分，其结构和功能也不尽相同。通常来说，入侵检测系统均应包括以下一些主要功能。

（1）监测并分析用户和系统的活动。

（2）核查系统配置和漏洞。

（3）评估系统关键资源和数据文件的完整性。

（4）识别已知的攻击行为。

（5）统计分析异常行为。

（6）操作系统日志管理，并识别违反安全策略的用户活动。

3. 入侵检测系统分类

一般来说，入侵检测系统可分为主机型和网络型。在实际应用时，也可将二者结合。主机型入侵检测系统往往以系统日志、应用程序日志等作为数据源，当然也可以通过其他手段（如监督系统调用）从所在的主机收集信息并进行分析。主机型入侵检测系统保护的一般主机是所在的系统。主机型 IDS 的优点是：系统的内在结构没有任何束缚，同时可以利用操作系统本身提供的功能并结合异常分析，更准确的报告攻击行为。它的缺点是：必须为不同的平台开发不同的程序，增加了系统的负荷。

网络型入侵检测系统的数据源则是网络上的数据包。通常将一台主机的网卡设为混杂模式，监听所有本网段内的数据包并进行判断。一般网络型入侵检测系统担负着保护整个网段的任务。网络型 IDS 的优点主要是简便，一个网段只需安装一个或几个这样的系统，便可以监测整个网段的情况。同时，由于往往使用单独的计算机进行这种应用，不会给运行关键业务的主机带来负荷增加的问题。它的缺点是：由于现在网络的结构日趋复杂，以及高速网络的普及，这种结构逐渐显示出其局限性。

6.9 计算机病毒

6.9.1 计算机病毒的概念

计算机病毒（Computer Virus）在《中华人民共和国计算机信息系统安全保护条例》中被明确定义，病毒指“编制者在计算机程序中插入的破坏计算机功能或者破坏数据，影响计算机使用并且能够自我复制的一组计算机指令或者程序代码”。

计算机病毒与医学上的“病毒”不同，计算机病毒不是天然存在的，是人利用计算机软件和硬件所固有的脆弱性编制的一组指令集或程序代码。它能潜伏在计算机的存储介质（或程序）里，条件满足时即被激活，通过修改其他程序的方法将自己的精确拷贝或者可能演化的形式放入其他程序中，从而感染其他程序，对计算机资源进行破坏。所谓的病毒就是人为造成的，对其他用户的危害性很大。

计算机病毒具有传播性、隐蔽性、感染性、潜伏性、可激发性、表现性和破坏性。计算机病毒的生命周期：开发期→传染期→潜伏期→发作期→发现期→消化期→消亡期。

计算机病毒是一个程序，一段可执行码。就像生物病毒一样，具有自我繁殖、互相传染以及激活再生等特征。计算机病毒具有独特的复制能力，它们能够快速蔓延，又常常难以根除。它们能附着在各种类型的文件上，当文件被复制或从一个用户传输到另一个用户时，它们就随同文件一起蔓延开来。

6.9.2 计算机病毒的分类

计算机病毒的分类方法有许多种，比如可以按照计算机病毒的破坏性质划分、根据计算机病毒所攻击的操作系统划分、根据计算机病毒的传播方式划分等。

（1）根据其感染的途径以及采用的技术划分，计算机病毒可分为文件型计算机病毒、引导型计算机病毒、宏病毒和目录（链接）计算机病毒。

1）文件型计算机病毒

文件型计算机病毒感染可执行文件（包括exe和com文件）。一旦直接或间接地执行了这些受计算机病毒感染的程序，计算机病毒就会按照编制者的意图对系统进行破坏，这些计算机病毒还可细分为如下类别。

① 驻留型计算机病毒：一旦此类计算机病毒被执行，它们首先会检查当前系统是否满足事先设定好的一系列条件（包括日期、时间等）。如果没有满足条件，它们就会在内存中“等候”其他程序的执行。此间，如果操作系统执行了某个操作，某个未感染计算机病毒的文件（或程序）被调用，计算机病毒就会将其感染，这一步骤是通过将其本身的恶意代码添加到源文件中实现的。

② 主动型计算机病毒：此类型计算机病毒被执行时，它们会试图主动地复制自己（即复制自身的代码）。一旦某种条件满足后，它们就会主动地去感染当前目录下以及在autoexec.bat文件（该文件总是位于根目录下，它负责在计算机引导时执行某些特定的动作）中指定路径下的文件。对于这类计算机病毒，比较容易消除带病毒文件中的恶意代码并将其还原到初始的正常状态。

③ 覆盖型计算机病毒：顾名思义，此类计算机病毒的特征是计算机病毒将会覆盖其所感染文件中的数据，也就是说，一旦某个文件感染了此类计算机病毒，即使将携带病毒文件中的恶意代码清除掉，至少文件中被其覆盖的那部分内容将永远不能恢复。某些覆盖型计算机病毒是常驻内存，这样被感染的文件有可能恢复一部分数据。

④ 伴随型计算机病毒：为了达到感染的目的，伴随型计算机病毒可以驻留在内存中等候某个程序执行（此时表现为驻留型计算机病毒）或者直接复制自己（此时表现

为主动型计算机病毒）。与覆盖型计算机病毒和驻留型计算机病毒不同，伴随型计算机病毒不会修改其所感染的文件。当操作系统工作时，它将会调用某些程序，如果有两个同名但扩展名不同的文件（一个是 exe 文件，另一个为 com 文件），操作系统总是会先调用 com 文件。伴随型计算机病毒利用了操作系统的这一特性，如果有一个可执行的 exe 文件，计算机病毒将会创建另外一个文件名相同，但扩展名为 com 的文件，这样做可以迷惑用户，新的文件其实就是计算机病毒本身的代码。如果操作系统发现系统中有两个同名文件，将会先执行 com 文件，因此就会执行计算机病毒代码。一旦计算机病毒被执行，它将会将控制权交还给操作系统以便执行原先的 exe 文件，在这种方式下，用户不容易知道计算机病毒已经被激活。

2）引导型计算机病毒

引导型计算机病毒影响软件或硬件的引导扇区。引导扇区是磁盘中至关重要的部分，其中包含了磁盘本身的信息以及用以引导计算机的一个程序。

引导型计算机病毒不会感染文件，也就是说如果某个软盘感染了引导型计算机病毒，但是只要不用它去引导计算机，其中的数据文件将不会受到影响。

如果用带有引导型计算机病毒的软盘引导计算机，它们就通过以下步骤感染系统。

① 它会首先在内存中保留一个位置以便其他程序不能占用该部分内存。

② 然后计算机病毒将自己复制到该保留区域。

③ 此后计算机病毒会不断截取操作系统服务。每次当操作系统调用文件存取功能时，计算机病毒就会夺取系统控制权。它首先检查被存取文件是否已经被感染，如果没有感染，计算机病毒就会执行复制恶意代码的操作。

④ 最后计算机病毒会将干净的引导扇区内容写回到其原先的位置，并将控制权交还给操作系统。在这种方式下，尽管计算机病毒还会继续发作，但用户觉察不到任何异样。

3）宏病毒

前面我们提到的计算机病毒都是感染可执行文件（exe 或 com 文件），而宏病毒与之不同，宏病毒感染的对象是使用某些程序创建的文本文档、数据库、电子表格等文件。这些类型的文件都能够在文件内部嵌入宏（macro），它们不依赖于操作系统，但是可以使用户在文档中执行特定的操作。这些小程序的功能有点类似于批处理命令，能执行一系列的操作，而看上去就像是只执行了一个命令一样，因此可以节省用户的时间。

宏作为一种程序，同样可以被感染，因此也成为计算机病毒的目标。当某个文档中的宏被打开后，它们会被自动加载并立即执行（或根据用户的需要以后执行），计算机病毒就可以按照程序所涉及的意图执行相应的操作。值得十分注意的是，宏病毒传播极为迅速并能带来极大的危害。

4）目录（链接）计算机病毒

操作系统总是会不断读取计算机中的这些文件信息，包括文件名及其存储位置信息。操作系统会赋予每个文件一个文件名和存储位置，然后，当用户每次使用该文件时就会调用这些信息。目录（链接）计算机病毒会修改文件存储位置信息以达到感染文件的目的。

操作系统运行程序时会立即寻找此程序的地址，然而，这些计算机病毒会在操作系统寻找地址前获得地址信息，然后它会修改地址并使其指向计算机病毒的地址，接着将正确的地址保存在其他地方。因此，当用户运行目标程序时，事实上是执行了计算机病毒程序。

此类计算机病毒能够修改硬盘上存储的所有文件的地址，因此能够感染所有的这些文件。尽管目录（链接）计算机病毒不能感染网络驱动器或将其代码附加在受感染的文件中，但是它确实能够感染所有的硬盘驱动器。如果用户使用某些工具（如SCANDISK 或 CHKDSK）检测受感染的磁盘，会发现大量文件链接地址的错误，这些错误都是由此类计算机病毒造成的。发现这种情况后不要试图用上述软件去修复，否则情况会更糟。

（2）根据计算机病毒的破坏性进行分类：良性病毒、恶性病毒、极恶性病毒、灾难性病毒。

（3）根据计算机病毒的传染方式进行分类：引导区型病毒、文件型病毒、混合型病毒、宏病毒。

引导区型病毒主要通过软盘在操作系统中传播，感染引导区，然后蔓延到硬盘，并能感染到硬盘中的“主引导记录”。文件型病毒是文件感染者，也称为“寄生病毒”，它运行在计算机存储器中，通常感染扩展名为 com、exe、sys 等类型的文件。混合型病毒具有引导区型病毒和文件型病毒两者的特点。宏病毒是指用 BASIC 语言编写的病毒程序寄存在 Office 文档上的宏代码，宏病毒影响对文档的各种操作。

（4）根据计算机病毒的连接方式进行分类：源码型病毒、入侵型病毒、操作系统型病毒、外壳型病毒。

源码型病毒：攻击高级语言编写的源程序，在源程序编译之前插入其中，并随源程序一起编译、连接成可执行的文件。源码型病毒较为少见，亦难以编写。

入侵型病毒：可用自身代替正常程序中的部分模块或堆栈区，因此这类病毒只攻击某些特定程序，针对性强。一般情况下也难以被发现，清除起来也较困难。

操作系统型病毒：可用其自身部分加入或替代操作系统的部分功能。因其直接感染操作系统，这类病毒的危害性也较大。

外壳型病毒：通常将自身附在正常程序的开头或结尾，相当于给正常程序加了个外壳。大部分的文件型病毒都属于这一类。

计算机病毒种类繁多而且复杂，按照不同的方式以及计算机病毒的特点及特性，可以有多种不同的分类方法。同时，根据不同的分类方法，同一种计算机病毒也可以属于不同的计算机病毒种类。

（5）按照计算机病毒属性的方法进行分类。计算机病毒可以根据下面的属性进行分类。

1）根据病毒存在的媒体划分

网络病毒：通过计算机网络传播感染网络中的可执行文件。

文件病毒：感染计算机中的文件（如：com、exe、doc 等）。

引导型病毒：感染启动扇区（Boot）和硬盘的系统引导扇区（MBR）。

还有这三种情况的混合型，例如：多型病毒（文件和引导型）具有感染文件和引导扇区两种目标，这样的病毒通常都具有复杂的算法，它们使用非常规的办法侵入系统，同时使用了加密和变形算法。

2）根据病毒传染渠道划分

驻留型病毒：这种病毒感染计算机后，把自身的内存部分驻留内存（RAM）中，这一部分程序挂接系统调用并合并到操作系统中去，它处于激活状态，一直到关机或重新启动。

非驻留型病毒：这种病毒在得到机会激活时并不感染计算机内存，一些病毒在内存中驻留有小部分，但是并不通过这一部分进行传染，这类病毒也被划分为非驻留型病毒。

3）根据破坏能力划分

无害型：除了感染时减少磁盘的可用空间外，对系统没有其他影响。

无危险型：这类病毒仅仅是减少内存、显示图像、发出声音及同类音响。

危险型：这类病毒在计算机系统操作中造成严重的错误。

非常危险型：这类病毒删除程序、破坏数据、清除系统内存区和操作系统中的重要信息。

4）根据算法划分

伴随型病毒：这类病毒并不改变文件本身，它们根据算法产生 exe 文件的伴随体，具有同样的名字和不同的扩展名（com），例如：XCOPY.exe 的伴随体是 XCOPY.com。病毒把自身写入 com 文件并不改变 exe 文件，当 DOS 加载文件时，伴随体优先被执行，再由伴随体加载执行原来的 exe 文件。

“蠕虫”型病毒：通过计算机网络传播，不改变文件和资料信息，利用网络从一台机器的内存传播到其他机器的内存，即计算机将自身的病毒通过网络发送。有时它们在系统中存在，一般除了内存并不占用其他资源。

寄生型病毒：除了伴随型和“蠕虫”型病毒，其他病毒均可称为寄生型病毒，它们依附在系统的引导扇区或文件中，通过系统的功能进行传播，按其算法不同还可细分为以下几类。

● 练习型病毒：病毒自身包含错误，不能进行很好的传播，例如一些病毒在调试阶段。

● 诡秘型病毒：它们一般不直接修改 DOS 中断和扇区数据，而是通过设备技术和文件缓冲区等对 DOS 内部信息进行修改，不易看到资源，使用比较高级的技术，利用 DOS 空闲的数据扇区进行工作。

● 变型病毒（又称幽灵病毒）：这一类病毒使用一个复杂的算法，使自己传播的每一份都具有不同的内容和长度。它们一般的做法由一段混有无关指令的解码算法和被变化过的病毒体组成。

6.9.3 计算机病毒的特性

（1）衍生性。计算机病毒的衍生是指计算机病毒的编制者或者其他人将某个计算机病毒进行一定的修改后，使其衍生为一种与原先版本不同的计算机病毒，后者可能与原先的计算机病毒有很相似的特征，这时我们称其为原先计算机病毒的一个变种，如果衍生的计算机病毒已经与以前的计算机病毒有了很大甚至根本性的差别，此时我们就会认为其是一种新的计算机病毒，新的计算机病毒可能比以前的计算机病毒具有更大的危害性。

（2）破坏性。计算机中毒后，可能会导致正常的程序无法运行，计算机内的文件被删除或受到不同程度的损坏，引导扇区、BIOS及硬件环境被破坏。

（3）传染性。计算机病毒的传染性是指计算机病毒通过修改别的程序将自身的复制品或其变体传染到其他无毒的对象上，这些对象可以是一个程序也可以是系统中的某一个部件。

（4）潜伏性。计算机病毒的潜伏性是指计算机病毒可以依附于其他媒体的寄生能力，入侵后的病毒潜伏到条件成熟时才发作，会使电脑速度变慢。

计算机病毒使用的触发条件主要有三种：一是利用计算机内的时钟提供的时间作为触发器；二是利用计算机病毒体内自带的计数器作为触发器；三是利用计算机内执行的某些特定操作作为触发器。

（5）隐蔽性。计算机病毒具有很强的隐蔽性，可以通过病毒软件检查出来少数，但隐蔽性计算机病毒时隐时现、变化无常，处理起来非常困难。

（6）可触发性。编制计算机病毒的人一般都为病毒程序设定了一些触发条件，例如，系统时钟的某个时间或日期、系统运行了某些程序等。一旦条件满足，计算机病毒就会“发作”，使系统遭到破坏。

（7）针对性。计算机病毒都是针对某一种或几种计算机和特定的操作系统的。例如，有针对PC及其兼容机的，有针对Macintosh的，有针对UNIX和Linux操作系统的，还有针对应用软件的（例如Office的宏病毒）。

（8）寄生性。计算机病毒的寄生性是指，一般的计算机病毒程序都是依附在某个宿主程序中，依赖于宿主程序而生存，并且通过宿主程序的执行而传播。“蠕虫”型病毒和特洛伊木马程序则是例外，它们并不是依附在某个程序或文件中，其本身就是完全包含有恶意程序的计算机代码，这也是二者与一般计算机病毒的区别。所以，计算机病毒防范软件发现此类程序后，通常的解决方法就是将其删除并修改相应的系统注册表。

（9）未知性。计算机病毒的未知性体现在两个方面：首先是计算机病毒的侵入、传播和发作是不可预见的，有时即使安装了实时计算机病毒防火墙，也会由于各种原因造成不能完全阻隔某些计算机病毒的侵入；其次，计算机病毒的发展速度远远超出了我们的想象，新的计算机病毒不断涌现，但是如何出现以及如何防范却是永远不可预料的。

6.10 网络病毒简介

具有开发性的因特网成为计算机病毒广泛传播的有利环境，而因特网本身的安全漏洞也为培育新一代病毒提供了良好的条件。人们为了让网页更加精彩漂亮、功能更加强大而开发出 ActiveX 技术和 Java 技术，然而病毒程序的制造者也利用这些技术，把病毒程序渗透到个人计算机中。这就是近两年兴起的第二代病毒，即所谓的“网络病毒”。

2000 年出现的“罗密欧与朱丽叶”病毒是一个非常典型的网络病毒，它改写了病毒的历史，该病毒与邮件病毒基本特性相同，但它不再隐藏于电子邮件的附件中，而是直接存在于电子邮件的正文中，一旦用户打开 Outlook 收发信件进行阅读，该病毒马上就发作，并将复制的新病毒通过邮件发送给别人，计算机用户无法躲避。

根据 ICSA（International Computer Security Association）实验室“2002 年度病毒传播趋势报告”的调查分析结果表明，目前病毒的传播方式主要是邮件传播和 Internet 传播，其中邮件传播比例高达 87%；Internet 传播占 10%；其他传统的，经由磁盘、网络下载的病毒感染方式的传播只有 3%。即 97% 的病毒是通过网络传播的。

网络病毒的出现，似乎让病毒制造者的思路更加宽阔，近些年里，千奇百怪的网络病毒孕育而生。这些病毒具备更强的繁殖能力和破坏能力，它们不再局限于电子邮件，而是直接进入 Web 服务器的网页代码中，当计算机用户浏览了带病毒的页面，系统就会被感染。当然这些病毒也不会放过自己寄生的服务器，在适当的时候，病毒会与服务器系统同归于尽。例如 2006 年 10 月 16 日，由 25 岁的李俊编写的“熊猫烧香”病毒，拥有感染传播功能，2007 年 1 月初肆虐网络，变种数已达 90 多个，感染“熊猫烧香”的个人用户高达几百万，很多区域网络数据被击溃，该病毒给很多用户造成巨大的损失，对社会造成严重的危害。

现在以破坏正常的网络通信、偷窃数据为目的的病毒越来越多，它们和木马相配合，可以控制被感染的计算机，并将数据主动传给发送病毒者，造成涉密数据的泄漏，其危害程度及其剧烈。网络病毒相对于传统的计算机病毒，其特点及危害性主要表现在以下几个方面。

（1）破坏性强。网络病毒破坏性极强，直接影响网络工作，轻则降低速度，影响工作效率，重则使网络瘫痪。

（2）传播性强。网络病毒普遍具有较强的再生机制，一接触就可通过网络扩散与传染。一旦某个公用程序感染了病毒，那么病毒将很快在整个网络上传播，并感染其他的程序。

（3）具有潜伏性和可激发性。网络病毒与单机病毒一样，具有潜伏性和可激发性。在一定的环境下受到外界因素刺激，便能活跃起来，这就是病毒的激活。激活的本质是一种条件控制，此条件是多样化的，可以是内部时钟、系统日期和用户名称，也可以是在网络中进行的一次通信。一个病毒程序可以按照病毒设计者的预定要求，在某个服务器或客户机上激活，并向各网络用户发起攻击。

（4）针对性更强。网络病毒并非一定对网络上所有的计算机都进行感染与攻击，而是具有某种针对性。例如，有的网络病毒只能感染 IBM PC 工作站，有的却只能感染 Macintosh 计算机，有的病毒则专门感染使用 UNIX 操作系统的计算机。

（5）扩散面广。由于网络病毒能通过网络进行传播，所以其扩散面很大，一台 PC 的病毒可以通过网络感染与之相连的众多机器。由网络病毒造成网络瘫痪的损失是难以估计的。一旦网络服务器被感染，其解毒所需的时间将是单机的几十倍以上。

（6）传播速度快。在单机环境下，病毒只能从一台计算机传播到另外一台计算机上，而在网络中则可以通过网络通信机制进行迅速扩散。

（7）难以彻底清除。单机上的计算机病毒有可能通过删除带毒文件、低级格式化硬盘等措施将病毒彻底清除。而在网络中，只要有一台工作站未能清除干净，就可能使整个网络重新被病毒感染，甚至刚刚完成清除工作的一台工作站就有可能被网上另一台带毒工作站所感染。

鉴于网络病毒的以上特点，采用有效的网络病毒防治方法与技术就显得尤其重要了。目前，网络大都采用 C/S 模式，这就需要从服务器和客户机两个方面采取防治网络病毒的措施。

6.11 基于网络的防病毒系统

计算机病毒的形式及传播途径日趋多样化，因此大型企业网络系统的防病毒工作已不再像单台计算机病毒检测及清除那样简单，而是需要建立多层次的、立体的病毒防护体系，而且要具备完善的管理系统来设置和维护对病毒的防治策略。

1. 典型网络病毒

目前，互联网已经成为病毒传播的最大来源，电子邮件和网络信息传输为病毒传播打开了高速通道，企业网络化的发展也使病毒的传播速度大大提高，感染的范围也越来越广。可以说，网络化带来了病毒传染的高效率，而病毒传染的高效率也对防病毒产品提出了新的要求。近年来，全球的企业网络经历了网络病毒的不断侵袭，“爱虫”“探险者”、Matrix 和“冲击波”唤醒了人们对防治网络病毒的重视。典型网络病毒主要有宏病毒、特洛伊木马、蠕虫病毒、脚本语言病毒等。

（1）宏病毒

宏病毒是一种寄存在文档或模板的宏中的计算机病毒。一旦打开这样的文档，其中的宏就会被执行，于是宏病毒就会被激活，然后转移到计算机上，并驻留在 Normal 模板上。从此以后，所有自动保存的文档都会“感染”上这种宏病毒，而且如果其他用户打开了感染病毒的文档，宏病毒又会转移到他的计算机上。

宏病毒的危害主要表现在以下方面。

① 宏病毒的主要破坏

Word 宏病毒的破坏包括两方面。

● 对 Word 运行的破坏：不能正常打印、封闭或改变文件存储路径、将文件名更改、乱复制文件、封闭有关菜单、文件无法正常编辑。如 Taiwan No.l Macro 病毒每月 13 日发作，使所有编写工作无法进行。

● 对系统的破坏：Word Basic 语言能够调用系统命令，造成破坏。

② 病毒隐蔽性强，传播迅速，危害严重，难以防治。

与感染普通 exe 或 com 文件的病毒相比，Word 宏病毒具有隐蔽性强，传播迅速，危害严重，难以防治等特点。

● 宏病毒隐蔽性强

由于人们忽视了在传输一个文档时也会有传播病毒的机会。

● 宏病毒传播迅速

因为办公数据的交流要比拷贝 exe 文件更加经常和频繁，如果说扼制盗版可以减少普通 exe 或 com 病毒传播的话，那么这一招对 Word 病毒将束手无策。

● 危害严重

因为 Microsoft Word 几乎已经成为全世界办公文档的事实工业标准，所以 Word 宏病毒的影响是全球范围的，在我国也绝不例外。Word 文件的交换是目前办公数据交流和传输的最常用的方式之一，因此 Word 宏病毒的涉及面比盗版软件的传播要大得多，传播速度则更是有过之而无不及。据报道，我国 70%～80% 的计算机用户已经不再单纯使用 MS-DOS 作为唯一的操作环境，观看 DVD 和使用 Word 成为用户使用 Windows 应用程序的榜首。无数的 DOC 文件从上级机关金字塔般地传播到基层，基层又上报到上级机关，如从各个单位的办公室到工作者的家庭，然后从工作者的家庭到出版部门的计算机系统。于是，便存在这样一种可能，当成千上万的 X86 计算机系统在传播和复制这些数据以及文档文件的同时，也在忠实地传播和复制这些病毒。

由于该病毒能跨越多种平台，并且针对数据文档进行破坏，因此具有极大的危害性，该病毒在公司通过内网相互进行文档传输时迅速蔓延，往往很快就能使公司的机器全部感染上病毒。

● 难以防治

由于宏病毒利用了 Word 的文档机制进行传播，所以它和以往的病毒防治方法不同。一般情况下，人们大多注意可执行文件（com、exe）的病毒感染情况，而 Word 宏病毒寄生在 Word 的文档中，而且人们一般都要对文档文件进行备份，因此病毒可以隐藏很长一段时间。

（2）特洛伊木马病毒

特洛伊木马是一种秘密潜伏的能够通过远程网络进行控制的恶意程序，它们悄悄地在宿主机器上运行，就在用户毫无察觉的情况下，让攻击者获得了远程访问和控制系统的权限。一般而言，大多数特洛伊木马都具有模仿一些正规的远程控制软件的功能，如 Symantec 公司的 PcAnywhere。但特洛伊木马也有一些明显的特点，例如它的安装和操作都是在隐蔽环境中完成的。攻击者经常把特洛伊木马隐藏在一些游戏或小软件之中，诱使粗心的用户在自己的机器上运行。最常见的情况是，上当的用户要么从不正规的网站下载和运行了带恶意代码的软件，要么不小心点击了带恶意代码的邮件附件。

大多数特洛伊木马包括客户端和服务器端两个部分。攻击者利用一种称为绑定程序的工具将服务器部分绑定到某个合法软件上，诱使用户运行合法软件。只要用户一运行合法软件，特洛伊木马的服务器部分就在用户毫无知觉的情况下完成了安装过程。通常，特洛伊木马的服务器部分都是可以定制的，攻击者可以定制的项目一般包括：服务器运行的IP端口号、程序启动时机、如何发出调用、如何隐身、是否加密。另外，攻击者还可以设置登录服务器的密码、确定通信方式。

服务器向攻击者通知的方式可能是发送一个E-mail，宣告自己当前已成功接管的机器；或者可能是联系某个隐藏的Internet交流通道，及广播被侵占的机器的IP地址；另外，当特洛伊木马的服务器部分启动之后，它还可以直接与攻击者机器上运行的客户程序通过预先定义的端口进行通信。不管特洛伊木马的服务器和客户程序如何建立联系，有一点是不变的，攻击者总是利用客户程序向服务器程序发送命令，达到操控用户机器的目的。

特洛伊木马攻击者既可以随心所欲地查看已被入侵的机器；也可以用广播的方式发布命令，指示所有在他控制之下的特洛伊木马一起行动；或者向更广泛的范围传播，以及做其他危险的事情。实际上，只要用一个预先定义好的关键词，就可以让所有被入侵的机器格式化自己的硬盘，或者向另一台主机发起攻击。攻击者经常会用特洛伊木马侵占大量的机器，然后针对某一要害主机发起分布式拒绝服务攻击，当受害者觉察到网络要被异乎寻常的通信量淹没并试图找出攻击者时，他只能追踪到大批懵然不知、同样也是受害者的DSL或线缆调制解调器用户，真正的攻击者早已溜之大吉。

特洛伊木马造成的危害可能是非常惊人的，由于它具有远程控制机器以及捕获屏幕、键击、音频、视频的能力，所以其危害程度要远远超过普通的病毒和“蠕虫”病毒。只有深入了解特洛伊木马的运行原理，在此基础上采取正确的防卫措施，才能有效减少特洛伊木马带来的危害。

常见的特洛伊木马有Back Orifice、NetBus、ProSUB7、广外女生、广外男生、灰鸽子、蜜蜂大盗和Dropper等。

（3）蠕虫病毒

蠕虫病毒是一种常见的计算机病毒。它利用网络进行复制和传播，传染途径是网络和电子邮件。最初蠕虫病毒的定义是在DOS环境下，病毒发作时会在屏幕上出现一条类似虫子的东西，胡乱吞吃屏幕上的字母并将其改形。

蠕虫病毒是自包含的程序（或是一套程序），它能传播它自身功能的拷贝或它的某些部分到其他的计算机系统中（通常是经过网络连接）。但与一般病毒不同的是，蠕虫不需要将其自身附着到宿主程序中。有两种类型的蠕虫：主机蠕虫与网络蠕虫。主机蠕虫完全包含在它们运行的计算机中，并且使用网络的连接仅将自身拷贝到其他的计算机中，主机蠕虫在将其自身的拷贝加入到另外的主机后，就会终止它自身的运行（因此在任意给定的时刻，只有一个蠕虫的拷贝运行），这种蠕虫有时也叫“野兔”，蠕虫病毒一般通过 1434 端口漏洞传播。

比如近几年危害很大的“尼姆亚”病毒就是蠕虫病毒的一种，2007 年 1 月流行的“熊猫烧香”及其变种也是蠕虫病毒。这一类病毒利用了微软视窗操作系统的漏洞，计算机感染这一类病毒后，会不断自动拨号上网，并利用文件中的地址信息或者网络共享进行传播，最终破坏用户的大部分重要数据。

著名的蠕虫病毒有冲击波、爱虫、求职信和熊猫烧香等。

（4）脚本病毒

脚本病毒是主要采用脚本语言设计的计算机病毒。现在流行的脚本病毒大都是利用 JavaScript 和 VBScript 脚本语言编写的。实际上在早期的系统中，病毒就已经开始利用脚本进行传播和破坏了，不过专门的脚本型病毒并不常见。但是在脚本应用无所不在的今天，脚本病毒却成为危害最大、范围最广的病毒，特别是当它们和一些传统的进行恶性破坏的病毒如 CIH 相结合时，其危害就更为严重了。随着计算机系统软件技术的发展，新的病毒技术也应运而生，特别是结合脚本技术的病毒更让人防不胜防，由于脚本语言的易用性，且脚本在现在的应用系统特别是 Internet 应用中占据了重要的地位，脚本病毒也成为互联网病毒中最为流行的网络病毒。

1）脚本病毒的共有特性。

脚本病毒的前缀是 Script。脚本病毒的共有特性是使用脚本语言编写，通过网页进行传播的病毒，如红色代码（Script.Redlof）脚本病毒通常有如下前缀：VBS、JS（表明是何种脚本编写的），如欢乐时光（VBS.Happytime）、十四日（Js.Fortnight.c.s）等。

2）防止恶意脚本的一些通用的方法

① 可以通过打开“我的电脑”，依次点击“查看”→“文件夹选项”→“文件类型”在文件类型中将后缀名为“VBS、VBE、JS、JSE、WSH、WSF”的所有针对脚本文件的操作均删除。这样这些文件就不会被执行了。

② 在 IE 设置中将 ActiveX 插件和控件以及 Java 相关全部禁止掉也可以避免一些恶意代码的攻击。方法是：打开 IE，点击“工具”→“Internet 选项”→“安全”→“自定义级别”，在“安全设置”对话框中，将其中所有的 ActiveX 插件和控件以及与 Java 相关的组件全部禁止即可。不过这样做以后，一些制作精美的网页我们也无法欣赏到了。

③ 及时升级系统和 IE 并打补丁。选择一款好的防病毒软件并做好及时升级，不要轻易地去浏览一些来历不明的网站。这样大部分的恶意代码都会被我们拒之“机”外。

2. 网络病毒防护策略

由上述典型病毒传播方式可以看出，现代病毒在企业网络内部之所以能够快速而广泛传播，是因为它们充分利用了网络的特点。

一般来说，计算机网络的基本构成为网络服务器和网络节点（包括有盘工作站、无盘工作站和远程工作站）。计算机病毒一般首先通过有盘工作站传播到软件和硬件，然后进入网络，继而进一步在网络上的传播。具体来说，其传播方式有如下几种：

病毒直接从有盘站复制到服务器中。

病毒先传染工作站，在工作站内驻留，在运行时直接通过映像路径传染到服务器。

如果远程工作站被病毒侵入，病毒也可以通过通信中的数据交换进入网络服务器。

基于网络系统的病毒防护体系主要包括以下几个方面的策略。

（1）防病毒一定要全方位、多层次。一定要部署多层次病毒防线，如网关防火墙、群件服务器、应用服务器防毒和客户端防毒，保证斩断病毒可以传播、寄生的每一个节点，实现病毒全面防范。

（2）网关防毒是整体防毒的首要防线。将网关防毒最重要的一道防线部署，全面消除外来病毒的威胁，使得病毒不能再从网络传播进来，不会对内部网络资源和系统资源造成消耗。同时，网关防火墙这道防线上还要具备内容过滤功能，全面防范垃圾邮件的侵扰以及内部机密数据的外泄，在整个防毒系统中可以起到事半功倍的效果。

（3）没有管理的防毒系统是无效的防毒系统。因此，一定不要保证整个防毒产品可以从管理系统中及时得到更新，同时又使管理人员可以在任何时间、任何地点通过浏览器对整个防毒系统进行管理，使整个系统中任何一个节点都可以被管理人员随时管理，保证整个防毒系统有效、及时拦截病毒。

（4）服务器是整体防毒系统中极为重要的一环。防病毒系统建立起来之后，能不能对病毒进行有效的防范，与病毒厂商能否提供及时、全面的服务有着极为重要的关系。这一方面要求厂商要以全球化的防毒体系为基础，另一方面也要求厂商能有足够的本地化技术人员作依托，不管是对系统使用中出现的问题，还是用户发现的可疑文件，都能进行快速的分析和提供可行的解决方案。

3. 网络防病毒系统组织形式

（1）系统中心统一管理。网络病毒防护系统结构为了提高杀毒的效率和稳定性，通常采用多系统中心的构架，分层次管理，系统可构建一个一级系统中心，作为整个网络防病毒系统总管理中心；在各部门安装二级系统中心，各个二级系统中心负责管理本单位的机器，同时接受一级系统中心的命令和管理，向一级系统中心汇报本中心情况，所有二级系统中心都由一级系统中心统一管理。网络病毒防护系统可通过系统中心管理所有已经安装了客户端和服务器端的局域网内的主机，包括在 Windows 9X、Windows 2000 Professional、Windows 2000 Server、UNIX 及 Linux 等操作系统上的防病毒软件。也就是说，通过系统中心可以控制网络内的所有机器统一杀毒，在同一时间杀除所有病毒，从而解决网络环境下机器重复感染的问题。

（2）远程安装升级。因为网络用户层次的多样性，在实施网络病毒防护系统时一定要考虑到用户对网络安全的认知水平，通常需提供远程安装和自动升级等功能，在系统中心就可以给客户端安装杀毒软件的客户端，系统中心病毒库升级后，客户端自动从系统中心升级。整个杀毒工作由网管人员统一完成，可以不用用户进行人工干预，这就减少了对用户管理的依赖性。

（3）一般客户端的防毒。客户端的杀毒软件既可以由系统中心安装，也可以在本机安装，安装运行后即可被系统中心识别，系统中心可以控制本机和客户端软件的设置和杀毒，而客户端的机器也可以自己杀毒，并将杀毒情况传给系统中心，以便网管人员及时了解局域网内的病毒发展情况。服务器端的防毒、杀毒原理和客户端类似，只是将客户端软件换成了专门为服务器设计的服务器端软件。

（4）防病毒过滤网关。单机版防病毒软件难以做到及时、统一更新病毒代码库；网络版防病毒软件固有的缺陷是携带病毒的邮件已经到达客户机之后才被发现和处理，而且部署成本比较高。为此，单机版、网络版防病毒系统之间“相互补充”的防毒过滤网关应运而生，防病毒过滤网关实际上就是企业级病毒防火墙，可谓“一夫当关、万夫莫开”。通常防病毒过滤网关通过部署在用户内部网络与外部网络的接入点实现邮件病毒过滤及 Internet 病毒过滤，可以简单、高效地对用户网络来自 Internet 的病毒威胁实现强有力的深层的病毒防护。该类产品由邮件病毒过滤、网页病毒过滤和 FTP 下载过滤等几大防毒功能模块构成，其中最重要的是邮件病毒过滤功能。

（5）硬件防病毒网关。硬件防病毒网关类产品与其他客户端、服务器软件类防病毒产品相比有以下五个特色，一是高效稳定，由于采用独立的硬件平台，大大提高了系统的稳定性和查杀病毒的效率；二是操作简单、管理方便，硬件防毒网关类产品一般采用 BPS 管理构架，友好的图形管理界面可供用户方便地对设备进行简便易行的配置；三是接入方式简单易行；四是免维护，可远程自动更新代码和系统升级，无须管理员日常维护；五是容错与集群，系统通过集群模块，在容错的同时线性地增加处理能力，满足高带宽的网关杀毒需要。

6.12 漏洞扫描

1. 漏洞扫描的概念

漏洞扫描系统是一种自动检测远程或本地主机安全性弱点的程序。通过使用漏洞扫描系统，系统管理员能够发现所维护的 Web 服务器各种 TCP 端口的分配、提供的服务、Web 服务软件版本和这些服务及软件呈现在 Internet 上的安全漏洞，从而在计算机网络系统安全保卫战中做到“有的放矢”，及时修补漏洞，构筑坚固的“安全长城”。漏洞扫描系统，因其可预知主体受攻击的可能性和具体的指证将要发生的行为和产生的后果，因而受到网络安全业界的重视。这一技术的应用可以帮助识别检测对象的系统资源，分析这一资源被攻击的可能指数，了解支撑本系统的脆弱性，评估所有存在的安全风险。

漏洞扫描技术是检测远程或本地系统安全脆弱性的一种安全技术。通过与目标主机 TCP/IP 端口建立连接并请求某些服务（如 TELNET、FTP 等）记录目标主机的应答，搜集目标主机的相关信息（如匿名用户是否可以登录等），从而发现目标主机某些内在的安全弱点。漏洞扫描技术的重要性在于它把那些极为繁琐的安全检测通过程序来自动完成，这不仅减轻了管理者的工作，而且缩短了检测的时间，使问题发现更快。当然，也可以认为扫描技术是一种网络安全性评估技术。一般而言，扫描技术可以快速、深入地对网络或目标主机进行评估。漏洞扫描是对系统脆弱性的分析评估，能够检查、分析网络范围内的设备、网络服务、操作系统、数据库等系统的安全性，从而为提高网络安全的等级提供决策支持。系统管理员利用漏洞扫描技术对局域网络、Web站点、主机操作系统、系统服务以及防火墙系统的安全漏洞进行扫描，可以了解运行的网络系统存在的不安全的网络服务、在操作系统上存在的可能导致黑客攻击的安全漏洞，还可以检测主机系统中是否被安装了窃听程序、防火墙系统是否存在安全漏洞和配置错误等。网络管理员可以利用安全扫描软件及时发现网络漏洞，并在网络攻击者扫描和利用之前予以修补，从而提高网络的安全性。

2. 漏洞扫描的工作原理

漏洞扫描系统的工作原理是：当用户通过控制平台发出扫描命令之后，控制平台即向扫描模块发出相应的扫描请求，扫描模块在接到请求之后立即启动相应的子功能模块，对将要被扫描的主机进行扫描。通过对从被扫描主机返回的信息进行分析判断，扫描模块将扫描结果返回给控制平台，再由控制平台最终呈现给用户。

网络漏洞扫描系统通过远程检测目标主机TCP/IP不同端口的服务记录目标给予的回答，进而可以搜集到很多目标主机的各种信息（例如是否能用匿名登录、是否有可写的FTP目录、是否能用Telnet、http是否用root在运行等）。在获得目标主机TCP/IP端口和其对应的网络访问服务的相关信息后，将其与网络漏洞扫描系统提供的漏洞库进行匹配，如果满足匹配条件，则视为漏洞存在。此外，通过模拟黑客的进攻手法对目标主机系统进行攻击性的安全漏洞扫描，如测试弱口令等，也是扫描模块的实现方法之一，如果模拟攻击成功，则视为漏洞存在。

在匹配原理上，漏洞扫描系统主要采用基于规则的匹配技术，即根据安全专家对网络系统安全漏洞库，然后在此基础之上构成相应的匹配规则，由程序自动进行系统漏洞扫描的分析工作。所谓基于规则，是基于一套根据专家经验事先定义的、规则的匹配系统。例如，在对TCP80端口的扫描中，如果发现/cgi-bin/phf或/cgi-bin/Count.cgi，根据专家经验以及CGI程序的共享性和标准化，可以推知该WWW服务存在两个CGI漏洞。同时应当说明的是，基于规则的匹配系统也有其局限性，因为作为这类系统的基础的推理规则一般都是根据已知的安全漏洞进行安排和策划的，而对网络系统的很多危险的威胁来自未知的安全漏洞，这一点和PC杀毒很相似。实现一个基于规则的匹配系统本质上是一个知识工程问题，而且其智能应当能够随着经验的积累而增加，其自学能力能够进行规则的扩充和修正，即时进行系统漏洞库的扩充和修正。当然这样的能力目前还需要在专家的指导和参与下才能实现。但是，也应该看到，受漏洞库覆盖范围的限制，部分系统漏洞也可能不会触发任何一个规则，从而不被检测到。

6.13 本章小结

本章我们主要学习了网络信息安全的相关的概念，如网络安全，数字证书，防火墙，病毒等；同时也学习了常见的网络信息安全技术，如加密技术、认证、数字签名、报文摘要、数字证书、防火墙、基于网络的防病毒系统等。通过本章的学习，我们具备了防护常见的网络信息安全和查杀系统病毒以及扫描和修复系统漏洞的能力。

第7章 计算机网络的运行——网络管理与维护

通过前面章节的学习，我们不仅能够在物理上构建一个计算机网络，而且能够通过网络设备配置使接入计算机网络的主机能够相互通信。在此基础上，我们学习了网络服务器的配置，使其可以通过网络为用户提供各种服务。通过对网站建设的学习，我们学习了如何建设网络上最常见的应用——网站，此外，还对如何保障网络的安全进行了初步的了解。到目前为止，我们已经学习了如何让一个计算机网络正常运行起来，这属于网络建设的部分。但对于计算机网络而言，计算机网络建设只是一个开始阶段，计算机网络的绝大多数时间是处于使用运行阶段。那么在计算机网络的使用运行中，如何来管理计算机网络？如何处理计算机网络在使用运行过程中出现的各种问题？下面我们将介绍计算机网络管理与维护的基本知识。

7.1 网络管理

网络管理是指对网络的运行状态进行监测和控制，使其能够有效、可靠、安全、经济地提供服务。从这个定义可以看出，网络管理包含两个任务，一是对网络的运行状态进行监测，二是对网络的运行状态进行控制。通过监测可以了解当前状态是否正常，是否存在瓶颈和潜在的危机，通过控制可以对网络状态进行合理调节，提高性能，保证服务。监测是控制的前提，控制是监测的结果。由此可见，网络管理具体地说就是网络的监测和控制。

随着网络的发展，其规模增大、复杂性增加，以前的网络管理技术已不能适应网络的迅猛发展。特别是这些网络管理系统往往是厂商自己开发的专用系统，很难对其他厂商的网络系统、通信设备和软件等进行管理。这种状况很不适应网络异构互联的发展趋势。尤其是20世纪80年代初期Internet的出现和发展更使人们意识到了这一点。

1990年，Internet工程任务组（Internet Engineering Task Force, IETF）在Internet标准草案RFC（Request For Comments）1157中正式公布了SNMP，1993年4月又在RFC1441中发布了SNMPv2。SNMPv2得到了数百家厂商的支持，其中包括IBM、HP、Sun等许多IT界著名的公司和厂商。目前SNMP已成为网络管理领域中事实上的工业标准，并被广泛支持和应用，大多数网络管理系统和平台都是基于SNMP的。

7.1.1 网络管理的模型

在网络管理中，一般采用管理站-代理的管理模型，如图7-1所示。它类似于客户端/服务器模式，通过管理进程与一个远程系统相互作用实现对远程资源的控制。在这种简单的体系结构中，一个系统中的管理进程担当管理站角色，被称为网络管理站，而另一个系统中的对等实体担当代理者角色，被称为管理代理。网络管理站将管理要求通过管理操作指令传送给位于被管理系统中的管理代理，对网络内的各种设备、设施和资源实施监视和控制，管理代理则负责管理指令的执行，并且以通知的形式向网络管理站报告被管对象发生的一些重要事件。

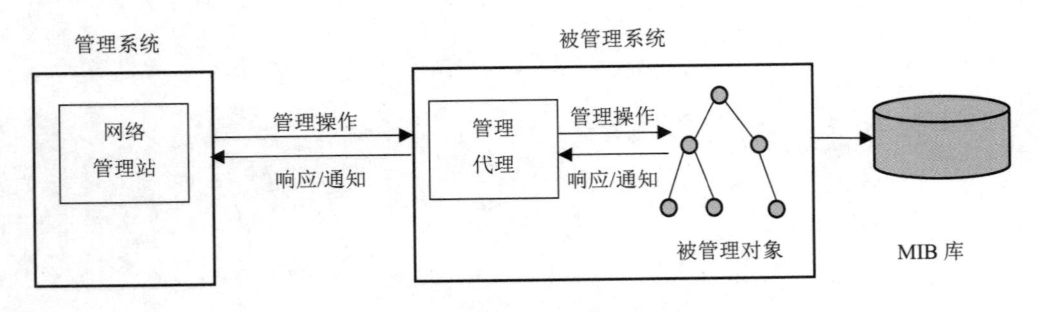

图7-1 管理站-代理模型

（1）网络管理站

网络管理站（Network Manager）一般是位于网络系统的核心或接近核心位置的工作站、微机等，负责发出管理操作的指令，并接收来自代理的信息。网络管理站要求管理代理定期收集重要的设备信息。网络管理站应该定期查询管理代理收集到的有关主机运行状态、配置及性能数据等信息，这些信息将被用来确定独立的网络设备、部分网络或整个网络运行的状态是否正常。

网络管理站和管理代理通过交换管理信息来进行工作，信息分别驻留在被管设备和管理工作站上的管理信息库中。这种信息交换通过一种网络管理协议来实现，具体的交换过程是通过协议数据单元（PDU）进行的。通常是管理站向管理代理发送请求PDU，管理代理以响应PDU回答，管理信息包含在PDU参数中。在有些情况下，管理代理也可以向管理站发送通知，管理站可根据报告的内容决定是否做出回答。

（2）管理代理

管理代理（Network Agent）位于被管理的设备内部。通常将主机和网络互联设备等所有被管理的网络设备称为被管设备。管理代理把来自网络管理站的命令或信息请求转换为本设备特有的指令，完成网络管理站的指示，或返回它所在设备的信息。网络代理也可能因为某种原因拒绝网络管理站的指令。另外，管理代理也可以把在自身系统中发生的事件主动通知给网络管理站。

（3）网络管理协议

用于网络管理站和管理代理之间传递信息，并完成信息交换安全控制的通信规约就称为网络管理协议。网络管理站通过网络管理协议从管理代理那里获取管理信息或向管理代理发送命令；管理代理也可以通过网络管理协议主动报告紧急信息。

目前最有影响的网络管理协议是SNMP协议和CMIS/CMIP协议，它们代表了目前两大网络管理的解决方案。其中SNMP协议流传最广，应用最多，获得支持也最广泛，已经成为事实上的工业标准。

（4）管理信息库

管理信息库（Management Information Base，MIB）是一个信息存储库，是对于通过网络管理协议可以访问信息的精确定义，所有相关的被管对象的网络信息都放在MIB上。MIB库的描述采用了结构化的管理信息定义，称为管理信息结构（Structure of Management Information, SMI），它规定了如何识别管理对象以及如何组织管理对象的信息结构。MIB库中的对象按层次进行分类和命名，整体表示为一种树型结构，所有被管对象都位于树的叶子节点，中间节点为该节点下的对象的组合。

7.1.2 网络管理功能

ISO在ISO/IEC 7498-4文档中定义了网络管理的五大功能（FCAPS），并被广泛接受。这五大功能分别是：

1. 故障管理（Fault Management）

故障管理是网络管理中最基本的功能之一。用户都希望有一个可靠的计算机网络。

当网络中某个组成部分发生故障时，网络管理器必须迅速查找到故障并及时排除。故障管理的主要任务是发现和排除网络故障。故障管理用于保证网络资源的无障碍、无错误的运营状态。包括障碍管理、故障恢复和预防保障。障碍管理的内容有告警、测试、诊断、业务恢复、故障设备更换等。预防保障为网络提供自愈能力，在系统可靠性下降、业务经常受到影响的准故障条件下实施。在网络的监测和测试中，故障管理参考配置管理的资源清单来识别网络元素。如果维护状态发生变化，或者故障设备被替换，以及通过网络重组迂回故障时，要与资源 MIB 互通。在故障影响了有质量保证承诺的业务时，故障管理要与计费管理互通，以赔偿用户的损失。

通常不大可能迅速隔离某个故障，因为网络故障的产生原因往往相当复杂，特别是当故障由多个网络组成部分共同引起时，在此情况下，一般先将网络修复，然后再分析网络故障的原因，分析故障原因对于防止类似故障的再次发生相当重要。网络故障管理包括故障检测、隔离故障和纠正故障三方面，应包括以下典型功能：

（1）维护并检查错误日志。

（2）接受错误检测报告并做出响应。

（3）跟踪、辨认错误。

（4）执行诊断测试。

（5）纠正错误。

对网络故障的检测依据对网络组成部件状态的监测。那些不严重的简单故障通常被记录在错误日志中，并不作特别处理；而严重一些的故障则需要通知网络管理器，即所谓的“警报”。一般网络管理器应根据有关信息对警报进行处理，排除故障。当故障比较复杂时，网络管理器应能执行一些诊断测试来辨别故障原因。

2. 配置管理（Configuration Management）

配置管理是最基本的网络管理功能，负责网络的建立、业务的展开以及配置数据的维护。 配置管理功能主要包括资源清单管理、资源开通以及业务开通。资源清单的管理是所有配置管理的基本功能，资源开通是为满足新业务需求及时地配备资源，业务开通是为端点用户分配业务或功能。配置管理建立资源管理信息库（MIB）和维护资源状态，为其他网络管理功能利用。配置管理初始化网络，并配置网络，以使其提供网络服务。配置管理目的是为了实现某个特定功能或使网络性能达到最优。

配置管理是一个中长期的活动。它要管理的是网络增容、设备更新、新技术的应用、新业务的开通、新用户的加入、业务的撤销、用户的迁移等原因所导致的网络配置的变更。网络规划与配置管理关系密切。在实施网络规划的过程中，配置管理发挥最主要的管理作用。配置管理包括：

（1）设置开放系统中有关路由操作的参数。

（2）被管对象和被管对象组名字的管理。

（3）初始化或关闭被管对象。

（4）根据要求收集系统当前状态的有关信息。

（5）获取系统重要变化的信息。

（6）更改系统的配置。

3. 计费管理（Accounting Management）

计费管理记录网络资源的使用，目的是控制和监测网络操作的费用和代价。它可以估算出用户使用网络资源可能需要的费用和代价。网络管理员还可规定用户可使用的最大费用，从而控制用户过多占用和使用网络资源。这也从另一方面提高了网络的效率。另外，当用户为了一个通信目的需要使用多个网络中的资源时，计费管理应可计算总计费用。

计费管理根据业务及资源的使用记录制作用户收费报告，确定网络业务和资源的使用费用，计算成本。计费管理保证向用户无误地收取使用网络业务应交纳的费用，也进行诸如管理控制的直接运用和状态信息提取一类的辅助网络管理服务。一般情况下，收费机制的启动条件是业务的开通。

计费管理的主要目的是正确地计算和收取用户使用网络服务的费用。但这并不是唯一的目的，计费管理还要进行网络资源利用率的统计和网络的成本效益核算。对于以营利为目的的网络经营者来说，计费管理功能无疑是非常重要的。

在计费管理中，首先要根据各类服务的成本、供需关系等因素制定资费政策，资费政策还包括根据业务情况制定的折扣率。其次要收集计费收据，如使用的网络服务、占用时间、通信距离、通信地点等计算服务费用。通常计费管理包括以下几个主要功能：

（1）计算网络建设及运营成本。主要成本包括网络设备器材成本、网络服务成本、人工费用等。

（2）统计网络及其所包含的资源的利用率。为确定各种业务、各种时间段的计费标准提供依据。

（3）联机收集计费数据。这是向用户收取网络服务费用的根据。

（4）计算用户应支付的网络服务费用。

（5）账单管理。保存收费账单及必要的原始数据，以备用户查询和置疑。

4. 性能管理（Performance Management）

性能管理的目的是维护网络服务质量（QoS）和网络运营效率。为此，性能管理要提供性能监测功能、性能分析功能以及性能管理控制功能。同时，还要提供性能数据库的维护以及在发现性能严重下降时启动故障管理系统的功能。

网络服务质量和网络运营效率有时是相互制约的。较高的服务质量通常需要较多的网络资源（带宽、CPU 时间等），因此在制定性能目标时要在服务质量和运营效率之间进行权衡。在网络服务质量必须优先保证的场合，就要适当降低网络的运营效率指标；相反，在强调网络运营效率的场合，就要适当降低服务质量指标。但一般在性能管理中，维护服务质量是第一位的。

性能管理估价系统资源的运行状况及通信效率等系统性能。其功能包括监视和分析被管网络及其所提供服务的性能机制。性能分析的结果可能会触发某个诊断测试过程或重新配置网络以维持网络的性能。性能管理收集分析有关被管网络当前状况的数据信息，并维持和分析性能日志。一些典型的功能包括：

（1）收集统计信息。

（2）维护并检查系统状态日志。

（3）确定自然和人工状况下系统的性能。

（4）改变系统操作模式以进行系统性能管理的操作。

5. 安全管理（Security Management）

安全性一直是网络的薄弱环节之一，而用户对网络安全的要求又相当高，因此网络安全管理非常重要。网络中主要有以下几大安全问题：网络数据的私有性（保护网络数据不被侵入者非法获取）、授权（防止侵入者在网络上发送错误信息）、访问控制（控制对网络资源的访问）。

安全管理采用信息安全措施保护网络中的系统、数据以及业务。安全管理与其他管理功能有着密切的关系。安全管理要调用配置管理中的系统服务对网络中的安全设施进行控制和维护。当网络发现安全方面的故障时，要向故障管理通报安全故障事件以便进行故障诊断和恢复。安全管理功能还要接收计费管理发来的与访问权限有关的计费数据和访问事件通报。

安全管理的目的是提供信息的隐私、认证和完整性保护机制，使网络中的服务、数据以及系统免受侵扰和破坏。一般的安全管理系统包含以下 4 项功能：

（1）风险分析功能。

（2）安全服务功能。

（3）警告、日志和报告功能；

（4）网络管理系统保护功能。

7.2 简单网络管理协议 SNMP 概述

7.2.1 SNMP 的发展

简单网络管理协议（SNMP）是目前 TCP/IP 网络中应用最为广泛的网络管理协议。1990 年 5 月，RFC 1157 定义了 SNMP（Simple Network Management Protocol）的第一个版本 SNMPv1。RFC 1157 和另一个关于管理信息的文件 RFC 1155 一起，提供了一种监控和管理计算机网络的系统方法。因此，SNMP 协议得到了广泛应用，并成为网络管理的事实上的标准。

SNMP 在 20 世纪 90 年代初得到了迅猛发展，同时也暴露出了明显的不足，如难以实现大量的数据传输，缺少身份验证（Authentication）和加密（Privacy）机制。因此，1993年发布了SNMPv2，SNMPv2具有以下特点：

（1）支持分布式网络管理。

（2）扩展了数据类型。

（3）可以实现大量数据的同时传输，提高了效率和性能。

（4）丰富了故障处理能力。

（5）增加了集合处理功能。

（6）加强了数据定义语言。

但是，SNMPv2并没有完全实现预期的目标，尤其是安全性能没有得到提高，如身份验证（如用户初始接入时的身份验证、信息完整性的分析、重复操作的预防）、加密、授权和访问控制、适当的远程安全配置和管理能力等都没有实现。1996年发布的SNMPv2c是SNMPv2的修改版本，功能虽然增强了，但是安全性能仍没有得到改善，目前仍然继续使用SNMPv1的基于明文密钥的身份验证方式。IETF SNMPv3工作组于1998年1月提出了互联网建议RFC 2271-2275，正式形成SNMPv3。这一系列文件定义了包含SNMPv1、SNMPv2所有功能在内的体系框架和包含验证服务及加密服务在内的全新的安全机制，同时还规定了一套专门的网络安全和访问控制规则。可以说，SNMPv3在SNMPv2基础之上增加了安全和管理机制。

Internet还有一个远期的网络管理标准CMOT（Common Management Information Service and Protocol Over TCP/IP），意思是"在TCP/IP上的公共管理信息服务与协议"。虽然CMOT使用了OSI的网络管理标准CMIS/CMIP，但现在还未达到实用阶段。

SNMP协议最重要的思想就是要尽可能简单，以便缩短研制周期。SNMP协议的基本功能包括监视网络性能、检测分析网络差错和配置网络设备等。在网络正常工作时，SNMP协议可实现统计、配置和测试等功能。当网络出故障时，可实现各种差错检测和恢复功能。虽然SNMP协议是在TCP/IP协议基础上的网络管理协议，但也可扩展到其他类型的网络设备上。

7.2.2 SNMP的配置

图7-2是使用SNMP协议的典型配置。整个系统必须有一个管理站（Management Station），它实际上是网控中心。在管理站内运行管理进程。在每个被管对象中一定要有代理进程。管理进程和代理进程利用SNMP报文进行通信，而SNMP报文又使用UDP协议来传送。图中有两个主机和一个路由器。这些协议栈中带有阴影的部分是原来这些主机和路由器所具有的，而没有阴影的部分是为实现网络管理而增加的。

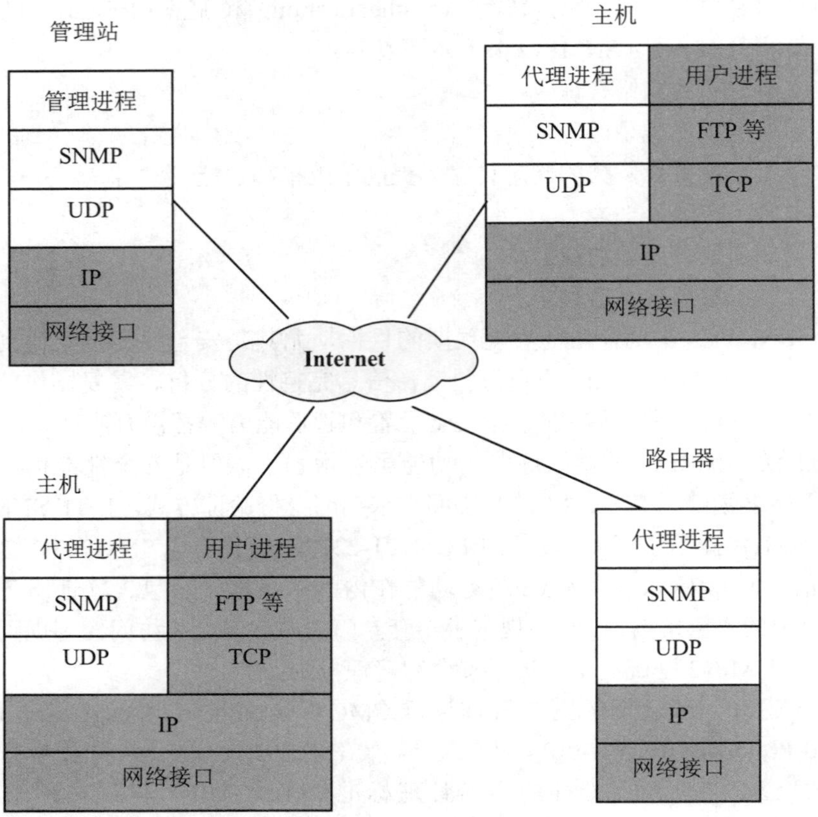

图 7-2　SNMP 典型配置

SNMP 协议的网络管理由三部分组成，即管理信息库 MIB、管理信息结构 SMI 以及 SNMP 协议本身。

7.2.3　管理信息库 MIB

管理信息库 MIB 指明了网络元素所维持的变量（即能够被管理进程查询和设置的信息）。MIB 给出了一个网络中所有可能的被管理对象的集合的数据结构。SNMP 协议的管理信息库采用和域名系统 DNS 相似的树型结构，它的根在最上面，根没有名字。图 7-3 是管理信息库的一部分，它又称为对象命名树（Object Naming Tree）。

对象命名树的顶级对象有三个，即 ISO、ITU-T 和这两个组织的联合体。在 ISO 的下面有 4 个节点，其中的一个（标号 3）是被标识的组织。在其下面有一个美国国防部（Department of Defense）的子树（标号是 6），再下面就是 Internet（标号是 1）。在只讨论 Internet 中的对象时，可只画出 Internet 以下的子树（图中带阴影的虚线方框），并在 Internet 节点旁边标注上 {1.3.6.1} 即可。

在 Internet 节点下面的第二个节点是 mgmt（管理），标号是 2。再下面是管理信息库，原先的节点名是 MIB，1991 年定义了新的版本 MIB-II，故节点名现改为 MIB-2，其标

识为 {1.3.6.1.2.1} 或 {Internet(1).2.1}，这种标识为对象标识符。

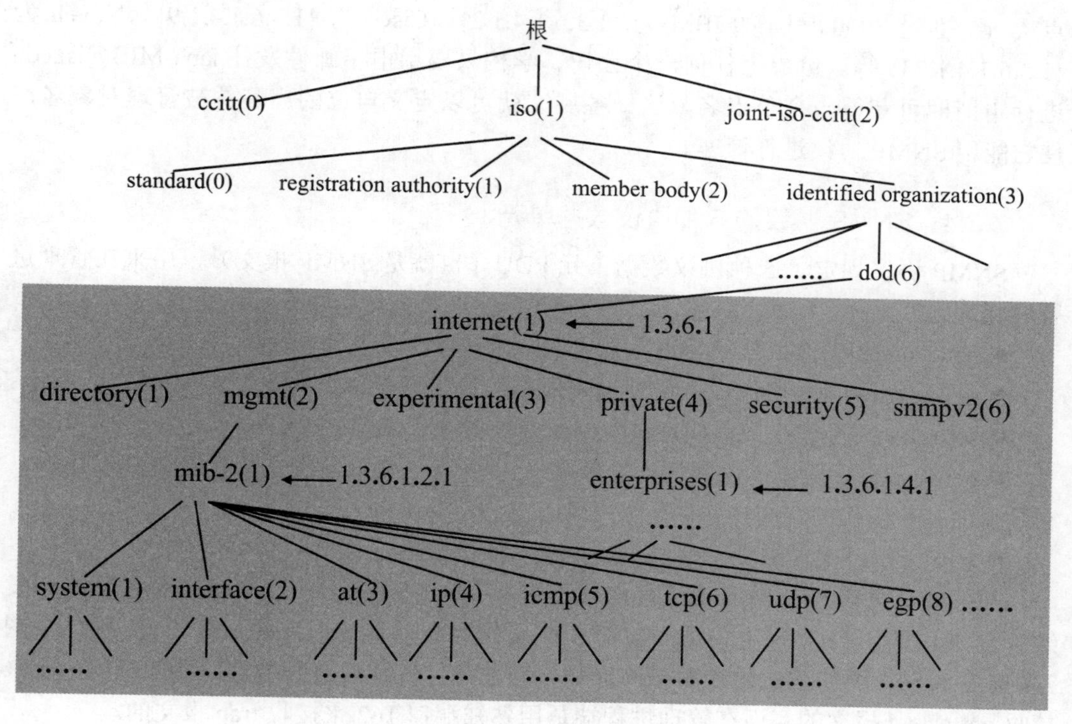

图 7-3 管理信息库的对象命名举例

最初的节点 MIB 将其所管理的信息分为 8 个类别，见表 7-1。现在的 MIB-2 所包含的信息类别已超过 40 个。

表 7-1 最初的结点 MIB 管理的信息类别

类别	标号	所包含的信息
system	（1）	主机或路由器的操作系统
interfaces	（2）	各种网络接口及它们的测定通信量
address translation	（3）	地址转换（例如 ARP 映射）
ip	（4）	Internet 软件（IP 分组统计）
icmp	（5）	ICMP 软件（已收到 ICMP 消息的统计）
tcp	（6）	TCP 软件（算法、参数和统计）
udp	（7）	UDP 软件（UDP 通信量统计）
egp	（8）	EGP 软件（外部网关协议通信量统计）

应当指出，MIB 的定义与具体的网络管理协议无关，这对于厂商和用户都有利。厂商可以在产品（如路由器）中包含 SNMP 代理软件，并保证在定义新的 MIB 项目后该软件仍遵守标准。用户可以使用同一网络管理客户软件来管理具有不同版本的 MIB

的多个路由器。当然，一个没有新的MIB项目的路由器不能提供这些项目的信息。

这里要提一下MIB中的对象{1.3.6.1.4.1}，即Enterprises（企业），其所属节点数已超过3000。例如IBM为{1.3.6.1.4.1.2}、Cisco为{1.3.6.1.4.1.9}、Novell为{1.3.6.1.4.1.23}等。世界上任何一个公司、学校只要用电子邮件发往iana-MIB@isi.edu进行申请即可获得一个节点名。这样各厂家就可以定义自己的产品的被管理对象名，使它能用SNMP协议进行管理。

7.2.4 SNMP协议的5种协议数据单元

SNMP协议规定了5种协议数据单元PDU（也就是SNMP报文），用来在管理进程和代理之间交换。

- get-request操作：从代理进程处提取一个或多个参数值。
- get-next-request操作：从代理进程处提取紧跟当前参数值的下一个参数值。
- set-request操作：设置代理进程的一个或多个参数值。
- get-response操作：返回的一个或多个参数值。这个操作是由代理进程发出的，它是前面三种操作的响应操作。
- trap操作：代理进程主动发出的报文，通知管理进程有某些事情发生。

前面的3种操作是由管理进程向代理进程发出的，后面的2个操作是代理进程发给管理进程的，为了简化起见，前面3个操作今后叫做get、get-next和set操作。图7-4描述了SNMP协议的这5种报文操作。请注意，在代理进程端是用熟知端口161来接收get或set报文的，而在管理进程端是用熟知端口162来接收trap报文的。

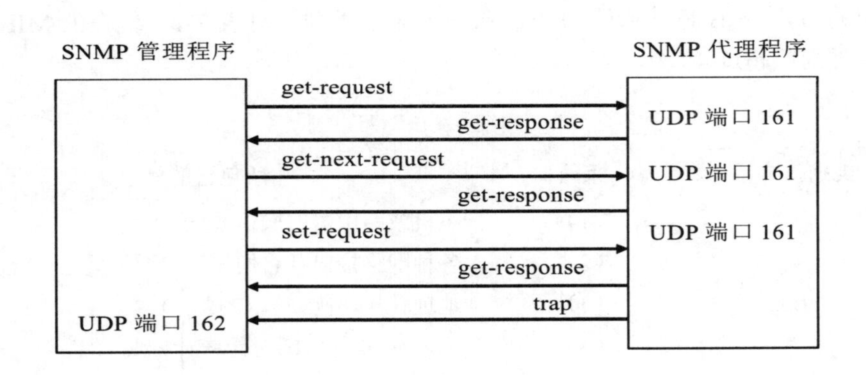

图7-4 SNMP协议的5种报文操作

图7-5是封装成UDP数据报的5种操作的SNMP报文格式。可见一个SNMP报文共由三个部分组成，即公共SNMP首部、get/set首部trap首部、变量绑定。

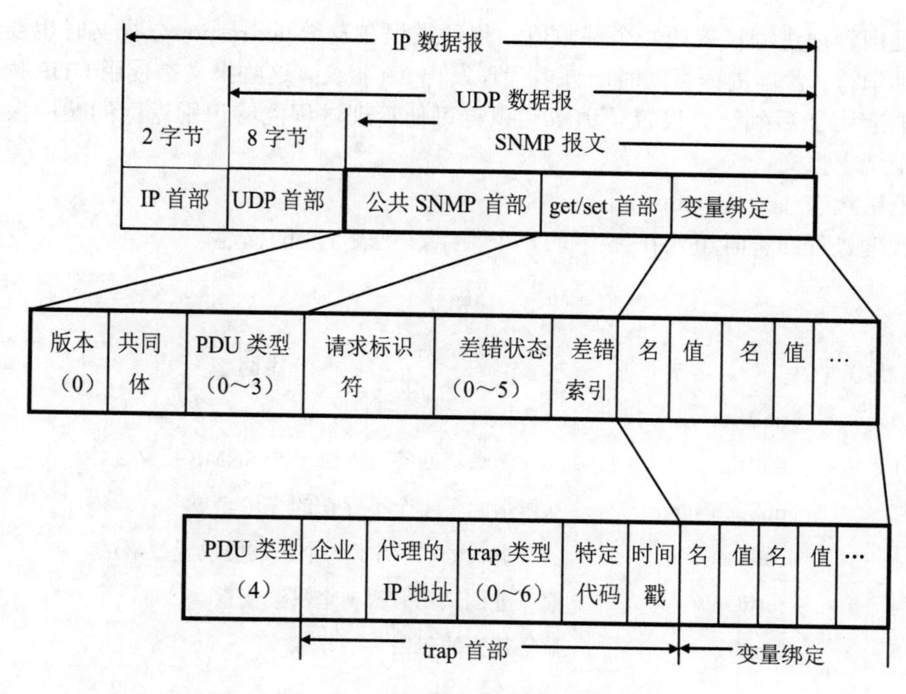

图 7-5 SNMP 协议的报文格式

（1）公共 SNMP 首部

共三个字段：

● 版本

写入版本字段的是版本号减 1，对于 SNMP（即 SNMPV1）则应写入 0。

● 共同体（community）

共同体就是一个字符串，作为管理进程和代理进程之间的明文口令，常用的是 6 个字符“public”。

● PDU 类型

根据 PDU 的类型，填入 0~4 中的一个数字，其对应关系如表 7-2 所示。

表 7-2 PDU 类型

PDU 类型	名称
0	get-request
1	get-next-request
2	get-response
3	set-request
4	trap

（2）get/set 首部

● 请求标识符（request ID）

这是由管理进程设置的一个整数值。代理进程在发送 get-response 报文时也要返回此请求标识符。管理进程可同时向许多代理发出 get 报文，这些报文都使用 UDP 传送，先发送的有可能后到达。设置了请求标识符可使管理进程能够识别返回的响应报文对于哪一个请求报文。

- 差错状态（error status）

由代理进程回答时填入 0～5 中的一个数字，见表 7-3 的描述。

表 7-3　差错状态描述

差错状态	名字	说明
0	noError	一切正常
1	tooBig	代理无法将回答装入到一个 SNMP 报文之中
2	noSuchName	操作指明了一个不存在的变量
3	badValue	一个 set 操作指明了一个无效值或无效语法
4	readOnly	管理进程试图修改一个只读变量
5	genErr	某些其他的差错

- 差错索引（error index）

当出现 noSuchName、badValue 或 readOnly 的差错时，由代理进程在回答时设置的一个整数，它指明有差错的变量在变量列表中的偏移。

（3）trap 首部

- 企业（enterprise）

填入 trap 报文的网络设备的对象标识符。此对象标识符肯定是在图 7-3 管理信息库的对象命名举例的对象命名树上的 enterprise 节点 {1.3.6.1.4.1} 下面的一棵子树上。

- trap 类型

此字段正式的名称是 generic-trap，共分为表 7-4 中的 7 种。

表 7-4　trap 类型描述

trap 类型	名字	说明
0	coldStart	代理进行了初始化
1	warmStart	代理进行了重新初始化
2	linkDown	一个接口从工作状态变为故障状态
3	linkUp	一个接口从故障状态变为工作状态
4	authenticationFailure	从 SNMP 管理进程接收到具有一个无效共同体的报文
5	egpNeighborLoss	一个 EGP 相邻路由器变为故障状态
6	enterpriseSpecific	代理自定义的事件，需要用后面的“特定代码”来指明

当使用上述类型2、3、5时，在报文后面变量部分的第一个变量应标识响应的接口。

● 特定代码（specific-code）

指明代理自定义的时间（若trap类型为6），否则为0。

● 时间戳（timestamp）

指明自代理进程初始化到trap报告的事件发生所经历的时间，单位为10ms。例如时间戳为1908表明在代理初始化后1908ms发生了该时间。

（4）变量绑定（variable-bindings）

指明一个或多个变量的名和对应的值。在get或get-next报文中，变量的值应忽略。

7.2.5 管理信息结构SMI

SNMP协议中的数据类型并不多。这里我们就只讨论这些数据类型，而不关心这些数据类型在实际中是如何编码的。

● INTEGER

一个变量虽然定义为整型，但也有多种形式。有些整型变量没有范围限制，有些整型变量定义为特定的数值（例如，IP的转发标志就只有允许转发时的或者不允许转发时的这两种），有些整型变量定义一个特定的范围（例如，UDP和TCP的端口号就从0到65535）。

● OCTER STRING

0或多个8bit字节，每个字节值在0~255之间。对于这种数据类型和下一种数据类型的BER编码，字符串的字节个数要超过字符串本身的长度。这些字符串不是以NULL结尾的字符串。

● DisplayString

0或多个8bit字节，但是每个字节必须是ASCII码。在MIB-II中，所有该类型的变量不能超过255个字符（0个字符是可以的）。

● OBJECT IDENTIFiER

● NULL

代表相关的变量没有值。例如，在get或get-next操作中，变量的值就是NULL，因为这些值还有待代理进程处去取。

● IpAddress

4字节长度的OCTER STRING，以网络序表示的IP地址。每个字节代表IP地址的一个字段。

● PhysAddress

OCTER STRING类型，代表物理地址（例如以太网物理地址为6字节长度）。

● Counter

非负的整数，可从0递增到2^{32}~1（4294976295）。达到最大值后归0。

● Gauge

非负的整数，取值范围为从0到4294976295（或增或减）。达到最大值后锁定直到复位。例如，MIB中的tcpCurrEstab就是这种类型的变量的一个例子，它代表目前在 ESTABLISHED 或 CLOSE_WAIT 状态的 TCP 连接数。

● TimeTicks

时间计数器，以 0.01 秒为单位递增，但是不同的变量可以有不同的递增幅度。所以在定义这种类型的变量的时候，必须指定递增幅度。例如，MIB 中的 sysUpTime 变量就是这种类型的变量，代表代理进程从启动开始的时间长度，以多少个百分之一秒的数目来表示。

● SEQUENCE

这一数据类型与 C 程序设计语言中的“Structure”类似。一个 SEQUENCE 包括 0 个或多个元素，每一个元素又是另一个 ASN.1 数据类型。例如，MIB 中的 UdpEntry 就是这种类型的变量，它代表在代理进程侧目前“激活”的 UDP 数量（“激活”表示目前被应用程序所用）。在这个变量中包含两个元素：

Ø IpAddress 类型中的 udpLocalAddress，表示 IP 地址。

ØINTEGER 类型中的 udpLocalPort，从 0 到 65535，表示端口号。

● SEQUENDEOF

这是一个向量的定义，其所有元素具有相同的类型。如果每一个元素都具有简单的数据类型，例如是整数类型，那么我们就得到一个简单的向量（一个一维向量）。但是我们将看到，SNMP 协议在使用这个数据类型时，其向量中的每一个元素是一个 SEQUENCE（结构），因而可以将它看成为一个二维数组或表。

7.3 网络诊断和配置命令

在进行网络的管理与维护时，可以使用操作系统提供的命令来显示网络状态，设置网络参数，测试网络性能及诊断网络故障。下面介绍在 Windows 下常用的网络诊断和配置命令。

7.3.1 ipconfig

该命令用于显示所有当前的 TCP/IP 网络配置值、刷新动态主机配置协议（DHCP）和域名系统（DNS）设置。

1. 语法格式：

ipconfig [/all] [/renew [Adapter]] [/release [Adapter]] [/flushdns] [/displaydns] [/registerdns] [/showclassid Adapter] [/setclassid Adapter [ClassID]]

2. 参数说明

/all：显示所有适配器的完整 TCP/IP 配置信息。在没有该参数的情况下 ipconfig 只显示 IP 地址、子网掩码和各个适配器的默认网关值。适配器可以代表物理接口（例如安装的网络适配器）或逻辑接口（例如拨号连接）。

/renew [adapter]：更新所有适配器（如果未指定适配器），或特定适配器（如果包含了 Adapter 参数）的 DHCP 配置。该参数仅在具有配置为自动获取 IP 地址的网卡的计算机上可用。要指定适配器名称，请键入使用不带参数的 ipconfig 命令显示的适配器名称。

/release [adapter]：发送 DHCPRELEASE 消息到 DHCP 服务器，以释放所有适配器（如果未指定适配器）或特定适配器（如果包含了 Adapter 参数）的当前 DHCP 配置并丢弃 IP 地址配置。该参数可以禁用配置为自动获取 IP 地址的适配器的 TCP/IP 协议。要指定适配器名称，请键入使用不带参数的 ipconfig 命令显示的适配器名称。

/flushdns：清理并重设 DNS 客户解析器缓存的内容。如有必要，在 DNS 疑难解答期间，可以使用本过程从缓存中丢弃否定性缓存记录和任何其他动态添加的记录。

/displaydns：显示 DNS 客户解析器缓存的内容，包括从本地主机文件预装载的记录以及由计算机解析的名称查询而最近获得的任何资源记录。DNS 客户服务在查询配置的 DNS 服务器之前使用这些信息快速解析被频繁查询的名称。

/registerdns：初始化计算机上配置的 DNS 名称和 IP 地址的手工动态注册。可以使用该参数对失败的 DNS 名称注册进行疑难解答或解决客户和 DNS 服务器之间的动态更新问题，而不必重新启动客户计算机。TCP/IP 协议高级属性中的 DNS 设置可以确定 DNS 中注册了哪些名称。

/showclassid adapter：显示指定适配器的 DHCP 类别 ID。要查看所有适配器的 DHCP 类别 ID，可以使用星号（*）通配符代替 Adapter。该参数仅在具有配置为自动获取 IP 地址的网卡的计算机上可用。

/setclassid Adapter [ClassID]：配置特定适配器的 DHCP 类别 ID。要设置所有适配器的 DHCP 类别 ID，可以使用星号（*）通配符代替 Adapter。该参数仅在具有配置为自动获取 IP 地址的网卡的计算机上可用。如果未指定 DHCP 类别 ID，则会删除当前类别 ID。

/?：在命令提示符显示帮助。

如果 Adapter 名称包含空格，请在该适配器名称两边使用引号（即“Adapter Name”）。对于适配器名称，ipconfig 可以使用星号（*）通配符指定名称为指定字符串开头的适配器，或名称包含有指定串的适配器。例如，Local* 可以匹配所有以字符串 Local 开头的适配器，而 *Con* 可以匹配所有包含字符串 Con 的适配器。

该命令最适用于配置为自动获取 IP 地址的计算机。它使用户可以确定哪些 TCP/IP 配置值是由 DHCP、自动专用 IP 地址（APIPA）或其他配置配置的。

3. 常用实例

（1）显示 ipconfig 命令的帮助信息。

输入命令 ipconfig/?，将显示 ipconfig 命令所有可用参数及解释，如图 7-6 所示。

```
C:\WINDOWS\system32\cmd.exe
C:\Documents and Settings\Administrator>ipconfig/?

USAGE:
    ipconfig [/? | /all | /renew [adapter] | /release [adapter] |
              /flushdns | /displaydns | /registerdns |
              /showclassid adapter |
              /setclassid adapter [classid] ]

where
    adapter             Connection name
                        (wildcard characters * and ? allowed, see examples)

    Options:
      /?                Display this help message
      /all              Display full configuration information.
      /release          Release the IP address for the specified adapter.
      /renew            Renew the IP address for the specified adapter.
      /flushdns         Purges the DNS Resolver cache.
      /registerdns      Refreshes all DHCP leases and re-registers DNS names
      /displaydns       Display the contents of the DNS Resolver Cache.
      /showclassid      Displays all the dhcp class IDs allowed for adapter.
      /setclassid       Modifies the dhcp class id.

The default is to display only the IP address, subnet mask and
default gateway for each adapter bound to TCP/IP.

For Release and Renew, if no adapter name is specified, then the IP address
leases for all adapters bound to TCP/IP will be released or renewed.

For Setclassid, if no ClassId is specified, then the ClassId is removed.

Examples:
    > ipconfig                       ... Show information.
    > ipconfig /all                  ... Show detailed information
    > ipconfig /renew                ... renew all adapters
    > ipconfig /renew EL*            ... renew any connection that has its
                                         name starting with EL
    > ipconfig /release *Con*        ... release all matching connections,
                                         eg. "Local Area Connection 1" or
                                             "Local Area Connection 2"

C:\Documents and Settings\Administrator>
```

图 7-6　ipconfig/? 执行结果

（2）要显示所有适配器的基本 TCP/IP 配置。

输入命令 ipconfig，显示结果如图 7-7 所示。

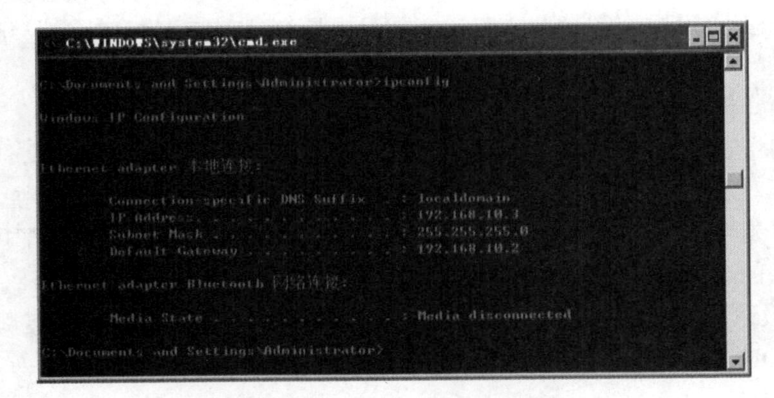

图 7-7　ipconfig 命令执行结果

该命令显示了本地连接的 IP 地址为 192.168.10.3，子网掩码为 255.255.255.0，缺省网关为 192.168.10.2。

（3）显示所有适配器的完整 TCP/IP 配置。

执行命令 ipconfig /all，命令执行结果如图 7-8 所示。

```
C:\WINDOWS\system32\cmd.exe
        Media State . . . . . . . . . . . : Media disconnected

C:\Documents and Settings\Administrator>ipconfig/all

Windows IP Configuration

        Host Name . . . . . . . . . . . . : www-73eb14f1740
        Primary Dns Suffix  . . . . . . . :
        Node Type . . . . . . . . . . . . : Hybrid
        IP Routing Enabled. . . . . . . . : No
        WINS Proxy Enabled. . . . . . . . : No
        DNS Suffix Search List. . . . . . : localdomain

Ethernet adapter 本地连接:

        Connection-specific DNS Suffix  . : localdomain
        Description . . . . . . . . . . . : VMware Accelerated AMD PCNet Adapter

        Physical Address. . . . . . . . . : 00-0C-29-58-10-95
        Dhcp Enabled. . . . . . . . . . . : Yes
        Autoconfiguration Enabled . . . . : Yes
        IP Address. . . . . . . . . . . . : 192.168.10.3
        Subnet Mask . . . . . . . . . . . : 255.255.255.0
        Default Gateway . . . . . . . . . : 192.168.10.2
        DHCP Server . . . . . . . . . . . : 192.168.10.254
        DNS Servers . . . . . . . . . . . : 192.168.10.2
        Primary WINS Server . . . . . . . : 192.168.10.2
        Lease Obtained. . . . . . . . . . : 2016年4月25日 21:07:23
        Lease Expires . . . . . . . . . . : 2016年4月25日 21:37:23
```

图 7-8　ipconfig/all 命令执行结果

该命令显示了主机名为 www-73eb14f1740，网卡物理地址为 00-0C-29-58-10-95，使用动态 IP 配置，获得的 IP 地址为 192.168.10.3，子网掩码为 255.255.255.0，缺省网关为 192.168.10.2，DHCP 服务器地址为 192.168.10.254，DNS 和 WINS 服务器地址为 192.168.10.2，动态 IP 地址租约获得时间为 2016 年 4 月 25 日 21:07:23，动态 IP 地址租约过期时间为 2016 年 4 月 25 日 21:37:23。

（4）释放“本地连接”适配器由 DHCP 分配 IP 地址的配置。

输入命令 ipconfig /release 本地连接，命令执行结果如图 7-9 所示。

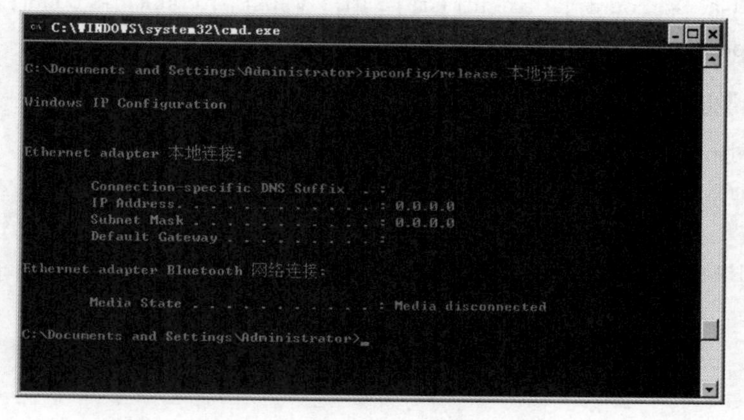

图 7-9　ipconfig /release 本地连接命令执行结果

可以看到从 DHCP 获取的 IP 配置信息被释放了。如果要释放所有网卡的配置信息，直接输入命令 ipconfig/release，后面不输入适配器名。

（5）从 DHCP 服务更新“本地连接”的 IP 配置信息。

输入命令 ipconfig/renew 本地连接，命令执行结果如图 7-10 所示。

```
C:\WINDOWS\system32\cmd.exe

C:\Documents and Settings\Administrator>ipconfig/renew 本地连接

Windows IP Configuration


Ethernet adapter 本地连接:

        Connection-specific DNS Suffix  . : localdomain
        IP Address. . . . . . . . . . . . : 192.168.10.3
        Subnet Mask . . . . . . . . . . . : 255.255.255.0
        Default Gateway . . . . . . . . . : 192.168.10.2

Ethernet adapter Bluetooth 网络连接:

        Media State . . . . . . . . . . . : Media disconnected

C:\Documents and Settings\Administrator>
```

图 7-10　ipconfig/renew 本地连接命令执行结果

命令执行，又重新从DHCP服务器获得IP配置信息，如果以前的IP地址没有被使用，通常重新获取的 IP 地址和以前相同。

7.3.2　ping

ping 命令是网络管理及维护中最常使用的命令，它使用 ICMP 协议的 echo 请示及 echo 响应报文来测试两台运行有 TCP/IP 协议的主机之间的连通性，是最为有力的分析及处理网络故障的工具。

1. 语法格式

ping [-t] [-a] [-n count] [-l length] [-f] [-i ttl] [-v tos] [-r count] [-s count] [[-j computer-list] | [-k computer-list] [-w timeout] destination-list

2. 参数说明

-t：一直 ping 指定的计算机，直到从键盘按下 Ctrl+C 组合键中断命令。

-a：将地址解析为计算机 NetBIOS 名。

-n：发送 count 指定的 echo 请求数据包数，通过这个命令可以自己定义发送的个数，对衡量网络速度很有帮助。能够测试发送数据包的返回平均时间及时间的快慢程度。默认值为 4。

-l：指定 echo 请求数据包的数据长度为 Length 字节。默认为 32 字节，最大值是 65500 字节。

-f：在数据包中发送“不要分段”标志，数据包就不会被路由上的网关分段。通常用户所发送的数据包都会通过路由分段再发送给对方，加上此参数后路由就不会再分段处理。

-i：将“生存时间”字段设置为 TTL 指定的值。指定 TTL 值在对方的系统里停留的时间。同时检查网络运转情况的。

-v：tos 将“服务类型”字段设置为 tos 指定的值。

-r：在“记录路由”字段中记录传出和返回数据包的路由。通常情况下，发送的数据包是通过一系列路由才到达目标地址的，通过此参数可以设定想探测经过路由的个数。限定能跟踪到 9 个路由。

-s：指定 count 指定的跃点数的时间戳。与参数 -r 差不多，但此参数不记录数据包返回所经过的路由，最多只记录 4 个。

-j：利用 computer-list 指定的计算机列表路由数据包。连续计算机可以被中间网关分隔（路由稀疏源），IP 允许的最大数量为 9。

-k：computer-list 利用 computer-list 指定的计算机列表路由数据包。连续计算机不能被中间网关分隔（路由严格源）IP 允许的最大数量为 9。

-w：timeout 指定超时间隔，单位为 ms。

destination-list：指定要 ping 的远程计算机。

3．通过 ping 检测网络故障的典型次序

（1）ping 127.0.0.1：127.0.0.1 是本地环回地址，如果本地址无法 ping 通，则表明本机 TCP/IP 协议不能正常工作。

（2）ping 本机 IP 地址：如果无法 ping 本机 IP 地址，检查本机 IP 配置，检查本机物理连接。

（3）ping 局域网内其他 IP 地址：如果不通，检查两主机的物理连接情况，检查两主机的 IP 配置及掩码配置情况，保证它们在同一网络，并检查两主机的防火墙是否阻止 ICMP 协议。

（4）ping 网关 IP 地址：这个命令如果应答正确，表示局域网中的网关路由器正在运行并能够作出应答。如果网关不能 ping 通，而内网 IP 能够 ping 通过，则本机能够访问内网，不能访问外网。检查其他主机与网关的连通性，检查网关 IP 连接是否正常。

（5）ping 远程 IP 地址：如果能够 ping 通过远程 IP 地址，表示本机、网关及远程主机均工作正常。如果不能 ping 通过网关、则远程 IP 肯定 ping 不通；如果能够 ping 通过网关，不能 ping 通远程 IP，需要检查本机缺省网关地址是否与网关地址一致。如果缺省网关设置正确，可能为外网连接或路由问题，或者远程主机设置了防火墙。

（6）ping 域名：可以用于同时检查主机连通性和 DNS 工作是否正常。如果能够 ping 通，说明远程主机及 DNS 域名解析均能够正常工作；如果域名不能 ping 通，而远程 IP 地址能够 ping 通，说明远程主机没有问题，检查本 DNS 服务器设置是否正确，并测试本 DNS 服务器的连通性。

4．常用实例

（1）持续测试主机连通性，直到按下 Ctrl+C 组合键中断。

输入命令 ping-t 192.168.10.4，命令执行结果如图 7-11 所示。

```
C:\WINDOWS\system32\cmd.exe
C:\Documents and Settings\Administrator>ping -t 192.168.10.4

Pinging 192.168.10.4 with 32 bytes of data:

Reply from 192.168.10.4: bytes=32 time<1ms TTL=64
Reply from 192.168.10.4: bytes=32 time<1ms TTL=64
Reply from 192.168.10.4: bytes=32 time<1ms TTL=64
Reply from 192.168.10.4: bytes=32 time<1ms TTL=64
Reply from 192.168.10.4: bytes=32 time<1ms TTL=64
Reply from 192.168.10.4: bytes=32 time<1ms TTL=64
Reply from 192.168.10.4: bytes=32 time<1ms TTL=64
Reply from 192.168.10.4: bytes=32 time<1ms TTL=64
Reply from 192.168.10.4: bytes=32 time<1ms TTL=64
Reply from 192.168.10.4: bytes=32 time<1ms TTL=64
Reply from 192.168.10.4: bytes=32 time<1ms TTL=64
Reply from 192.168.10.4: bytes=32 time<1ms TTL=64
Reply from 192.168.10.4: bytes=32 time<1ms TTL=64
Reply from 192.168.10.4: bytes=32 time<1ms TTL=64
Reply from 192.168.10.4: bytes=32 time<1ms TTL=64
Reply from 192.168.10.4: bytes=32 time<1ms TTL=64
Reply from 192.168.10.4: bytes=32 time<1ms TTL=64
Reply from 192.168.10.4: bytes=32 time<1ms TTL=64
Reply from 192.168.10.4: bytes=32 time<1ms TTL=64
Reply from 192.168.10.4: bytes=32 time<1ms TTL=64

Ping statistics for 192.168.10.4:
    Packets: Sent = 20, Received = 20, Lost = 0 (0% loss),
Approximate round trip times in milli-seconds:
    Minimum = 0ms, Maximum = 0ms, Average = 0ms
Control-C
^C
C:\Documents and Settings\Administrator>
```

图 7-11　ping-t 192.168.10.4 命令执行结果

默认情况下，不同操作系统的 TTL 值不相同，可以使用 TTL 值初步判定对方主机的操作系统，但是操作系统和默认 TTL 是可以修改的，因此这种判断只能作为参考，操作系统默认的 TTL 值如表 7-5 所示。

表 7-5　操作系统默认 TTL 值

操作系统	TTL 默认值
Linux	64 或 255
Windows NT/2000/XP	128
Windows 7	64
Windows 98	32
UNIX	255

（2）使用大数据包测试连接性。

输入命令 ping-l 65500 192.168.10.4，结果如图 7-12 所示。

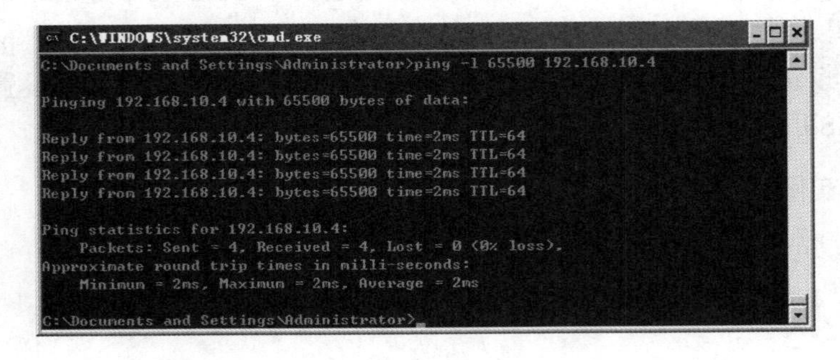

图 7-12　ping-l 65500 192.168.10.4 命令执行结果

其中 bytes=65500，time=2m，说明当数据包变大时，数据包往返时间增加，在使用 ping 命令时，数据包的往返时间是了解网络性能的主要参数。

7.3.3 arp

该命令用于显示和修改“地址解析协议（ARP）”缓存中的项目。ARP 缓存中包含一个或多个表，它们用于存储 IP 地址及其经过解析的以太网或令牌环物理地址。计算机上安装的每一个以太网或令牌环网络适配器都有自己单独的表。如果在没有参数的情况下使用，则 ARP 命令将显示帮助信息。

1. 语法格式

arp [-a [InetAddr] [-N IfaceAddr]] [-g [InetAddr] [-N IfaceAddr]] [-d InetAddr [IfaceAddr]] [-s InetAddr EtherAddr [IfaceAddr]]

2. 参数说明

-a [inetaddr] [-N ifaceaddr]：显示所有接口的当前 ARP 缓存表。要显示指定 IP 地址的 ARP 缓存项，请使用带有 inetaddr 参数的“arp -a”，此处的 inetaddr 代表指定的 IP 地址。要显示指定接口的 ARP 缓存表，请使用“-N ifaceaddr”参数，此处的 ifaceaddr 代表分配给指定接口的 IP 地址。-N 参数区分大小写。

-g [inetaddr] [-N ifaceaddr] 与 -a 相同。

-d inetaddr [ifaceaddr] 删除指定的 IP 地址项，此处的 inetaddr 代表 IP 地址。对于指定的接口，要删除表中的某项，请使用 ifaceaddr 参数，此处的 ifaceaddr 代表分配给该接口的 IP 地址。要删除所有项，请使用星号（*）通配符代替 inetaddr。

-s inetaddr etheraddr [ifaceaddr] 向 ARP 缓存添加可将 IP 地址 inetaddr 解析成物理地址 etheraddr 的静态项。要向指定接口的表添加静态 ARP 缓存项，请使用 ifaceaddr 参数，此处的 ifaceaddr 代表分配给该接口的 IP 地址。

> 注意
>
> inetaddr 和 ifaceaddr 的 IP 地址用带圆点的十进制记数法表示。物理地址 Etheraddr 由六个字节组成，这些字节用十六进制记数法表示并且用连字符隔开(比如，00-AA-00-4F-2A-9C)。只有当 TCP/IP 协议在网络连接中安装为网络适配器属性的组件时，该命令才可用。

3. 常用实例

使用 arp 命令显示 arp 缓存，添加 arp 静态绑定，及删除 arp 表项。

首先输入命令 arp-a，表示所有接口的 ARP 缓存，然后输入命令 arp-s 192.168.10.100 00-0c-29-03-ef-10，增加一个 IP 地址 192.168.10.100 和 MAC 地址

00-0c-29-03-ef-10 的静态绑定，然后输入命令 arp-a，显示增加后 ARP 缓存的结果。再输入命令 arp-d 192.168.10.100，删除对 192.168.10.100 的 arp 静态绑定，并显示该命令执行后 ARP 缓存的结果。其过程和命令结果如图 7-13 所示。

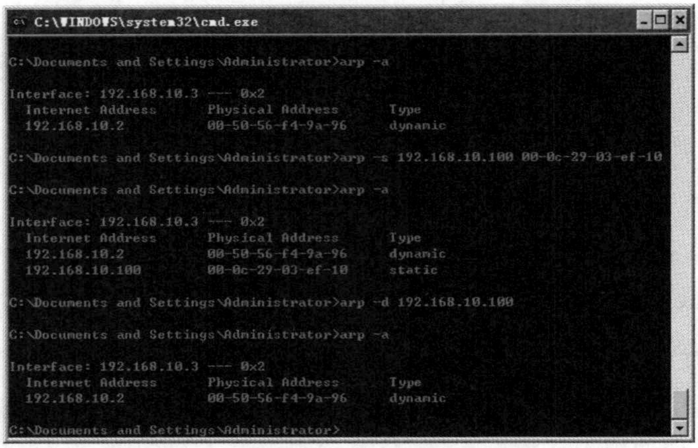

```
C:\WINDOWS\system32\cmd.exe

C:\Documents and Settings\Administrator>arp -a

Interface: 192.168.10.3 --- 0x2
  Internet Address      Physical Address      Type
  192.168.10.2          00-50-56-f4-9a-96     dynamic

C:\Documents and Settings\Administrator>arp -s 192.168.10.100 00-0c-29-03-ef-10

C:\Documents and Settings\Administrator>arp -a

Interface: 192.168.10.3 --- 0x2
  Internet Address      Physical Address      Type
  192.168.10.2          00-50-56-f4-9a-96     dynamic
  192.168.10.100        00-0c-29-03-ef-10     static

C:\Documents and Settings\Administrator>arp -d 192.168.10.100

C:\Documents and Settings\Administrator>arp -a

Interface: 192.168.10.3 --- 0x2
  Internet Address      Physical Address      Type
  192.168.10.2          00-50-56-f4-9a-96     dynamic

C:\Documents and Settings\Administrator>
```

图 7-13　arp 命令结果

7.3.4　netstat

netstat 用于显示与 IP、TCP、UDP 和 ICMP 协议相关的统计数据，一般用于检验本机各端口的网络连接情况。

1．语法格式

netstat [-a] [-e] [-n] [-o] [-p proto] [-r] [-s] [interval]

2．参数说明

-a：显示所有连接和监听端口。

-e：显示以太网统计信息。此选项可以与 -s 选项组合使用。

-n：以数字形式显示地址和端口号。

-o：显示与每个连接相关的所属进程 ID。

-p proto：显示 proto 指定的协议的连接；proto 可以是 TCP、UDP、TCPv6 或 UDPv6。如果与 -s 选项一起使用以显示按协议统计信息，proto 可以是 IP、IPv6、ICMP、ICMPv6、TCP、TCPv6、UDP 或 UDPv6。

-r：显示路由表。

-s：显示按协议统计信息。默认地，显示 IP、IPv6、ICMP、ICMPv6、TCP、TCPv6、UDP 和 UDPv6 的统计信息；-p 选项用于指定默认情况的子集。

interval：重新显示选定统计信息，每次显示之间暂停时间间隔（以秒计）。按 Ctrl+C 组合键停止重新显示统计信息。如果省略，netstat 显示当前配置信息（只显示一次）。

3. 常用实例

（1）显示以太网统计及各 ICMP 协议统计信息。

输入命令 netstat -e -s -p icmp，其结果如图 7-14 所示。

```
C:\WINDOWS\system32\cmd.exe

C:\Documents and Settings\Administrator>netstat -e -s -p icmp
Interface Statistics

                           Received            Sent

Bytes                      3496171          1008967
Unicast packets               4792             4610
Non-unicast packets           2907              489
Discards                         0                0
Errors                           0                0
Unknown protocols                0

ICMPv4 Statistics

                            Received    Sent
  Messages                  114         119
  Errors                    0           1
  Destination Unreachable   18          19
  Time Exceeded             0           0
  Parameter Problems        0           0
  Source Quenches           0           0
  Redirects                 0           0
  Echos                     33          67
  Echo Replies              63          32
  Timestamps                0           0
  Timestamp Replies         0           0
  Address Masks             0           0
  Address Mask Replies      0           0

C:\Documents and Settings\Administrator>
```

图 7-14　netstat -e -s -p icmp 执行结果

其中，收到以太网数据 3496171 字节，发送以太网数据 1008967 字节，其中接收单播包 4792 个，发送单播包 4610 个，接收非单播包 2907，发送非单播包 489 个。在 ICMP 协议统计中，共收到 echo 消息包 33，发送 echo 消息包 67 个，收到 echo 响应包 63 个，发送 echo 响应包 32 个。

（2）以数字方式显示本机所有连接，并显示相关进程号。

执行命令 netstat -a -n -o，命令执行结果如图 7-15 所示。

```
C:\WINDOWS\system32\cmd.exe

C:\Documents and Settings\Administrator>netstat -a -n -o

Active Connections

  Proto  Local Address          Foreign Address        State           PID
  TCP    0.0.0.0:3389           0.0.0.0:0              LISTENING       1056
  TCP    127.0.0.1:1028         0.0.0.0:0              LISTENING       1688
  TCP    192.168.10.3:139       0.0.0.0:0              LISTENING       4
  UDP    0.0.0.0:500            *:*                                    860
  UDP    0.0.0.0:1081           *:*                                    1212
  UDP    0.0.0.0:1098           *:*                                    1212
  UDP    0.0.0.0:4500           *:*                                    860
  UDP    127.0.0.1:123          *:*                                    1152
  UDP    127.0.0.1:1065         *:*                                    1152
  UDP    127.0.0.1:1086         *:*                                    3164
  UDP    127.0.0.1:1900         *:*                                    1252
  UDP    192.168.10.3:123       *:*                                    1152
  UDP    192.168.10.3:137       *:*                                    4
  UDP    192.168.10.3:138       *:*                                    4
  UDP    192.168.10.3:1900      *:*                                    1252

C:\Documents and Settings\Administrator>
```

图 7-15　netstat -a -n -o 执行结果

其中显示的信息解释如下：

（1）Proto：协议名。

（2）Local Address：本计算机的地址和端口。

（3）Foreign Address：远程计算机的地址和端口。

（4）State：TCP 连接状态，各状态含义解释如下：

- LISTEN：监听状态。
- SYN-SENT：已主动发出连接建立请求。
- SYN-RECEIVED：收到对方的连接建立请求。
- ESTABLISHED：连接建立。
- FiN-WAIT-1：已发出连接释放请求。
- FiN-WAIT-2：等对方的连接释放请求。
- CLOSE-WAIT：收到对方的连接释放请求。
- LAST-ACK：等待对方连的连接释放应答。
- TIME-WAIT：等待一段时间后将释放连接。
- CLOSED：连接关闭。

（5）PID：对应的进程 ID。

7.3.5 route

route 命令用于管理本机 IP 路由表，不输入任何参数时，显示帮助信息。

1. 语法格式

route [-f] [-p] [command [destination] [MASK netmask] [gateway] [METRIC metric] [IF interface]

2. 参数说明

-f：清除所有不是主路由（子网掩码为 255.255.255.255 的路由）、环回网络路由（目标为 127.0.0.0，子网掩码为 255.255.255.0 的路由）或多播路由（目标为 224.0.0.0，子网掩码为 240.0.0.0 的路由）的条目的路由表。如果它与命令（例如 add、change 或 delete）之一结合使用，表会在运行命令之前清除。

-p：与 add 命令共同使用时，指定路由被添加到注册表并在启动 TCP/IP 协议的时候初始化 IP 路由表。默认情况下，启动 TCP/IP 协议时不会保存添加的路由。与 print 命令一起使用时，则显示永久路由列表。所有其他的命令都忽略此参数。永久路由存储在注册表中的位置 HKEY_LOCAL_MACHINE\SYSTEM\CurrentControlSet\Services\Tcpip\Parameters\PersistentRoutes。

[Command]：指定要运行的命令。下表列出了有效的命令。

add：添加路由。

change：更改现存路由。

delete：删除路由。

print：打印路由。

destination：指定路由的网络目标地址。目标地址可以是一个 IP 网络地址（其中网络地址的主机地址位设置为 0），对于主机路由是 IP 地址，对于默认路由是 0.0.0.0。

MASK subnetmask：指定与网络目标地址相关联的子网掩码。子网掩码对于 IP 网络地址可以是一适当的子网掩码，对于主机路由是 255.255.255.255，对于默认路由是 0.0.0.0。如果忽略，则使用子网掩码 255.255.255.255。定义路由时由于目标地址和子网掩码之间的关系，目标地址不能比它对应的子网掩码更为详细。换句话说，如果子网掩码的一位是 0，则目标地址中的对应位就不能设置为 1。

Gateway：指定超过由网络目标和子网掩码定义的可达到的地址集的前一个或下一个跳跃点 IP 地址。对于本地连接的子网络由，网关地址是分配给连接子网接口的 IP 地址。对于要经过一个或多个路由器才可用到的远程路由，网关地址是一个分配给相邻路由器的、可直接达到的 IP 地址。

Metric metric：为路由指定所需跃点数的整数值（范围是 1～9999），它用来在路由表里的多个路由中选择与转发包中的目标地址最为匹配的路由。所选的路由具有最少的跃点数。跃点数能够反映跃点的数量、路径的速度、路径可靠性、路径吞吐量以及管理属性。

IF interface：指定目标可以到达的接口的接口索引。使用 route print 命令可以显示接口及其对应接口索引的列表。对于接口索引可以使用十进制或十六进制的值。对于十六进制值，要在十六进制数的前面加上 0x。忽略 if 参数时，接口由网关地址确定。

3. 常用实例

（1）显示本机路由表。

输入命令 route print（或使用 netstat-r），命令结果如图 7-16 所示。

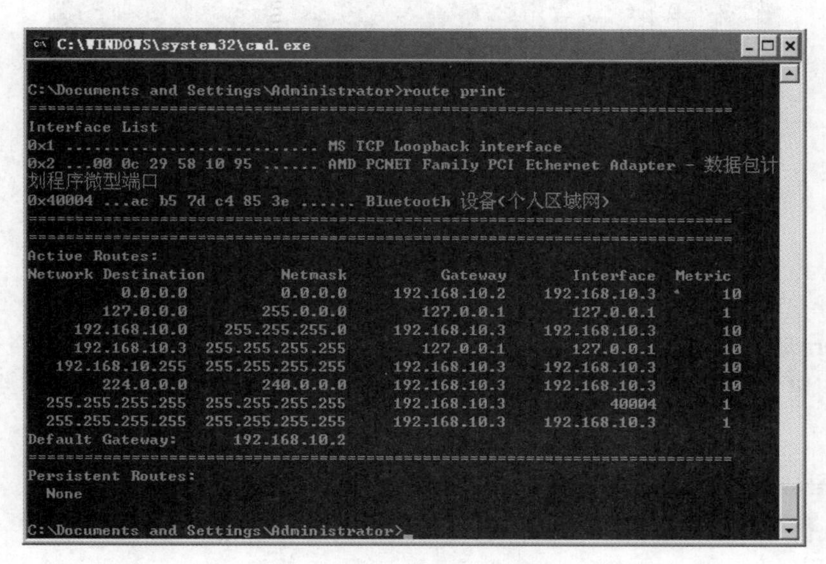

图 7-16 route print 执行结果

其中的 Network Destination 为目标网络号，Netmask 为网络掩码，Gateway 为下一

跳地址，Interface 为接口，Metric 为跃点数。

目标网络为 0.0.0.0 的路由为缺省路由，其下一跳地址为计算机中配置的缺省网关地址，本机访问外网时匹配此路由；目标网络为 127.0.0.0，为环回路由；目标网络为 192.168.10.0，为本网络路由；目标网络为 192.168.10.3，为本机主机路由；目标网络为 192.168.10.255，为本网络广播路由；目标网络为 244.0.0.0，为组播路由；目标网络为 255.255.255.255，为全网广播路由。

（2）添加、删除路由。

增加一条路由到 172.16.10.0，子网掩码为 255.255.255.0，下一跳地址为 192.168.10.2 的永久路由，显示并删除该路由。输入命令 route-p add 172.16.10.0 mask 255.255.255.0 192.168.10.2，增加该永久路由，然后输入命令显示路由表，再使用命令 route delete 172.16.10.0，删除该路由。命令执行过程与结果如图 7-17 所示。

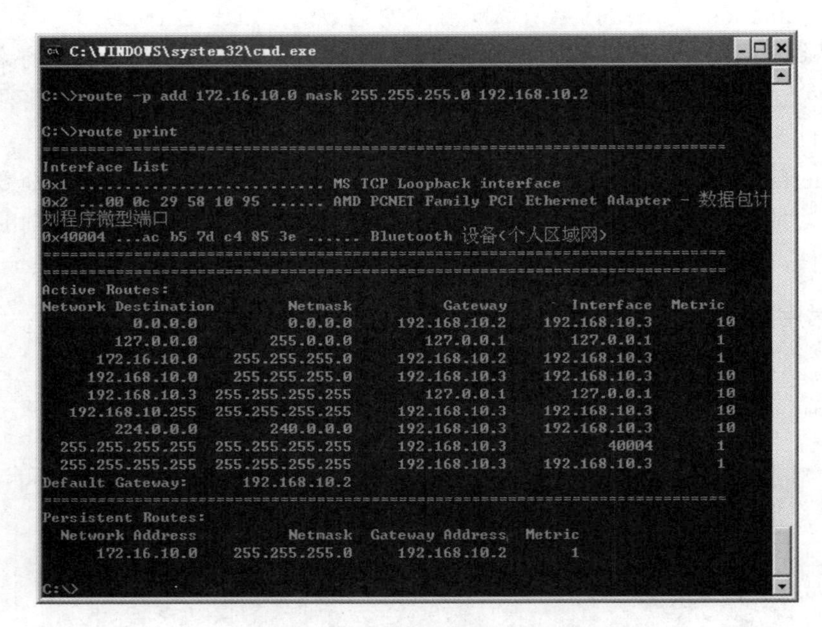

图 7-17　增加删除路由

7.3.6　tracert

tracert 是路由跟踪实用程序，用于确定 IP 数据包访问目标所采取的路径。tracert 命令使用 IP 生存时间 (TTL) 字段和 ICMP 错误消息来确定从一个主机到网络上其他主机的路由。

1. 语法格式

tracert [-d] [-h maximum_hops] [-j computer-list] [-w timeout] target_name

2. 参数说明

-d：指定不将地址解析为计算机名。

-h maximum_hops：指定搜索目标的最大跃点数。

-j host-list：与主机列表一起的松散源路由（仅适用于 IPv4），指定沿 host-list 的稀疏源路由列表序进行转发。host-list 是以空格隔开的多个路由器 IP 地址，最多 9 个。

-w timeout：等待每个回复的超时时间（以毫秒为单位）。

target_name：用 IP 地址或主机名表示的目标。

3. 常用实例

跟踪本机到 www.cqvie.edu.cn 的路由，不解析地址，输入命令 tracert -d www.cqvie.edu.cn，命令执行结果如图 7-18 所示。

```
C:\WINDOWS\system32\cmd.exe

C:\>tracert -d www.cqvie.edu.cn

Tracing route to www.cqvie.edu.cn [121.49.1.4]
over a maximum of 30 hops:

  1    <1 ms    <1 ms    <1 ms  192.168.10.2
  2     *        *        *     Request timed out.
  3     1 ms     1 ms     1 ms  172.17.12.2
  4     *        *        *     Request timed out.
  5     *        *        *     Request timed out.
  6     1 ms     1 ms     1 ms  121.49.1.4

Trace complete.

C:\>
```

图 7-18　tracert -d www.cqvie.edu.cn 执行结果

由于 tracert 命令依赖于路由器发回的“ICMP 超时”报文来确定路由，如果有的路由器不返回超时报文，那么这些路由器是不可见的，显示列表中的“*”号表示该路由器不可见。

7.3.7　nslookup

nslookup 命令用于显示 DNS 查询信息，诊断和排除 DNS 故障。nslookup 有交互式和非交互式两种工作方式。

1. 非交互式工作方式

（1）查询域名 ftp.test.com 对应 IP

执行命令 nslookup ftp.test.com，显示结果如下：

Server: www.test.com
Address: 192.168.10.3

Name: www.test.com
Address: 192.168.10.3
Aliases: ftp.test.com

其中域名服务器为 www.test.com，IP 地址为 192.168.10.3，查询到 ftp.test.com 是 www.test.com 的别名。

（2）查询 IP 地址 192.168.10.4 对应域名

输入命令 nslookup 192.168.10.4，显示结果如下：

Server: www.test.com
Address: 192.168.10.3

Name: mail.test.com
Address: 192.168.10.4

其中域名服务器为 www.test.com，IP 地址为 192.168.10.3，查询到 192.168.10.4 对应的域名为 mail.test.com。

2. 交互式工作方式

（1）查询域名 ftp.test.com 对应 IP

输入 nslookup，进入交互式工作方式，命令提示符变为“>”，在提示符下输入 ftp.test.com，即可查询到其对应 IP 信息。

C:\>nslookup
Default Server: www.test.com
Address: 192.168.10.3

> ftp.test.com
Server: www.test.com
Address: 192.168.10.3

Name: www.test.com
Address: 192.168.10.3
Aliases: ftp.test.com

（2）查询 IP 地址 192.168.10.4 对应域名

在提示符下输入 IP 地址 192.168.10.4，即可查询到该 IP 对应的域名。

> 192.168.10.4
Server: www.test.com
Address: 192.168.10.3

Name: mail.test.com
Address: 192.168.10.4

（3）查询 test.com 区域的邮件交换记录

在提示符下输入 set type=mx，然后输入区域名 test.com，即可查询该区域的邮件交换记录。

```
> set type=mx
> test.com
Server:  www.test.com
Address:  192.168.10.3

test.com        MX preference = 10, mail exchanger = mail.test.com
mail.test.com   internet address = 192.168.10.4
```

（4）查询 test.com 的 NS 记录

在提示符下输入 set type=ns，然后输入区域名 test.com，即查询该区域 NS 记录。

```
> set type=ns
> test.com
Server:  www.test.com
Address:  192.168.10.3

test.com        nameserver = dns.test.com
dns.test.com    internet address = 192.168.10.3
```

（5）将 dns.test.com 设置为缺省域名服务器

在提示符下输入 server dns.test.com，即可将缺省域名服务器设置为 dns.test.com。

```
> server dns.test.com
Default Server:  dns.test.com
Address:  192.168.10.3
```

（6）退出交互式查询

在提示下输入 exit，即可退出交互式查询。

```
> exit
C:\>
```

7.4 本章小结

通过本章学习，我们了解了网络管理的基本概念、网络管理的模型及功能，并对目前使用最广泛的 SNMP 协议作为了详细介绍，了解了 SNMP 的协议数据单元，管理信息库 MIB 的基本结构，及 SNMP 协议的基本工作原理。并对日常网络管理与维护中常用命令的语法、参数及用法作了详细介绍。通过学习，用我们掌握了网络管理的基础知识，具备初步的网络管理及维护的能力。

第8章 计算机网络的发展——网络新技术

随着计算机网络的深入发展，物联网、移动互联网及云计算相关概念和新技术先后进入人们的视线，引领世界信息产业进入第三次发展浪潮，使计算机网络在人类生活和生产服务中具有更加广阔的应用前景。本章将从基本概念、技术特点、应用及发展等方面对物联网、移动互联网及云计算进行介绍，让我们对这些网络新技术有基本的了解。

8.1 物联网

8.1.1 物联网的基本概念

物联网（Internet of Things，IOT）是指通过射频识别（Radio Frequency Identification，RFID）、红外感应器、全球定位系统、激光扫描器等信息传感设备，按约定的协议，把任何物品与互联网相连接，进行信息交换和通信，以实现智能化识别、定位、跟踪、监控和管理的一种网络概念。它是在计算机互联网的基础上，利用 RFID、无线数据通信等技术，构造一个覆盖世界上万事万物的“Internet of Things”。在这个网络中，物品（商品）能够彼此进行“交流”，而无需人的干预。其实质是利用射频识别技术，通过计算机互联网实现物品（商品）的自动识别和信息的互联与共享，如图 8-1 所示。

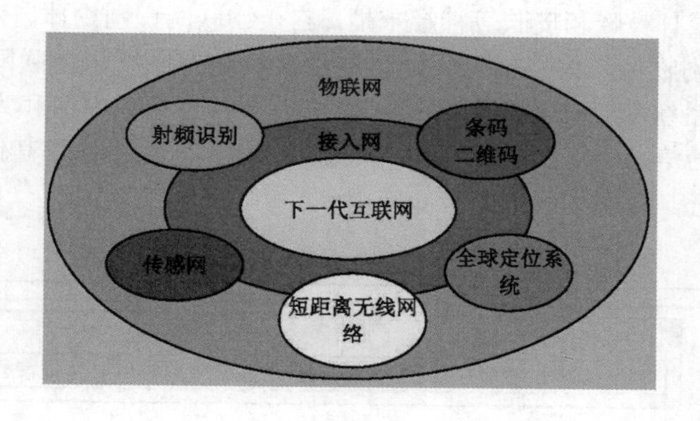

图 8-1　物联网的概念模型

从应用的角度来讲，我们可以把物联网理解为“捆绑”在各种物体上的传感器与现有互联网的结合，如图 8-2 所示。

图 8-2　物联网示意图

8.1.2 物联网的体系结构

一般而言，物联网具有以下三大特征：

（1）全面感知

利用射频识别、传感器、二维码等随时随地获取物体的信息。

（2）可靠传递

通过各种无线电信网络与互联网的融合，将物体的信息实时准确地传递给用户。

（3）智能处理

利用云计算、数据挖掘以及模糊识别等人工智能技术，对海量的数据和信息进行分析和处理，对物体实施智能化的控制。

根据物联网的以上特征，可以将物联网从技术架构上来分为三层：感知层、网络层和应用层，如图 8-3 所示。

感知层由各种传感器以及传感器网关构成，包括二氧化碳浓度传感器、温度传感器、湿度传感器、二维码标签、RFID 标签和读写器、摄像头、GPS 等感知终端。感知层的作用相当于人的眼耳鼻喉和皮肤等神经末梢，它是物联网识别物体、采集信息的来源，其主要功能是识别物体，采集信息。网络层由各种私有网络、互联网、有线和无线通信网、网络管理系统和云计算平台等组成，相当于人的神经中枢和大脑，负责传递和处理感知层获取的信息。应用层是物联网和用户（包括人、组织和其他系统）的接口，它与行业需求结合，实现物联网的智能应用。

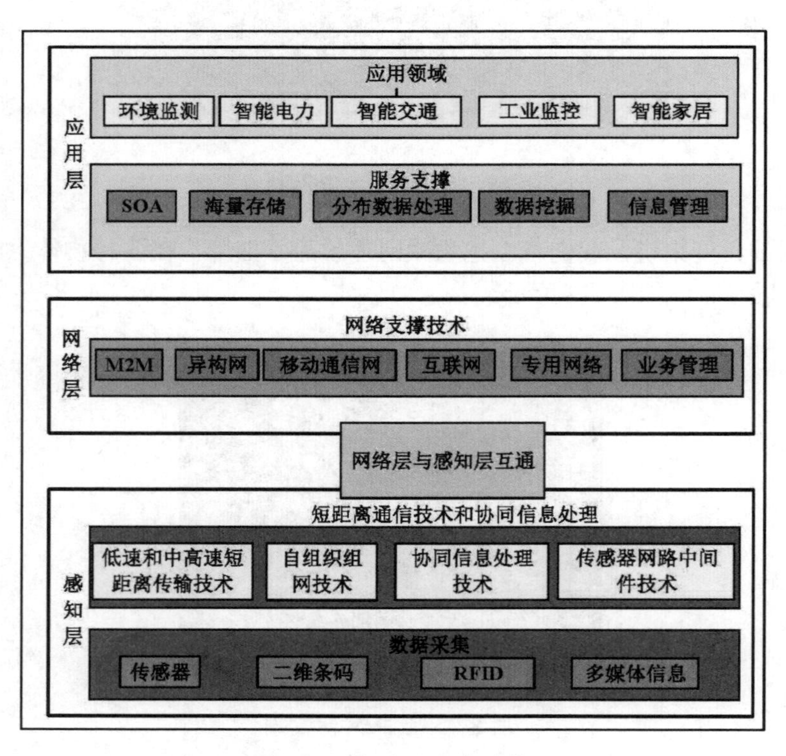

图 8-3 物联网体系结构

8.1.3　物联网的关键技术

物联网的关键技术主要包括传感器技术、RFID 技术和嵌入式系统技术。

（1）传感器技术，这也是计算机应用中的关键技术。目前，绝大部分计算机处理的都是数字信号。自从有计算机以来就需要传感器把模拟信号转换成数字信号后计算机才能处理。

（2）RFID 标签也是一种传感器技术，RFID 技术是将无线射频技术和嵌入式技术融为一体的综合技术，RFID 在自动识别、物品物流管理有着广阔的应用前景。

（3）嵌入式系统技术，是将计算机软硬件、传感器技术、集成电路技术、电子应用技术融为一体的复杂技术。经过几十年的演变，以嵌入式系统为特征的智能终端产品随处可见；小到人们身边的 MP3，大到航天航空的卫星系统。嵌入式系统正在改变着人们的生活，推动着工业生产以及国防工业的发展。

如果把物联网用人体做一个简单比喻，传感器相当于人的眼睛、鼻子、皮肤等感官，网络就是神经系统用来传递信息，嵌入式系统则是人的大脑，在接收到信息后要进行分类处理。这个例子很形象地描述了传感器、嵌入式系统在物联网中的位置与作用。

8.1.4　物联网的应用前景

我国的物联网应用领域主要有智能交通、智慧环保、智能家居、智能工业、智慧农业、智能电网等。

（1）智能交通

随着城市化进程加速，城市人口密度不断增加。世界各地的城市都面临着共同的运输挑战——交通拥堵，安全问题，基础设施老化，资金不足，以及它们对环境所逐渐增加的影响。为应对以上挑战，政府和城市管理人员和提出了一系列智能交通解决方案，改善交通流动性，为市民提供更好的服务和更具成本效益的运输网络。基于无线传感网下的智能交通，在交通信息采集方面，其终端节点通过采用非接触式地磁传感器来定时收集和感知区域内车辆的速度、车距等信息。当车辆进入传感器的监控范围后，终端节点通过磁力传感器来采集车辆的行驶速度等重要信息，并将信息传送给下一个定时醒来的节点。当下一个节点感应到该车辆时，结合车辆在两个传感器节点间的行驶时间估计，就可估算出车辆的平均速度。多个终端节点将各自采集并初步处理后的信息通过汇聚节点汇聚到网关节点，进行数据融合，获得道路车流量与车辆行使速度等信息，从而为路口交通信号控制提供精确的输入信息。通过给终端节点安装温湿度、光照度、气体检测等多种传感器，还可以进行路面状况、能见度、车辆尾气污染等检测。

智能交通管理系统能够提供整个交通运输网络的实时运输的可视性，可以提高交通管理部门管理运作能力，可以迅速做出决策和调整，以解决常见的交通管理问题和意外的拥塞情况。

（2）智能家居

智能家居是在互联网影响之下物联化的体现。智能家居通过物联网技术将家中的各种设备（如音视频设备、照明系统、窗帘控制、空调控制、安防系统、数字影院系统、影音服务器、影柜系统、网络家电等）连接到一起，提供家电控制、照明控制、电话远程控制、室内外遥控、防盗报警、环境监测、暖通控制、红外转发以及可编程定时控制等多种功能和手段。

（3）智能工业

工业 4.0 是德国政府提出的一个高科技战略计划，该项目旨在提升制造业的智能化水平，建立具有适应性、资源效率及人因工程学的智慧工厂，在商业流程及价值流程中整合客户及商业伙伴。其技术基础是网络实体系统及物联网。

德国所谓的工业四代（Industry4.0）是指利用物联信息系统（Cyber-Physical System，简称 CPS）将生产中的供应、制造、销售信息数据化、智慧化，最后达到快速、有效、个人化的产品供应。

（4）智能电网

能源行业是第三次工业革命的引领者，智能电网是“互联网 +”的具体体现，“互联网 +”必将给电网带来技术应用、服务模式、发展理念等方面的变化。

“互联网 + 能源”意味着互联网与传统电网的结合，借鉴互联网发展电网核心技术，能够加强用户体验感，促进价值共享，打破行业发展边界，提高能源利用效率，实现真正意义上的能源资源共享，构建和谐的能源网络环境。能源互联网将是未来电网发展的特征，未来的能源管理以能源互联网为基础，以“保证区域能源可靠供应，实现区域能源协调供给”为目标，并以电能为支撑，综合冷、热、电、热水等多种分布式能源，构建“源—网—荷”互动的区域。

（5）智能医疗

医疗物联网是未来智慧医疗的核心。医疗物联网的实质是将各种信息传感设备，如 RFiD 装置、红外感应器、全球定位系统、激光扫描器、医学传感器等种种装置与互联网结合起来而形成的一个巨大网络，进而实现资源的智能化、信息共享与互联。从目前医疗信息化的发展来看，随着医疗卫生社区化、保健化的发展趋势日益明显，通过射频仪器等相关终端设备在家庭中进行体征信息的实时跟踪与监控，通过有效的物联网，可以实现医院对患者或者亚健康病人的实时诊断与健康提醒，从而有效地减少和控制病患的发生与发展。

（6）智慧环保

“智慧环保”是“数字环保”概念的延伸和拓展，它是借助物联网技术，把感应器和装备嵌入到各种环境监控对象（物体）中，通过超级计算机和云计算将环保领域物联网整合起来，可以实现人类社会与环境业务系统的整合，以更加精细和动态的方式实现环境管理和决策的智慧。2009 年初，IBM 提出了“智慧地球”的概念。“智慧地球”的核心是以一种更智慧的方法，通过利用新一代信息技术来改变政府、企业和人们相互交互的方式，以便提高交互的明确性、效率、灵活性和响应速度，实现信息基础架构与基础设施的完美结合。随着“智慧地球”概念的提出，在环保领域中如何充分利用各种信息通讯技术，感知、分析、整合各类环保信息，对各种需求做出智能的响应，使决策更加切合环境发展的需要，“智慧环保”概念应运而生。

智慧环保在环评质量监测、污染源监控、环境应急管理、排污收费管理、污染投诉处理平台、环境信息发布门户网站、核与辐射管理等方面为环保行政部门提供监管手段，提供新鲜的一手数据，提供行政处罚依据，有效提高环保部门的管理效率，提升环境保护效果，解决人员缺乏与监管任务繁重的矛盾，是利用科学技术提高管理水平典型应用，可以实现环保移动办公还可以提供移动执法，移动公文审批，移动查看污染源监控视频等功能。

（7）智慧农业

智慧农业就是将物联网技术运用到传统农业中去，运用传感器和软件通过移动平台或者电脑平台对农业生产进行控制，使传统农业更有“智慧”。除了精准感知、控制与决策管理外，从广泛意义上讲，智慧农业还包括农业电子商务、食品溯源防伪、农业休闲旅游、农业信息服务等方面的内容。

智慧农业可以实现农业生产高度规模化、集约化、工厂化，提高农业生产对自然环境风险的应对能力，使弱势的传统农业成为具有高效率的现代产业。

8.2 移动互联网

8.2.1 移动互联网简介

移动互联网就是将移动通信和互联网二者结合起来，成为一体。移动互联网是移动网和互联网融合的产物，移动互联网业务呈现出移动通信业务与互联网业务相互融合的特征。

移动互联网并不单纯的就是互联网移动化。就其业务来看，移动互联网业务大致可以分为三类：一是固定互联网业务的复制，二是移动通信业务的互联网化，三是移动互联网的创新型业务。

就移动互联网而言，其产业链更趋复杂，涉及到终端运营商（MID）、电信运营商、服务提供商、系统开发商等在内的多个成员。所以，移动互联网的商业模式也更趋复杂，更趋多样化。

8.2.2 移动互联网的特点

“小巧轻便”及“通讯便捷”两个特点，便是移动互联网与PC互联网的根本不同之处，它的发展趋势也与此相关联。移动互联网的特点如图8-4所示。

（1）终端移动性：移动互联网业务使用户可以在移动状态下接入和使用互联网服务，移动的终端便于用户随身携带和随时使用。

（2）终端和网络的局限性：移动互联网业务在便携的同时，也受到了来自网络能力和终端能力的限制。在网络能力方面，受到无线网络传输环境、技术能力等因素限制；在终端能力方面，受到终端大小、处理能力、电池容量等因素的限制。

（3）业务与终端、网络的强关联性：由于移动互联网业务受到了网络及终端能力的限制，因此，其业务内容和形式也需要适合特定的网络技术规格和终端类型。

（4）业务使用的私密性：在使用移动互联网业务时，所使用的内容和服务更私密，如手机支付业务等。

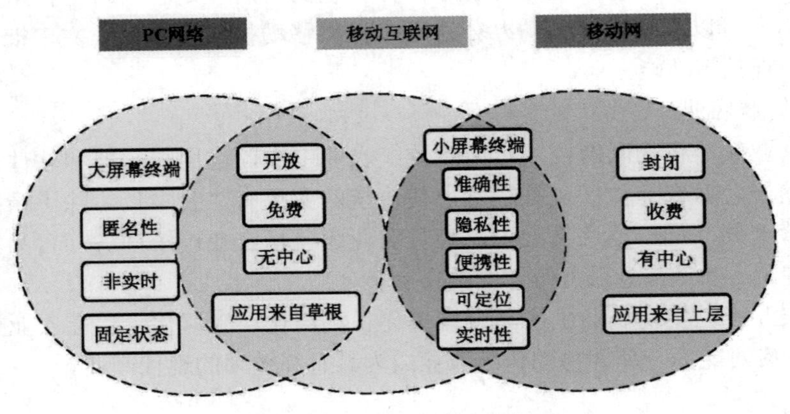

图 8-4 移动互联网的特点

8.2.3 移动互联网的发展现状

20 世纪 90 年代以来，传统互联网企业、IT 厂商、电信设备商、移动运营商等纷纷抢滩移动互联网市场。在最近几年里，移动通信和互联网成为当今世界发展最快、市场潜力最大、前景最诱人的两大业务。

2014 年，我国移动互联网市场规模达到 2134.8 亿元人民币，同比增长 115.5%，同时未来依旧会保持高速增长，预计到 2018 年整体移动互联网市场规模将突破 1 万亿大关。

移动互联网的持续高速增长，一是由于智能手机的大面积普及，移动端庞大的用户基数已经定型；二是电商、游戏、广告等传统 PC 经济已逐渐适应移动端发展，并且在已有商业模式基础上，不断拓展出创新应用及服务，带来持续的市场增长。

2014 年中国移动互联网各细分行业结构分布中，移动购物一枝独秀占到 54.3% 的份额，较上年提高 17.5 个百分点，预计到 2018 年将占到整体份额的 64%。移动广告市场从 2014 年开始逐步向成熟化发展，占据 13.9% 的市场份额，预计到 2018 年其占比可达到 23%，稳步提升。

移动增值作为曾经移动互联网的支柱领域，随着电信运营商管道化趋势发展，依靠其生存的 SP/CP 模式受到冲击，移动增值份额大幅缩减，预计到 2018 年其占比会进一步降低到 5.5%。

近几年移动游戏行业发展硕果累累，依靠人口红利优先获得了大量关注，而随着企业资本化趋于理性，更多具有运营研发优势的终端游戏企业的进入，都会给移动游戏行业的发展提供更良好的驱动力。移动互联网的发展如图 8-5 所示。

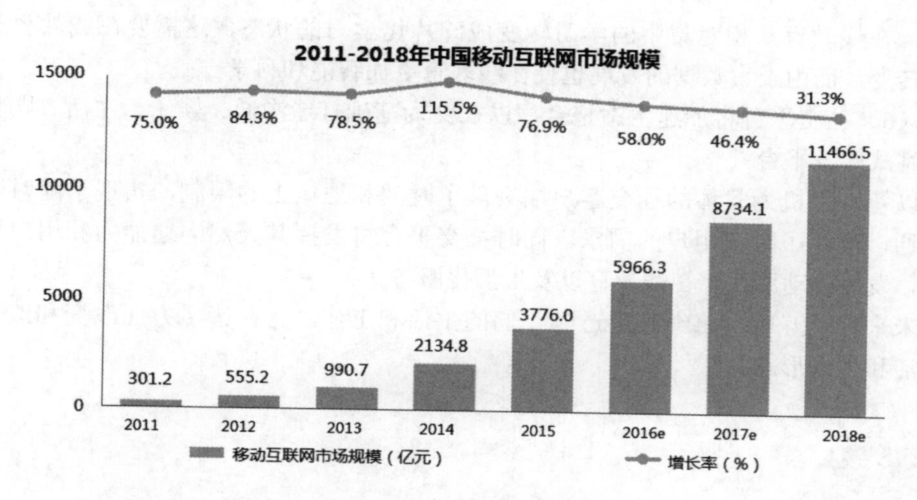

图 8-5 移动互联网的发展

8.2.4 移动互联网的未来发展趋势

未来随着移动互联网人口红利消失，用户对移动端服务依赖加强，移动互联网产业将会进入一个新的发展阶段。在经过数年来购物类、金融类、社交类、生活类 APP 的积累与沉淀，国内的生活类 APP 已经基本形成体系。

（1）移动设备成内容消费主要工具

未来通过移动设备包括平板电脑产生的交易额将首次超过桌面，主要驱动力是移动有机增长、手机平板增长和更多移动网站和服务产生。

（2）智能手机作为物联网控制中心

随着无数可穿戴设备、连接设备及物联网到来，智能手机开始成为一个控制中心。智能手表、家用电器、家庭娱乐系统、传感器、智能车辆、安全等越来越多东西都可通过智能手机进行控制。

（3）健康医疗 APP 异军突起

随着移动智能终端的普及，人们对医疗健康的需求已经不再局限于曾经的有病才去医院看病的阶段，更趋向于对利用移动终端设备随时随地的监控自身健康状态，健康医疗类 APP 已经开始呈现高速增长趋势。中国移动医疗产业现处于市场启动阶段，但随着移动互联网技术、新医改的政策支持和推进以及国民的健康观念的深化，移动医疗在未来将呈现爆发式增长。

移动医疗行业借助移动互联网平台的双边性以及外部性将服务提供方、需求方、各个移动医疗行业主体进行去中介化的高效连接。利用现有的大数据、移动互联网、物联网和云计算连接行业参与者。

（4）在线教育拐点到来，未来市场快速成长

目前的教育领域的变革主要是来自移动互联网和大数据。原来的互联网教育绝大多数依赖于 PC 端，互联网时代已经完全进入移动互联时代，有了平板电脑和智能手机

之后，在线教育从相对集中的学习转变成碎片化学习的状态，这需要在线教育产品形态的转变；而由于大数据的发展也使在线教育更加智能和科学。

（5）社交平台将加速生态整合，以社交为基础打造沟通、娱乐、生活、购物和学习一站式服务平台

以智能手机为载体的社交客户端突破了时间和地域上的限制，实现了随时随地无线沟通，满足了时下用户的需求。同时社交平台将发挥其天然沟通能力和用户资源的优势，发展移动游戏、在线教育以及生活化服务。

未来移动互联网将继续渗透到我们的生活和工作，将在诸多方面改变和改善我们的生活和工作形态。

8.3 云计算

8.3.1 云计算的基本概念

云计算（Cloud Computing）是基于互联网的相关服务的增加、使用和交付模式，通常涉及通过互联网来提供动态易扩展且经常是虚拟化的资源。云是网络、互联网的一种比喻说法。过去在图中往往用云来表示电信网，后来也用云来表示互联网和底层基础设施的抽象。因此，云计算甚至可以让你体验每秒 10 万亿次的运算能力，拥有这么强大的计算能力可以模拟核爆炸、预测气候变化和市场发展趋势。用户通过电脑、笔记本、手机等方式接入数据中心，按自己的需求进行运算。

对云计算的定义有多种说法，现阶段广为接受的是美国国家标准与技术协会的定义：云计算是一种按使用量付费的模式，这种模式提供可用的、便捷的、按需的网络访问，进入可配置的计算资源共享池（资源包括网络，服务器、存储、应用软件、服务），这些资源能够被快速提供，而只需投入很少的管理工作，或与服务供应商进行很少的交互。

8.3.2 云计算的特点

云计算是通过使计算分布在大量的分布式计算机上，而非本地计算机或远程服务器中的，企业数据中心的运行将与互联网更相似，这使得企业能够将资源切换到需要的应用上，根据需求访问计算机和存储系统。

好比是从古老的单台发电机模式转向了电厂集中供电的模式。它意味着计算能力也可以作为一种商品进行流通，就像煤气、水电一样，取用方便，费用低廉。最大的不同在于，它是通过互联网进行传输的。

被普遍接受的云计算特点如下：

（1）超大规模

“云”具有相当的规模，Google 云计算已经拥有 100 多万台服务器，Amazon、IBM、微软、Yahoo 等的“云”均拥有几十万台服务器。企业私有云一般拥有数百上千

台服务器。“云”能赋予用户前所未有的计算能力。

（2）虚拟化

云计算支持用户在任意位置、使用各种终端获取应用服务。所请求的资源来自“云”，而不是固定的有形的实体。应用在“云”中某处运行，但实际上用户无需了解、也不用担心应用运行的具体位置。只需要一台笔记本或者一个手机，就可以通过网络服务来实现我们需要的一切，甚至包括超级计算这样的任务。

（3）高可靠性

“云”使用了数据多副本容错、计算节点同构可互换等措施来保障服务的高可靠性，使用云计算比使用本地计算机可靠。

（4）通用性

云计算不针对特定的应用，在“云”的支撑下可以构造出千变万化的应用，同一个“云”可以同时支撑不同的应用运行。

（5）高可扩展性

“云”的规模可以动态伸缩，满足应用和用户规模增长的需要。

（6）按需服务

“云”是一个庞大的资源池，用户按需购买；云可以像自来水，电，煤气那样计费。

（7）极其廉价

由于“云”的特殊容错措施可以采用极其廉价的节点来构成云，“云”的自动化集中式管理使大量企业无需负担日益高昂的数据中心管理成本，“云”的通用性使资源的利用率较之传统系统大幅提升，因此用户可以充分享受“云”的低成本优势，经常只要花费几百美元、几天时间就能完成以前需要数万美元、数月时间才能完成的任务。

（8）潜在的危险性

云计算服务除了提供计算服务外，还必然提供了存储服务。但是云计算服务当前垄断在私人机构（企业）手中，而他们仅仅只能提供商业信用。对于政府机构、商业机构（特别像银行这样持有敏感数据的商业机构）对于选择云计算服务应保持足够的警惕。一旦商业用户大规模使用私人机构提供的云计算服务，无论其技术优势有多强，都不可避免地让这些私人机构以“数据（信息）”的重要性挟制整个社会。对于信息社会而言，“信息”是至关重要的。另一方面，云计算中的数据对于数据所有者以外的其他云计算用户是保密的，但是对于提供云计算的商业机构而言确实毫无秘密可言。所有这些潜在的危险是商业机构和政府机构选择云计算服务，特别是国外机构提供的云计算服务时，不得不考虑的一个重要的前提。

8.3.3 云计算对 IT 行业的影响

云计算环境下，软件开发的环境、工作模式也将发生变化。

（1）对软件开发的影响

云计算环境下，软件技术、架构将发生显著变化。首先，所开发的软件必须与云相适应，能够与虚拟化为核心的云平台有机结合，适应运算能力、存储能力的动态变化；二是要能够满足大量用户的使用，包括数据存储结构、处理能力；三是要互联网化，基于互联网提供软件的应用；四是安全性要求更高，可以抗攻击，并能保护私有信息，五是可工作于移动终端、手机、网络计算机等各种环境。

云计算环境下，软件开发的环境、工作模式也将发生变化。虽然，传统的软件工程理论不会发生根本性的变革，但基于云平台的开发工具、开发环境、开发平台将为敏捷开发、项目组内协同、异地开发等带来便利。软件开发项目组内可以利用云平台，实现在线开发，并通过云实现知识积累、软件复用。

（2）对软件测试的影响

在云计算环境下，由于软件开发工作的变化，也必然对软件测试带来影响和变化。

软件技术、架构发生变化，要求软件测试的关注点也应做出相对应的调整。软件测试在关注传统的软件质量的同时，还应该关注云计算环境所提出的新的质量要求，如软件动态适应能力、大量用户支持能力、安全性、多平台兼容性等。

8.3.4 云计算的应用

（1）云物联

“物联网就是物物相连的互联网”，有两层含义：第一，物联网的核心和基础仍然是互联网，是在互联网的基础上延伸和扩展的网络；第二，其用户端延伸和扩展到了任何物品与物品之间进行信息交换和通信。

随着物联网业务量的增加，对数据存储和计算量的需求将带来对“云计算”能力的要求。

● 在物联网的初级阶段，从计算中心到数据中心，PoP（一种分布式计算系统）即可满足需求。

● 在物联网高级阶段，可能出现 MVNO（Mobile Virtual Network Operator）/MMO（Massive Multiplayer Online）营运商（国外已存在多年），需要结合虚拟化云计算技术实现互联网的泛在服务。

（2）云安全

云安全（Cloud Security）是一个从“云计算”演变而来的新名词。云安全的策略构想是：使用者越多，每个使用者就越安全，因为如此庞大的用户群足以覆盖互联网的每个角落，只要某个网站被挂马或某个新木马病毒出现，就会立刻被截获。

“云安全”通过网状的大量客户端对网络中软件行为的异常进行监测，获取互联网中木马、恶意程序的最新信息，推送到服务器端进行自动分析和处理，再把病毒和木马的解决方案分发到每一个客户端。

（3）云存储

云存储是在云计算（Cloud Computing）概念上延伸和发展出来的一个新的概念，是指通过集群应用、网格技术或分布式文件系统等功能，将网络中大量各种不同类型的存储设备通过应用软件集合起来协同工作，共同对外提供数据存储和业务访问功能的一个系统。

当云计算系统运算和处理的核心是大量数据的存储和管理时，云计算系统中就需要配置大量的存储设备，那么云计算系统就转变成为一个云存储系统，所以云存储是一个以数据存储和管理为核心的云计算系统。

（4）云游戏

云游戏是以云计算为基础的游戏方式，在云游戏的运行模式下，所有游戏都在服务器端运行，并将渲染完毕后的游戏画面压缩后通过网络传送给用户。在客户端，用户的游戏设备不需要任何高端处理器和显卡，只需要基本的视频解压就可以了。

（5）云计算

从技术上看，大数据与云计算的关系就像一枚硬币的正反面一样密不可分。大数据必然无法用单台的计算机进行处理，必须采用分布式计算架构。它的特色在于对海量数据的挖掘，但它必须依托云计算的分布式处理、分布式数据库、云存储和虚拟化技术。

8.4 本章小结

物联网、云计算、移动互联网作为计算机网络发展的新方向，它们可以相互融合形成新的通信应用领域，只要在这些网络新技术上加大创新方面的投入，将不仅有利于缩小我国科技事业和世界领先水平的差距，而且将使我国更多的IT企业有机会登上世界舞台，并在下一个信息浪潮中起着决定性的作用。

参考文献

[1] 赵俊阁．信息安全概论 [M]. 北京：国防工业出版社，2009.

[2] 牛少彰．信息安全导论 [M]. 北京：国防工业出版社，2010.

[3] 赵立群．计算机网络管理与安全 [M]. 北京：清华大学出版社，2008.

[4] 严体华，张武军．网络管理员教程（第四版）[M]. 北京：清华大学出版社，2014.

[5] 胡国胜，张迎春．信息安全基础 [M]. 北京：电子工业出版社，2011.

[6] 陈顺立，罗元成．网络设备安装与调试 [M]. 成都：电子科技大学出版社，2011.

[7] 严体华，张凡．网络管理员教程（第三版）[M]. 北京：清华大学出版社，2010.

[8] 徐勇军，刘禹，王身．物联网关键技术 [M]. 北京：电子工业出版社，2012.

[9] 梁晓涛，汪文斌．移动互联网 [M]. 武汉：武汉大学出版社，2013.

[10] 吴朱华．云计算核心技术剖析 [M]. 北京：人民邮电出版社，2011.

[11] 刘鹏．云计算（第三版）[M]. 北京：电子工业出版社，2015.